新工科软件工程专业
卓越人才培养系列

U0733568

Software Quality
Assurance and Testing

软件质量保证与测试

王华 孙奕鸣◎编著

人民邮电出版社
北 京

图书在版编目（CIP）数据

软件质量保证与测试 / 王华，孙奕鸣编著. -- 北京：
人民邮电出版社，2025. --（新工科软件工程专业卓越人
才培养系列）. -- ISBN 978-7-115-67425-8

Ⅰ. TP311.5

中国国家版本馆 CIP 数据核字第 2025863WD4 号

内 容 提 要

  本书以 SmartArchive 项目为例，讲解软件质量保证与测试的关键概念、方法和技术，并通过演示实际项目的实施过程，深入探讨如何应用这些概念、方法和技术来确保软件质量。本书共 9 章，涵盖了软件质量保证概述、软件质量管理体系、软件度量、软件配置管理、软件风险管理、软件评审、软件测试技术、软件测试过程和软件测试管理等核心内容。本书框架布局清晰，理论和实践紧密结合，并配套案例和习题，使读者能够在实践中巩固和应用所学知识。

  本书可作为高等学校软件工程、计算机科学与技术等专业相关课程的教材，也可供从事软件开发和测试工作的技术人员参考使用。

◆ 编　著　王　华　孙奕鸣

 责任编辑　徐柏杨

 责任印制　胡　南

◆ 人民邮电出版社出版发行　　北京市丰台区成寿寺路 11 号

 邮编　100164　电子邮件　315@ptpress.com.cn

 网址　https://www.ptpress.com.cn

 大厂回族自治县聚鑫印刷有限责任公司印刷

◆ 开本：787×1092　1/16

 印张：18.25　　　　　　2025 年 7 月第 1 版

 字数：420 千字　　　　　2025 年 7 月河北第 1 次印刷

定价：69.80 元

读者服务热线：(010)81055256　印装质量热线：(010)81055316
反盗版热线：(010)81055315

在软件质量保证与测试领域，人们经常面临着诸多挑战和困惑。为了帮助读者更好地应对这些挑战，我们萌发了编写本书的念头。本书以 SmartArchive 项目为例，旨在为广大读者提供一份系统而实用的指南，帮助读者理解和应用软件质量保证与测试的关键概念、方法和技术。在编写本书时，我们力求将内容组织得清晰、易于理解。我们希望这种结构化的编写方式，可以使读者能够逐步掌握软件质量保证与测试的核心知识，从而提升软件测试能力和质量意识。

具体而言，本书包括了软件质量保证概述、软件质量管理体系、软件度量、软件配置管理、软件风险管理、软件评审、软件测试技术、软件测试过程和软件测试管理等重要内容。每一章都经过精心设计，旨在帮助读者深入了解各个方面的知识，并通过配套的案例和习题进行巩固和实践。

本书的特色体现在多个方面。首先，本书以读者对软件质量保证与测试的实际需求为目标，通过逐步深入的讲解方式，帮助读者建立起扎实的理论知识基础。其次，本书注重将理论与实践相结合，通过讲解 SmartArchive 项目的实施过程，帮助读者将所学知识应用到实际项目中。最后，本书提供了丰富的配套资源，包括案例分析、习题和实验，同时提供了 SmartArchive 项目的全套项目文档，以便读者能够更好地巩固所学知识。

为了使读者能够更好地学习本书，我们建议按照章节顺序学习，逐步掌握每个主题的核心概念和方法。我们还为高校学生提供了学习进度建议表，帮助其合理安排学习时间，达到最佳的学习效果。

章　节	建议学时
第 1 章　软件质量保证概述	3
第 2 章　软件质量管理体系	3
第 3 章　软件度量	6
第 4 章　软件配置管理	9
第 5 章　软件风险管理	3
第 6 章　软件评审	3
第 7 章　软件测试技术	9
第 8 章　软件测试过程	6
第 9 章　软件测试管理	6
总计	48

在编写本书的过程中，我们得到了许多人的支持与帮助。感谢所有支持本书编写的个人和单位，没有他们的支持，本书的完成将无法想象。

由于我们的水平有限，书中难免存在表达欠妥之处。因此，我们真诚地希望广大读者朋友和专家学者能够拨冗提出宝贵的修改建议。您可以直接将修改建议发送至我们的电子邮箱：wanghua96@126.com。我们期待您的反馈意见，以便不断改进和完善本书，为读者提供更好的学习体验。

谨代表编者团队，衷心感谢您的支持与阅读！

王 华

2025 年春于杭州三墩港河畔

目 录

1 第1章 软件质量保证概述   1

1.1 软件与软件工程 ……………… 1
   1.1.1 软件的特征 ……………… 2
   1.1.2 软件工程 ………………… 3
   1.1.3 软件过程 ………………… 3
   1.1.4 PSP和TSP ……………… 4
1.2 软件质量保证 ………………… 6
   1.2.1 软件质量 ………………… 6
   1.2.2 软件质量保证人员的职责 … 7
   1.2.3 软件质量人人负责 ……… 8
   1.2.4 软件质量保证不存在
       "银弹" ………………… 8
1.3 软件测试 ……………………… 9
   1.3.1 软件缺陷 ………………… 9

   1.3.2 对软件测试的误解 ……… 10
   1.3.3 软件缺陷值得修复的
       原因 ………………… 10
   1.3.4 软件测试方法分类 ……… 11
1.4 软件质量保证人才 …………… 11
1.5 SmartArchive项目的软件质量
   保证 ……………………… 13
   1.5.1 软件过程框架 …………… 14
   1.5.2 组织标准软件过程全貌 … 15
   1.5.3 角色与职责 ……………… 17
   1.5.4 使用工具 ………………… 19
1.6 小结 …………………………… 19
1.7 习题 …………………………… 20

2 第2章 软件质量管理体系   22

2.1 软件质量管理的内容、标准和
   框架 ……………………… 23
   2.1.1 软件质量管理的定义 …… 23
   2.1.2 软件质量管理体系标准 … 24
   2.1.3 软件质量管理框架 ……… 25
2.2 软件质量保证方法 …………… 26
   2.2.1 软件质量保证过程和
       控制点 ……………… 26
   2.2.2 软件质量保证技术和工具 … 27

2.3 软件质量计划和策略 ………… 28
   2.3.1 软件质量计划 …………… 28
   2.3.2 软件质量策略 …………… 29
2.4 CMMI ………………………… 29
   2.4.1 CMMI概述 ……………… 30
   2.4.2 CMMI的成熟度级别 …… 30
   2.4.3 CMMI的过程域 ………… 31
   2.4.4 一个公司聚餐的例子 …… 33
   2.4.5 A公司的CMMI改进实例 … 35

2.4.6 CMMI 5级在项目中的
      精简应用 ················· 38
2.5 软件质量保证相关过程域 ········· 43
2.5.1 项目立项 ················· 43
2.5.2 项目计划 ················· 45
2.5.3 需求管理 ················· 46
2.5.4 计划跟踪 ················· 48
2.5.5 风险管理 ················· 49
2.5.6 项目评审 ················· 50
2.5.7 配置管理 ················· 52
2.5.8 质量保证 ················· 53
2.5.9 度量和分析 ··············· 54

2.5.10 交付及维护 ············· 55
**2.6 SmartArchive项目的软件
      质量管理体系** ··············· 57
2.6.1 SmartArchive项目的质量
      保证过程 ················· 57
2.6.2 制订和维护软件质量保证
      计划 ····················· 60
2.6.3 执行SQA活动 ··········· 60
2.6.4 管理SQA活动 ··········· 63
2.7 小结 ························ 64
2.8 习题 ························ 65

3 第3章　软件度量 68

3.1 软件度量概述 ············· 68
3.1.1 软件度量的定义 ········· 69
3.1.2 软件度量在软件开发中
      的作用 ················· 69
3.2 软件度量的类型 ··········· 70
3.2.1 产品度量 ··············· 70
3.2.2 过程度量 ··············· 71
3.3 软件度量与分析规程 ······· 71
3.3.1 确定度量目标 ··········· 72
3.3.2 分解度量数据 ··········· 72
3.3.3 确定度量计划 ··········· 74
3.3.4 实施度量计划——度量数据
      的收集 ················· 74
3.3.5 分析和通报度量结果 ····· 75
3.3.6 度量在支持过程域中的
      活动 ··················· 80

3.4 软件代码质量指标 ············ 81
3.4.1 代码覆盖率 ·············· 83
3.4.2 抽象解释 ················ 83
3.4.3 圈复杂度 ················ 84
3.4.4 编译器警告 ·············· 84
3.4.5 编码标准 ················ 85
3.4.6 重复代码 ················ 85
3.4.7 扇出 ···················· 86
3.4.8 安全性 ·················· 86
3.5 软件度量工具 ················ 87
3.5.1 SonarQube ·············· 88
3.5.2 JIRA ··················· 88
3.5.3 Jenkins ················ 89
**3.6 SmartArchive项目的软件
      度量** ······················ 90
3.6.1 项目成员背景 ············ 90

3.6.2 成员工作量数据·············· 91
3.6.3 阶段工作量数据·············· 91
3.6.4 规模度量数据·············· 92
3.6.5 缺陷度量数据·············· 93
3.6.6 度量数据及质量目标······ 93

3.6.7 进度跟踪分析·············· 95
3.6.8 工作量分析·············· 96
3.6.9 缺陷分析·············· 97
3.7 小结·············· 98
3.8 习题·············· 99

4 第4章 软件配置管理 100

4.1 软件配置管理要素·············· 101
　4.1.1 软件配置管理的定义及
　　　　优点·············· 101
　4.1.2 配置管理的功能·············· 103
　4.1.3 配置管理计划·············· 104
　4.1.4 配置项·············· 105
　4.1.5 基线·············· 106
　4.1.6 变更控制·············· 106
　4.1.7 配置状态报告·············· 107
　4.1.8 配置审计·············· 108
4.2 软件配置管理的功能及应用·· 109
　4.2.1 保护软件资产·············· 109
　4.2.2 协同高效工作·············· 110
　4.2.3 "昨日"重现·············· 112
　4.2.4 版本隔离和增量发布·· 113
　4.2.5 风险管理·············· 114

4.3 配置管理解决方案·············· 115
　4.3.1 一切皆有版本·············· 115
　4.3.2 灵活的基线控制·········· 116
　4.3.3 可定制的研发流程········ 117
4.4 CMMI与配置管理·············· 120
4.5 常用的软件配置管理工具······ 121
　4.5.1 Git与GitHub·············· 122
　4.5.2 Gitee·············· 123
　4.5.3 其他代码托管平台和协作
　　　　工具·············· 124
4.6 SmartArchive项目的配置
　　管理·············· 125
　4.6.1 配置管理人员及其职责···· 125
　4.6.2 配置管理过程·············· 125
4.7 小结·············· 139
4.8 习题·············· 140

5 第5章 软件风险管理 142

5.1 软件风险管理概述·············· 143
　5.1.1 软件风险管理的定义······ 143
　5.1.2 软件风险管理的目标和
　　　　价值·············· 144

　5.1.3 软件风险管理的流程······ 145
5.2 软件风险识别·············· 145
　5.2.1 头脑风暴·············· 146
　5.2.2 专家访谈·············· 146

5.2.3　需求分析 ················ 147

5.2.4　风险分类模型 ·········· 148

5.2.5　检查表和指南 ·········· 148

5.3　软件风险评估与优先级 ····· 149

5.3.1　风险值矩阵 ············ 149

5.3.2　优先级确定方法 ········ 151

5.4　软件风险应对策略 ········· 153

5.4.1　风险规避 ·············· 153

5.4.2　风险转移 ·············· 153

5.4.3　风险减轻 ·············· 154

5.4.4　风险接受 ·············· 154

5.5　SmartArchive项目的风险

管理 ························· 155

5.5.1　SmartArchive项目的风险

管理职责 ·············· 155

5.5.2　SmartArchive项目的风险

管理 ·················· 155

5.6　小结 ······················ 161

5.7　习题 ······················ 161

6　第6章　软件评审

163

6.1　软件评审概述 ·············· 163

6.1.1　软件评审的定义 ········ 164

6.1.2　软件评审的价值和意义 ··· 164

6.2　软件评审的类型 ············ 165

6.2.1　技术评审 ·············· 165

6.2.2　管理审查 ·············· 166

6.3　软件评审的实施方法 ········ 167

6.3.1　评审流程 ·············· 167

6.3.2　评审工作产品和评审方法 ··· 168

6.3.3　软件评审的技巧 ·········· 169

6.4　SmartArchive项目的软件

评审 ······················ 170

6.4.1　SmartArchive项目评审

职责 ·················· 170

6.4.2　SmartArchive项目评审

流程 ·················· 170

6.5　小结 ······················ 186

6.6　习题 ······················ 186

7　第7章　软件测试技术

188

7.1　软件测试的分类 ············ 189

7.1.1　静态测试 ·············· 189

7.1.2　动态测试 ·············· 193

7.2　常用的软件测试技术 ········ 194

7.2.1　黑盒测试 ·············· 194

7.2.2　白盒测试 ·············· 208

7.2.3　灰盒测试 ·············· 215

7.3　测试驱动的开发 ············ 215

7.3.1　红-绿-重构三段式 ········ 216

7.3.2　TDD工作流程 ··········· 217

7.3.3　TDD的最佳实践 ··········· 218

7.4　SmartArchive项目的测试
用例 ·········· 218

7.4.1　SmartArchive项目的黑盒
测试 ··········· 218

7.4.2　SmartArchive项目的白盒
测试 ··········· 220

7.5　小结 ················· 220

7.6　习题 ················· 221

8　第8章　软件测试过程 　　223

8.1　测试过程的5个阶段 ········· 224

8.1.1　单元测试 ··········· 224

8.1.2　集成测试 ··········· 226

8.1.3　系统测试 ··········· 230

8.1.4　验收测试 ··········· 231

8.1.5　金丝雀测试 ··········· 232

8.1.6　小结 ··········· 233

8.2　软件测试工具 ········· 233

8.2.1　Selenium自动化
测试 ··········· 234

8.2.2　Appium移动应用
测试 ··········· 236

8.2.3　Postman API测试 ········ 237

8.2.4　JMeter性能测试 ··········· 238

8.3　SmartArchive项目的测试
过程 ··········· 239

8.3.1　SmartArchive项目的单元
测试 ··········· 240

8.3.2　SmartArchive项目的集成
测试 ··········· 243

8.3.3　SmartArchive项目的系统
测试 ··········· 244

8.3.4　SmartArchive项目的验收
测试 ··········· 248

8.3.5　SmartArchive项目的
金丝雀测试 ··········· 249

8.4　小结 ················· 250

8.5　习题 ················· 251

9　第9章　软件测试管理 　　252

9.1　软件测试管理概述 ········· 253

9.1.1　软件测试的常识 ··········· 253

9.1.2　软件测试策略 ··········· 253

9.1.3　敏捷测试与团队设置 ······ 254

9.1.4　软件测试外包 ··········· 256

9.1.5　开发人员的测试心理 ······ 256

9.1.6　测试人员的组织形式 ······ 256

9.2　软件测试规程 ········· 257

9.2.1　软件测试管理的角色与
职责 ··········· 257

9.2.2　软件测试工具 ··········· 258

9.3　软件测试过程管理 ········· 258

9.3.1 测试计划制订及管理 ······ 260

9.3.2 测试用例设计及管理 ······ 262

9.3.3 测试程序设计及管理 ······ 263

9.3.4 缺陷管理 ····················· 263

9.3.5 测试分析报告编写及
管理 ························· 266

9.3.6 单元测试 ····················· 266

9.3.7 集成测试 ····················· 267

9.3.8 系统测试 ····················· 267

9.4 软件测试管理工具 ················ 268

9.4.1 如何选择软件测试管理
工具 ························· 269

9.4.2 禅道 ·························· 270

9.4.3 Jira ························· 270

**9.5 SmartArchive项目的测试
管理** ··························· 271

9.5.1 软件测试管理工具 ········· 271

9.5.2 全过程软件测试管理 ······ 271

9.6 小结 ·························· 280

9.7 习题 ·························· 281

第1章 软件质量保证概述

质量不是靠检查来实现的，而是通过设计和过程来保证的。

软件是现代社会中不可或缺的一部分，它几乎出现在人们的日常生活和商业活动的方方面面。从电子设备制造到互联网服务，从医疗保健到交通运输，处处离不开软件。软件工程正是使这些软件的开发和维护变得可行和有效的学科和实践。软件工程是一门涉及软件开发、设计、测试、部署和维护的学科，与传统的工程学科类似，软件工程也关注如何在特定的时间、预算和资源限制下，按照一定的方法和原则构建高质量的软件系统。软件工程强调使用系统化的方法和工具，以确保软件的可靠性、可扩展性、可维护性和可重用性。

软件工程的目标是提高软件开发的效率和质量，以满足用户的需求并实现商业目标，它不仅关注技术方面，还考虑项目管理、团队协作、质量保证和风险管理等方面。使用软件工程的原理和实践，有助于更好地组织和管理软件开发过程，减少错误和重复工作，并提高团队的协作和沟通能力。软件工程的核心包括需求分析、系统设计、编码和测试等阶段。在这些阶段中，团队成员使用各种工具和技术将用户需求和设计方案转化为可执行的软件代码，并确保其正确性和稳定性。同时，软件工程还强调持续改进和迭代开发的原则，以适应不断变化的需求和技术环境。

1.1 软件与软件工程

软件是由计算机程序、数据和文档等组成的一系列指令和信息的集合体，是通过计算机来实现特定功能或解决特定问题的工具。正如食谱告知厨师如何准备食物一样，软件告知计算机如何执行特定的任务。食谱中的步骤和配料对应软件中的代码和数据，最终制作出的美味佳肴相当于软件实现的功能或解决的问题；软件开发过程就像烹饪的过程，需要进行需求分析、设计、编码、测试和部署等环节，就像在烹饪过程中需要选择食材、处理食材、加工烹饪和呈现美食一样；软件维护类似食谱的改进和调整，根据反馈和需求不断改进软件，就像根据口味和需求调整食谱来提供更好的菜肴。

软件工程是一种应用系统化、可重复、可量化的方法来开发、运营和维护软件的学科。软件工程包括一系列的过程，如需求分析、设计、编码、测试、部署、维护等。这些过程需要严格遵循软件工程所定义的规范和标准，如软件生命周期模型、软件开发流程模型、软件质量标准等。软件工程的目标是通过管理和控制软件开发过程中的各种活动，开发出高质量的、易于维护的软件。为了达到这个目的，软件工程必须考虑软件的可靠性、可用性、可维护性、可扩展性、安全性、可重用性等方面。在软件开发的每一个阶段，都需要进行相应的测试、评估、监控和改进，以确保软件能够满足用户需求并达到预期的质量。

1.1.1 软件的特征

电气电子工程师协会（Institute of Electrical and Electronics Engineers，IEEE）是一个国际性的专业技术组织，它针对软件给出了定义。

> **定义** 根据IEEE 610.12—1990，**软件**被定义为：计算机程序、过程文档和相关数据的完整集合，以及与这些元素相关的所有文档。

IEEE 的定义突出了软件的完整性，即软件不仅仅包括计算机程序，还包括与之相关的各种过程文档（如需求规格说明书、设计文档等）和数据。IEEE 的定义在工程领域被广泛接受和使用，对于软件工程师和相关从业人员来说具有指导意义。

下面以一个购物软件为例来说明软件的特征。假设有一款正在开发的名为“SmartShop”的购物软件，该软件具备以下特征。

（1）虚拟性：SmartShop 是一个应用程序，用户可以下载和安装在手机或平板电脑等设备上。它是由代码和数据构成的虚拟实体，存储在设备的内存中。

（2）可编程性：开发人员使用编程语言和开发工具编写了 SmartShop 的代码，定义了用户界面、购物功能、支付逻辑等，并将产品信息和用户账户等数据存储在数据库中。

（3）灵活性：SmartShop 可以随时更新和升级，以提供更多的购物功能，从而提升用户体验。例如，添加新的产品分类、优化搜索算法、改进购物车功能等。

（4）可移植性：SmartShop 可以在不同的操作系统上运行，比如 iOS 和 Android。用户可以选择在自己喜欢的设备上安装和使用该应用程序。

（5）可复制性：SmartShop 可以通过应用商店或其他渠道进行分发和下载，用户可以轻松获取并在多台设备上安装该应用程序。

（6）可调试性：如果 SmartShop 出现错误或问题，开发人员可以使用调试工具找到并修复错误，确保应用程序正常运行，以提供良好的用户体验。

（7）可测试性：在开发过程中，测试人员可以进行各种测试，例如单元测试、集成测试和性能测试等，以确保 SmartShop 的功能正常且性能良好。

（8）可扩展性：如果用户或商家需要更多的功能，开发人员可以根据需求扩展 SmartShop 的功能，例如添加新的支付方式、增加促销活动等。

1.1.2　软件工程

软件工程的历史可以追溯到 20 世纪 60 年代。在这个时期，计算机的应用范围越来越广泛，软件的规模也越来越大，复杂性越来越高。然而，由于缺乏有效的管理和组织方法，软件开发过程常常出现延期、超预算和质量低等问题。为了解决这些问题，一些计算机科学家和工程师开始探索如何将传统工程学的原则和方法应用于软件开发过程中。他们提出了一些新的概念和实践，如模块化编程、面向对象编程、测试驱动开发和软件过程改进等。这些方法旨在提高软件开发的效率和质量，使其成为一个系统化的工程过程。

1968 年，北大西洋公约组织（NATO）在德国召开了一次会议，讨论如何改进软件开发过程。会议提出了"软件工程"这个术语，并正式定义了软件工程的概念和目标。此后，软件工程逐渐成为一个独立的学科和实践领域，吸引了越来越多的人才和资源。在 20 世纪 70 年代和 80 年代，软件工程经历了快速的发展和创新。一些著名的软件开发方法和框架相继出现，如面向对象编程、原型开发和敏捷开发等。同时，各种软件开发工具和技术也得到了广泛的应用，如集成开发环境、版本控制系统和自动化测试工具等。

随着时间的推移，软件工程的研究和实践不断深入和扩展。人们提出了更多的方法和理论，如软件体系结构、软件度量、软件可靠性和软件安全等。同时，软件工程的应用领域也在不断扩展，如云计算、大数据、人工智能和物联网等。这些新的挑战和机遇使得软件工程成为一个持续发展的学科和实践领域。

软件工程的历史漫长而又丰富多彩，从最早的"编程艺术"到如今的"工程科学"，它反映了人们对软件开发过程的认识和探索。虽然软件工程还存在很多挑战和问题，但它已经成为信息技术领域中不可或缺的一部分，对人们的生活和工作产生了巨大的影响。

1.1.3　软件过程

软件过程是软件开发过程中一系列相互关联的活动和任务，旨在实现高质量、可靠、安全和可维护的软件。软件过程不仅仅是一系列线性的活动，还需要在整个软件生命周期中持续进行。软件过程需要结合具体项目的特点和需求，选择适合的软件开发方法和工具进行，以提高软件开发的效率和质量。能力成熟度模型集成（Capability Maturity Model Integration，CMMI）中对软件过程的定义如下。

> **定义**　**软件过程**是包括所有与软件系统开发、维护和演进有关的活动、方法、实践和工件的一系列相互作用的步骤。软件过程包括项目管理、工程管理、过程改进、软件开发和维护等方面的活动。

在 CMMI 中，软件过程被视为组织成功的关键因素之一。软件过程应该是可重复、可管理、可测量和可优化的，以确保软件的高品质和可靠性。CMMI 要求组织建立一套标准化的软件过程框架，并持续地对其进行改进和优化。这个过程框架需要包括以下几个方面。

（1）过程目标：定义软件过程的目标和期望结果。

（2）过程描述：描述软件过程的活动、任务、输入、输出和关键实践。

（3）过程资源：确定执行软件过程所需的资源，如人员、工具、技术和设施等。

（4）过程度量：收集和分析软件过程数据，以便评估过程绩效和改进效果。

（5）过程改进：基于过程数据和经验教训，制订和实施软件过程改进计划，以提高软件过程的成熟度和能力。

CMMI 还是一个软件过程改进框架，提供了一套全面的指南和最佳实践，帮助组织评估和改进其软件开发和维护过程。在 CMMI 中，软件过程被分为 5 个成熟度级别（详见第 2 章），CMMI 还为每个成熟度级别提供了一套关键实践，这些实践涵盖了软件过程的各个方面，如项目计划、需求管理、风险管理、配置管理等。组织可以根据自身的需求和目标，逐步采用和实施这些实践，以提高软件过程的成熟度和能力。

1.1.4　PSP和TSP

个体软件过程（Personal Software Process，PSP）和团队软件过程（Team Software Process，TSP）是软件工程领域中的两个过程改进框架，旨在帮助软件开发人员和开发团队提高工作效率和质量。

PSP 是一种个人级别的软件过程改进框架，旨在帮助软件开发人员提高个人工作效率和质量。PSP 通过提供一系列的指导和工具，帮助开发人员进行任务估计、工作规划、代码编写、缺陷跟踪等活动，并通过度量和分析个人工作过程和质量数据，帮助开发人员识别问题并改进工作方法。

TSP 是一种团队级别的软件过程改进框架，旨在帮助开发团队提高协作效率和软件质量。TSP 基于 PSP 的原则，结合了项目管理、工程管理和软件开发等方面的最佳实践。TSP 提供了一套开发团队协作和项目管理的方法和工具，帮助开发团队进行需求分析、工作分配、进度管理、风险管理等活动，并通过度量和分析开发团队工作过程和质量数据，帮助开发团队识别问题并改进工作方法。

PSP 和 TSP 都强调度量和分析的重要性，通过收集和分析工作过程和质量数据，帮助开发人员和开发团队识别问题，制订改进计划，并持续地优化软件过程和质量。这些框架可以根据组织的需求和目标进行定制和实施，以提高软件开发的效率和质量。

实施 PSP 的一个重要目标就是在软件开发的早期依实际情况客观地处理由于开发人员的疏忽所造成的程序缺陷问题。只有高素质的软件开发人员遵循合适的软件过程，才能开发出高质量的软件。因此，PSP 引入并着重强调设计复查和代码复查技术，一个合格的软件开发人员必须掌握这两项基本技术。PSP 包含的核心活动如图 1.1 所示。这些活动在整个软件开发过程中都非常重要。通过计划和估算、编码、缺陷跟踪等活动，并记录和分析个人工作过程和质量数据，开发人员可以识别问题并制订改进计划，持续地优化自己的工作效率和质量。

TSP 包含的核心活动如图 1.2 所示。这些活动帮助开发团队开展工作分配、风险管理、进度管理，并持续进行过程改进从而能够识别问题并制订改进计划，以不断提高协作效率和软件质量。

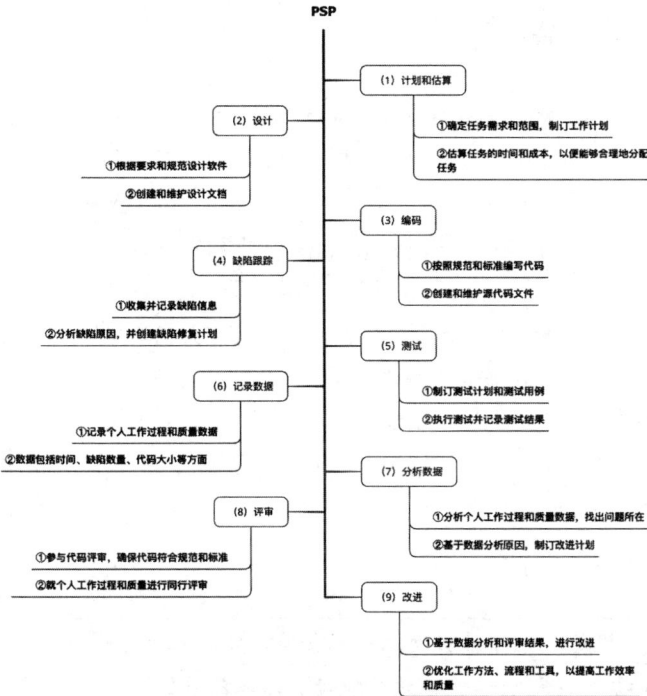

图1.1 PSP核心活动

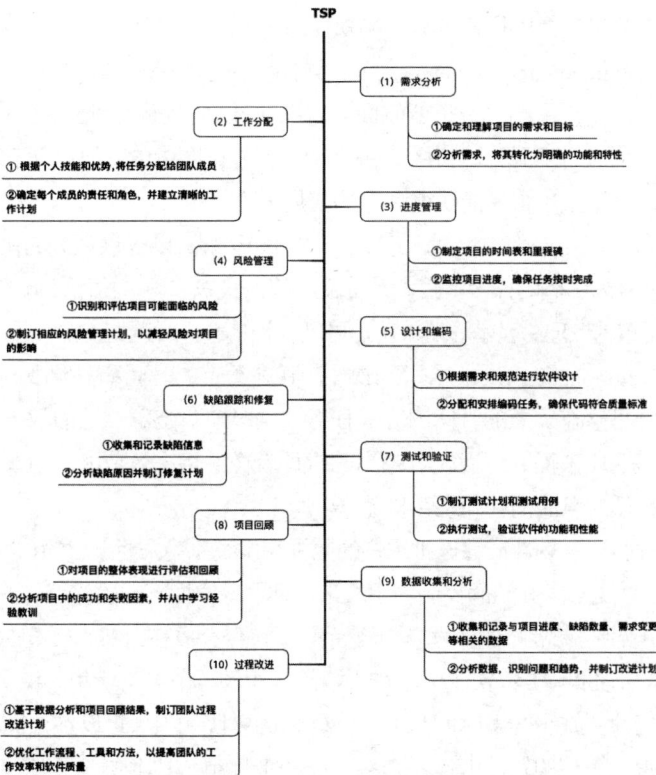

图1.2 TSP核心活动

1.2 软件质量保证

软件质量保证（Software Quality Assurance，SQA）是一种管理过程，旨在确保软件的质量符合预期标准和用户需求。软件质量保证是一系列活动和措施的集合，旨在预防缺陷、提高软件质量，并确保软件项目按照预期的要求和标准进行开发和交付。软件质量保证涉及多个方面，包括需求管理、过程规划与管理、质量度量与指标、配置管理、缺陷管理、测试策略与执行、文档管理以及标准与培训等。这些措施可以确保软件开发过程中的每个阶段都得到适当的管理和监控，从而降低风险，提高效率和软件质量。软件质量保证的目标是确保软件满足用户需求并具备良好的可靠性、可用性、安全性和性能等特性。制订适当的标准和规范，建立合理的质量度量和评估机制，进行全面的测试和验证以及持续的过程改进，可以有效地提高软件质量，并提高用户的满意度和信任度。总而言之，软件质量保证是在整个软件开发生命周期中贯穿执行的一系列活动和措施，旨在确保软件达到预期的质量标准和用户需求。

1.2.1 软件质量

> **定义** **软件质量**是"软件与明确地和隐含地定义的需求相一致的程度"。更具体地说，软件质量是软件与明确叙述的功能性和非功能性需求、文档中明确描述的开发标准以及任何专业开发的软件产品都应该具有的隐含特征相一致的程度。

从管理角度对软件质量进行度量，可将影响软件质量的主要因素划分为 10 个方面。

（1）功能完整性（Functional Completeness）：软件应该包含所有预期的功能，并且能够满足用户的需求。功能完整性是软件质量的一个重要方面，可以通过需求分析和测试验证来确保。功能完整性好的软件就像一张包含所有必要元素的拼图，每个功能都是拼图中的一块，只有当所有的功能都存在且正常工作时，拼图才完整，用户才能获得满意的使用体验。

（2）可用性（Usability）：软件应该易于使用、学习和理解，以提供良好的用户体验。可用性可以通过良好的用户界面设计、明确的操作流程和帮助文档等方式来实现。可用性好的软件就像一台友好的自动售货机，它的按钮布局合理、显示清晰，用户可以轻松地选择和购买商品，无需过多的解释和指导。

（3）性能效率（Performance Efficiency）：软件应该在给定的时间和资源限制下，有效地完成任务并提供响应，确保用户可以在较短的时间内完成任务，同时节省资源。性能效率可以通过算法优化、并发处理和资源管理等手段来提升。性能效率高的软件就像一辆高效节能的汽车，它在短时间内能够快速行驶，同时具有较低的燃油消耗和尾气排放。

（4）安全性（Security）：软件应该保护用户的数据和系统免受未经授权的访问、损坏和滥用。安全性可以通过身份验证、数据加密和访问控制等手段来实现。安全性高的软件就像一座安全可靠的银行保险库，它有严格的入口控制、视频监控和安全报警系统，确保存放在内部的贵重物品不受任何威胁。

（5）可重用性（Reusability）：软件可以在不同的应用场景中多次使用。模块化和组件化的设计，可以提高软件的可重用性，减少开发时间和成本。软件的模块和组件可以在不同的项目中重复利用，节省时间和资源。可重用性高的软件就像一套多功能的工具箱，其中包含了各种工具，可以根据需要组合使用。

（6）可扩展性（Scalability）：软件应该能够适应需求和规模的变化，能够支持数据量、用户数量或系统复杂性等方面的变化，且不会影响其性能和功能。可扩展性强的软件就像模块化家具，例如一个可组装的书架。用户可以根据需要增加或减少书架的层数，或者调整每一层的宽度或高度，以便存放不同数量或大小的物品。

（7）可靠性（Reliability）：软件应该始终能够在给定条件下正常运行，并提供准确和一致的结果。可靠性是软件质量的一个关键指标，可以通过测试、错误处理和容错机制等手段来提高。可靠性高的软件就像一台高品质的家用电器，例如冰箱、洗衣机、电视机，它们能够稳定运行并提供准确的功能，用户可以放心地使用这些设备，而不必担心它们会出现故障。

（8）可维护性（Maintainability）：软件应该易于维护和修改。良好的软件设计和文档化可以帮助开发人员理解和修改软件，以满足新的需求或修复错误。可维护性好的软件就像一栋易于保养的房屋，它的结构和设施设计得易于维修和改进。

（9）可移植性（Portability）：软件应该能够在不同的计算机平台和操作系统上运行，而不需要进行大量的修改。可移植性可以通过使用标准化的编程语言、遵循规范和使用跨平台的技术来实现。可移植性好的软件就像一个通用旅行适配器。不论旅行者在世界的哪个地方，它都能适应不同国家的插头标准，确保设备能够正常运行，这种灵活性让适配器可以轻松适应各种环境，而不需要为每个地点专门设计。

（10）可测试性（Testability）：软件应该易于进行测试和验证。良好的软件设计和模块化可以帮助开发人员编写有效的测试用例，对软件的功能和性能进行测试，以检查软件的功能是否满足要求，并发现潜在的错误和问题。可测试性有助于提高软件的质量和稳定性，确保软件在不同环境下能够正确运行。可测试性好的软件就像一种易于操作的实验器材，可以帮助科学家进行实验和验证。

1.2.2　软件质量保证人员的职责

软件质量保证的目标是确保软件满足用户需求，并符合相关的标准和规范。软件质量保证人员的主要职责包括以下方面。

（1）定义和实施质量管理计划：软件质量保证人员制订质量管理计划，明确质量目标、策略和方法，确保项目按照计划进行。

（2）需求分析和验证：软件质量保证人员与业务分析人员合作，确保需求明确、一致且可测试。软件质量保证人员还负责验证需求是否满足用户期望，以及需求是否被正确地转化为软件功能。

（3）设计审查和评估：软件质量保证人员对软件设计进行审查和评估，以确保设计满足系统需求和软件质量标准。他们重点关注设计的可扩展性、可维护性、安全性等方面。

（4）测试策略和执行：软件质量保证人员制订测试策略并执行测试活动，包括功能测试、性能测试、安全测试等。他们使用各种测试技术和工具，以检测潜在的缺陷和问题。

（5）缺陷管理和跟踪：软件质量保证人员负责收集、记录和跟踪软件缺陷。他们与开发团队合作，确保缺陷得到及时修复，并进行适当的验证和确认。

（6）过程改进和质量度量：软件质量保证人员监控项目过程，并提出改进建议。他们使用质量度量指标来评估软件的质量水平，以及质量管理过程的有效性。

总之，软件质量保证人员的工作确保软件的各个阶段都能按照规范和标准进行，从而提高软件的质量、可靠性和可用性等。

1.2.3 软件质量人人负责

"软件质量人人负责"是一种注重团队合作和文化建设的软件开发理念，它强调了软件质量的重要性，并将软件质量保证视为整个开发团队的任务，而不是仅仅由测试人员完成。这种理念的实现需要整个开发团队的共同努力和持续改进。在一个"软件质量人人负责"的开发团队中，每个成员都应该做到以下几个方面。

（1）理解软件质量的重要性：软件质量是软件成功的重要因素之一。每个成员都应该认识到软件质量对于软件和开发团队的成功至关重要。

（2）承担自己的责任：在开发团队中，每个成员都有自己的角色和职责，应该在其职责范围内积极承担自己的责任。

（3）积极参与质量保证活动：每个成员都应该积极、主动参与质量保证活动，如需求评审、设计评审、代码评审、测试等。

（4）提供有效的反馈和建议：每个成员都应该及时报告软件缺陷、提供改进建议，并分享经验教训，以帮助开发团队不断改进。

（5）学习和成长：每个成员都应该持续学习和提升技能，以自身的能力和水平。

为了实现"软件质量人人负责"，开发团队需要建立良好的团队合作和沟通机制。开发团队应该建立有效的沟通渠道，如会议、邮件、即时通信工具等，以方便成员之间的交流和协作。此外，开发团队还应该鼓励知识共享和经验传承，以便更好地发掘和利用每个成员的专长和经验。

总之，"软件质量人人负责"不仅是一种理念，更是一种文化，需要整个开发团队的共同努力和持续改进来实现。当每个成员都能认真对待软件质量时，整个开发团队可以更有效地保证软件质量，提高用户满意度和商业价值。

1.2.4 软件质量保证不存在"银弹"

"银弹"指一种简单、快速且万能的方法，可以彻底解决所有问题。然而软件质量保证并不存在所谓的"银弹"，即没有一种简单的、万能的方法可以解决所有软件质量问题。软件质量保证是一个复杂的过程，涉及多个方面和环节。软件开发过程中可能存在的问题包括需求不清晰、设计不合理、编码错误、代码性能低下、存在安全漏洞等。概括地说，软件开发涉及的问题如下。

（1）复杂性和多样性：软件开发涉及多个环节和各种技术，每个环节都有其独特的挑战和风险。因此，要解决软件质量问题，开发团队成员需要综合考虑各个方面，并采取相应的措施。

（2）变化和创新：软件行业发展迅速，技术和需求不断变化。新的开发方法、工具和技术不断涌现，对软件质量保证提出了新的挑战。开发团队成员需要不断学习和适应新的方法和技术，以保持与时俱进。

（3）人为因素：软件开发和软件质量保证是由人来完成的，而人的行为和能力往往是不可预测的。人们可能会犯错误、疏忽或者出于时间和资源的限制而妥协。因此，软件质量保证需要开发团队成员的不断努力与坚持专业精神，包括参加培训、开展合作和持续改进。

（4）多方利益相关者：软件开发涉及多个利益相关者，包括用户和管理层等。每个利益相关者对软件都有不同的期望和需求，对软件质量有不同的定义和要求。因此，软件质量保证需要平衡不同利益相关者的需求，并根据实际情况进行权衡和决策。

综上所述，软件质量保证并不存在所谓的"银弹"，因为软件质量问题是复杂多样的，涉及多方面的因素和挑战。提高软件质量需要开发团队成员的不断努力和持续改进，以适应环境和需求的变化。采用合适的方法和技术，并注重团队协作和专业素养，可以有效地提高软件质量水平。一些实践和方法可以帮助开发团队提高软件质量。

（1）软件测试：软件测试是确定软件是否符合业务需求和质量标准的重要手段。正确的软件测试方法和工具可以提高软件测试覆盖率和效率，减少缺陷的数量和影响。

（2）持续集成：持续集成是一种软件开发方法，通过频繁自动化地构建、测试和部署软件，确保软件代码始终处于可集成状态。这有助于避免集成错误，并提高软件质量。

（3）代码审查：代码审查是一种重要的软件质量保证方法，可以帮助发现潜在的缺陷和风险，并提高代码质量和可维护性。

（4）风险管理：风险管理是一种预防软件缺陷的方法，可以帮助开发团队识别和评估潜在的问题，并采取措施来减少或消除风险。

（5）过程改进：过程改进是一种持续改进的方法，通过分析和改进软件开发过程和质量保证过程，不断提高软件质量和开发团队绩效。

1.3　软件测试

软件测试是软件开发过程中至关重要的一环，旨在发现软件中的错误、缺陷和问题，评估和验证软件的质量、功能和性能，它涉及对软件进行系统的检查和验证，以确保其符合预期的需求和标准。软件测试可以提供有关软件质量的信息，帮助开发团队做出决策和改进。软件测试需要制订适当的测试策略和计划，并分为不同类型，如功能测试、性能测试、安全测试等。软件测试过程包括需求分析、测试设计、测试执行、缺陷跟踪和管理，以及测试评估和报告。自动化测试可以提高测试效率和准确性。软件测试需要开发团队合作和沟通，与其他利益相关者共同努力。总体而言，软件测试是一个系统性和综合性的过程，旨在确保软件的质量和可靠性。

1.3.1　软件缺陷

> **定义**　**软件缺陷**（也称为Bug）是指在软件中存在的错误、缺陷或问题，导致软件无法按照预期的方式工作。

软件缺陷可能源于设计、编码、测试或其他开发过程中的错误，包括逻辑错误、语法错误、界面问题、算法错误、数据处理错误等。软件缺陷可能会导致软件在功能、性能或安全等方面出现不符合预期的行为。软件缺陷的严重程度有所不同，有些缺陷可能只导致软件功能的微小偏差，而有些缺陷可能会导致软件崩溃或数据丢失等严重问题。软件缺陷还可能会影响软件的可用性、稳定性、安全性和用户体验。为了发现并修复软件缺陷，开发团队通常需要进行软件测试。软件测试旨在检查软件的各个方面，并尽可能地揭示潜在的缺陷和问题。发现软件缺陷后，开发团队会进行缺陷跟踪和管理，以确保软件缺陷得到及时解决。修复软件缺陷通常需要开发团队修改代码、重新测试和验证。一旦软件缺陷修复完成，开发团队需要再次进行测试以确保修复的有效性。

1.3.2　对软件测试的误解

软件测试是一个复杂的过程，需要全面考虑软件的各个方面，并覆盖软件开发的各个环节。软件测试旨在评估和验证软件的质量、功能和性能，并提供对软件开发的改进建议。为了有效地进行软件测试，需要了解软件测试的真正含义和相关误解。以下是常见的关于软件测试的误解。

（1）"软件测试只是确认软件是否按照预期工作"：软件测试不仅仅是验证软件功能是否符合需求，还包括评估软件的可用性、稳定性、安全性和用户体验等方面。软件测试的目标是发现潜在的缺陷，并提供有关软件质量的信息。

（2）"软件测试只是为了找出错误"：尽管软件测试的一个主要目标是发现缺陷，但它还可以提供关于软件的可行性、可维护性和可扩展性等方面的信息。软件测试也可以帮助提高软件开发的效率和质量管理的水平。

（3）"软件测试只在软件开发过程的最后阶段进行"：软件测试应该贯穿整个软件开发生命周期，从需求分析到软件部署和维护。早期的软件测试可以帮助开发团队发现并尽早修复问题，从而减少成本和风险。

（4）"软件测试完全依赖自动化测试就足够了"：虽然自动化测试可以提高测试效率和覆盖范围，但它不能完全取代手动测试。某些软件测试场景仍需要人工干预和判断，例如用户界面测试和用户体验评估。

（5）"只有专门的测试人员才能进行软件测试"：虽然专业的测试人员在软件测试中起着重要作用，但软件测试是整个开发团队的责任。开发人员、产品经理和用户/用户代表等都应该参与软件测试活动，与测试人员紧密合作。

（6）"软件测试是一次性活动"：软件测试是一个持续的过程，随着软件的演化和变化而进行。软件测试需要根据需求变更、新功能开发和缺陷修复进行更新和调整。

1.3.3　软件缺陷值得修复的原因

软件缺陷值得修复的原因是多方面的。

（1）软件缺陷修复保证了软件的功能完整性，确保软件能够按照设计和需求正常工作。用户依赖软件来完成各种任务，软件如果存在缺陷，其功能可能无法正常运行或以不符合预期的方式运行，给用户带来困扰和不便。修复缺陷可以提高软件的可用性和效能，增加用户对软件的满意度和忠诚度。

（2）软件缺陷修复对于保障软件的安全性至关重要。软件缺陷可能导致安全漏洞和风险，使得软件容易受到攻击和入侵，这可能对用户的数据和隐私造成严重威胁。修复缺陷可以增强软件的安全性，提供更可靠的保护措施，防止潜在的攻击和数据泄露风险。

（3）软件缺陷修复有助于提高软件的稳定性和可靠性。软件缺陷可能导致系统崩溃、数据丢失或其他不可预测的问题。修复缺陷可以减少故障和损失，确保软件能够持续稳定地运行。这对于那些依赖软件进行业务和生产活动的组织来说尤为重要，他们需要一个可靠和稳定的软件环境来确保业务的连续性。

（4）软件缺陷修复有助于控制成本和风险。随着软件开发的推进，软件缺陷修复的成本会逐渐增加。及早修复缺陷可以避免后期的开发和维护阶段变得更加昂贵和复杂。此外，软件缺陷修复还有助于减少潜在的法律风险和经济损失，因为软件缺陷可能导致用户投诉、索赔和组织声誉损害。

综上所述，软件缺陷值得修复是因为它对软件的功能、安全性、稳定性和成本都具有重要影响。及时修复软件缺陷可以提高软件质量，增强用户满意度，并减少潜在的法律风险和经济损失。

1.3.4　软件测试方法分类

软件测试方法可以根据不同的角度进行分类。以下是几种常见的分类方式。

（1）功能测试和非功能测试：根据软件测试的目标，软件测试方法可以分为功能测试和非功能测试。功能测试主要关注软件的功能是否按照需求规格说明书的要求正常运行，例如输入输出测试、界面测试等。非功能测试则主要关注软件的性能、安全性、可靠性、用户体验等方面的测试，例如性能测试、安全性测试、可靠性测试、用户体验测试等。

（2）黑盒测试和白盒测试：根据对软件内部结构的了解程度，软件测试方法可以分为黑盒测试和白盒测试。黑盒测试是在不了解软件内部实现细节的情况下进行的测试，主要关注软件对输入的处理和输出的结果。白盒测试则需要对软件的内部结构有一定的了解，以便设计测试用例和检查代码的覆盖率。

（3）静态测试和动态测试：根据测试的时机，软件测试方法可以分为静态测试和动态测试。静态测试是在软件运行之前进行的测试，主要通过审查和分析软件的需求规格说明书、设计文档、源代码等来发现潜在的缺陷和问题。动态测试是在软件运行时进行的测试，通过执行测试用例来验证软件的功能和性能。

（4）手动测试和自动化测试：根据测试的执行方式，软件测试方法可以分为手动测试和自动化测试。手动测试是由测试人员手动执行测试用例、观察和记录测试结果的过程。自动化测试是利用自动化测试工具或脚本执行测试用例并生成测试报告，这可以提高测试效率和准确性。

除了以上的分类方式，还有其他一些细分的软件测试方法，如冒烟测试、回归测试、压力测试、安全漏洞扫描等。根据实际的测试需求和目标，可以选择适合的软件测试方法或者结合多种方法进行测试，以确保软件质量和稳定性。

1.4　软件质量保证人才

软件质量保证人才是指具备相关技能和知识，能够有效地保证软件质量的专业人员。随着信息技术的快速发展和软件应用范围的广泛扩展，企业和用户对软件质量的重视程度不断提高，要求软件具备高可靠性、稳定性和安全性，软件质量保证人才的需求日益增长。因此，需要具备专业知识和技能的软件质量保证人才来确保软件的质量，他们需要熟悉软件开发过程和软件测试方法，能够制订有效的测试策略和计划，编写详细的测试用例，并使用各种软件测试工具和技术进行测试和分析。此外，随着自动化测试和人工智能技术的应用，市场对具备自动化测试和数据分析能力的软件质量保证人才的需求也在增加。总之，软件质量保证人才的市场需求持续扩大，他们在保障软件质量和提高用户满意度方面起着至关重要的作用。以下是一些常见的软件质量保证人才。

（1）质量保证工程师

① 质量保证工程师是负责整个软件质量保证过程的关键人员，他们需要与开发团队合作，确保软件的质量目标得以实现。

② 质量保证工程师负责制订软件测试策略和计划，确定测试范围和测试方法，并协调资源来执行测试活动。

③ 质量保证工程师需要熟悉软件开发的各个阶段，并能够评估软件的风险和质量特征，以制订相应的测试策略。

④ 质量保证工程师需要编写测试用例、设计测试数据，并使用测试工具和框架来执行软件测试并分析测试结果。

⑤ 质量保证工程师还负责报告和跟踪缺陷，并与开发团队合作解决问题。

（2）测试工程师

① 测试工程师是执行软件测试活动的专业人员，他们根据需求规格说明书或设计文档编写详细的测试用例，并执行这些测试用例以验证软件的功能和性能。

② 测试工程师需要熟悉软件测试的基本原理和技术，如黑盒测试、白盒测试、回归测试等，以确保软件测试的全面性和有效性。

③ 测试工程师需要使用各种测试工具和技术来辅助软件测试活动，如自动化测试工具、性能测试工具、缺陷跟踪系统等。

④ 测试工程师能够分析测试结果、识别和报告缺陷，并与开发团队密切合作解决问题。

（3）自动化测试工程师

① 自动化测试工程师负责设计、开发和维护自动化测试框架和脚本，他们使用自动化测试工具和编程语言来实现测试用例的自动化执行和结果分析。

② 自动化测试工程师需要熟悉不同的自动化测试工具和技术，如 Selenium、JUnit、TestNG 等，以及脚本编程语言如 Python、Java 等。

③ 自动化测试工程师需要与测试团队紧密合作，理解测试需求，并确定哪些测试可以自动化执行以提高效率和可重复性。

④ 自动化测试工程师还应该定期维护和更新自动化测试脚本，以适应软件的变化。

（4）质量分析师

① 质量分析师负责收集和分析与软件质量相关的数据和指标，评估软件的质量风险，并提出改进措施。

② 质量分析师需要具备数据分析和问题解决的能力，能够使用统计方法和工具来分析测试结果，发现潜在的质量问题。

③ 质量分析师应该能够准确地评估软件的质量状态，并根据需求制订相应的质量度量指标和监控机制。

④ 质量分析师还需要与开发团队合作，提供质量改进的建议和实施方案。

（5）故障管理工程师

① 故障管理工程师负责收集、跟踪和解决软件开发过程中出现的问题和缺陷。

② 故障管理工程师需要具备良好的问题解决和沟通能力，能够与开发团队和测试团队协作，推动

问题的解决和改进措施的实施。

　　③ 故障管理工程师通常使用缺陷跟踪系统来记录和追踪缺陷，并与开发团队一起解决缺陷。

　　④ 故障管理工程师还负责故障分析，确定根本原因，并提供预防措施以避免类似的问题再次发生。

　　综上所述，软件质量保证人才都应具备良好的沟通能力、团队合作精神和持续学习的态度，以适应不断变化的软件开发和测试的环境。通过培训、认证和积累实践经验，软件质量保证人才可以不断提升自己的专业水平和能力。

1.5　SmartArchive项目的软件质量保证

　　现代化大都市建设加速城镇的建设，土地作为不可再生的资源更为人们所珍惜，生态环境的压力也迫使人们更加重视土地的规划。在此背景下，大量的规划档案已形成一个独立的体系，规划档案馆应运而生。规划档案管理系统 SmartArchive 是建立在网络（局域网、政府通信网、互联网）平台上的"虚拟档案馆"，是电子政务建设的一项重要工程。SmartArchive 系统涵盖城市规划档案工作的各个环节，以建立规划档案数字化综合应用平台为重点，以高效的业务管理、可靠的资源服务为宗旨，以满足规划档案利用者（单位或个人）和规划档案管理者的需求为目标来建设实施。SmartArchive 系统是一个针对城市规划信息中心的实际情况，使用一些切实可行的手段来提高城市规划档案的管理水平、加快内部的信息流通与信息的有效利用，逐步建成的数字化的城市规划档案馆。SmartArchive 系统旨在帮助政府解决档案管理中的痛点问题，提供全面的数据存储和管理的解决方案，该系统不仅能够存储大量的电子文档和数据，还具备高度灵活性和可扩展性。

　　为了确保 SmartArchive 系统的稳定性、安全性和可靠性，软件质量保证和测试显得尤为重要。本书将以 SmartArchive 项目为案例，深入探讨软件质量保证和测试的理论与实践。SmartArchive 作为一款规划档案管理系统，注重软件质量保证体系的建立和实施。在软件质量体系方面，SmartArchive 项目采用 CMMI 中的质量管理体系标准作为参考，确保软件开发过程中的质量控制和管理得到有效落实。通过制订详细的质量计划和标准，开发团队能够系统地管理软件开发过程，并确保交付的软件符合用户要求和质量标准。

　　（1）在软件配置管理方面，SmartArchive 项目使用业界流行的配置管理工具和技术，包括版本控制系统、配置项管理和变更控制等。通过对软件配置项的识别、记录和管理，开发团队能够追踪和控制软件开发过程中的变更，确保软件配置的一致性和可追溯性。

　　（2）在变更管理方面，SmartArchive 项目制订了严格的变更管理流程，包括变更请求的提出、评估和批准等环节。通过合理的变更管理，开发团队能够有效控制软件开发过程中的变更，避免不必要的风险和影响。

　　（3）在软件评审方面，SmartArchive 项目采用了多种评审技术和方法，包括需求评审、设计评审和代码评审等。通过对各个阶段的评审，开发团队能够及时发现和解决潜在的问题和缺陷，提高软件的质量和稳定性。

　　（4）在软件测试技术方面，SmartArchive 项目采用了多种软件测试技术，包括功能测试、性能测试、安全性测试和用户体验测试等。通过全面的测试覆盖和合理的测试策略，开发团队能够发现和解决软件中的缺陷和问题，确保软件的高质量和稳定性。

（5）在软件测试过程和管理方面，SmartArchive 项目遵循了标准化的软件测试过程，并采用了成熟的软件测试管理工具和方法。通过对测试计划、测试用例和测试报告的编制和管理，开发团队能够有效地组织和控制软件测试活动，提高测试效率和质量。

通过对 SmartArchive 项目的深入学习和实践，读者将更好地理解软件质量保证和测试的重要性，并掌握相关的方法和技巧。这将有助于读者成为一名优秀的软件质量保证人员，能够在实际项目中确保软件的高质量和稳定性。

1.5.1 软件过程框架

> **定义**
>
> **组织**是指一组个人或团队，他们共同致力于实现一个或多个目标。组织可以是公司、政府机构、非营利组织或其他类型的实体。

组织的标准软件过程中的软件过程数据库、软件过程相关文档库、软件生命周期描述以及标准软件过程的裁剪指南及准则，构成了组织的软件过程财富，作为组织用于开发、裁剪、管理和实施软件过程的基础。SmartAchive 项目所使用的软件过程框架如图 1.3 所示。

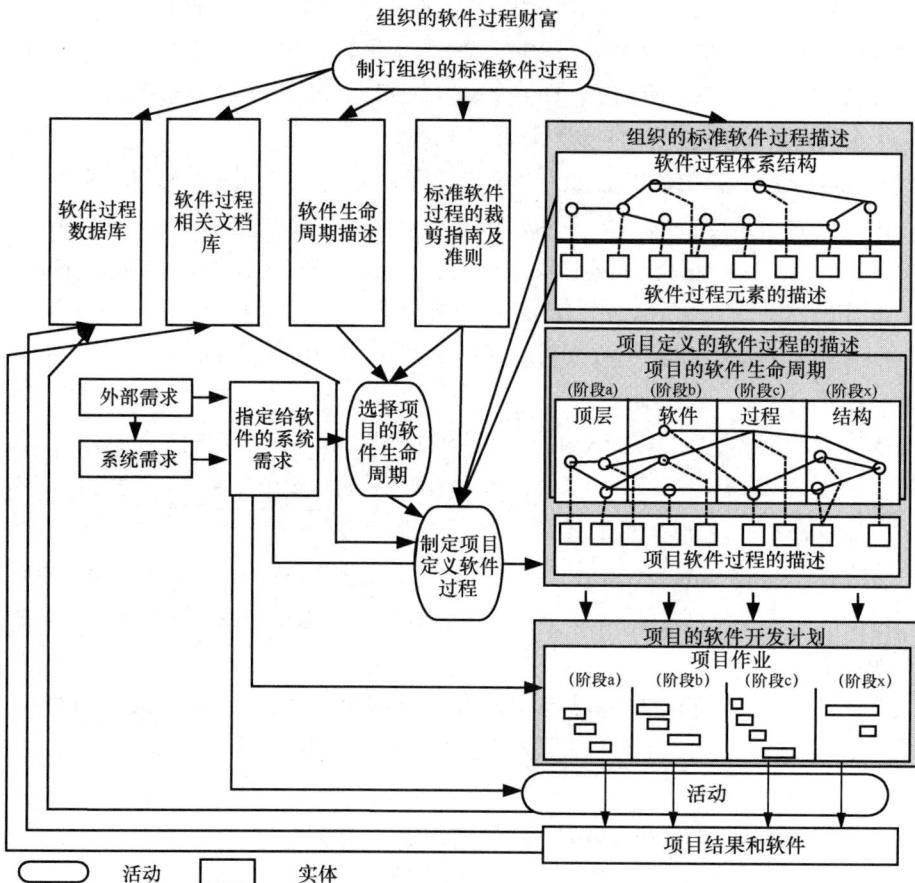

图1.3 SmartAchive项目所使用的软件过程框架

该软件过程框架的核心是"制订项目定义软件过程",即项目经理针对项目设计出合理又符合规范的软件开发过程。"组织的软件过程财富"为项目经理定义项目的过程提供了参照依据,项目在实践中产生出新的数据、文档模板、经验,对组织过程财富又起到了积累、改进、完善的作用。"活动"指对"指定给软件的系统需求"进行需求跟踪与管理。需要说明的是,本书中的"工作产品"指代软件过程中产生的一个个中间结果,"软件"是软件过程最终结果的整体性称呼。

1.5.2　组织标准软件过程全貌

结合现有的 SmartArchive 项目研发过程的实际情况,并基于 CMMI、项目管理知识以及改进研发流程的需要,现简化处理了 CMMI 3 级以内各个过程域的内容和要求,如图 1.4 所示。

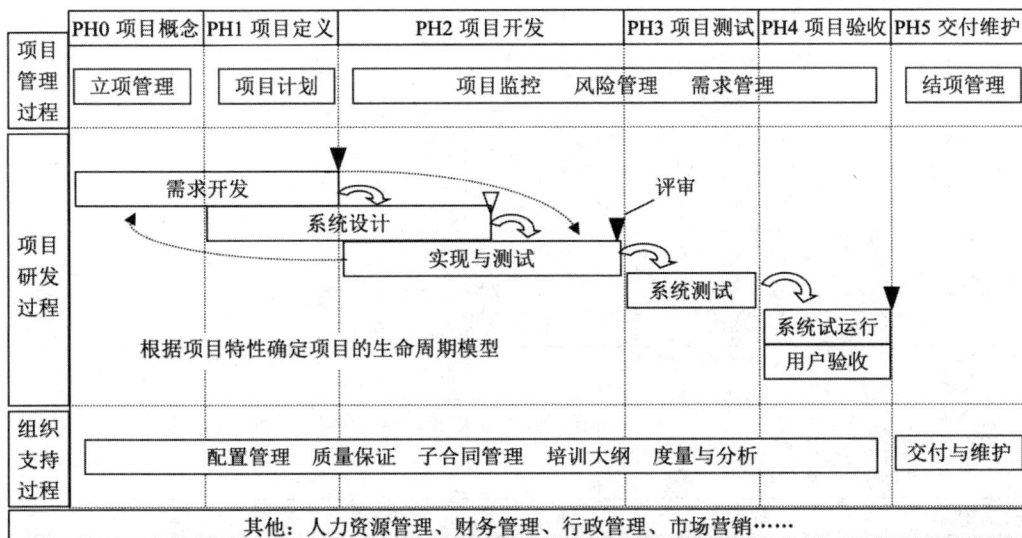

图1.4　组织标准软件过程全貌

为了在项目的生命周期之内,并行开展项目管理、项目研发和组织支持过程,可以把项目的生命周期划分为如下 6 个阶段。

（1）项目概念阶段,记为 PH0。

（2）项目定义阶段,记为 PH1。

（3）项目开发阶段,记为 PH2。

（4）项目测试阶段,记为 PH3。

（5）项目验收阶段,记为 PH4。

（6）交付维护阶段,记为 PH5。

根据组织的商业目标及产品发展方向,把组织标准软件过程中的过程域分为 3 类,类别指明了软件过程中的各个里程碑,各类别所包含的过程元素及相关说明如表 1.1 所示。

> **规程**是指在软件开发过程中所需遵循的一系列标准、指南、程序和流程,旨在指导组织和开发团队按照一致的方法进行软件开发,并确保其达到一定的质量水平。

定义

表 1.1　组织标准软件过程中的过程元素及相关说明

类别	过程元素	相关说明
项目管理过程类		以组织业务及项目的立项开发管理为目标，对所有软件开发流程提供客观的审查和跟踪
项目立项	项目立项	采纳符合组织最大利益的立项建议，通过立项管理使该建议成为正式的项目，杜绝不符合组织最大利益的资源、资金等的浪费
需求管理	需求变更控制 需求状态跟踪 需求版本控制 需求管理活动度量	在用户和开发团队间建立对需求的共同理解，维护需求与其他工作成果的一致性，并控制需求变更
项目计划	计划定义 工作细分 项目估计 制订项目计划 获得计划承诺	为项目的研发、管理和支持工作制订合理的行动计划，以便所有相关人员有条不紊地开展工作
计划跟踪	度量和分析数据 项目控制 报告结果	周期性地跟踪项目计划的各种参数，如进度、工作量、费用、资源等，以便了解项目的实际进展情况，帮助团队成员及时采取纠正措施以避免偏离计划
风险管理	风险识别 风险分析 风险应对策略 风险跟踪与控制	在风险产生危害前识别它们，从而有计划地规避或转移风险
结项管理	结项管理	对项目正常验收或非正常中止的综合评估和总结管理
项目研发过程类		在整个项目的生命周期中递归执行活动，并面向过程不断进行改进
需求开发	需求获取 需求分析与验证	包括获取用户需求并进行需求分析，定义项目需求
系统设计	概要设计 详细设计	设计软件的体系结构、数据库、用户界面、模块等，从而指导开发人员实现满足用户需求的软件
编码及单元测试	编码及单元测试	依据设计文档，编写并测试整个软件的代码。包括编码、代码审查、单元测试、冒烟测试、集成测试、缺陷管理等活动
集成测试与系统测试	集成测试 系统测试	对最终软件进行全面的测试，确保最终软件遵循软件设计并且满足产品需求
系统试运行	系统试运行	在软件正式交付前，请用户对软件进行非正式测试，并获取建议反馈
系统验收	系统验收	验收小组或用户依据合同或立项报告对软件进行审查和测试，确保其满足需求并进行验收考核
项目评审	项目评审	尽早发现软件中的缺陷，并帮助开发人员及时消除缺陷，提高软件质量
组织支持过程类		对整个软件开发过程提供开发和维护的能力与支持，并给予必要的承诺与协作，以对整个项目研发过程进行最终的客观评价

续表

类别	过程元素	相关说明
配置管理	制订配置计划 配置库管理 版本控制 变更控制	执行版本控制、变更控制等规程，并使用配置管理工具来保证所有配置项的完整性和可跟踪性
质量保证	制订维护 SQA 计划 执行 SQA 活动 管理 SQA 工作	通过独立的渠道，客观地检查和监控项目开发过程质量和软件质量，从而持续改进过程质量
子合同管理	子合同策划与签订 子合同管理 评价子承包商	选择合适的子承包商，并依据合同进行有效的管理
培训大纲	计划制订 培训实施 培训管理 改进与监控	跟踪组织（或项目）的需求，制订培训计划，并监控计划的实施，确保取得预期效果
度量和分析	度量数据识别 度量数据收集 数据分析和通报	周期性度量项目开发过程中的各种参数，如进度、工作量、费用、缺陷、规模等，以便了解项目的实际情况，提高项目可视性和透明度
交付及维护	系统交付 系统维护	软件交付用户使用后的用户服务和软件维护管理

以上 3 类别的过程元素，贯穿了项目的整个生命周期，主要包括项目的研发和管理过程。执行 SmartAchive 项目时可适当地裁剪或扩充某个过程元素的内容到项目生命周期的具体某个阶段，以便定义适合具体项目的过程模型。

1.5.3　角色与职责

SmartArchive 作为一款规划档案管理系统，涉及多个团队成员和角色，每个角色都需要承担不同的职责。在项目开发过程中，清晰的角色划分和职责分工是保证项目进度和质量的关键因素之一。表 1.2 介绍了 SmartArchive 项目中各个角色的职责和工作内容，帮助读者更全面地了解该项目的开发流程和开发团队组成。

表 1.2　SmartArchive 项目中的角色与职责

常设角色		相关说明
项目管理过程	高级经理	（1）通常由 SEPG、公司/部门总工程师、部门经理、产品经理等组成 （2）负责监督规范的实施开展，审查所有的对组织外部的个人和组织所作的项目承诺 （3）参与各阶段工作产品、使用技术、工具的评审和审批，并给予必要的支持
	项目经理	（1）负责确定项目开发各个过程中的参与人员和资源，配合、监督开发团队完成相应的活动及工作产品，负责组织工作产品的评审和批准活动，必要时给予培训支持 （2）实时跟踪过程风险、问题及其解决状态，并建立高层对实际进展的适当的可视性

续表

常设角色		相关说明
项目开发过程	过程执行人员	（1）包括需求获取、分析、设计、编码、维护以及文档编写人员等 （2）负责完成开发过程中的所有活动并编写相关文档，必要时接受适当的方法和技术的培训和指导
	测试人员	负责参与项目开发中各个过程工作产品的可测试性的审查和验证，及时发现、记录缺陷并验证缺陷
组织支持过程	SQA 人员	有计划地协助参与项目开发过程中的过程质量与软件质量的审查和监控活动，收集度量数据并统计缺陷，跟踪质量问题并报告给相关人员，给出质量改进措施，从而持续改进质量
	SCM 人员	（1）有计划地创建并维护配置库（包括接受变更请求），并及时通报相关人员 （2）协助进行配置验收审计与产品发布
	子合同经理	（1）选择合适的承包商，签订外包子合同 （2）监控外包子合同的项目开发过程，验收过程开发工作产品
临时角色		根据项目特定阶段或任务需求，临时设立并承担特定职责的人员或团队。临时角色通常不固定，仅在项目执行过程中因管理、开发、审查、外包等因素动态分配，并在任务完成后退出或调整
立项建议小组		开展立项调查、产品构思和可行性分析，申请立项，并在立项建议评审会议上答辩
立项评审委员会		参与立项可行性评审与立项批准决议，必要时也参与项目验收及考核评审
配置控制委员会（SCCB）		（1）审定软件基线的建立和配置项/单元的标识 （2）确保所有提出的 SCCB 控制下的基线变更经过充分的评价和分类 （3）审查变更的优先权并批准提出的变更，确保只有经过批准的变更才能得到实施
技术评审委员会		（1）通常由项目内外的技术专家组成，包括同行经理 （2）对软件进行正式技术评审，尽早地发现软件中的缺陷，并帮助开发人员及时消除缺陷

表 1.2 中，软件工程过程组（Software Engineering Process Group，SEPG）是一个专门负责软件工程过程改进和管理的团队或部门。SEPG 的主要任务是制订、推广和维护组织内部的软件工程过程框架，并提供支持和指导，确保软件能够按照规范和标准进行开发。SEPG 通常由经验丰富的软件工程师和过程改进专家组成，他们具备丰富的软件开发和管理经验。SEPG 的职责包括但不限于以下方面。

（1）制订和维护软件工程过程框架：SEPG 负责制订组织内部的软件开发过程框架，包括定义过程模型、方法和工具，以及相关的文档和模板。SEPG 与各个部门紧密合作，确保过程框架符合组织的实际需求，并进行持续优化和更新。

（2）过程培训和支持：SEPG 提供过程培训和支持，确保开发团队成员能够理解和遵守软件工程过程的规范和标准。SEPG 负责组织培训活动、编制培训材料，并解答开发团队成员在过程实施中产生的问题和困惑。

（3）过程度量和分析：SEPG 负责收集、分析和报告软件工程过程的度量数据，以评估过程的效果和改进空间。SEPG 使用各种度量指标和工具，如缺陷率、生产率、项目进度等，帮助开发团队了解软件工程过程的健康状况，并提供改进建议。

（4）过程审查和审核：SEPG 组织并参与软件工程过程的审查和审核活动，确保项目符合过程规范和标准。SEPG 负责审核项目文档、源代码和测试结果，发现潜在的问题和改进点，并推动开发团队采取相应的措施进行改进。

（5）过程改进和创新：SEPG 不断推动软件工程过程的改进和创新，通过引入新的技术和方法，优化过程流程，提高软件开发效率和质量。

SEPG 的存在可以帮助组织建立统一的软件工程过程标准，提升软件开发的可持续性和一致性。SEPG 与开发团队密切协作，为项目的顺利进行提供支持和指导，同时也促进整个组织软件工程能力的提升。

另外，表 1.2 中的软件配置管理（Software Configuration Management，SCM）和软件配置控制委员会（Software Configuration Control Board，SCCB）的工作会在第 4 章"软件配置管理"进行描述。

1.5.4　使用工具

SmartArchive 项目所使用的工具涉及软件开发过程的多个方面，如需求开发、需求管理、计划及计划跟踪、设计过程、软件测试等，如表 1.3 所示。

表 1.3　SmartArchive 项目所使用的工具

类别	使用工具
需求开发、需求管理	需求提问单或使用用例，原型建模工具，需求跟踪矩阵表，文档模板，过程检查表等
计划及计划跟踪	PingCode，项目计划跟踪检查表，文档模板，过程检查表等
设计过程	文档模板，设计模型及其工具，draw.io 等
软件测试	Selenium，JMeter，Fiddler，测试驱动程序，调试程序，测试情况分析程序等，单元测试工具 JUnit、NUnit，前端测试工具 Mocha、Jest
编码工具	编码规范，财富库中重用内容，开发工具及平台，编译和创建工具（如脚本）等
编程语言	Java、Python 等（其他开发语言工具需总工特批后使用）
开发平台	操作系统如 CentOS、FreeBSD 等，中间件 Tomcat 或 WebSphere(IBM)/JBoss
数据库	数据库系统如 MySQL、Oracle
配置工具	Git、Gitee，配置管理系列表格
支持及管理工具	过程检查表，各个过程使用的文档模板，图形和文档化模板等
工作产品文档化	Office 软件，HTML 帮助工具、文档模板等
图形与流程图制订	draw.io，Office 软件，UML 或其他已批准工具
SQA 及度量过程	PingCode，Office 软件，文档模板及检查表等

1.6　小结

本章是关于软件质量保证的综合概述，涵盖了软件、软件工程、软件质量保证、软件测试以及软件质量保证人才等方面的内容。通过学习这些概念和案例，读者可以更好地理解和应用软件质量保证，从而提高软件开发过程的质量和可靠性。本章重点介绍了软件缺陷和为什么需要修复软件缺陷。软件缺陷是在软件开发过程中不可避免的问题，可以通过软件测试来及早发现和修复，以提高软件的质量和可靠性。此外，本章还对软件测试方法进行了分类，帮助开发团队选择最适合自己的测试方法。同时，本章还强调了软件质量保证是一个全员参与的过程。不仅开发人员和测试人员要关注软件的质量，开发团队中的每个成员都应该意识到软件质量的重要性，并承担相应的责任。只有大家共同努力，才能确保软件在设计、开发和测试过程中的质量。软件质量管理流程图如图 1.5 所示。

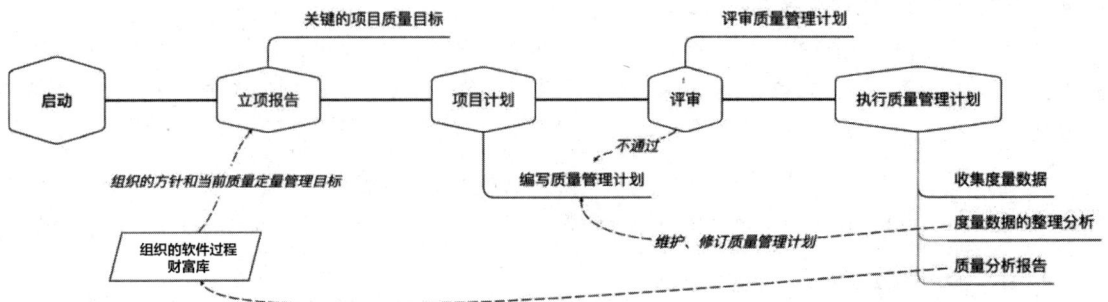

图1.5　软件质量管理流程图

最后，本章介绍了 SmartArchive 项目中的软件质量保证实践的概述。该项目应用多种工具和方法，如需求跟踪矩阵表、PingCode、Selenium 等，来确保项目开发过程中的质量和进度。后续章节将以 SmartArchive 项目为例，继续展开讨论更详细的软件质量保证活动。

1.7　习题

一、选择题

1. 软件的特征中，软件的"可移植性"指的是（　　　）。

A. 软件可以随时更新和升级　　　　　　B. 软件可以在不同的操作系统上运行

C. 软件可以通过应用商店进行分发　　　D. 软件可以进行各种测试

2. 20 世纪 60 年代，软件工程开始兴起并逐渐成为一个独立的学科和实践领域的原因是（　　　）。

A. 计算机的应用范围越来越广泛　　　　B. 软件的规模越来越大，复杂性越来越高

C. 缺乏有效的软件开发管理和组织方法　D. 以上选项都正确

3. 在 CMMI 中，软件过程被分为（　　　）个成熟度级别。

A. 3　　　　　　　　B. 4　　　　　　　　C. 5　　　　　　　　D. 6

4. PSP 的一个重要目标是（　　　）。

A. 提高团队协作效率　　　　　　　　　B. 提高个人工作效率和质量

C. 提高软件的质量　　　　　　　　　　D. 促进创新和最佳实践的推广

5. 软件过程中的核心活动在整个软件开发过程中起着重要作用，以下（　　　）属于 PSP 的核心活动。

A. 需求分析　　　B. 任务规划　　　　C. 风险管理　　　　D. 团队协调

6. 软件测试的目标是（　　　）。

A. 发现软件中的错误、缺陷和问题　　　B. 确保软件符合预期的需求和标准

C. 评估软件的可靠性、可用性和性能　　D. 以上选项都是

7. 软件缺陷可能会导致的问题包括（　　　）。

A. 软件功能的微小偏差

B. 软件崩溃或数据丢失

C. 影响软件的可用性、稳定性、安全性和用户体验

D. 以上选项都是

8. 关于软件测试的误解，以下说法正确的是（　　　）。

A. 软件测试只是确认软件是否按照预期工作

B. 软件测试只在软件开发过程的最后阶段进行

C. 软件测试完全依赖自动化测试就足够了

D. 软件测试只有专门的测试人员才能进行

9. 软件缺陷值得修复的原因是（　　　）。

A. 保证软件的功能完整性 　　　　　　　B. 提高软件的可用性和效能

C. 提高软件的稳定性和可靠性 　　　　　D. 以上选项都是

10. 软件测试方法中的分类方式不包括（　　　）。

A. 静态测试和动态测试 　　　　　　　　B. 黑盒测试和白盒测试

C. 手动测试和自动化测试 　　　　　　　D. 缺陷管理和故障分析

11. 软件质量保证人才的市场需求不包括（　　　）。

A. 对软件开发过程和软件测试方法熟悉 　B. 能够制订有效的测试策略和计划

C. 具备自动化测试和数据分析能力 　　　D. 编码和程序设计技能

12. 软件质量保证人才不包括（　　　）。

A. 质量保证工程师 　　　　　　　　　　B. 测试工程师

C. 产品经理 　　　　　　　　　　　　　D. 自动化测试工程师

二、判断题

1. 软件质量保证的目标是确保软件满足用户需求并具备可靠性、可用性、安全性和性能等特性。

（　　　）

2. 可测试性是软件质量的一个重要方面，指软件易于进行测试和验证。 （　　　）

3. SQA 的主要职责包括定义和实施质量管理计划、设计审查和评估、进行缺陷管理和跟踪等。

（　　　）

4. "软件质量人人负责"强调软件质量保证活动应该由测试人员独立完成，其他开发团队成员不需要参与。 （　　　）

5. 软件质量保证的"银弹"是指有一种简单、快速且万能的方法，可以彻底解决所有软件质量问题。 （　　　）

6. 持续集成是一种软件开发方法，通过频繁自动化地构建、测试和部署软件，来确保软件代码始终处于可集成状态。 （　　　）

7. 风险管理是一种预防缺陷的方法，可以帮助开发团队识别和评估潜在的问题，并采取措施来减少或消除风险。 （　　　）

质量是一种价值观，需要贯穿整个组织文化。

当谈论软件质量管理体系时，人们常常会想起一些著名的故事。例如 1998 年 12 月，美国宇航局（NASA）开始执行"火星气候轨道飞行器（Mars Climate Orbiter）"任务。该任务旨在研究火星的气候和大气层，收集数据并传回地球。然而，在任务执行过程中，火星气候轨道飞行器在进入火星轨道时却坠毁了。经调查，NASA 发现这个悲剧性的失误是一个简单的计算错误导致的。火星气候轨道飞行器的设计团队使用了英制单位，而导航团队使用了公制单位。这两个单位的差异导致了推进系统的加速度计算错误，最终使得飞行器离轨并坠毁。这个例子展示了单位的差异如何引起计算错误，并可以引申到软件质量管理体系中。软件质量管理体系是确保软件开发和交付过程中质量标准得到满足的关键。在这个案例中，缺乏有效的质量管理措施，设计团队和导航团队之间没有及时发现和纠正单位差异的错误，最终导致飞行器的毁灭，造成了巨大的损失。

软件质量管理体系的目标是确保软件开发过程的质量，包括规划、设计、开发、测试和交付等各个阶段，它涉及制订标准和流程、进行质量控制和质量保证，以及持续改进和风险管理等方面。通过建立健全的质量管理体系，组织可以更好地管理项目风险，并避免类似的错误发生。上述案例提醒我们，软件质量管理体系对于确保软件能够稳定可靠地运行、达到预期的商业目标至关重要，它可以帮助组织识别和解决潜在的问题，改进开发过程，并确保交付的软件符合质量标准和用户需求。通过有效的质量管理体系，类似的单位差异错误可以被发现和修复，从而避免潜在的灾难性后果。因此，软件开发者和组织应该重视软件质量管理体系的建立和实施，以确保软件质量得到充分的重视和保障。

下面以另一个例子来说明软件质量管理的重要性。假设你是一家银行的用户，今天你决定使用银行的手机应用程序来进行转账操作。你打开应用程序，输入了收款人的账号和金额，点击了确认按钮。然而，应用程序没有给出任何反馈或确认信息。你开始怀疑转账是否成功，但又无从得知。

这个例子展示了另一类软件质量问题，即用户体验不佳。银行的应用程序缺乏反馈和确认信息的操作，可能导致用户的困惑和不信任，甚至可能造成转账错误。这种情况下，银行将面临用户投诉、声誉损失以及潜在的法律责任。而这些问题很可能是由于缺乏有效的软件质量管理体系所导致。

软件质量管理体系的目标是通过制订标准、流程和方法来确保软件产品的质量，从而提供出色的用户体验、可靠性和安全性。软件质量管理涉及需求管理、设计评审、代码审查、测试、缺陷管理等一系列活动，以确保软件开发过程中的质量问题及时得到发现和解决。建立健全的软件质量管理体系，可以提高软件开发的效率和质量，满足用户的需求并获得市场竞争优势。本章将深入探讨软件质量管理体系的关键要素和实施方法。

2.1　软件质量管理的内容、标准和框架

质量管理是通过规划、控制和改进组织的活动，来确保产品或服务满足质量要求的一系列过程。这个过程包括了从采购原材料到交付产品或服务的整个生产链上的每一个环节。实施质量管理的过程需要涉及组织内的所有层面，包括管理层、员工和供应商等。质量管理的目标是提高产品或服务的质量水平，以满足用户的需求和期望。为达成这个目标，组织必须优化生产流程，并确保所有环节的质量均符合标准要求。此外，组织还需要对问题进行持续改进，以及进行培训和沟通，以保证质量管理的有效实施。

在软件质量管理领域，质量管理涉及软件开发的各个阶段，包括需求分析、设计、编码、测试等。质量管理需要涉及组织的所有层面，包括项目管理团队、开发团队和质量保证团队等。软件质量管理的目标是提高软件产品的质量水平，以满足用户的需求和期望。为达成这个目标，需要建立明确的质量标准和流程，包括编码规范、测试标准、质量评估方法等；同时，需要进行严格的质量控制，包括代码审查、单元测试、集成测试、系统测试等，以确保软件质量符合标准要求。

在软件质量管理中，持续改进也是非常重要的。通过对软件开发过程的不断反思和优化，以及对用户反馈的及时响应，开发团队可以不断提升软件质量。此外，开发团队还需要进行培训和知识共享，以确保团队成员具备必要的技能和意识，从而有效地实施质量管理。

2.1.1　软件质量管理的定义

软件质量管理是指通过规划、控制和改进软件开发过程中的活动和资源，以确保最终交付的软件产品符合用户需求和预期质量标准的系统性方法。该过程涵盖了对软件开发生命周期中各个阶段的质量管理，包括需求分析、设计、编码、测试、部署和维护等环节。软件质量管理强调持续改进，通过制订有效的质量策略、采用适当的标准和流程、进行严格的质量控制和评估，以及不断优化和提升软件开发过程，来确保交付高质量、可靠、安全、易用且符合预期功能的软件产品。软件质量管理的实施有助于提升用户满意度、降低错误率、提高开发效率，并最终增强组织的竞争力和声誉。

在实践中，组织需要建立明确的质量标准和流程，并进行持续改进和严格的质量控制，以确保产品或服务的质量符合标准要求。软件质量管理涉及多个细节内容，下面展开阐述其中的几个关键方面。

（1）质量标准和流程：软件质量管理需要建立明确的质量标准和流程，以确保软件符合质量要求。质量标准可以包括功能需求、性能指标、可靠性要求、安全性要求等。质量流程涉及软件开发生命周

期的各个阶段，需要定义每个阶段的任务、角色和交付物。

（2）质量控制：质量控制是软件质量管理的重要环节，它通过一系列措施来确保软件的质量符合要求，其中包括代码审查、单元测试、集成测试、系统测试等。代码审查指对代码进行检查和评估，以确保代码的质量和规范性。单元测试指对软件模块进行独立的测试，以验证其功能和正确性。集成测试指将多个模块或组件组合在一起进行测试，以确保它们协同工作正常。系统测试指对整个系统进行综合测试，以验证系统是否满足用户需求和期望。

（3）持续改进：持续改进是软件质量管理的核心理念之一。通过对软件的不断反思和优化，组织可以持续改进质量水平。持续改进包括收集和分析用户反馈、识别问题和解决问题、制订改进计划并跟踪实施效果。此外，组织还可以借鉴行业最佳实践和先进技术，引入新的工具和方法来提升质量。

（4）培训和知识共享：为了有效实施软件质量管理，组织需要确保开发团队成员具备必要的技能和意识。培训可以包括软件开发方法、质量标准、测试技术等方面；同时，开发团队需要建立知识共享的机制，促进团队成员之间的交流和学习，以提高整个开发团队的能力和素质。

（5）绩效评估和认证：软件质量管理还需要进行绩效评估和认证，以验证软件质量管理体系的有效性和符合性。绩效评估可以通过指标和评估方法来衡量质量管理的效果，包括产品缺陷率、用户满意度等。可以通过第三方机构对质量管理体系进行评估和认证，如 ISO 9001 质量管理体系认证。

2.1.2 软件质量管理体系标准

质量管理体系标准是一种旨在确保组织产品或服务质量符合要求的标准。这些标准提供了一套规范和指导，帮助组织建立、实施和维护具有一致性和持续改进特征的质量管理体系。

常见且广泛应用的标准是 ISO 9001。ISO 9001 为组织提供了一种系统化的方法来进行质量管理，它强调对组织过程的关注，以确保产品或服务的一致性和优质性。ISO 9001 的核心原则包括用户导向、领导力、全员参与、过程方法、持续改进，以及基于数据和事实的决策等。通过遵循 ISO 9001，组织可以建立一个明确定义的质量管理体系，涵盖质量政策、目标和流程。该体系涉及从产品设计、采购和生产到销售和售后服务的各个方面，它要求组织制订适当的程序、工作指导书和记录，以确保质量的一致性和可追溯性，并满足相关法规和用户要求。ISO 9001 还提供了内部和外部审核的指南，以评估和验证组织质量管理体系的有效性，这些审核有助于组织不断改进其质量管理体系，并提供了证明其符合 ISO 9001 的机会。

通过实施 ISO 9001，组织可以获得许多好处。首先，组织可以提高产品或服务的质量，满足用户的期望和需求。其次，组织可以提高效率、加快运作流程，减少错误和浪费。此外，ISO 9001 还有助于提升组织的声誉和竞争力，增加市场份额，并为持续改进提供框架和方法。

总之，质量管理体系标准如 ISO 9001 提供了一种建立、实施和维护质量管理体系的方法，并为组织评估和证明其质量管理体系的有效性提供了框架。质量管理体系旨在确保组织的产品或服务质量符合要求，并促使其拥有卓越表现并持续改进。

当涉及软件业行业时，有一些与质量管理相关的标准和框架可以提供指导和支持。以下是其中一些与软件开发和管理相关的重要标准和框架。

（1）ISO/IEC 12207：软件生命周期过程标准，提供了软件开发、维护和支持活动的框架。该标准描述了与软件生命周期相关的过程、任务和活动，并提供了管理和控制软件项目的指南。

（2）ISO/IEC 15504（SPICE）：软件过程能力评估模型，用于评估和改进软件开发过程的能力和成熟度。通过对软件开发过程的评估，组织可以确定其在不同方面的能力水平，并采取相应的改进措施。

（3）CMMI：一个综合的软件和系统工程能力模型，旨在帮助组织提升软件开发和管理的成熟度。CMMI 提供了一套最佳实践指南，帮助组织改善其过程和能力，并实现持续的质量改进。

（4）Agile Manifesto（敏捷宣言）：一项关于软件开发的价值观和原则的共识，强调通过迭代、自组织团队和快速反馈来满足用户需求，并鼓励在软件开发中保持灵活性、促进协作并实现持续交付。

（5）DevOps：一种软件开发和运维的实践方法，旨在通过自动化、协作和持续集成/交付来实现快速、可靠的软件交付。DevOps 强调开发团队和运维团队之间的紧密合作，以提高软件质量和交付效率。

这些标准和框架都提供了在软件开发和管理方面的指导和最佳实践，帮助组织确保软件质量、提升开发过程的效率和可靠性，并满足用户要求和行业标准。根据需求和目标，组织可以选择适合的标准和框架来指导软件项目的管理和质量控制。

2.1.3 软件质量管理框架

质量管理框架是一个组织用来确保产品或服务质量的基本结构，它是组织实现质量管理和持续改进的重要工具和方法。在当今竞争激烈的市场环境下，产品或服务质量已经成为组织赢得市场、提高用户满意度和保持竞争优势的关键因素之一。一个完善的质量管理框架可以帮助组织建立起稳定可靠的质量控制体系，从而确保产品和服务的稳定性和一致性。

质量管理框架包括了一系列的质量管理工具和方法，例如流程管理、统计过程控制、六西格玛、供应链管理等，这些工具和方法都是为了实现质量管理和持续改进而设计的。其中，流程管理是质量管理框架最基本的一环，它通过对产品或服务生产过程的管理，确保每个环节都符合质量标准，以达到最终产品或服务的质量要求。

另外，在质量管理框架中，组织还需要考虑风险管理、环境和法规要求、创新和技术发展、供应链管理、社会责任和道德规范等方面的内容，这些内容对于组织实现全面的质量管理和持续改进至关重要。例如，风险管理可以帮助组织预防和应对潜在的质量风险；环境和法规要求可以确保产品或服务的生产过程符合环境保护的要求和法律法规的规定；创新和技术发展可以帮助组织不断提升产品或服务的质量水平；供应链管理可以确保整个供应链的质量管理符合标准；社会责任和道德规范可以树立良好的组织形象和声誉。

在质量管理框架的实施过程中，组织还需要注重成员培训和参与，以建立起持续改进的流程和文化。组织可以通过定期培训和沟通，让成员了解质量管理框架的理念和方法，从而提高成员的质量意识。此外，企业还可以通过建立质量奖励机制，激励成员积极参与质量管理和持续改进的活动，推动质量管理的不断发展和完善。下面是一个常见的质量管理框架的示例。

（1）组织质量政策和目标：确定组织的质量政策和目标，确保其与组织战略和用户需求相一致。质量政策应明确表达对质量的承诺，并提供指导原则。

（2）质量管理体系：建立和维护质量管理体系，以确保质量管理活动得到规范化和系统化执行，这包括制订和实施相关的质量手册、程序和指南，以确保所有工作都按照规定的程序进行。

（3）质量规划：制订质量计划，明确质量目标、质量标准和质量控制要求。质量规划应包括产品设计、供应商选择、生产工艺设计、质量控制和检查等方面的规定。

（4）质量控制：建立质量控制措施，以确保产品或服务符合质量标准，包括设立关键控制点、制订工艺参数、执行抽样检验、进行统计过程控制等。

（5）质量保证：建立质量保证体系，确保组织能够提供一致高质量的产品和服务，包括质量培训、供应商审核与评估、内部审核、管理评审等。

（6）过程改进：过程改进是质量管理的核心。组织应采取措施来识别潜在问题、改进工作流程，并实施纠正和预防措施。这可以通过使用质量工具和技术，如 PDCA（Plan-Do-Check-Act）循环和六西格玛等来实现。

（7）用户满意度管理：组织应建立用户满意度测评机制，通过收集用户反馈以及进行调查和评估，了解用户对产品或服务的满意度，并采取措施改善用户体验。

（8）数据分析和决策：利用数据分析来评估质量绩效、趋势和问题，为决策提供依据。这包括收集和分析质量数据、制订质量指标和报告、开展故障分析等。

（9）持续培训和发展：为确保成员具备所需的质量意识、知识和技能，组织应提供持续培训和发展计划，这包括开设质量培训课程、知识分享活动和鼓励成员参与质量改进项目等。

这只是一个常见的质量管理框架示例，并不是唯一的方法。每个组织都可以根据自身特点和需求来调整和完善质量管理框架。其关键是确保质量管理框架能够满足组织的质量目标，并不断适应变化的环境和市场需求。

2.2 软件质量保证方法

在现代软件开发过程中，软件质量保证是一个非常重要的环节。随着信息技术的快速发展和应用的广泛普及，用户对软件的需求也变得越来越多样化和复杂化。因此，保证软件的质量成为了开发团队必须关注和解决的核心问题。软件质量保证旨在确保软件符合用户需求，可靠、高效且易维护。一系列科学有效的质量保证方法可以最大程度地减少软件开发过程中的错误和缺陷，提高软件的质量和稳定性。因此，开发团队需要采用一系列的质量保证方法来确保软件开发的每一个阶段都达到软件工程标准。

在软件开发过程中，每个阶段都有自己的特点和重要性。例如需求分析和管理阶段是软件开发的基石，它涉及对用户需求的收集、分析和确认等工作，对需求进行全面准确的管理是保证软件质量的关键之一。设计评审阶段通过对软件设计文档的评审，发现设计中的潜在问题和错误，提高软件设计的质量和稳定性。编码规范阶段通过制订统一的编码规范，加强代码的可读性、可维护性和可扩展性，减少潜在的错误和漏洞。

2.2.1 软件质量保证过程和控制点

软件质量保证过程是指在整个软件开发生命周期中，采用一系列有效的方法和工具，确保软件按照用户需求、规范要求和技术标准进行开发、测试和部署的过程。软件质量保证过程可以分为以下几个阶段。

（1）需求分析和管理阶段：在软件开发过程中，必须确保对用户需求进行全面、准确的分析和管理。需求管理包括需求收集、需求分析、需求确认、需求跟踪等环节。通过对需求进行有效管理，开发团队可以避免在错误的方向上投入大量时间和资源，从而提高软件开发的效率和质量。

（2）设计评审阶段：设计评审是一种常用的软件质量保证方法，它通过对软件设计文档进行详细的评审，发现设计中的潜在问题和错误。设计评审应该在软件设计完成后尽早进行，且涉及所有相关人员，包括开发人员、测试人员、架构师等。通过设计评审，开发团队可以提高软件设计的质量和稳定性，减少后期修复成本。

（3）编码规范阶段：编码规范是保证软件质量的重要手段之一。编码规范包括代码格式、注释、命名规则、异常处理等方面。开发团队严格遵守编码规范，可以提高代码的可读性、可维护性和可扩展性，减少潜在的错误和漏洞。

（4）自动化测试阶段：自动化测试是一种常用的软件质量保证方法，它利用自动化工具来执行测试用例，以发现软件中的错误和缺陷。自动化测试可以提高测试覆盖率和测试效率，减少测试成本和测试时间，并增强软件的稳定性和可靠性。

（5）风险管理阶段：风险管理是保证软件质量的重要手段之一，它通过识别软件开发过程中的风险并采取相应的措施，来降低风险对软件质量的影响。风险管理包括风险评估、风险控制、风险监控等环节。风险管理可以减少软件开发过程中的不确定性，保证软件的质量和可靠性。

（6）持续集成阶段：持续集成是一种常用的软件质量保证方法，它通过自动化构建、测试和部署等步骤，来确保软件开发过程的质量和稳定性。持续集成可以帮助开发团队快速发现和修复问题，减少集成和测试成本，提高软件开发的效率和质量。

在以上阶段中，需要关注以下几个控制点。

（1）质量目标的制订：在软件开发前，开发团队需要制订相应的质量目标，包括功能性、可靠性、性能、安全性等多方面，确保软件开发的方向和目标明确。

（2）质量检查和评审：在软件开发的每个阶段，开发团队都需要进行质量检查和评审，以发现并解决潜在的问题和错误，并提高软件的质量和稳定性。

（3）自动化测试：采用自动化测试工具可以提高测试覆盖率和效率，减少测试成本和时间，并增强软件的稳定性和可靠性。

（4）风险管理：通过识别和降低软件开发过程中的风险，开发团队可以确保项目按时、按质量要求完成。

（5）持续集成：通过自动化构建、测试和部署等步骤，开发团队可以增强软件的稳定性和可靠性，减少集成和测试成本，提高软件开发的效率和质量。

（6）实践经验的总结和分享：通过总结和分享实践经验，开发团队可以更好地应对软件开发中的挑战，提高软件开发的效率和质量。

2.2.2　软件质量保证技术和工具

为了确保软件能够按照用户需求和规范要求进行开发、测试和部署，软件质量保证技术和工具应运而生。软件质量保证技术和工具是指通过采用一系列有效的方法和工具，对软件开发过程进行全面控制和管理，以确保软件的质量和可靠性，它涵盖了从需求分析到设计评审、编码规范、自动化测试、风险管理、持续集成等多个环节，旨在提高软件的可信度、稳定性和用户满意度。

在软件质量保证过程中，使用各种技术和工具可以带来多重好处。首先，它们可以帮助开发团队更好地理解和满足用户需求，减少需求误解和变更；其次，它们可以帮助发现和解决软件中的问题和错误，提高软件的功能性、可靠性和性能；此外，它们还可以提高软件的安全性，减少潜在的安全风险。

常用的软件质量保证工具包括需求管理工具、设计评审工具、编码规范工具、自动化测试工具、风险管理工具和持续集成工具等。通过运用这些工具，开发团队能够在软件开发生命周期中更好地控制和管理软件质量，提高软件交付的质量和效率。以下是常用的软件质量保证工具。

（1）需求管理工具：需求管理工具可以帮助开发团队更好地收集、分析、跟踪和管理用户需求，确保需求的完整性和一致性。例如 Jira、Trello、Asana 等工具。

（2）设计评审工具：设计评审工具可以帮助开发团队对软件设计进行全面评审和审查，发现并解决设计中的问题和错误。例如 GitHub、GitLab、Bitbucket 等工具。

（3）编码规范工具：编码规范工具可以帮助开发团队制订和遵守统一的编码规范，减少潜在的代码错误和漏洞，提高代码的可读性、可维护性和可扩展性。例如 ESLint、Prettier 等工具。

（4）自动化测试工具：自动化测试工具可以帮助开发团队自动化执行测试用例，发现并解决软件中的问题和错误，提高软件的稳定性和可靠性。例如 Selenium、Appium、JUnit 等工具。

（5）风险管理工具：风险管理工具可以帮助开发团队识别和降低软件开发过程中的风险，制订相应的风险管理计划，确保项目按时、按质量要求完成。例如 Risk Radar、Risk Matrix 等工具。

（6）持续集成工具：持续集成工具可以帮助开发团队自动化构建、测试和部署软件，减少集成和测试成本，并提高软件交付的速度和质量。例如 Jenkins、Travis CI、Circle CI 等工具。

2.3　软件质量计划和策略

在软件开发项目中，软件质量计划和策略是确保项目顺利进行和最终交付高质量产品的关键组成部分。通过精心制订的质量计划和策略，开发团队能够明确定义质量目标、识别关键质量特性，并规划实施相应的质量保证活动。软件质量计划是一个文件，它定义了开发团队如何管理和控制软件产品的质量。软件质量策略是对于软件质量计划的具体实施方案和步骤。本节旨在深入探讨软件项目的软件质量计划和策略，从质量目标的设定到具体的实施步骤，这些活动为开发团队提供指导和支持，以确保项目按时、按质量要求完成。谈到软件开发，质量保证是非常重要的一环，为了确保软件开发的成功并提升用户满意度，软件质量计划和策略必不可少。

2.3.1　软件质量计划

软件质量计划是管理和控制软件产品质量的一个文件，它定义了开发团队如何管理和控制软件产品的质量。软件质量计划包括了对于软件开发过程中的质量目标、质量保证、质量控制及质量标准等方面的要求和规定。

首先，软件质量计划需要清晰地描述质量目标，包括质量标准、质量指标以及质量度量方法。这些目标应该与用户需求和需求规格说明书一致，并且应该是可测量和可实现的。

其次，软件质量计划应该明确质量保证和质量控制的活动和过程。质量保证活动包括测试策略、代码审查、文档审查、配置管理等；质量控制包括缺陷跟踪、缺陷分析、缺陷修复等。这些活动需要具备具体的步骤和执行标准，以确保其有效性和可靠性。

此外，软件质量计划还需要明确质量管理的责任和职责。质量管理责任应该由项目经理和质量经理承担，他们需要保证开发团队可以顺利执行软件质量计划中的所有活动和过程。同时，开发团队中的每个成员都应该有明确的质量管理职责，以确保软件开发过程中的质量问题能够及时被发现和解决。

总之，软件质量计划是确保软件产品质量的关键文件，它需要清晰地定义质量目标、明确质量保证和质量控制的活动和过程，以及明确质量管理的责任和职责。只有科学规范的软件质量计划，才可以最大限度地保证软件产品的质量和用户满意度。

2.3.2　软件质量策略

软件质量策略是为了达到软件质量目标而采取的一系列计划和方法，它是在软件开发过程中制订和执行的，旨在确保软件产品满足用户需求并具备高质量水平。

首先，软件质量策略要明确定义不同类型的测试策略，包括功能测试、性能测试、安全测试等，以确保软件功能正常、性能稳定和安全可靠。测试策略应该根据软件的特点和需求进行选择，并且应该考虑到测试资源的限制和时间约束。

其次，软件质量策略需要确定质量保证的措施和方法，包括代码审查、文档审查、自动化测试等，以确保软件开发过程中的质量问题可以及时发现和解决。质量保证的措施和方法应该根据开发团队的实际情况进行选择，并且应该定期进行评估和改进。

另外，软件质量策略还需要考虑软件开发过程中的风险管理。这包括对潜在风险的识别、评估和控制，以及在软件质量策略中制订相应的风险管理计划。风险管理计划应该包括风险的分类、风险的优先级和风险的应对措施，以确保软件开发过程中的潜在风险可以得到有效的管理和控制。

最后，软件质量策略需要与软件项目管理相结合，它应该与项目计划、资源分配和进度控制等方面进行协调，以确保软件质量目标与项目目标的一致性。同时，软件质量策略还应该考虑到持续改进和学习的要求，通过不断地反馈和评估来提高软件开发过程的质量水平。

综上所述，软件质量策略是为了达到软件质量目标而采取的一系列计划和方法，它涵盖了测试策略、质量保证措施和方法、风险管理和项目管理等方面，旨在确保软件产品满足用户需求并具备高质量水平。只有科学规范的软件质量策略，才能有效地提高软件开发过程中的质量水平和用户满意度。

2.4　CMMI

软件开发项目常常面临着诸多挑战，包括进度延迟、质量问题和成本超支等。为了解决这些挑战，许多组织引入了 CMMI 作为一种有效的软件过程改进框架。CMMI 提供了一套全面的最佳实践，帮助组织评估和改进其软件开发过程，从而提高产品质量、降低风险，并提升项目管理效率。

本节将深入探讨 CMMI 的重要性和实施方式。首先，本节介绍 CMMI 的核心概念和结构，包括成熟度级别和过程域。接着，本节解释为什么组织应该引入 CMMI，以及它如何帮助组织应对当前软件开发的困境。最后，本节讨论 CMMI 的实施方法，包括关键步骤和注意事项。通过本节的学习，读者将对 CMMI 有一个清晰的认识，并了解如何将其应用于实际的软件开发项目中，从而取得更好的成果。

2.4.1　CMMI概述

CMMI 是由卡内基梅隆大学软件工程研究所开发的一种软件过程改进框架。CMMI 最初是在 20 世纪 80 年代末为美国国防部开发的，旨在提高软件和系统工程的能力和成熟度。随着时间的推移，CMMI 逐渐被广泛应用于其他行业的组织，包括制造业、金融业、医疗保健业等，以帮助组织提高其软件和系统工程的能力并实现业务目标。

能力成熟度模型（Capability Maturity Model，CMM）是 CMMI 的前身。CMM 主要关注软件开发过程的管理和控制，帮助组织建立可重复、可预测的软件开发过程。CMMI 是在 CMM 的基础上发展而来的，它将不同领域的软件工程最佳实践进行了集成，提供了一个更全面、更灵活的框架。与 CMM 相比，CMMI 更加灵活和细化，具有更广泛的适用范围。CMMI 强调整体过程改进和组织能力提升，帮助组织实现持续的过程改进和业务目标。

CMMI 的核心概念是"能力成熟度"，它衡量了一个组织在软件和系统工程方面的能力水平。CMMI 的目标是帮助组织实现以下几个方面的改进。

（1）提高软件开发过程的可预测性和稳定性。

（2）提高产品质量，减少缺陷和错误。

（3）降低项目风险，提高项目管理效率。

（4）提高员工的能力。

（5）实现持续的过程改进。

CMMI 的结构由两个主要组成部分构成：成熟度级别和过程域。

（1）成熟度级别：CMMI 定义了 5 个成熟度级别，从初始级到优化级，每个级别都代表了组织在软件和系统工程方面的能力水平，每个级别都有一组特定的目标和实践，组织可以根据自身需求和目标选择适合的级别进行评估和改进。通过逐步达到更高的成熟度级别，组织能够提高其软件开发过程的质量和效率。

（2）过程域：CMMI 定义了 22 个过程域，包括过程管理、项目管理、工程管理等。每个过程域都描述了一组关键过程和最佳实践，帮助组织在特定域内建立和管理有效的软件开发过程。

CMMI 的结构还包括指南和评估方法，用于帮助组织理解和应用 CMMI 框架。指南提供了详细的解释和实施建议，评估方法用于评估组织的软件开发过程能力和成熟度级别。

2.4.2　CMMI的成熟度级别

CMMI 的成熟度级别是衡量组织在软件和系统工程方面能力和成熟度的指标，共分为 5 个级别：初始级（Level 1）、可管理级（Level 2）、已定义级（Level 3）、量化级（Level 4）和优化级（Level 5）。下面将结合例子逐一介绍这 5 个级别。

（1）初始级

在初始级，组织的软件开发过程通常是不可预测、不稳定且缺乏一致性的，没有明确定义的过程，项目结果往往依赖个人技能和经验。例如，一个小型创业公司正在开发一个新的移动应用程序，开发团队中的成员缺乏统一的开发方法和标准，没有明确的计划和流程，项目进展可能会受到个人能力、资源限制和沟通问题的影响。

（2）可管理级

在可管理级，组织开始建立重复可管理的软件开发过程。关键的过程在项目中被标准化，以确保一致性和可控性。项目管理活动更加规范，包括需求管理、配置管理和项目计划等。例如，一个软件公司采用了敏捷开发方法，团队成员遵循相同的开发流程，有明确的需求管理和配置管理策略，项目进展可以更好地被跟踪和控制。

（3）已定义级

在已定义级，组织建立了一套已经定义和标准化的软件开发过程，以确保项目的一致性和预测性。这些过程在整个组织中得到广泛应用，并进行持续改进。例如，一个大型软件公司拥有一套完整的软件开发过程文档，包括详细的任务分配、质量保证和测试计划。团队成员受过培训并按照这些过程执行任务，可以更好地预测和控制项目进展。

（4）量化级

在量化级，组织开始量化和分析软件的开发过程。通过收集和分析数据，组织可以对过程进行统计和度量，并持续改进其效率和质量。例如，一个软件开发组织使用度量工具来收集开发过程的数据，如代码行数、缺陷数量等。通过分析这些数据，组织可以识别潜在的风险和改进机会，并采取相应的措施。

（5）优化级

在优化级，组织实现了持续的过程改进和创新。组织通过应用新的技术和最佳实践来优化开发过程，以达到更高的效率和质量水平。例如，一个软件公司不仅关注过程的持续改进，还投入资源用于研究新技术、方法和工具，以推动软件开发过程的创新和优化。

这些成熟度级别提供了一个逐步改进的路径，帮助组织从初始级逐步提高其软件和系统工程能力的成熟度。

2.4.3　CMMI的过程域

CMMI 将软件工程活动划分为 22 个过程域，涵盖了过程管理、项目管理、工程管理、支持管理等方面。通过对这些过程域的评估和改进，组织可以建立可靠的软件开发过程，提高产品质量，降低风险，并增强组织的竞争力。

（1）过程管理

过程管理（Process Management）是一种组织和管理软件开发过程的方法，它旨在确保软件开发过程的规范性、可控性和可持续性。过程管理涉及定义、实施、监控和改进软件开发过程，以提高开发效率和质量，并满足项目的需求和目标。在过程管理中，存在 5 个关键过程域，如表 2.1 所示。通过对这些过程域的有效管理，组织可以建立健全的软件开发流程，提高项目的成功率和交付质量。

（2）项目管理

项目管理（Project Management）是指在特定的约束条件下，通过规划、组织、协调和控制资源，实现项目目标的过程。项目管理涉及项目的计划、执行、监控和收尾等各个阶段，以确保项目按时、按质、按成本完成，并达到预期的商业价值。在项目管理中，存在一些关键过程域，如表 2.2 所示。这些过程域涵盖了项目管理的各个方面，通过对这些过程域的有效管理，项目经理可以有效地组织和管理项目，实现项目目标并满足相关方的需求。

表2.1 过程管理的关键过程域

过程域	描述
组织过程定义（OPD）	建立和维护有用的组织过程资产
组织过程焦点（OPF）	在理解现有过程强项和弱项的基础上计划和实施组织过程改善
组织培训管理（OT）	增加组织各级人员的技能和知识，使他们能有效地执行各自的任务
组织过程性能（OPP）	建立与维护组织过程性能的量化标准，以便使用量化方式的管理项目
组织的绩效与管理（OPM）	选择并推动渐进创新的组织过程和技术改善，改善效果应是可度量的，所选择及推动的改善需支持基于组织业务目的的质量及过程执行目标

表2.2 项目管理的关键过程域

过程域	描述
项目计划（PP）	保证在正确的时间有正确的资源可用；为每个人员分配任务、协调人员；根据实际情况调整项目
项目监督与控制（PMC）	通过项目的跟踪与监控活动，及时反映项目的进度、费用、风险、规模、关键计算机资源及工作量等情况，通过对跟踪结果的分析，依据跟踪与监控策略采取有效的行动，使团队能在既定的时间、费用、质量要求等情况下完成项目
供应商协议管理（SAM）	旨在对以正式协定的形式从项目之外的供方采办的产品和服务实施管理
集成项目管理（IPM）	根据从组织标准过程裁剪而来的集成的、定义的过程对项目和利益相关者的介入进行管理
风险管理（RSKM）	识别潜在的问题，以便策划应对风险的活动，且必要时在整个项目生命周期中实施这些活动，缓解不利的影响，实现目标
量化项目管理（QPM）	量化管理项目已定义的项目过程，以达成项目既定的质量和过程性能目标

（3）工程管理

工程管理（Engineering Management）是一种综合性的管理方法，旨在有效地组织、协调和控制工程项目的各个方面，以实现工程项目的目标和要求。在工程管理中，存在一些关键过程域，如表2.3所示。这些过程域涵盖了工程项目管理的各个方面，通过对这些过程域的有效管理，项目经理可以有效地组织和管理工程项目，确保项目的成功交付和用户满意度。

（4）支持管理

支持管理（Support Management）是指在工程项目管理中，为支持工程项目的顺利进行而进行的管理活动。支持管理涉及各种支持性任务和资源的管理，以确保工程项目的有效运行和顺利完成。

表2.3 工程管理的关键过程域

过程域	描述
需求开发（RD）	需求开发的目的在于定义系统的边界和功能、非功能需求，以便相关人员（客户、最终用户）和项目组对所开发的内容达成一致
需求管理（REMQ）	需求管理的目的是在用户和软件项目之间就需要满足的需求建立和维护一致的约定
技术解决方案（TS）	在开发、设计和实现过程中满足需求的解决方案，解决方案的设计和实现等都围绕产品、产品组件和与过程有关的产品
产品集成（PI）	从产品部件组装产品，确保集成产品功能正确并交付产品

续表

过程域	描述
确认（VAL）	确认证明产品或产品部件在实际应用下满足应用要求
验证（VER）	验证确保选定的工作产品满足需求规格

在支持管理中，存在一些关键过程域，如表 2.4 所示。这些过程域涵盖了工程项目管理的支持性方面，通过对这些过程域的有效管理，开发团队可以获得所需的支持和资源，以满足工程项目的需求。

表 2.4　支持管理的关键过程域

过程域	描述
配置管理（CM）	建立和维护在项目的整个软件生命周期中软件项目产品的完整性
过程和产品质量保证（PPQA）	为开发团队和管理层提供项目过程和相关工作产品的客观信息
测量与分析（MA）	开发和维持度量的能力，以便支持对管理信息的需要，为过程改进、了解项目进展和控制项目进度做依据
决策分析与解决（DAR）	应用正式的评估过程，依据指标评估候选方案，在此基础上进行决策
因果分析与解决（CAR）	识别缺失的原因并纠正，防止未来再次发生

2.4.4　一个公司聚餐的例子

也许有读者认为 CMMI 模型很复杂，难以理解，这确实是事实。如果没有亲身经历这些过程和实践，许多过程域可能会相对难以理解。CMMI 模型与组织聚餐之间存在许多相似之处，下面是一个公司聚餐的例子，可以帮助读者更好地理解 CMMI 的 5 个成熟度等级。

如今的软件公司里常常有聚餐的习惯。在部门举行的各种活动中，聚餐是出现频率最高的，特别是年底时，各种聚餐更是层出不穷。那么，聚餐的组织者是否曾考虑过如何提高聚餐的效率，让参与聚餐的同事们更加满意？

王工是某部门的一名新员工，她工作积极主动，特别喜欢思考。某天，部门完成了一个重要项目的交付，部门领导决定举行聚餐庆祝一下，他要求王工来组织这次聚餐，那么王工应该如何组织聚餐呢？

（1）初始级

王工制订详细计划，提前打电话预订餐厅，随后通知所有人聚餐地点，大家下班后纷纷前往。到达餐厅后，大家现场点菜，尽情享用美食。

这种聚餐方式可能出现一些问题：由于参与聚餐的人较多，可能无法预订到理想的餐厅，或者被分配到位置不理想的桌子（例如靠近卫生间）；部分菜品可能不符合大家的口味，引发一些抱怨（例如有人觉得菜品素食过多，他们希望能吃到肉类）；聚餐费用可能超出原先的预算（例如某些菜品涨价，酒水价格较高）；菜品质量等方面存在问题，本次用餐导致大家的用餐体验不够愉快。

（2）可管理级

为了确保大家用餐满意，王工考虑了以下各种因素：大家的口味偏好、选择何家餐厅、预算限额、是否需要自带酒水等。按照 CMMI 的过程域可描述如下。

① 大家期望享用哪些菜品。

② 决定是否需要自带酒水（对应过程域：供应商协议管理 SAM）。

③ 制订今天的聚餐计划（对应过程域：项目计划 PP）。

④ 提醒并督促大家按照聚餐计划参加（对应过程域：项目监督与控制 PMC）。

⑤ 留意大家喜爱的菜品有哪些（对应过程域：测量与分析 MA）。

⑥ 将聚餐计划、采购清单、联系方式等整理成文档，进行有效管理（对应过程域：配置管理 CM）。

⑦ 领导担心王工第一次组织不周全，因此安排了一位同事对她进行指导（对应过程域：过程和产品质量保证 PPQA）。

这一方案较之前已经有了显著改进，可能产生的结果包括：大家用餐满意、预算得到有效控制、领导对王工的组织能力感到满意。

然而，按照改进后的流程组织聚餐也可能仍然存在不尽如人意的情况。因此，王工应该思考如何进一步改进和提升：首先，如果下次由其他人组织聚餐，是否也能让大家满意？如果有一份活动组织指导书就能更好地解决这些问题。其次，市场上经常会出现一些意料之外的风险，例如食材价格上涨，或者供应商缺货。因此，王工需要对风险进行有效管理。最后，如何获取大家的用餐需求？这需要建立一套方法来指导。

（3）已定义级

其他部门的同事看到王工此次成功组织聚餐，纷纷向她请教，并采用了此种方法组织聚餐。在几次活动后，公司将此方式固化下来，并结合其他人的优秀实践，编写了部门活动组织指导书。该指导书包括以下内容。

① 制订计划活动的方法、收集和分析大家的需求的方法（对应过程域：需求开发 RD），制订活动组织过程（对应过程域：组织过程定义 OPD）等。

② 优化活动的机制，例如有同事提出可以抽奖，于是在指导书中增加这个活动（对应过程域：组织过程焦点 OPF）。

③ 对于确定菜品口味、选定酒水供应商等方面采用决策分析的办法（对应过程域：决策分析与解决 DAR）。

④ 对不确定的风险进行管理和控制，例如寻找两家酒水供应商，当一家无法提供时及时找到第二家（对应过程域：风险管理 RSKM）。

⑤ 建立培训机制，由上一个组织者向下一个组织者培训这套过程（对应过程域：组织培训管理 OT）。

以上指导书的出现，概括了组织聚餐的最新流程和经验，使得这项活动的成功率更高，并且能够持续成功，每次预算不会波动太大。相比上一级的过程，此处过程得到了优化，但是应注意聚餐费用和满意度之间的关系，为各种突发情况做好充分的准备，以便更好地预测下一次聚餐的费用和满意度，并确保其顺利实施。

（4）定量管理级

经过一段时间的积累，部门成功收集了大量关于聚餐活动的数据。这些数据包括每次活动的参与人数、费用、菜品偏好以及满意度等信息。通过分析这些数据，王工发现了其中的一些关联性，并进行了进一步总结。

基于历史数据，王工计算得出了性能基线，即为了达到较高的满意度，预期费用的大致范围。此外，她还建立了性能模型，明确了哪些因素对满意度产生较大影响，并在组织活动时对这些因素进行控制，以确保活动的成功（对应过程域：组织过程性能 OPP）。

在实施聚餐活动时，王工对获得的数据进行分析，并借助性能基线和性能模型，能够对各种因素进行量化管理，确保聚餐活动朝着既定目标稳步推进（对应过程域：量化项目管理 QPM）。

当这样做的时候，组织者将对聚餐活动的进展情况了如指掌，并能够进行准确地估计，例如费用和满意度等，活动成功的几率也会显著提高。可以说，目前的第四级过程已经相当出色了。

（5）优化级

在组织部门聚餐活动后，王工对每次活动的数据进行了深入分析（对应过程域：因果分析与解决 CAR）。她发现同事路工组织的活动总能够在基线范围内维持满意度；然而，由同事何工组织的活动，满意度异常地高，有时甚至超过了基线范围上限。王工随后进行了原因分析，得出以下结论：在抽奖活动前，何工进行了一项调查，了解每个人最想要的礼品，这样，抽奖活动可以更好地满足参与者期待，从而提高了满意度。这种调查并未在过程文档中规定，是何工采用的特殊做法。王工认为这种做法十分有效，于是将其加入到部门活动组织指导书中。此后，所有组织活动的人都采用了这种方法。结果，活动的满意度性能基线得到提升（对应过程域：组织的绩效与管理 OPM）。

经过多次改进，部门的聚餐活动组织已经非常出色，满意度大幅提高，费用也控制得很好。然而，仍存在费用超支情况，基本每次都会超出预算 20%。因此，领导提出了一个目标，即将每次聚餐活动的超支费用控制在预算的 10% 以内。

王工对当前的超支部分进行了数据和原因分析，发现有两个主要原因导致超支：第一，一些参与者不知道聚餐地点，只好打车前往，而打车费用也计入聚餐活动费用。第二，参与者之间没有相互沟通，较少采用拼车方式，而独自打车的参与者较多。为解决这些问题，王工采取了如下改进措施：引入新技术——GPS 和电子地图，在聚餐前向参与者发送聚餐地点及如何到达的信息；新增活动——组织者负责安排"拼车"，以减少打车人数。

经过改进后，聚餐活动超支费用控制在预算的 10% 以内，目标得以实现。领导非常满意，而且活动的满意度也得到了提高。

2.4.5　A公司的CMMI改进实例

某系统集成企业 A 公司在电信计费/业务支撑行业有着相当的知名度和业绩，但在进一步发展过程中，遇到以下几个问题。首先，公司目前独立开发和维护多个功能大致相似、但却存在一定差别的系统版本。这些版本之间的关系错综复杂，A 公司试图引用一些业界标准的系统架构（如微服务架构），尝试实现部分软件的重用。然而这种方法并不能够实现多少改善。其次，A 公司常年派驻大批开发人员到客户方，导致高昂的人力资源成本，并且这些开发人员难以管理，对 A 公司的认同感也较低。此外，A 公司制订了一定的项目管理规范，但在推行过程中却遇到了不少挑战。项目不断出现延期等各类事故。最后，A 公司缺乏正规的培训体系，导致软件技术人员在分析、设计和测试等方面的技能不足。

鉴于当前的形势，A 公司决定改变现状，加强管理、提高效率，并减少派驻在客户方的开发人员数量。为此，A 公司与知名的 C 咨询公司签订了合同，要求 C 公司协助完成这项变革任务，具体负责该项目的是 C 公司的何顾问。基于他丰富的经验，何顾问立即意识到以下几点：首先，这是一个管理和技术相互交织的问题，必须综合运用两方面手段来解决。其次，A 公司已经意识到这个问题并非一时之困，之前也曾尝试过多种解决方案，但为何这些方案均以失败告终？查找过去这些努力的历史将有助于解决问题。最后，任何一项变革都必须获得公司高层的明确和实质性支持，否则难以取得成功。

根据自身的经验，何顾问拟定了一个工作规划：第一，推动 A 公司成立一个"联合行动小组"，并获得高层的明确授权；第二，在"联合行动小组"的主持下，了解 A 公司曾经进行版本规范化方面的努力历程以及失败的原因；第三，和 A 公司共同分析 A 公司的电信业务系统架构，找出其中的问题；第四，展开访谈，深入了解 A 公司项目管理和质量管理的现状；第五，基于以上对现状的分析和了解，在对 A 公司进行诊断的基础上，向 A 公司高层和 C 公司进行报告。

"联合行动小组"很快成立起来了，小组由精干的人员组成。在何顾问的特别要求下，小组的成员不仅有来自管理部门的成员，还包括项目管理部、技术开发部以及从现场工程部门抽调出来的人员。经过小组成员的努力，他们首先整理出了上一次努力失败的历史。A 公司的最近一次"产品化"努力始于两年前，当时 A 公司计划抽调一批精干的技术人员，准备开发一个全新版本以替换 A 公司分布在全国不同地点的所有老版本。然而，在执行计划一年后，由于毫无成果，该项目最终被取消。

何顾问认为此产品化项目注定会失败，因为目标定得过高，相关条件也不具备。他通过制作鱼骨图进行了分析，鱼骨图如图 2.1 所示。

接下来，"联合行动小组"对整个公司的现状进行了分析，发现问题主要出现在"人员-过程-技术"这个"铁三角"上（如图 2.2 所示）。这些因素之间相互影响和制约，互不独立。

同时，信息化基础的建设也不容忽视。"联合行动小组"对原有的"缺陷跟踪流程"进行了分析，发现以前的流程没有得到自动化工具的支持，基本是通过手工填写 Word 文档模板进行的。若需要相关人员签字，就得打印出来，然后以纸质形式相互传递，效率极低。A 公司的许多流程都是这种手工操作，缺乏计算机信息系统的支持，因此这些流程的可执行性较差。

何顾问在考虑诊断报告时颇有些犹豫，面对技术和管理相互交织的现状，他在思考应该采用何种方法来解决这一问题。一方面，企业变革常常采用"过程改进"的方法，针对企业的开发过程进行变革。目前最流行的是 CMMI，然而该模型偏重"过程"，对"人员"和"技术"的考量还不够充分。另一方面，若仅从技术角度进行变革，又会缺乏相应的模型和指导。为了找到连接技术和过程之间的桥梁，何顾问考虑了两个模型，即传统模型和现代模型，如图 2.3 所示。传统模型以质量焦点为出发点，考虑软件的质量属性，以此为构建系统的基础，而现代模型借助软件架构进行系统的开发。

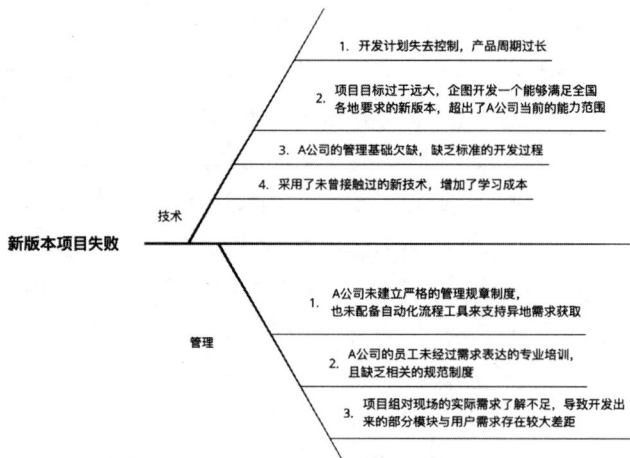

图2.1　A公司"产品化"努力的失败原因分析——鱼骨图

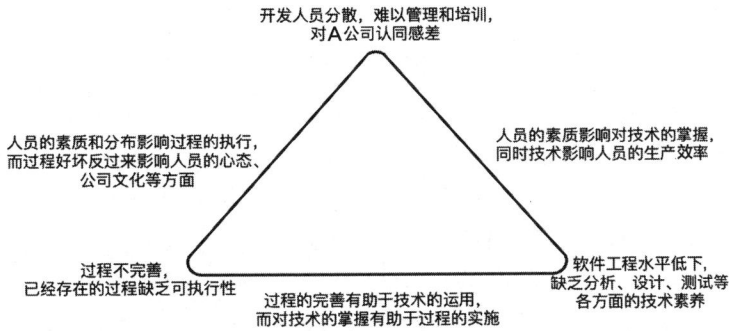

图2.2　A公司"产品化"努力的失败原因分析——"铁三角"

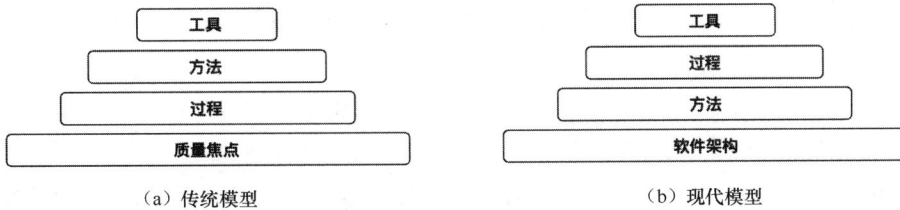

（a）传统模型　　　　　　　　　　（b）现代模型

图2.3　传统模型和现代模型

"联合行动小组"决定以软件架构为核心（如图 2.4 所示），来协调和平衡"人员-过程-技术"之间的关系。他们对旧的软件架构进行了剖析，并根据各方面的要求，对旧的软件架构进行了整改。

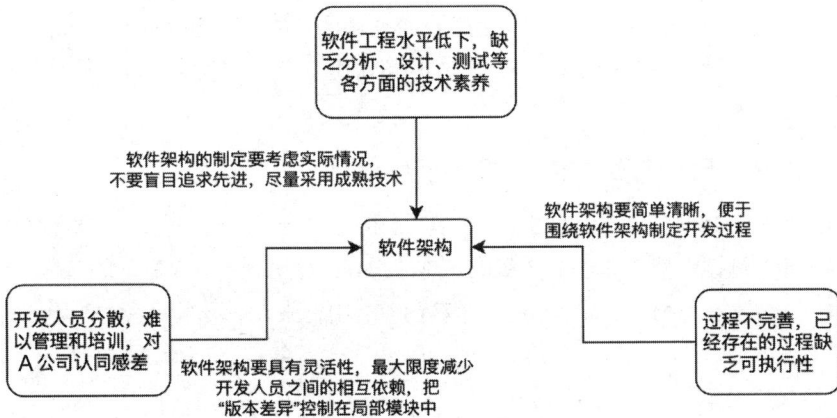

图2.4　以软件架构为核心解决技术和管理的问题

　　然而，仅有一个软件架构和相关定义还不足以解决问题。若没有建立一系列相关的过程规范，以及相应的实施机构来确保有效性，改革仍将无法奏效。因此，"联合行动小组"决定借鉴 CMMI 模型的相关成果，建立质量保证机构，并首先制订了软件架构的定义和工程师的相关指导手册。随后，他们在 SCM（软件配置管理）、REMQ（需求管理）和 QA（质量保证）3 个方面进行了工作，并加强了测试工作。这些工作成为了企业内部的一个关键绩效指标（KPA），并得到了改进。

　　在实施对 KPA 的改进时，"联合行动小组"有针对性地进行了工作。例如，在 SCM 和 REMQ 方面，他们加强了异地协同开发的能力，特别强调了自动化工具的实施。同时，A 公司也加强了对开发人员和项目经理的培训宣传工作，并严肃纪律。改革初步取得了成效。"联合行动小组"建立了顺畅的异地开发的自动化协同工具，开发人员只需登录 A 公司网站即可提交需求和缺陷等信息，重要模块的源代码由 A 公司的配置服务器统一保管。由于软件架构充分做到了模块化并采用统一定义的标准接口，开发和测试都变得非常容易，可以独立工作。同时，不同用户的"版本差别"被限定在独立的配置项中，标准化的模块可以通用，这显著降低了开发成本。最后，大批开发人员回到 A 公司工作，这样一方面节约了成本，另一方面方便了 A 公司对员工的管理和培训。

在此基础上，"联合行动小组"制订了下一阶段的目标。

（1）进一步深化 CMMI 的过程改进工作，加强软件项目计划和软件项目技术方案方面的工作，并争取通过 CMMI 的二级评估。为此，成立了"特别工作小组"，该小组最终演变成了 SEPG。

（2）引进先进技术，进一步优化现有的软件架构。尽管经过"联合行动小组"的整改，软件架构已经得到改进，但这仅仅是一个过渡性的成果。现在，在现有成果的基础上，完全可以采用业界先进的技术来进一步改进软件架构。

（3）改进后的软件架构将成为进行软件工程培训的基础和标准，它将为培训人员提供一个参考框架，使他们能够更好地理解和应用软件工程的原则和方法。

何顾问完成工作圆满，为 C 公司赢得了信誉。在完成任务之后，他总结了以下几点心得体会。

（1）现实企业中的问题是复杂的，单纯依赖 CMMI 等理论框架往往不足以解决问题，通常需要采用综合手段来应对。在软件过程改进中，必须根据现实情况采取相应的措施。

（2）循序渐进是软件过程改进的必要手段，软件企业不能急于求成，切忌盲目追求结果而脱离了软件企业现有的技术和管理水平。通过逐步改进，可以更好地提高软件开发过程的质量和效率。

（3）软件企业面对现实情况，不应完全照搬 CMMI 中的条文，而应根据实际情况有选择地实施。每个软件企业都有其独特的特点和需求，需要结合实际情况，灵活地进行软件过程改进，以达到最佳效果。

2.4.6 CMMI 5 级在项目中的精简应用

在小型项目中，CMMI 5 级的成本过高。软件公司鉴于实施 CMMI 5 级的经验和在实际项目中的经验，在项目实施的过程中精简 CMMI 5 级的实施流程和部分文档。这个精简的流程不仅可以确保流程规范和质量可靠，还能节约项目成本。在这个精简流程中，假设项目组使用 CVS 作为软件配置管理工具，各环节描述如下。

（1）需求与规范的管理

① 由测试负责人（或专门的需求分析负责人）统一接收行业相关规范和新需求，并将行业相关规范和新需求转发给开发经理、项目经理、相关的开发人员和测试人员，同时提交到 CVS。

② 测试负责人（或专门的需求分析负责人）、项目经理仔细阅读行业相关规范与新需求后，对其进行研究，并就难点和疑点进行讨论，整理出重点内容，并将重点内容发给开发经理、项目经理、相关的开发人员和测试人员，同时提交到 CVS。

③ 开发经理、项目经理、测试负责人、需求分析负责人、相关的开发人员与测试人员开会对行业相关规范、新需求和重点内容进行讨论，确定新需求的具体含义以及最终要实现的需求和功能点。

④ 项目经理根据行业相关规范、新需求和开会讨论结果编写需求规格说明书与功能列表，测试负责人（或专门的需求分析负责人）对文档进行检查并修改完善，然后提交到 CVS。

⑤ 测试负责人（或专门的 PPQA 人员）确认所有相关文档经过了评审并都已经提交到 CVS。

> **注意**
>
> 　　开发经理负责软件开发过程的技术方面。他们负责确保软件按照规格开发，并在规定的预算和时间范围内交付。开发经理通常具有计算机科学或软件工程背景，并且精通软件开发方法和技术。
>
> 　　项目经理负责软件开发过程的整体管理。他们负责规划、组织、执行和控制项目，以确保项目按时、按预算并按照规格交付。项目经理通常具有项目管理背景，并且精通项目管理方法和技术。
>
> 　　开发经理和项目经理的角色在软件项目中通常是分开的，但有时它们可以合二为一，这通常发生在小型项目中，因为没有足够的资源来雇佣专门的开发经理和项目经理。当开发经理和项目经理的角色合二为一时，由一个人负责软件开发过程的技术和整体管理。他们需要具备计算机科学、软件工程和项目管理方面的技能和知识。

（2）项目计划与测试计划

① 由开发经理组织项目计划讨论会，在讨论会上各开发负责人对自己负责的模块所需要的工作量进行评估，根据工作量和工程需求初步确定总体开发计划、测试计划和发布时间。

② 项目经理根据估算工作量和工程需求编写项目计划，使用 CMMI 5 级总体测试计划模板并对其进行适当的裁剪和补充，编写适合本项目的项目计划。

③ 测试负责人根据项目计划与发布时间编写测试计划，使用 CMMI 5 级总体测试计划模板并对其进行适当的裁剪和补充，编写适合本项目的测试计划。

④ 开发经理、项目经理、相关的开发人员和测试人员阅读项目计划、测试计划后将建议和意见以邮件的形式反馈给项目经理与测试负责人。项目经理与测试负责人收集大家的邮件，分别对项目计划与测试计划进行修改完善，同时回复邮件说明项目计划与测试计划的修改情况，如果存在争议，则召开一个小型会议对异议进行讨论。修改后的项目计划、测试计划提交到 CVS。

⑤ 测试负责人（或专门的 PPQA 人员）确认所有相关文档经过了评审并都已经提交到 CVS。

（3）开发设计与评审

① 项目经理构思系统设计，相关开发成员一起讨论系统的设计，对设计形成较为清晰的思路。

② 项目经理负责编写概要设计文档，与开发经理、开发团队成员与测试负责人一起讨论概要设计。

③ 概要设计完成后，项目经理编写详细设计文档、数据库设计文档和编码规范，各模块负责人负责编写所负责的模块的详细设计文档。

④ 设计文档编写完成后，PPQA 人员发邮件通知开发经理、项目经理、测试负责人、相关开发人员和测试人员。

⑤ 开发经理、项目经理、测试负责人、相关开发人员和测试人员对所提交的概要设计文档与详细设计文档进行审查，将建议和意见以邮件的形式反馈给项目经理和模块负责人。

⑥ 模块负责人收集邮件中的修改建议并对设计文档进行修改，同时回复邮件，说明详细设计修改情况，修改后的详细设计文档提交到 CVS。

⑦ 如果对设计存在争议或出现明显不合理的设计，可以召开一个小型会议，对异议进行讨论，有效解决设计所出现的分歧。

⑧ 测试负责人（或专门的 PPQA 人员）对开发人员最终修改的详细设计计划进行检查，并确认所有文档都已经提交到 CVS。

> **注意** 　　在大型的项目中，必须先完成概要设计后再完成详细设计，在小型项目或需求中可做适当裁剪，将概要设计与详细设计合在一起完成。

（4）测试方案与评审

① 在项目的设计阶段，测试负责人根据规范文档、功能列表和概要文档编写总体测试方案与性能测试方案。

② 测试方案编写完成后，测试负责人发邮件通知开发经理、项目经理、相关开发人员和测试人员。

③ 开发经理、项目经理、测试负责人、相关开发人员和测试人员对所提交的测试方案进行审查。开发经理和项目经理对测试方案进行总体性的审查，各模块负责人负责相关模块或功能的测试方案的审查，将意见和建议以邮件的形式反馈给测试负责人。

④ 测试负责人修改建议并对测试方案进行修改，同时回复邮件说明测试方案修改情况，修改后的测试方案提交到 CVS。

⑤ 测试负责人（或专门的 PPQA 人员）对最终修改的测试方案进行检查，并确认所有文档都已经提交到 CVS。

（5）编码实现与单元测试

① 在产品详细设计完成后，开发人员依据设计进行编码工作。

② 编码完成后，开发人员编写单元测试案例并进行单元测试，单元测试完成后提交单元测试报告。

③ 项目经理根据项目实际情况对开发人员编写的代码组织代码进行走查，记录相关问题。

④ 产品模块单元测试完成后，开发人员之间进行产品联调测试，并修改所发现问题以及提交联调测试报告。

⑤ 产品初步完成后，在提交测试前进行一次产品演示，参加人员包括开发经理、项目经理、测试负责人、开发人员、测试人员、售前人员与售后人员，在演示的过程中对产品提出改进建议。

⑥ 各模块负责人对源代码进行走查以及对产品展示所发现的问题进行修改，相关的代码与文档提交到 CVS。

⑦ 项目经理对编码完成后的系统进行确认，确保提交测试的系统是可运行的，测试负责人（或专门的 PPQA 人员）确认所有文档和代码都已经提交到 CVS。

（6）测试设计与评审

① 在项目编码阶段，测试方案编写完成后，测试负责人或相关测试人员根据测试方案、规范文档、功能列表和详细设计进行测试用例设计。

② 测试用例设计的类型包括功能测试、边界测试、异常测试、性能测试、压力测试等，在用例设计中，除了功能测试用例外，应尽量考虑边界、异常、性能的情况，以便发现更多隐藏的问题。

③ 在编写测试用例的过程中，对于存在疑问的地方或测试重点，测试负责人或相关测试人员应主

动与开发经理或项目经理沟通讨论，这一方面有助于设计完善的测试案例，另一方面也有助于开发人员进一步清晰编码思路。

④ 测试用例编写完成后，测试负责人发邮件给开发经理、项目经理、相关开发人员和测试人员。

⑤ 开发经理、项目经理、相关开发人员和测试人员对所提交的测试用例进行审查，开发经理与项目经理对测试用例进行总体性的检查，各模块负责人负责检查自己所负责模块的测试用例，将建议和意见以邮件的形式反馈给测试负责人。

⑥ 测试负责人收集大家的邮件并对测试案例进行修改完善，同时回复邮件说明修改情况，如果存在争议，则召开一个小型会议对异议进行讨论，修改后的测试案例提交到 CVS。

⑦ 测试用例编写完成之后需要不断完善，软件产品新增功能或更新需求后，测试用例必须配套修改更新。在测试过程中发现设计测试用例考虑不周时，需要对测试用例进行修改完善。若在软件交付使用后用户反馈存在软件缺陷，而缺陷又是因测试用例存在漏洞造成，也需要对测试用例进行完善。

⑧ 测试负责人（或专门的 PPQA 人员）对最终修改的测试用例进行检查，并确认所有文档都已经提交到 CVS。

（7）测试实施

① 代码提交前准备相关的测试环境（如服务器或数据库等），代码提交后测试人员向构建管理员申请打包，并搭建正式测试环境。为了顺利完成测试以及确保产品可以跨平台，每个测试人员各自搭建一个测试环境，每个平台至少要有一个测试人员负责。

② 测试环境搭建好后进行冒烟测试，如果冒烟测试通过，则继续详细的功能测试，否则中断测试并返回给开发人员。

③ 测试人员按照预定的测试计划和测试方案逐项对测试案例进行测试，在测试过程中发现的任何与预期目标不符的现象和问题都必须详细记录下来，填写测试记录，在必要的时候协助开发人员追踪与修改所发现的问题。如果在测试的过程中发现重大的缺陷或因为某些缺陷导致测试不能继续，测试中断并返回给开发人员。

④ 每个测试阶段结束后，测试负责人总结测试情况，对测试结果进行分析，计划下一阶段测试并预测可能产生的缺陷数量，编写测试阶段分析报告，并发送给开发经理、项目经理、相关测试人员和开发人员。

⑤ 开发经理对测试阶段分析报告中存在的问题采取恰当的措施并调整相关资源，确保下一阶段的开发与测试计划顺利进行。

⑥ 开发人员对缺陷进行修改。

⑦ 开发人员对修改缺陷后，测试人员进行回归测试，经过修改的软件可能仍然包含着缺陷，甚至引入了新的缺陷，因此，对于修改以后的程序和文档，按照修改的方法和影响的范围，必须重新进行有关的测试。

⑧ 产品的功能比较完善后，进行产品的性能压力测试，并根据测试结果进行性能调优。

⑨ 在产品发布前，对产品进行确认测试。

⑩ 当产品达到测试计划所制订的产品质量目标和测试质量目标后，整理产品发布包并编写相关文档，确认发布包和文档完整后发布产品。

（8）版本控制

在测试过程中，产品的打包统一由构建管理员完成。新版本产品发布之后，马上对代码进行质量控制。

① 构建管理员给新版本的源代码打一个 CVS 标签，方便代码回滚。例如，发布版本为 IAGW1.0.0，则给该产品源代码也打一个与发布版本相同名字的标签 IAGW1.0.0。这样做的一个好处是，在目前产品的基础上做了修改并发布新的版本后，如果需要检出某个版本的源代码，可以通过这个版本的标签来检出，代码的修改可以在该版本上进行。

② 构建管理员对新发布的产品源代码加 CVS 锁，不允许开发人员在软件发布之后提交源代码，直到有新版本修改需求再给开发人员开放提交权限。这样做的好处是避免开发人员随意修改和提交源代码，确保服务器上的源代码版本与当前最新的发布版本一致。

（9）产品发布

构建管理员在产品发布前对照功能列表进行一次全面的确认测试，确认发布包和文档完整后进行产品发布。对于新产品来说，必要的文档包括：产品安装操作手册、产品白皮书、产品管理维护手册、用户操作手册、总体测试报告和性能测试报告。

（10）自动测试

产品稳定后，测试负责人（或专门的 PPQA 人员）开发自动测试工具，对于稳定的功能使用自动测试工具进行测试，新增的功能使用手工测试。这种使用自动测试结合手工测试的模式，可以大大提高测试效率。

总结上述过程，开发团队首先对项目进行需求分析，有效的需求分析方法是需求分析负责人、需求分析人员、项目经理、开发经理与测试负责人分别阅读行业相关规范与新需求，特别是需求分析负责人与项目经理，需要对需求进行深入的分析研究，然后开会讨论，消除对需求的误解与遗漏，讨论结束后编写功能列表与需求规格说明书并评审。对于规范中不明确的问题，将其集中后由测试负责人（或需求分析负责人）直接与总规范负责人直接交流，确保不会因为对规范的理解不正确导致项目实现与需求不一致。需求分析完成后，编写项目计划与测试计划。项目计划、测试计划编写前先开会讨论，由各模块负责人估算工作量，能确定的问题和时间安排都在讨论中确定下来，然后根据工作量和工程需求制订项目计划和测试计划。开发人员在编码前需要进行概要设计和详细设计，要对系统的总体设计架构、各自所负责的模块有一个清晰的设计思路，经评审后确认模块的设计是否合理。开发人员在编码完成后、提交测试前必须进行单元测试与联调测试，保证提交给测试的软件是一个可运行的产品。

测试工作中，在系统设计或项目阶段，测试负责人对项目进行测试设计，指导测试实施有章可循，在编写测试用例的过程中会遇到很多与流程和细节处理相关的问题，与开发人员一起讨论有助于提前发现问题与完善代码。在测试实施阶段，测试人员记录所发现的问题，并协助开发人员及时解决。测试负责人记录和分析测试过程中所遇到的问题，在每个阶段完成后提交经分析的测试阶段分析报告。软件测试阶段分析报告应当总结分析测试过程中所发现的问题并对这些问题提出解决建议，以便在后续的开发与测试中进行改进与调整，确保产品能够按时保质发布。为了节约资源，计划或设计都是以邮件的形式进行评审。对于存在严重分歧的问题，可以组织一个小型会议进行讨论。小型讨论会是解决问题的一种有效途径，任何问题都可以通过面对面的交流达成共识。产品的管理和版本管理则由构建管理员负责，确保产品得到良好的控制。在整个项目实施的过程中，需要有一个 PPQA 对流程进行检查与监督。

这个精简的实施流程，不但确保了软件的质量，而且实施成本较低，非常容易推广。在整个流程中，测试负责人除了负责测试相关任务以外，同时承担了需求管理、流程跟踪、协调沟通等工作（当然，也可由项目经理或开发经理等承担）。由测试负责人推动项目开发与实现，可以在开发人员之间、开发人员与测试人员之间搭了一座沟通的桥梁。这样的协调与推动促进了项目的顺利完成，适合 5 至 20 人的小型团队。不过这种测试与开发的模式，对测试负责人的要求很高，不但需要具有很强的责任心与沟通协调能力，而且还需要具有很高的业务分析能力和 CMMI 5 级实施经验。

2.5 软件质量保证相关过程域

对于当前的软件系统，特别是大型软件系统而言，建立一个成熟的质量管理体系是一个相对复杂的问题。一个成熟的质量管理体系需要具备自上而下的管理框架和自下而上的主动意识，其中，自上而下的管理框架是基于顶层设计的，包括多个部分、各部分的作用以及彼此之间的关系等；自下而上的主动意识是每个成员基于其不同的角色，主动关注与质量相关的工作，并且积极地完成自己角色应该承担的质量工作。本节从项目立项、项目计划、需求管理、计划跟踪、风险管理等过程域对软件质量管理体系进行阐述。

2.5.1 项目立项

在项目立项过程域的执行过程中，质量保证团队应当严格审核开发项目的立项申请，规范开发项目的立项过程，并以文件形式确立项目正式启动，加强项目的目标、成本、进度和考核管理。项目立项过程域的要素关系如图 2.5 所示。

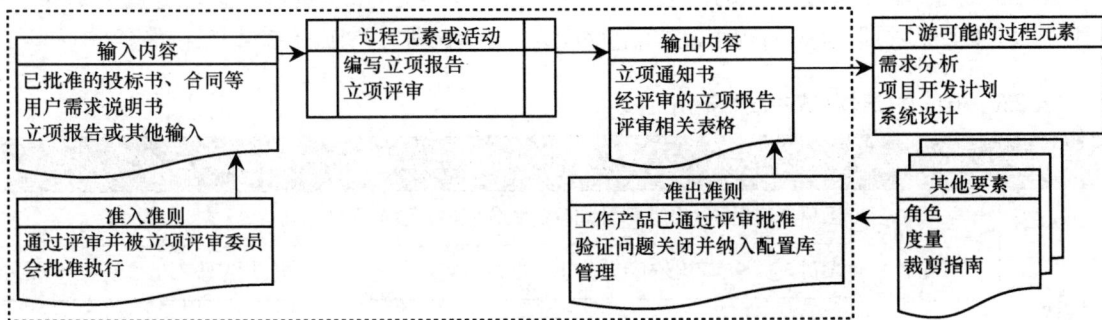

图2.5 项目立项过程域的要素关系

（1）角色

在项目立项阶段，有几个关键的角色发挥着重要的作用。

① 立项评审委员会负责审查和评估项目的可行性和潜在风险。立项评审委员会一般由相关部门的副总经理和专业领域的专家组成，他们基于项目的目标和约束条件，对项目进行全面的评估和决策。评审委员会的意见和建议对项目的批准和进一步规划具有重要影响。

② 副总经理在项目立项阶段扮演着决策者和领导者的角色。他们负责制订整体战略和目标，并与评审委员会其他成员紧密合作，确保项目的可行性和业务价值。副总经理还需要提供必要的资源和支

持，以确保项目能够按时启动并得到有效管理。

③ 项目经理是项目立项阶段的核心角色。他们负责领导和管理开发团队，制订详细的项目计划和执行方案。项目经理需要与评审委员会和其他利益相关者进行沟通和协调，确保项目目标的明确性和可行性。他们还负责监控项目进度和资源分配，以确保项目能够按计划启动并顺利进行。

（2）度量

在立项阶段，有几个关键的度量指标需要关注（关于软件度量，请参阅第 3 章）。

① 统计评审时发现的缺陷数。评审过程中发现的缺陷数量和严重程度可以反映项目的可行性和风险情况。这些信息为立项评审委员会和项目经理做出决策和规划提供了重要依据。

② 完成项目立项所花费的工作量，包括在项目立项阶段所涉及的人力资源、工作时间和工作产品的数量，可以反映项目立项的效率和资源利用情况。这有助于评估项目的可行性和规模，并为后续的项目计划和执行提供参考。

这些角色和度量指标共同构成了项目的立项阶段，合理分工和有效的度量可以帮助开发团队做出明智的决策和规划，确保项目能够按时启动并得到有效管理。

（3）裁剪指南

裁剪指南是在项目立项过程域中的一项重要要素，旨在根据具体项目的需求和特点，对项目立项过程进行必要的调整和裁剪。项目立项过程域的裁剪指南提供了一套指导原则和方法，帮助开发团队根据项目的规模、复杂性和资源限制等因素，灵活地选择和执行适合项目的立项过程。裁剪指南的目的是确保项目立项过程的高效性和实用性，避免繁文缛节，同时保证项目立项过程的全面性和可靠性。通过裁剪指南，开发团队可以根据实际情况合理地选择和调整项目立项过程中的活动、工具和文档，以适应项目的具体需求和环境。

表 2.5 列出了项目立项过程域的裁剪指南，其中包括一些常见的裁剪选项和建议。这些选项和建议可以帮助开发团队在项目立项过程中做出明智的决策，并确保项目立项过程的有效性和效率。

表 2.5 项目立项过程域的裁剪指南

活动	可选方案	裁剪指导方针
培训	执行	项目经理经验（如软件计划、资源分配等方法）不足
		项目人员没有足够的行业知识，以及系统开发技巧、工具使用经验不足
		立项评审委员会成员对评审规程不熟悉
	免修	项目经理已经具备必要资质，项目人员和立项评审委员会成员已有相关经验或相关技能
立项报告	详细编写	合同类项目可以加重编写力度，编制包括用户需求、计划在内的综合性立项报告，以缩短项目开发时间，经公司/事业部总工程师批准后，下游过程元素可对接设计阶段
	概要编写	对于研发类项目，若已编制可行性研究报告，可等同于立项报告，对可行性研究报告进行评审后，由高级经理下达立项通知书
立项评审	正式评审	各类项目都需正式评审
	非正式评审	维护性项目可凭工程实施任务书，或合同项目经特批后，可直接下达立项通知书

2.5.2　项目计划

为完成软件工程和管理软件项目，开发团队应制订合理的计划，包含估计待完成的工作、确定进行该工作的计划并建立必要的承诺，作为完成和管理软件项目活动的基础。项目计划过程域的要素关系如图 2.6 所示。

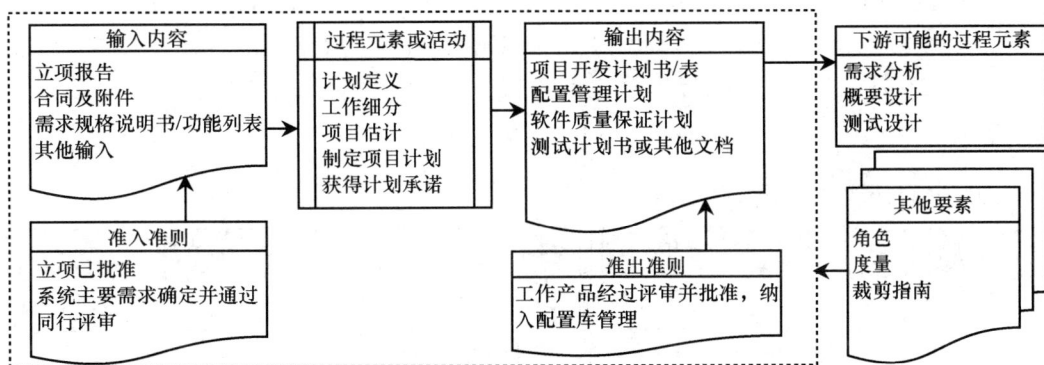

图2.6　项目计划过程域的要素关系

（1）角色

在软件测试管理体系的项目计划阶段中，有几个关键的角色起着重要的作用。

① 项目经理负责领导和管理测试团队，制订详细的测试计划，并确保测试活动按时完成。项目经理需要与其他相关部门和利益相关者进行沟通和协调，以确保测试计划符合项目目标，并能够满足质量要求。项目经理还负责监控测试进度和资源分配情况，以确保测试活动按计划进行。

② 高级经理在软件测试管理体系中扮演着决策者和领导者的角色。高级经理负责制订整体战略和目标，并确保测试管理的有效实施。高级经理需要与项目经理紧密合作，了解项目的需求和约束条件，并提供必要的支持和资源。高级经理还负责监督项目里程碑日期及其变更状态，以确保项目进度和质量的可控性。

③ 系统测试人员是测试活动的执行者。系统测试人员负责执行各种测试活动，包括功能测试、性能测试、安全测试等。他们需要具备丰富的测试经验和技能，能够有效地发现和报告缺陷，并与开发人员进行沟通和合作，解决问题和风险。

④ 用户/用户代表是软件测试的最终受益者。用户/用户代表需要参与测试计划和评审过程，并提供反馈和建议，以确保软件符合他们的需求和期望。用户/用户代表的参与可以帮助测试团队更好地理解用户需求，改进测试策略，并提高软件质量。

（2）度量

在项目计划阶段，有几个关键的度量指标需要关注。

① 完成本过程活动所花费的工作量及工作产品规模。这可以通过衡量所涉及的人力资源、工作时间和工作产品的数量来评估测试管理的效率和资源利用情况。

② 项目里程碑日期及其变更状态。追踪项目里程碑日期及其变更状态可以帮助识别项目进度中的延迟和风险，从而采取相应的措施来保证项目按时交付。

③ 过程质量，其中包括同行评审缺陷统计。同行评审是一种重要的质量控制方法，通过评审过程

45

中发现的缺陷数量和严重程度，开发团队可以评估评审的有效性和整个测试管理体系的质量。

以上角色和度量指标共同构成了软件测试管理体系的项目计划阶段，有效的角色分工和度量指标的监控可以帮助开发团队实现项目目标，提高软件测试过程的质量和效率。

（3）裁剪指南

项目计划过程域的裁剪指南提供了一套指导原则和方法，帮助开发团队在制订项目计划时灵活选择和执行适合项目的计划活动。表 2.6 列出了项目计划过程域的裁剪指南，其中包括了一些常见的裁剪选项和建议。这些选项和建议可以帮助开发团队在项目计划过程域做出明智的决策，并确保项目计划的有效性和效率。

表 2.6　项目计划过程域的裁剪指南

活动	可选方案	详细裁剪指南
培训	执行	项目组团队对估计方法、项目所需的技术、行业知识及工具的使用不熟悉
培训	免修	项目组团队有相关经验或相关技能
工作细分	详细执行	研发类项目、需求较稳定的用户定制或应用开发项目应制订详细的工作分解结构（Work Breakdown Structure，WBS），细分粒度可以到第 5 级底层任务级或更细分的级别
工作细分	概要执行	需求不明确、规模比较大的项目可以先制订细分粒度到第 3 级或第 4 级，然后随着需求的明确及阶段的延续逐步细分
制订估计策略	简化	准备采用软件重用的项目可识别可重用的组件（包括文档、需求、设计、类或代码）尤其是可利用这些重用组件的历史数据作为估算的参考
规模估计	执行	一般项目
规模估计	简化/省略	项目估计难度过高，或维护项目
估计关键计算机资源	执行	有关键计算机资源
估计关键计算机资源	合并/省略	无关键计算机资源
制订项目开发计划	详细编写	各类项目须编写项目开发计划书
制订项目开发计划	简化编写	维护项目或小项目可以根据需求编写项目开发计划书，省略部分内容
附属项目计划	详细编写	项目周期长，难度大，过程要求严格，须形成独立的附属项目计划
附属项目计划	合并编写	项目周期短，难度小，项目团队成员少，项目的附属计划可以合并到项目开发计划书中
评审	正式评审	项目周期长、规模大，难度大 用户/用户代表有明确进度要求，或需要和第三方进行合作
评审	非正式评审	项目周期短，项目团队成员少，项目难度小

2.5.3　需求管理

需求管理的目的是在顾客和将处理顾客需求的软件项目之间建立对顾客需求的共同理解。需求管理的内容包括：建立软件需求基线、管理和控制需求基线。关于基线，请参阅第 4 章软件配置管理。需求管理过程域的要素关系如图 2.7 所示。

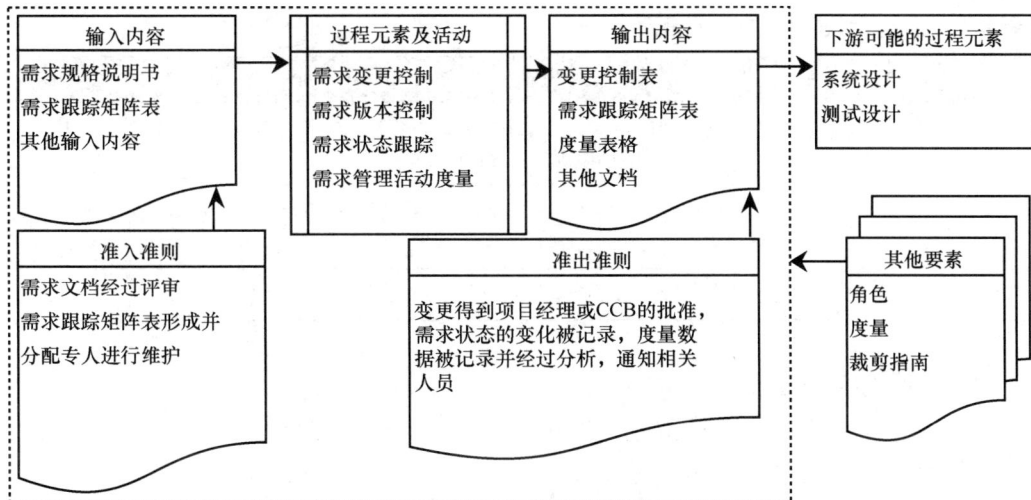

图2.7 需求管理过程域的要素关系

（1）角色

在需求管理阶段，有几个关键的角色起着重要的作用。

① 项目经理。项目经理负责领导和管理需求管理团队，确保需求的收集、分析和验证工作按计划进行。项目经理需要与利益相关者进行沟通和协调，以确保需求的准确性和完整性，并确保项目能够满足用户的需求和期望。

② 软件变更控制委员会（Software Change Control Board，SCCB），他们负责审查和批准需求变更。SCCB 由相关部门的代表组成，他们基于项目目标和约束条件，对需求变更进行评估和决策。SCCB 的意见和决策对需求管理的有效性和变更控制具有重要影响。

（2）度量

在需求管理阶段，有几个关键的度量指标需要关注。

① 需求总数、已实现需求数和重用需求数，这些度量可以帮助评估需求管理的效率和质量。需求总数反映了项目的需求规模，已实现需求数反映了需求的执行情况，重用需求数反映了已有需求的再利用情况。这些度量反映了需求的完整性、重要性和可重复利用性。

② 需求变更数量和花费工时。需求变更是项目开发过程中常见的现象，统计需求变更数量和与之相关的工时可以反映需求管理的灵活性和变更控制的成本、效益。这有助于项目经理和 SCCB 判断需求变更的频率和影响，并采取适当的措施进行管理。

③ 需求过程审计发现问题数量和关闭情况。需求过程审计是一种重要的质量控制方法，审计过程中发现的问题数量和关闭情况，可以反映需求管理过程的有效性和改进的效果。这有助于开发团队识别和解决需求管理中可能存在的问题，并提高需求的准确性和可追踪性。

这些角色和度量指标共同构成了需求管理阶段，通过合理分工和有效的度量，开发团队可以实现需求管理的目标，提高需求的质量和满足用户的需求。

（3）裁剪指南

需求管理过程域的裁剪指南提供了一套指导原则和方法，帮助开发团队在需求管理阶段灵活选择和执行适合项目的需求管理活动，如表 2.7 所示。

表 2.7　需求管理过程域的裁剪指南

活动	可选方案	裁剪指导方针
变更控制	简化执行	维护项目根据工程实施任务书系统维护任务完成，编写系统修改说明，在用户方由用户协助完成系统验收测试
		根据项目的特性，可以把多个小的需求变更合并，评估其重要性后，一次性提交申请，批准后执行
管理活动度量	简化执行	具体项目可根据项目开发计划中的度量计划执行

2.5.4　计划跟踪

计划跟踪过程域建立对实际进展的适当的可视性，使管理者能在软件项目性能明显偏离软件计划时采取有效措施。计划跟踪过程域的要素关系如图 2.8 所示。

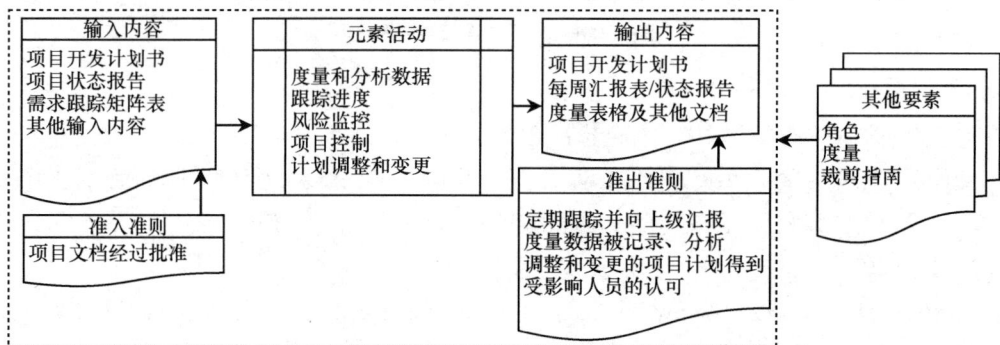

图2.8　计划跟踪过程域的要素关系

（1）角色

在计划跟踪阶段，有几个关键的角色。

① 高级经理负责制订项目整体的计划和策略，监督项目的执行情况，并对整体进度和成本情况进行评估与决策。高级经理需要协调资源并解决重大问题，确保项目朝着正确的方向前进。

② 项目经理负责具体的项目管理工作，包括任务分配、进度跟踪、风险管理等。项目经理需要与高级经理和开发团队成员密切合作，确保项目按计划推进，并及时调整计划以适应变化。项目经理需要具备出色的沟通和领导能力，以带领团队克服各种挑战，实现项目目标。

③ 开发团队成员是项目执行的基础，负责具体的任务执行和交付工作产品。开发团队成员需要高效协作，确保按时按质完成任务，同时积极反馈问题和风险，为项目经理提供及时的信息支持。

（2）度量

在计划跟踪阶段，有几个关键的度量指标需要关注。

① 各里程碑所费工作量和里程碑日期。里程碑是项目进度的重要节点，通过跟踪里程碑的工作量和日期，开发团队可以评估项目的进度情况和风险，及时调整计划以保证项目按时交付。

② 工作产品的规模，包括文档数、页数、子系统数、模块数、代码行数/界面数等。这些度量指标可以帮助评估项目的复杂度和开发进度，为资源分配和风险管理提供依据。

③ SQA、项目经理监控、审计时发现问题数和问题关闭数、项目开发过程中发生的问题数和关闭数、计划变更次数等度量指标。这些度量指标可以帮助评估项目的质量、进度和变更情况，为项目经理和高级经理提供全面的状态报告和决策支持。

通过关注这些角色和度量指标，开发团队可以更好地管理和控制项目的执行过程，及时识别和解决问题，确保项目按计划顺利完成。

（3）裁剪指南

计划跟踪过程域的裁剪指南提供了一套指导原则和方法，帮助开发团队在项目执行阶段灵活选择和执行适合项目的计划跟踪活动，如表 2.8 所示。

表 2.8　计划跟踪过程域的裁剪指南

活动	可选方案	详细裁剪指南
跟踪软件工作产品的规模	执行	项目计划估计工作产品的规模，记录实际规模数据，并和估计数据比较
	合并或省略	项目计划没有估计工作产品的规模，只记录实际的规模数据
跟踪项目的关键计算机资源	执行	有估计关键计算机资源
	省略	未估计关键计算机资源
小组检查	执行	项目周期长，开发团队成员多，任务多且难度高，在小组检查中发现的问题应被记录并进行管理
	合并或省略	开发团队成员少，任务少且难度低，项目组内通过经常的口头交流、工作报告和其他交流也可达到小组检查的目的
阶段进度检查	执行	项目周期长，难度大，用户对项目的要求比较严格，过程要求严格
	合并或省略	项目周期短，难度小，开发团队成员少，进行定期的项目状态汇报即可

2.5.5　风险管理

风险管理过程域是对潜在的和突发的、影响项目正常进行甚至使项目受阻的风险提前或及时作出识别，提出应对措施，起到防范、规避和缓解的作用，使项目开发得以顺利完成。风险管理过程域的要素关系如图 2.9 所示。

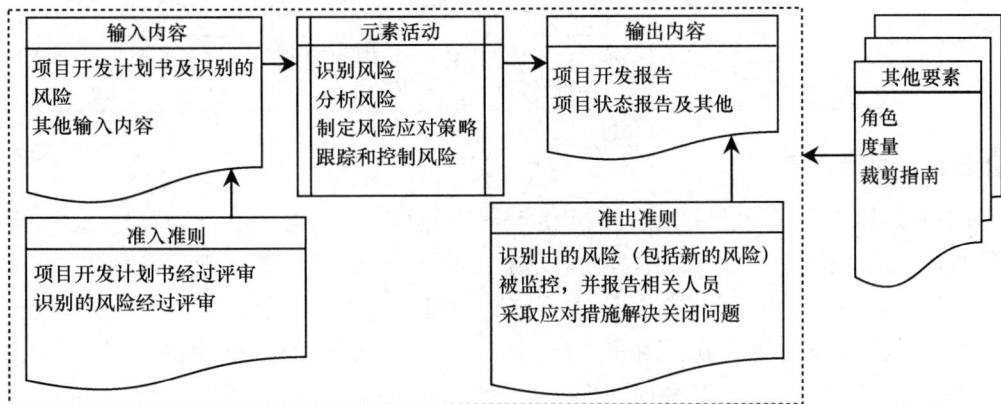

图 2.9　风险管理过程域的要素关系

（1）角色

在风险管理阶段，有几个关键的角色和度量指标需要特别关注。

① 项目经理或专门负责风险跟踪的人员是核心角色，他们负责识别潜在风险、评估风险的影响和概率、监控风险的发展趋势，并制订相应的风险应对计划。

② 整个开发团队需要积极参与风险管理工作，包括及时报告问题、提出风险应对建议，以及协助实施风险规避措施，确保项目能够应对各种不确定性和挑战。

（2）度量

在风险管理阶段，有几个关键的度量指标需要关注。

① 已识别的风险个数及其跟踪状态。通过这一度量指标，开发团队可以全面了解项目面临的风险情况。这有助于开发团队及时采取相应措施进行应对，并监控风险的变化情况，以及时调整风险应对策略。

② 风险发生个数（问题个数）、规避个数和解决个数也是重要的度量指标。风险发生个数反映了实际出现的问题数量，规避个数反映了成功避免的潜在风险数量，解决个数表明已经处理和解决的问题数量。通过监控这些指标，开发团队可以评估项目风险管理的有效性，并获得反馈和改进方向。

在风险管理阶段，开发团队需要高度重视风险管理工作，及时发现和应对潜在风险，以降低项目面临的不确定性和挑战。通过有效的风险管理，开发团队可以更好地保障项目的顺利进行，最大程度地实现项目目标。

（3）裁剪指南

风险管理过程域的裁剪指南提供了一套指导原则和方法，帮助开发团队在项目执行阶段灵活选择和执行适合项目的风险管理活动，如表 2.9 所示。

表 2.9　风险管理过程域的裁剪指南

活动	可选方案	详细裁剪指南
风险识别并文档化	合并或省略	一般项目可以把识别的风险及应对措施合并到开发计划中进行管理，开发过程中使用项目状态报告进行跟踪
识别风险评审	正式评审	首次评审与项目开发计划一起进行
	非正式评审	在项目开发过程中新识别的风险项可由项目经理根据风险项的严重程度，申请进行非正式评审

2.5.6　项目评审

项目评审过程域是为了及早并高效率地识别和消除软件产品中的缺陷。通过项目评审，团队可以对整个软件开发过程进行全面审查，包括需求分析、设计、编码和测试等环节，以确保软件产品的质量和一致性。在项目评审中，团队成员可以共同检查和讨论软件产品，通过对比实际需求和设计文档、代码和测试结果等，发现潜在的缺陷和不一致之处。评审活动可以涵盖不同领域的专业人士，包括开发人员、测试人员、用户/用户代表和质量保证人员等，以确保多方视角的审查和全面的问题发现。项目评审过程域的要素关系如图 2.10 所示。

（1）角色

在项目评审阶段，有重要的角色。

① 仲裁者：协调解决评审过程中出现的争议问题，并最终决定评审结果。

② 主持人：主持评审会议，掌控会议进程，确保评审的有效性，并协助维持会议秩序。

③ 作者：提供评审对象和相关背景材料，参加评审会议，回答评审员的疑点，并修订评审中发现的缺陷。

④ 评审员：审阅评审材料并反馈发现的缺陷，参与评审并发现软件产品的缺陷。

⑤ 记录员：归纳整理发现的问题和缺陷，以及编写评审报告。

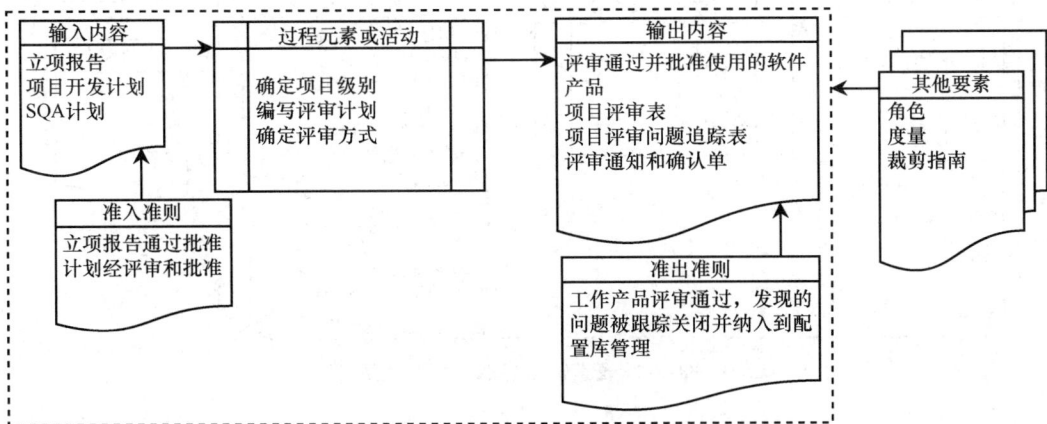

图2.10　项目评审过程域的要素关系

⑥ 验证人：跟踪、验证评审过程中发现的问题和缺陷。

（2）度量

除了以上角色外，还有一些度量指标用于衡量项目评审的效果，这些度量包括评审软件产品的规模、评审次数、评审人员数量、评审时间以及评审过程中发现的缺陷数量。这些度量可以帮助开发团队了解评审活动的效率和质量，并为持续改进提供数据支持。

（3）裁剪指南

项目评审过程域的裁剪指南提供了一套指导原则和方法，帮助开发团队在项目执行阶段灵活选择和执行适合项目的评审活动，如表 2.10 所示。

表 2.10　项目评审过程域的裁剪指南

活动	可选方案	裁剪指导方针
培训	执行	评审主持人、仲裁者不了解评审流程，没有评审主持经验
		评审员没有评审经验、不熟悉项目评审规程
	免修	相关人员已有相关经验或相关技能
评审计划	文档编写	规模较大、质量要求较高的研发类项目，尤其要执行同行技术评审
	合并或省略	规模较小、工期较紧迫的研发类项目，可把评审计划并入质量保证计划或项目开发计划中
评审	执行	按照表 6.1 建议的评审工作产品和评审方法表选择合适的评审方法

2.5.7 配置管理

配置管理是为了建立和维护在整个软件生命周期中软件的完整性的重要实践。通过配置管理，开发团队可以有效地管理软件的变更、版本控制和发布过程，从而确保软件的一致性、稳定性和可追溯性。在软件开发过程中，配置管理涉及管理和追踪软件项目中的各种配置项，包括源代码、文档、构建脚本、测试数据等。配置管理的关键任务之一是确保每个配置项都能够被正确标识、控制和跟踪。这样一来，当需要进行变更时，开发团队可以准确地识别和控制影响的范围，并追踪变更的历史信息，以便随时恢复到先前的状态或版本。配置管理过程域的要素关系如图2.11所示。

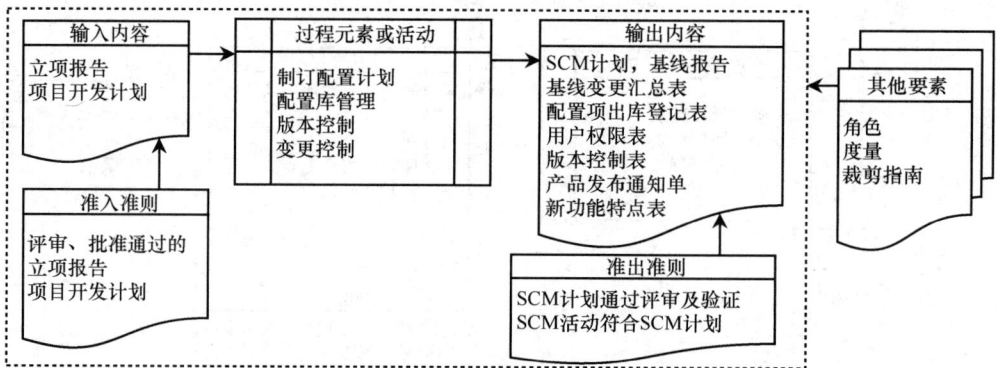

图2.11 配置管理过程域的要素关系

（1）角色

在配置管理阶段，为了更好地管理软件项目的变更、版本控制和发布过程，需要明确配置管理团队的角色和度量指标。软件变更控制委员会（SCCB）和软件配置管理（SCM）人员是配置管理团队中的重要角色。SCCB负责制订和审批配置管理计划、变更请求和发布策略等决策，SCM人员负责实施配置管理计划、记录变更历史和执行发布过程等操作。

（2）度量

在度量方面，可以使用工作量来评估配置管理的规模和活动过程花费的工作量。SCM计划规模包括配置管理计划的制订和更新过程，以及相关文档和工具的开发和维护过程；SCM过程花费工作量涉及对配置项的标识和控制、版本控制、变更管理和发布管理等具体操作的工作量统计。这样一来，可以根据实际的工作量数据进行评估和优化，以提高配置管理的效率和质量。

除此之外，还可以使用其他度量指标来辅助评估配置管理，例如配置项的数量、变更请求的数量和处理时间、发布的频率和成功率等指标。这些指标可以帮助开发团队了解配置管理的进展情况和瓶颈，以及改进的方向和重点。

通过明确配置管理过程域的角色和度量指标，开发团队可以更好地管理软件项目的变更、版本控制和发布过程，提高配置管理的效率和质量，并为整个软件生命周期的成功交付和维护奠定坚实的基础。

（3）裁剪指南

配置管理过程域的裁剪指南提供了一套指导原则和方法，帮助开发团队在项目执行阶段灵活选择和执行适合项目的配置管理活动，如表2.11所示。

表 2.11　配置管理过程域的裁剪指南

活动	可选方案	裁剪指导方针
培训	执行	项目组成员或配置管理员没有配置管理经验，或对配置管理过程、配置管理工具使用技能不熟悉
	免修	项目组成员有相关经验或相关技能
配置管理计划编写	文档编写	一般项目可单独形成 SCM 计划
	合并或省略	维护项目或工期较紧的合同类项目，可把 SCM 计划并入项目开发计划

2.5.8　质量保证

质量保证旨在为项目管理者提供正在使用的软件项目流程以及正在构建产品的适当可视性。质量保证可以确保项目按照既定的标准和要求进行开发，并且在整个软件生命周期中保持高质量。质量保证帮助项目管理者监控项目进展，识别和解决质量问题，并与开发团队保持良好的沟通和合作，从而确保项目按时、高质量地交付。质量保证过程域的要素关系如图 2.12 所示。

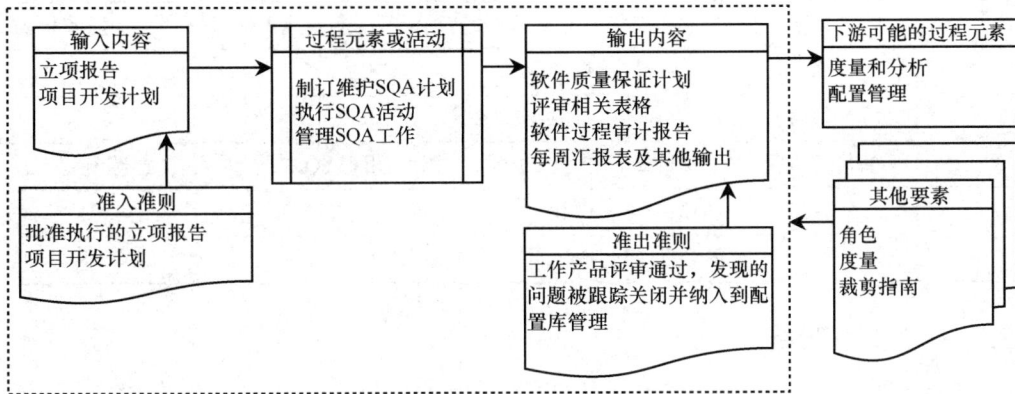

图2.12　质量保证过程域的要素关系

（1）角色

质量保证阶段涉及以下关键角色。每个角色在确保项目质量方面都至关重要。

① 高级经理在质量保证过程域中扮演着决策者和支持者的角色。他们负责制订整体的质量目标和策略，并为开发团队提供资源和支持，以确保项目按照质量标准和要求进行开发。

② 项目经理在质量保证过程域中是负责实施和监督的关键角色。他们负责协调各个团队成员的工作，确保质量保证活动按计划进行，并与利益相关者进行沟通和协调，以确保项目成功交付。

③ SQA 人员是质量保证过程域中的专业人员。他们负责制订和执行质量保证计划、策略和程序，包括质量评审、测试和审查等活动。他们与开发团队合作，确保开发过程符合质量标准，并纠正发现的问题，以提高项目的质量水平。

（2）度量

在质量保证阶段，以下度量指标可以帮助评估质量保证的规模和效率。

① SQA 策划的规模：SQA 策划的规模包括制订和更新质量保证计划、策略和程序的过程，以及相关文档和工具的开发和维护的工作量。度量 SQA 策划的规模可以确定质量保证所需资源和时间，并

为整个质量保证过程域提供参考和指导。

② SQA 活动的工作量：SQA 活动的工作量涉及执行各种质量保证活动所花费的工作量，例如质量评审、测试、审查等。度量 SQA 活动的工作量可以反映质量保证活动的效率和资源分配的合理性，从而为优化质量保证过程域提供依据。

除了度量 SQA 策划的规模和活动的工作量外，还可以使用其他度量指标来衡量质量保证的效果，例如质量评审的覆盖范围和效果、缺陷修复的速度和质量、测试覆盖率和通过率等。这些度量指标可以帮助评估质量保证的质量和效率，并为持续改进提供数据支持。

（3）裁剪指南

质量保证过程域的裁剪指南提供了一套指导原则和方法，帮助开发团队在项目执行阶段灵活选择和执行适合项目的质量保证活动，如表 2.12 所示。

表 2.12　质量保证过程域的裁剪指南

活动	可选方案	裁剪指导方针
培训	执行	开发团队成员、SQA 人员没有质量保证相关工作经验、不熟悉质量保证过程
	免修	有相关经验或相关技能
文档编写	文档编写	一般项目可单独形成 SQA 计划
	合并或省略	维护项目或工期较紧的合同类项目，可把 SQA 计划并入项目开发计划
评审	正式评审	一般项目都执行
	非正式评审	维护项目或其他项目可以由项目经理负责评审

2.5.9　度量和分析

度量和分析通过定量数据使项目管理者了解项目的偏离情况并在适当时采取应对措施以确保项目顺利进行并达成目标。同时，度量和分析也有助于积累过程数据，为以后的项目开发提供依据。通过记录和分析项目执行过程中获得的数据，组织可以形成宝贵的经验教训和最佳实践，为未来类似项目的规划和执行提供参考和指导。这种积累的过程数据还可以帮助不断改进组织的项目管理流程和方法，提高项目执行的效率和质量，从而实现持续的项目管理优化和提升。度量和分析过程域的要素关系如图 2.13 所示。

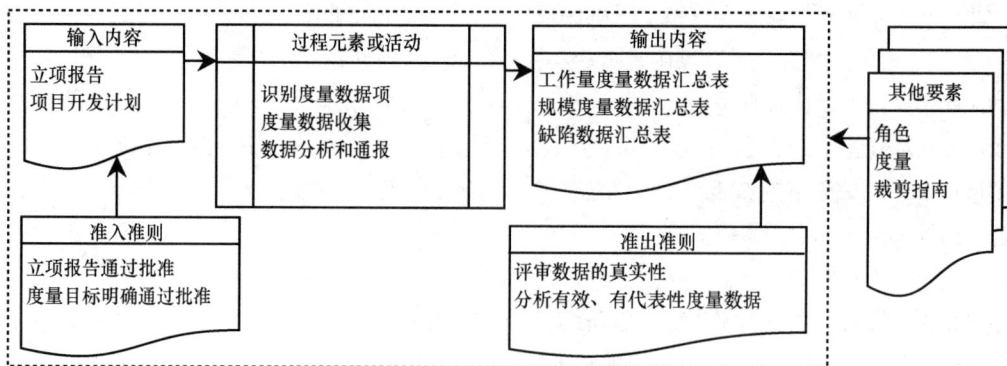

图2.13　度量和分析过程域的要素关系

（1）角色

度量和分析阶段涉及以下角色：软件工程过程组织（SEPG）、部门总工程师以及项目经理。

① SEPG 是负责制订和管理组织内软件工程过程的专门团队，负责确保项目按照预定的标准和流程进行，并监督度量和分析活动的执行。SEPG 通过制订度量计划和指导文件，为度量和分析提供框架和指导。

② 部门总工程师是负责整个部门的技术工作的高级管理人员。在度量和分析阶段，部门总工程师负责确保组织内各个项目的度量数据的准确性和完整性，他们与 SEPG 密切合作，协助制订度量指标和收集相应的数据。

③ 项目经理是负责特定项目的执行和管理的人员。在度量和分析阶段，项目经理负责监督度量数据的收集和分析工作量。项目经理确保开发团队按照计划执行度量活动，并根据收集到的数据进行分析，以识别项目的偏离情况和风险，并采取适当的措施进行调整和改进。

（2）度量

除了角色之外，度量和分析阶段还涉及度量数据的收集和分析工作量，这包括收集各种度量数据的工作量，如项目进展、质量指标、风险评估等。收集到的数据将用于对项目进行定量分析，以了解项目的状态和趋势，并帮助项目经理做出决策和采取行动。

（3）裁剪指南

度量和分析过程域的裁剪指南提供了一套指导原则和方法，帮助开发团队在项目执行阶段灵活选择和执行适合项目的度量和分析活动，如表 2.13 所示。

表 2.13　度量和分析过程域的裁剪指南

活动	可选方案	裁剪指导方针
培训	执行	数据收集人员不熟悉度量和分析规程
	不执行	数据收集人员有相关经验或相关技能
度量数据	执行	一般而言，各类项目都要收集度量数据
	合并或省略执行	工期特别紧迫、技术难度不高、新颖程度不高、规模较小的项目，尤其是维护项目，可以由项目经理负责度量，度量数据可以是最基本的

2.5.10　交付及维护

在预定条件（如合同或立项报告、立项通知书中规定）下，开发团队将向用户交付达到预期效果的工作产品以便使用，并对其进行维护以确保软件正常运行。此交付阶段标志着项目的完成，表明用户可以开始使用软件。交付的软件可能包括但不限于软件应用程序、数据库、文档和培训材料等。交付的软件应该符合预定的质量标准和用户需求，并经过充分的测试和验证，以确保其功能完整、稳定可靠。

一旦交付完成，开发团队将进入维护阶段。维护的目标是确保软件在交付后能够正常运行，并满足用户的需求和期望。维护活动通常包括故障排除、问题修复、性能优化、安全更新等。通过持续地监控和维护，开发团队可以及时发现并解决软件出现的问题，以确保软件的稳定性和可用性。

维护期的长度可以根据项目的特定要求和合同约定而有所不同。维护期可能在一定时间后终止，也可能会继续到下一个版本的更迭。在维护期间，开发团队还可以收集用户的反馈和建议，以改进软件，并为下一个版本的开发提供依据和指导。这种持续的维护和更新循环有助于确保软件的长期可用性和用户满意度。交付及维护过程域的要素关系如图 2.14 所示。

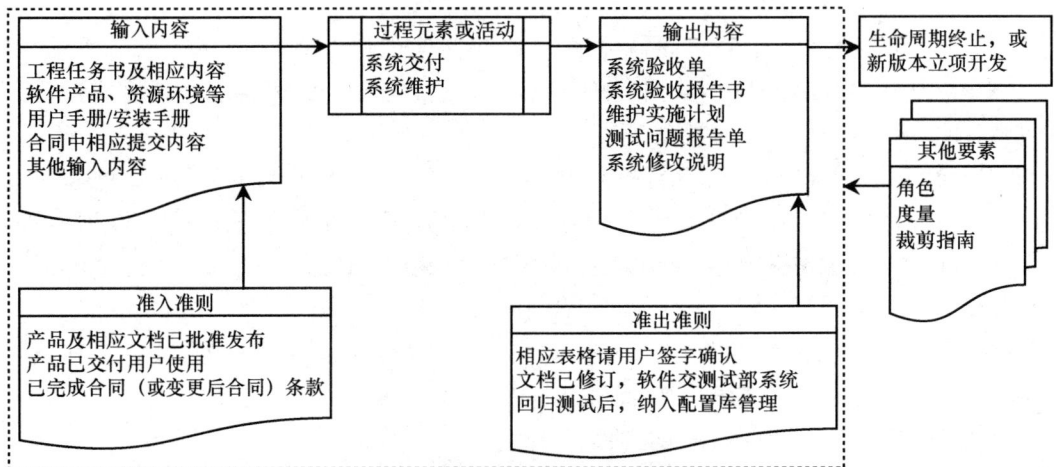

图2.14　交付及维护过程域的要素关系

（1）角色

交付及维护阶段涉及以下角色：维护负责人（可能是项目经理）和维护人员。

① 维护负责人负责监督和协调维护工作，确保软件在交付后能够正常运行并满足用户需求。他们可能是之前项目的项目经理，因为他们对项目的实现和特性有深入的了解，可以更好地指导维护工作。

② 维护人员是负责实际执行软件维护工作的团队成员，他们可能包括开发工程师、测试工程师以及技术支持人员。维护人员负责根据用户反馈和软件运行情况进行故障排除、问题修复、性能优化、安全更新等工作，以确保软件的稳定性和可靠性。

（2）度量

在维护阶段，度量工作主要涉及统计维护过程中发现的缺陷数量和解决状态，以及修改功能模块的关联数量。这些度量数据可以帮助评估维护工作的效果，识别常见的问题模式，并指导开发团队优化维护流程和提高工作效率。

此外，还需要统计各类维护所花费的工作量，包括故障修复、改进功能、更新文档等工作的时间和资源投入。这些工作量数据可以帮助评估维护成本和资源分配情况，为未来的维护计划和预算提供依据。

通过度量维护过程中的关键指标，开发团队可以更好地了解维护工作的情况和效果，并及时采取必要的措施进行调整和改进。这有助于确保软件在交付后能够持续稳定地运行，并持续满足用户的需求和期望。

（3）裁剪指南

交付和维护过程域的裁剪指南提供了一套指导原则和方法，帮助开发团队在项目执行阶段灵活选择和执行适合项目的交付和维护活动，如表 2.14 所示。

表 2.14　交付和维护过程域的裁剪指南

活动	可选方案	裁剪指导方针
实施维护	执行	研发产品上市或用户使用后，产生的维护要求属于重大的功能性改进，可按新立项目考虑
		用户定制或应用开发项目应根据合同要求执行
		维护项目根据具体需求确定维护内容
制订维护实施计划	文档编写	研发类项目在软件上市或用户使用后，由负责维护的小组独立制订具有改进性质的维护计划
		文档内容由维护人员视维护任务的规模及其他情况而定
制订维护实施计划	合并或省略	对于合同类项目，若合同规定有维护期，则在项目定义过程中根据合同条款对维护活动做初步策划，并反映到开发计划中，软件交付后，负责维护的小组根据策划内容，进一步制订维护实施计划

2.6　SmartArchive项目的软件质量管理体系

SmartArchive 项目的软件质量管理体系是为了确保 SmartArchive 项目的软件交付质量和用户满意度而建立的一套全面的质量管理方法和流程。通过有效的质量管理体系，SmartArchive 项目能够在软件开发周期中全面控制和管理软件质量，从需求分析到设计评审、编码规范、自动化测试、风险管理和持续集成等多个环节，提高软件的可信度、稳定性和用户体验。SmartArchive 项目的软件质量管理体系采用一系列的过程、技术和工具来支持质量管理活动。

2.6.1　SmartArchive项目的质量保证过程

SmartArchive 项目组制订质量保证过程规范的目的是有效地实施项目的质量保证工作，控制所有过程的质量，确保 SmartArchive 项目的质量，规范化开发过程。CMMI 与 SmartArchive 项目的角色定义对照表如表 2.15 所示。

表 2.15　CMMI 与 SmartArchive 项目的角色定义对照表

角色（CMMI）	角色（SmartArchive 项目）	相关说明
经理 Manager	总经理、总工程师、副总经理	在责任范围内对实施任务和活动的人员提供技术、管理指导并进行控制，其职能包括计划、组织、指导和控制工作
高级经理 Senior Manager		高级经理是组织的高层负责人，主要关注组织的长期活力，而不是短期计划和契约性质的事务和压力，一个高级经理通常负责多个项目，并提供和保护该组织软件过程改进所需的长期资源
项目经理 Project Manager	项目经理	项目经理对整个项目负完全责任，是指导、控制、管理和规范某个软件或软/硬件系统建设和项目，并进行构造软件或硬件/软件系统工作的个人。项目经理需要管理项目的各项工作，并最终向用户负责

续表

角色（CMMI）	角色 （SmartArchive 项目）	相关说明
项目软件经理 Project Software Manager	项目经理	项目软件经理对一个项目的所有软件活动负完全责任，控制一个项目的所有软件资源，按照软件约定与高级经理沟通。项目的软件工程组可直接向项目软件经理汇报；大型项目中，项目软件经理可能是二线、三线或四线负责人，而小项目中，项目软件经理就是一线软件经理
一线软件经理 First-line Software Manager	总经理、项目经理	一线软件经理负责完成人事和技术活动的直接管理工作，包括提供技术指导、管理人员和提供报酬
软件任务主管 Software Task Leader	项目组长	软件任务主管负责某项具体任务的技术小组的领导、技术工作，并负责向该小组工作人员提供技术指导。软件任务主管和其他工作人员一样向一线软件经理汇报工作
项目团队成员 Software Staff	项目团队成员	项目中完成某项工作任务的工作人员
项目 Project	项目	项目是组织承担的具体任务，该任务要求对特定软件进行开发和维护，这需要机构中的各部门合作共同完成
小组 Group	开发组	由负责一组任务或活动的部门、负责人和人员组成
组织 Organisation	研发部、开发部、质量管理部	组织指的是公司或其他机构中的一个单位，它从整体上管理许多项目
软件工程组 Software Engineer Group	项目组	负责一个项目的软件开发和维护活动（例如需求分析、设计、编码和测试）的人员或小组。软件相关组和软件工程过程组不属于软件工程组
软件相关组 Software-related Group	软件配置管理人员 （SCM 人员）、 软件质量保证人员 （SQA 人员）	代表一个软件工程的一组人员，他们支持但不直接负责软件开发和维护。软件相关组包括软件质量保证和软件配置管理人员
软件工程过程组 Software Engineering Process Group	SEPG	协助对机构所使用的软件过程进行定义、维护和改进的一个专家小组
系统工程组 System Engineering Group	无	负责规定系统需求，将系统需求分配给硬件、软件和其他成分，规定硬件、软件和其他成分之间的接口，以及监控这些部件的设计和开发以确保与需求规格说明书的内容一致
系统测试组 System Test Group	测试人员	负责策划和完成独立的软件系统测试的个人或小组，包括技术人员和负责人，测试的目的是确定软件产品是否满足其要求
软件质量保证组 Software Quality Assurance Group	SQA 经理、SQA 人员	负责计划和实施项目的质量保证活动的个人或小组，以确保软件开发活动遵循软件过程标准
软件配置管理组 Software Configuration Management Group	SCM 人员	负责策划、协调和实施软件项目的正式配置管理活动的个人或小组

续表

角色（CMMI）	角色 （SmartArchive 项目）	相关说明
培训组 Training Group	人力资源部	负责协调和安排组织的培训活动的个人或小组，通常准备和讲授大多数的培训课程，并协调开展其他培训活动

在 SmartArchive 项目的软件质量管理体系中，为确保质量保证活动的有效实施，以下是主要相关角色的职责描述。

（1）副总经理：作为项目组的协调者和问题解决者，副总经理负责处理项目组内无法解决的问题。副总经理具备丰富的经验和专业知识，能够提供关键性的指导和支持，确保项目顺利进行。同时，副总经理也负责与其他部门和利益相关者沟通，协调资源和解决冲突，以确保项目目标的实现。

（2）SQA 经理：SQA 经理负责审计 SQA 人员的 SQA 活动，确保其符合预定的质量标准和流程。SQA 经理接受并评估 SQA 人员反馈的过程改进要求，并制订相应的改进计划和措施。SQA 经理与项目经理密切合作，共同推动项目的质量目标的实现，并提供专业的建议和指导。

（3）项目经理：项目经理在软件质量管理方面起到重要的协助作用。项目经理协助 SQA 人员执行 SQA 活动，确保相关流程和标准得到遵守。项目经理还负责改进发现的审计问题，跟踪和关闭问题，并提供过程改进的建议。项目经理与团队成员紧密合作，确保质量目标得以实现，并协调各个职能部门之间的合作与协调。

（4）SQA 人员：SQA 人员是执行 SQA 活动的关键角色。SQA 人员负责发现、跟踪和关闭项目中出现的问题，并收集相关的度量数据用于分析和评估。SQA 人员还承担收集和提出过程改进建议的责任，以不断提高项目的质量和效率。SQA 人员与项目经理和其他团队成员紧密合作，确保质量管理流程的有效实施，并及时解决质量方面的问题。

以上角色在 SmartArchive 项目的软件质量管理体系中相互配合，共同努力实现高质量的软件产品交付。他们各自承担着重要的职责，通过有效的沟通与协作，确保项目按时、按质量要求完成，并不断改进和优化质量管理流程，提升用户的满意度和体验。SmartArchive 项目的质量保证过程如图 2.15 所示。

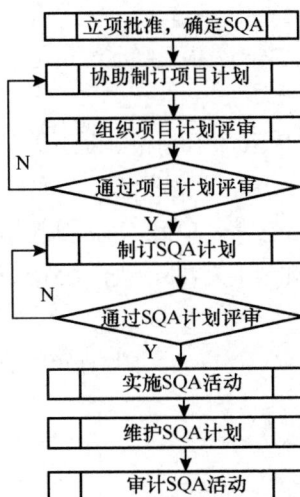

图2.15　SmartArchive项目的质量保证过程

2.6.2　制订和维护软件质量保证计划

本小节详细介绍 SmartArchive 项目中的质量保证活动，包括角色职责、流程规范和工具应用等方面，以为 SmartArchive 开发团队提供有力的支持和指导。SmartArchive 项目的质量保证活动主要分为 3 个方面的工作：制订和维护 SQA 计划、执行 SQA 活动和管理 SQA 活动。

在 SmartArchive 项目中，确保项目有文档化的质量保证计划是至关重要的步骤之一。质量保证计划是一个详细的文件，它描述了如何确保软件满足预期质量标准的策略和方法。一旦质量保证计划被制订和实施，就需要定期维护和更新以确保其持续有效。维护项目的质量保证计划是为了适应项目变化和不断改进的需求。本阶段分为 2 项主要活动。

（1）活动 1——制订 SQA 计划

为项目的质量活动制订工作计划。

① 项目立项过程中，项目经理与 SQA 人员协商确定项目的质量保证计划（SQA 计划）是否单独形成文档，或由 SQA 人员负责在项目开发计划的相关章节编写相应内容。

② SQA 人员根据 SQA 计划模板以及确定的项目开发计划，与项目组、软件相关组协商制订项目的 SQA 计划。

③ SQA 计划主要包括以下内容。

a. 确定 SQA 人员以及项目质量活动的进度表。

b. 确定 SQA 人员独立向上报告的途径，确定报告的副总经理及和项目组的通报方式。

c. 结合项目特性与项目经理协商确定须进行的过程检查，参考过程检查要素表。

d. 结合项目里程碑质量检查点与项目经理协商确定项目须进行质量检查的工作产品。

e. 确定项目须收集的度量数据、收集的过程控制点和数据采集点。

f. 协助项目经理定义各个过程审计检查表中的内容，确定过程检查所依据的标准。

g. 协助项目经理定义各个产品审计检查表中的内容，确定产品检查所关注的标准。

h. 确定检查结果的记录和上报、保存方式。

④ SQA 计划制订完成后，须接受相关人员（如项目经理、副总经理、SQA 经理或软件相关组负责人等）对计划的评审，评审过程详见 6.4.2 小节。

⑤ 评审后形成的 SQA 计划和相关文档由项目经理统一提交给 SCM 人员入配置库。

（2）活动 2——维护 SQA 计划

对 SQA 计划进行管理和控制，保持 SQA 计划和项目开发计划的一致性。

① 当项目开发计划发生变更时，SQA 人员根据配置管理过程变更、控制和维护 SQA 计划。

② SQA 计划的变更必须得到 SQA 经理、项目经理和其他相关人员的认可。

③ 调整后的 SQA 计划，须被通知到相关人员（如 SCM 人员、SQA 经理、副总经理及其他相关人员）。

此阶段的工作产品是 SQA 计划、项目评审表、项目评审问题追踪表、变更控制表、过程审计检查表、产品审计检查表。

2.6.3　执行SQA活动

在 SmartArchive 项目中，质量保证部门在本阶段的主要工作描述如下。

（1）质量保证部门参与制订项目计划，以满足项目开发活动的实际安排和规范的要求。

（2）质量保证部门协助组织项目评审，通过识别软件缺陷，分析评价软件质量，为项目提供专业的意见和建议。

（3）质量保证部门负责验证项目活动与选择的过程是否适用且与项目计划一致，并审查预定过程和质量检查点。

（4）质量保证部门协助跟踪检查项目经理所收集和分析的项目度量数据，提供实时的项目质量状态和趋势分析。

通过这些任务的执行，质量保证团队为项目的顺利进行和交付高质量的软件做出了重要贡献。本阶段分为 6 个主要活动。

（1）活动 1——参与准备和评审项目计划

SQA 人员在项目立项之后加入 SmartArchive 项目组，参与项目计划的准备和评审，保证项目计划的有效性以及与组织方针和规程的一致性。SQA 人员的具体工作如下。

① 在计划阶段，参与准备和制订软件项目计划，以保证项目的质量活动得到满足。

② 协助项目经理根据项目特性定义开发过程及其活动，并提供支持开发过程的工作分解结构（Work Breakdown Structure，WBS）。

③ 协助项目经理对项目管理和支持过程活动进行定义，提供项目管理规范和对 WBS 分解的支持。

④ 协助项目经理建立阶段工作产品的准入和准出验收标准。

⑤ 协助项目经理识别项目相关组，并制订相关组间协调沟通和组间培训计划。

⑥ 项目开发计划完成后，SQA 人员参与计划的评审。

评审后形成的计划基线，由项目经理提交给 SCM 人员入配置库。

（2）活动 2——协助组织项目评审

SQA 人员协助组织软件的阶段评审，确保评审会具有充分准备，确保评审委员会将注意力集中于寻找缺陷及问题上，保证软件批准前将发现的所有缺陷形成相关文档并给予解决。相关注意事项如下。

① SQA 人员根据 SQA 计划协助项目经理组织对软件进行评审。

② 详细评审过程见 6.4.2 小节。

（3）活动 3——审查工作产品

SQA 人员客观地审评项目生命周期中产生的工作产品，验证它们是否符合适用的标准、格式和内容，以及要求的质量检查是否已经完成。

① SQA 人员参考项目定义的产品审计检查单，按 SQA 计划协助项目经理对工作产品进行审查并打分。

② 根据检查结果，检查人员在产品审计检查表中评分，并在软件过程审计报告中记录检查结果。

③ 项目经理及相关人员对不符合点进行确认，尽量在项目级解决评审中发现的问题。

④ 解决不符合点的两种选择。

a. 若是项目组内问题，则由软件的作者在复审日期前修正评审问题，SQA 人员和高级经理负责跟踪和验证问题关闭过程直至问题解决。

- 如果问题已关闭，SQA 人员把软件过程审计报告递交给项目经理、副总经理和 SQA 经理等相关人员，该次过程审计结束。
- 如果问题没有得到解决，则 SQA 人员要求项目经理说明未关闭原因，并请副总经理组织协调、决裁，制订限期整改计划，并反馈给 SQA 人员。
- 如该问题严重且不能在项目组内部满意解决，SQA 人员报告给副总经理及相关组/人员，要求协调处理以解决问题，同样制订限期整改计划并进行跟踪直至关闭。

b. 若在项目审查过程中发现产品审计检查表无法符合项目的实际情况，SQA 人员或项目成员以改进反馈表向 SEPG 提出更改申请，由 SEPG 负责审批并指定修改人修改标准，经过 SEPG 批准认可后正式发布，使之更适应项目。

⑤ SQA 人员把发现的问题汇总记录到度量记录表中，并形成阶段分析图。

⑥ SQA 人员定期汇总产品审计检查表中各项打分，在项目结束时作为项目验收考核的一个子项。

⑦ 产品审计过程中产生的文档由 SQA 人员统一递交给 SCM 人员入配置库。

（4）活动 4——审计软件过程

在开发过程中的各个里程碑处，SQA 人员根据 SQA 计划定期评估项目的各个开发过程是否符合本规范的要求。审计过程包括项目计划和跟踪过程、需求分析和管理过程、系统设计过程、评估软件测试过程、配置管理过程、软件质量保证过程、项目验收和发布过程等。

① SQA 人员结合过程审计检查表，执行 SQA 计划中设所定的过程审计，召集相应人员对照过程检查表，以问卷、面谈或其他适用的形式对软件开发过程进行检查并打分。

② 项目经理和相关人员商量确认不符合点，并由 SQA 人员记录到软件过程审计报告中，尽量在项目级解决这些不符合点问题。解决不符合点问题的两种选择如下。

a. 项目经理改进项目过程，使之适合项目已定义过程。具体跟踪关闭活动详见活动 3。

b. 若在项目审查过程中发现过程审计检查表无法符合项目的实际情况，SQA 人员或相应人员以改进反馈表向 SEPG 提出更改申请，由 SEPG 负责审批并指定修改人修改标准，经过 SEPG 批准认可后正式发布过程审计检查表，使之更适应项目。

③ SQA 人员按计划追踪项目进度汇总记录到度量记录表，并形成阶段分析图。

④ SQA 人员验证问题关闭后，把软件过程审计报告分别递交给项目经理、SQA 经理、副总经理及相关人员。

⑤ SQA 人员定期汇总过程审计检查表中各项打分，在项目结束时作为项目验收考核的一个子项。

⑥ 过程审计中产生的文档由 SQA 人员统一递交给 SCM 人员进行配置管理。

（5）活动 5——特殊情况的监督

如果 SmartArchive 项目不能按照软件过程的要求执行，需要项目组考虑这两种特殊情况。

① 在项目跟踪过程中，若项目达到中止或停止入口条件，SQA 人员配合项目经理完成项目停止申请表，记录紧急、异常中止、停止项目原因，由公司总工程师（或产品部门总经理）和 SQA 经理共同认可，并签字确认。

② 对于不能按照软件 CMMI 规范、项目管理规范实施的紧急项目，公司总工程师、副总经理和

SQA 经理及相关组负责人共同认可这种特殊情况下的特例后，根据项目具体情况在紧急放行申请表签字认可。

（6）活动 6——收集和分析度量数据

根据项目实际进展，SQA 人员按照项目制订的收集计划和质量目标收集度量数据并分析度量结果。

① SQA 人员执行项目 SQA 计划中的数据收集管理计划，实时检查项目经理所收集并汇总记录到度量记录表中的度量数据，确保数据的填写格式、内容的完整性和正确性。

② SQA 人员定期或事件驱动地配合项目经理分析项目数据，形成相关的度量图表，必要时形成分析报告，向 SQA 经理及其他相关方通报，以取得支持和采取纠正措施。

③ 度量数据表格由 SQA 人员统一递交给 SCM 人员进行配置管理。

此阶段的工作产品是项目评审表、项目评审问题追踪表、软件过程审计报告、SQA 检查汇总及记分表、紧急放行申请表、项目停止申请表、度量记录表。

2.6.4 管理SQA活动

在 SmartArchive 项目中，质量保证部门在本阶段的主要工作描述如下。

（1）质量保证部门为项目团队提供有关质量保证的培训，以帮助项目团队成员掌握质量保证的基本知识和技能。

（2）质量保证部门跟踪和报告项目的质量活动，包括对开发过程中的质量问题进行分析和解决，并定期评估项目的质量状况。

（3）质量保证部门需要接受上级领导定期检查 SQA 的过程和活动，以确保质量保证的有效性且符合标准。

通过这些任务，质量保证人员为软件项目的成功实施和高质量的软件产品交付做出重要的贡献。本阶段分为 2 个主要活动。

（1）活动 1——SQA 活动审计

相关人员定期对 SQA 活动进行审计。

① 副总经理、项目经理和 SQA 经理根据过程审计检查表定期审计 SQA 的活动，确保按照 SQA 计划和 SQA 过程执行。

② 副总经理、项目经理和 SQA 经理、SQA 人员对不符合点问题进行确认后，指定复查人员和复查期限，由 SQA 人员形成软件过程审计报告，上报相关方。

③ 指定的复查人员按时复查验证问题的关闭情况。

④ 如问题已验证关闭，复查人员签字确认后，由 SQA 人员把软件过程审计报告递交给项目经理、SQA 经理、副总经理及相关人员，该次过程审计结束。

⑤ 如果项目要求，SQA 人员应该定期邀请用户参与对其活动的评审。

⑥ SQA 经理定期评审项目与组织的标准过程是否相符，说明所有的不足和差距。并向 SEPG 汇报工作结果。

（2）活动 2——提交 SQA 活动报告

定期向相关人员提交 SQA 活动报告。

① 软件过程审计报告。

a. SQA 人员根据 SQA 计划执行对软件产品、过程进行审计。

b. SQA 人员形成软件过程审计报告，并在关闭问题后递交给项目经理、副总经理、SQA 经理及相关人员各一份。

② SQA 工作情况报告。

a. SQA 人员每周形成工作情况汇报表，递交给项目经理、SQA 经理及相关人员。

b. SQA 人员利用项目例会及评审会，定期向项目经理和 SQA 经理汇报 SQA 活动的实际进展。

③ 以下情况将会产生 SQA 不符合类问题。

a. 没有填写评审的相关报表和检查单。

b. 在回答 SQA 的工作情况汇报问题的过程中，凡项目组未曾实施的款项都应被视为不符合类问题。

c. 没有按计划安排进行评审，并且没有对这些评审进行重新安排。

d. 已在项目进度计划中被重新安排的评审，不应被视为不符合类问题。

e. 项目组成员拒绝修正已被项目组或 SQA 发现的缺陷。

f. 凡 SQA 代表认为应该完成，而项目组未曾实施的事宜，均被视为不符合类问题。

④ SQA 人员必要时出席项目例会等会议，介绍 SQA 活动的状况，同时就发现的问题、风险和变化进行交流。

此阶段的工作产品是工作情况汇报表、软件过程审计报告。

2.7 小结

本章主要介绍了软件质量管理体系的原理、框架、方法和工具，以及 CMMI 在软件开发中的应用和各个过程域的重要性。其中，2.1 节着重讲解了质量管理的概念和定义、质量管理体系标准和质量管理的框架；2.2 节主要介绍了软件质量保证的过程和控制点，以及软件质量保证技术和工具；2.3 节重点强调了软件质量计划和软件质量策略的制订；2.4 节介绍了 CMMI 的概述、成熟度级别、过程域、应用案例和在项目中的精简应用；2.5 节详细讲解了项目立项、项目计划、需求管理、计划跟踪、风险管理、项目评审、配置管理、质量保证、度量和分析、交付及维护等过程域的内容。

在软件开发过程中，良好的项目管理和测试规划是确保产品质量和项目成功的关键因素。本章给出了一个精简的符合 CMMI 5 级的质量保证过程，图 2.16 展示了一个软件开发项目中质量保证活动的主要步骤和关键环节，从需求与规范的管理到产品发布，每个阶段都有明确的目标和相应的活动。

软件质量管理体系是软件开发过程中不可或缺的一部分，在确保软件质量与开发效率的同时，也为软件项目提供了完善的管理体系和标准。通过本章的学习，读者可以了解软件质量管理体系的基本原理、方法、工具等内容，以及其在实践中的应用，这对读者认识和理解软件质量管理体系有很大帮助。

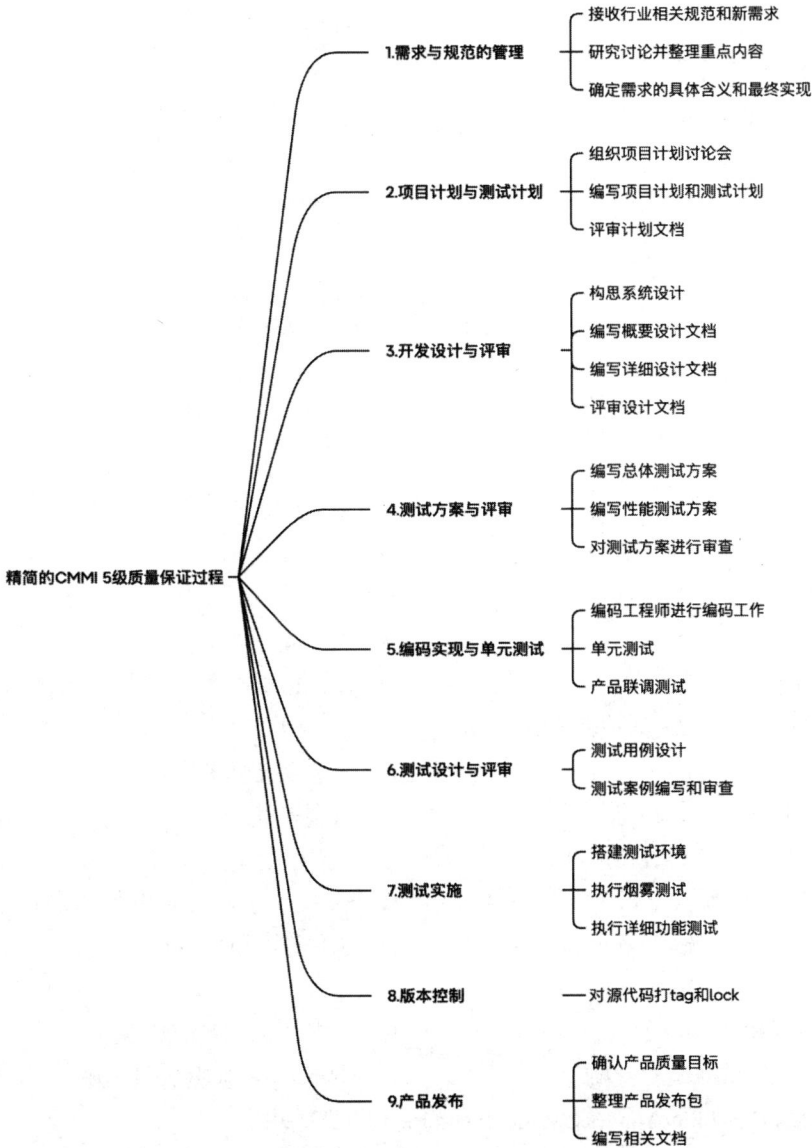

图2.16　精简的符合CMMI 5级的质量保证过程

2.8　习题

一、选择题

1. 质量管理的核心目标是（　　　　）。

A. 控制成本和减少浪费

B. 满足用户的需求和期望

C. 提高生产效率和速度

D. 最大程度地减少产品缺陷

2. 以下（　　　　）不是质量控制的重要环节。

A. 代码审查

B. 单元测试

C. 集成测试   D. 市场调研

3. ISO 9001 质量管理体系标准的核心原则包括（ ）。

A. 基于数据和事实的决策   B. 追求利润最大化

C. 忽视用户反馈   D. 降低员工参与度

4. 以下（ ）是与软件开发和管理相关的标准和框架。

A. 人力资源管理标准   B. 软件生命周期过程标准

C. 市场营销管理标准   D. 生产工艺管理标准

5. 在质量管理框架中，下列（ ）被认为是最基本的一环。

A. 统计过程控制   B. 供应链管理

C. 六西格玛   D. 流程管理

6. 在软件质量保证过程中，以下（ ）不是软件质量保证的阶段。

A. 需求分析和管理阶段   B. 编码规范阶段

C. 用户体验设计阶段   D. 风险管理阶段

7. 以下（ ）是软件质量保证技术和工具中的自动化测试工具。

A. JIRA   B. ESLint

C. Selenium   D. Risk Radar

8. 软件质量保证过程中的持续集成工具有助于（ ）。

A. 提高软件的安全性   B. 减少集成和测试成本

C. 发现并解决设计中的问题和错误 D. 管理评审

9. 软件质量计划的主要内容包括（ ）。

A. 开发团队的人员安排和资源分配 B. 软件产品的销售策略和市场推广

C. 质量目标、质量标准、质量指标等 D. 项目进度和时间节点安排

10. 软件质量策略的主要内容包括（ ）。

A. 风险管理和项目管理   B. 工程设计和技术规范

C. 开发团队的激励和奖惩机制   D. 测试策略、质量保证措施、风险管理等

11. CMMI（Capability Maturity Model Integration）是一种用于（ ）。

A. 评估和改进软件开发过程的框架 B. 进行市场调研和用户需求分析

C. 监督员工绩效和考核体系   D. 制定公司的企业文化和核心价值观

12. CMMI 的成熟度级别中，（ ）标志着组织实现了持续的过程改进和创新。

A. 可管理级（Level 2）   B. 已定义级（Level 3）

C. 量化级（Level 4）   D. 优化级（Level 5）

二、简答题

1. 请列举 CMMI 模型中的一种过程域，并简要描述其作用。

2. 请举一个具体的例子说明 CMMI 的 5 个成熟度级别是如何体现在日常工作中的？

3. 请阅读本章中关于 A 公司的 CMMI 改进实例，简述 A 公司在改进软件开发过程中采取了哪些措施？并简要说明这些措施可能带来的影响。

4. 请简要描述在精简的 CMMI 5 级质量保证过程的实施流程中，需求与规范的管理的关键步骤是什么？

5. 在项目实施的过程中，为何需要召开小型会议对异议进行讨论？这有什么好处？

6. 请列举在测试实施阶段的关键步骤，并简要描述每个步骤的重要性。

7. 在软件项目的哪个阶段需要负责领导和管理测试团队制订详细的测试计划，并确保测试活动按时完成？描述该阶段的关键角色和度量指标。

03

第3章 软件度量

软件质量度量是实现持续改进和优化的关键步骤。

在软件工程领域，软件度量是一项至关重要的实践。软件度量类似建筑工程中对建筑结构的测量和评估。通过量化和测量软件产品和过程的各个方面，开发团队可以深入了解软件产品的特征和性能表现。这种系统化的度量方法不仅为开发团队提供了有力的数据支持，也为管理者和利益相关者提供了全面的项目洞察，从而有效地指导决策和规划。在当今竞争激烈的软件市场中，软件度量更是软件开发与管理中的重要手段。通过对软件开发过程和软件产品进行度量，开发团队可以及时发现潜在的问题和风险，从而采取相应的措施进行调整和优化。这种数据驱动的方法不仅有助于提高软件项目的质量和效率，还有助于降低项目的风险和成本，实现项目的可控和可持续发展。

此外，软件度量还是实现持续改进和优化的关键步骤。通过对软件项目的各个方面进行度量，开发团队可以识别出改进的机会和潜在的瓶颈，从而不断优化开发流程、提升团队绩效和增强产品竞争力。软件度量不仅是一种评估方法，更是一个推动团队不断进步和创新的动力源泉。

想象你是一位建筑师，正在设计一座大楼。在建造过程中，你需要确保每个构件的尺寸、质量和其他性能参数都符合标准，以确保整座建筑的稳固性和安全性。在这个过程中，如果没有对每个构件进行准确的测量和评估，可能会导致建筑结构不稳定，存在安全隐患。类比到软件开发中，软件度量就像是建筑师对建筑构件进行测量和评估的过程。通过软件度量，开发团队可以对软件项目的各个方面进行准确的评估，包括代码复杂度、质量指标、进度等。这些度量数据可以帮助开发团队更好地了解软件产品的状态和质量水平，及时发现问题并进行调整，从而保证软件的稳定性和可靠性。

3.1 软件度量概述

软件度量是一种特定领域的度量方法，与其他事物的度量相比具有一些独特的特点和应用方式。与物理事物的度量相比，软件度量具有更高的抽象性和复杂性。物理事物的度量通常可以直接对可观察的物理特征进行测量，例如长度、重量或体积等。而软件度量涉及对软件产品和过程的各个方面进行量化，包括代码行数、功能点数、缺陷数量等。这些度量数据需要通过软件工具或统计分析来获取，具有一定的主观性和技术性。

3.1.1　软件度量的定义

与商业事务的度量相比，软件度量更注重对质量和效能的评估。在商业事务中，度量通常关注经济指标，例如销售额、利润率或市场份额等；而在软件开发中，度量更关注软件产品的质量和性能，例如可靠性、可维护性、性能效能等。软件度量的目的是通过量化和评估软件特征来增强对开发过程的控制和产品的竞争力。

此外，软件度量还与项目管理和团队协作密切相关。与其他事务的度量相比，软件度量需要考虑到开发过程中的人员协作、资源分配和时间安排等因素。例如，度量代码行数或缺陷数量，可以评估开发团队的工作进度和软件产品的质量情况，从而及时采取调整措施。

> 定 义　**软件度量**是一种系统化的方法和实践，通过定量和定性手段，对软件产品、开发过程和相关资源进行测量和评估。软件度量旨在提供客观的数据和指标，以便更好地了解、控制和改进软件项目的各个方面。

软件度量是对软件项目中的关键要素进行量化和评估的过程。通过软件度量，开发团队可以获得对软件项目状况的全面认识，发现潜在的问题和风险，并采取相应的措施进行调整和优化。软件度量的定义可以总结为以下几个要点。

（1）系统性：软件度量是一种系统化的方法，采用明确的度量指标和度量过程，确保度量结果的一致性和可比性。

（2）定量和定性：软件度量可以使用定量和定性的手段进行测量和评估，既考虑到具体数值，也考虑到对相关特征的描述和分析。

（3）目标导向：软件度量旨在提供有助于决策和优化的客观数据和指标，以支持软件项目的目标达成和持续改进。

（4）综合性：软件度量涵盖了软件产品、开发过程和相关资源的各个方面，包括质量、效率、可靠性、可维护性等多个维度。

3.1.2　软件度量在软件开发中的作用

软件度量作为一种客观的、可重复的评估方法，被广泛应用于软件开发的各个阶段。软件度量不仅可以帮助开发团队评估软件质量、监控项目进度和风险，还能够支持数据驱动决策和持续改进实践。软件度量的作用主要包括以下几个方面。

（1）评估软件质量：软件度量可以帮助开发团队评估软件质量，包括代码的可靠性、可维护性、性能等方面。通过度量各种指标，开发团队可以及时发现和解决潜在的质量问题，从而提高软件的整体质量水平。

（2）指导决策：软件度量结果可以为管理者提供重要的数据支持，帮助他们做出合理的决策。例如，通过对软件开发过程中的进度、成本等指标进行度量，管理者可以及时调整项目计划，确保软件项目按时交付并在预算范围内完成。

（3）优化资源分配：通过对软件开发过程中的资源利用情况进行度量，开发团队可以发现资源浪费的地方，并采取相应的措施进行优化。例如，通过度量代码复用率，开发团队可以确定哪些模块可以重复利用，从而减少开发成本和时间。

（4）改进过程效率：软件度量可以帮助开发团队发现软件开发过程中存在的瓶颈和不必要的复杂性，从而针对性地改进开发流程，提高开发效率。例如，通过度量代码的可读性和复杂性，开发团队可以发现哪些部分需要重构或优化，从而提高代码的可维护性和可理解性。

（5）追踪项目进展：软件度量可以帮助开发团队追踪软件项目的进展情况，及时发现并解决潜在的延迟和风险。例如，通过度量代码提交频率和缺陷修复速度，开发团队可以了解软件项目的实际进展情况，及时调整计划和资源分配。

3.2 软件度量的类型

软件度量的类型多种多样，本节将探讨不同类型的软件度量在软件开发中的作用和应用场景，以及如何利用各类度量指标来支持开发团队的决策、改进实践并提高软件质量。

3.2.1 产品度量

产品度量是针对软件本身进行的度量，旨在评估软件的质量、可靠性和功能等方面。以下是几种常见的产品度量。

（1）代码复杂性度量

代码复杂性度量用于评估软件代码的复杂程度，以确定代码的可读性和可维护性。常用的度量指标包括圈复杂度、类复杂度和函数复杂度等。圈复杂度衡量了软件程序中控制流的复杂程度，较高的圈复杂度可能导致代码难以被理解和修改；类复杂度和函数复杂度用于度量类和函数的复杂程度，从而识别可能需要重构的部分。

（2）缺陷密度度量

缺陷密度度量用于评估软件中存在的缺陷数量和缺陷的解决速度。将已发现的缺陷数量与软件规模相比较，可以计算出缺陷密度。较高的缺陷密度可能意味着软件质量较低，需要更多的测试和修复工作。同时，跟踪缺陷的解决速度也可以帮助开发团队了解缺陷修复的效率和进展。

（3）功能点分析

功能点分析是一种用于评估软件规模和进度的度量方法，它将软件的功能按照不同的类型分类，并对每个功能赋予相应的权重，最终计算出软件的功能点数。功能点分析可以帮助开发团队估计软件项目的开发工作量和时间进度，并在项目进行过程中进行跟踪和控制。

（4）可靠性度量

可靠性度量用于评估软件的稳定性和容错能力。常用的度量指标包括故障率、可用性和可靠性等。故障率表示单位时间内出现故障的概率，可用性表示软件正常运行的时间比例，可靠性是指软件在给定时间内正常运行的概率。这些度量指标可以帮助开发团队了解软件的鲁棒性和可信度，从而采取相应的措施提高软件的质量。

3.2.2 过程度量

过程度量是指对软件开发过程本身进行的度量,旨在评估软件开发过程的效率、质量和协作情况等。以下是几种常见的过程度量。

（1）生产率度量

生产率度量用于评估开发人员的工作量、工作效率和贡献等。通过记录开发人员完成的任务数量、代码行数、功能点数等指标,可以计算出他们的生产率水平。生产率度量可以帮助开发团队了解开发资源的利用情况、开发人员个人工作负载的分配和软件项目进展的效率。

（2）技术债务度量

技术债务度量用于评估软件开发过程中存在的技术短板和不完善之处。常用的度量指标包括未解决的缺陷数量、已知的技术债务清单、过时的技术和依赖项等。通过跟踪技术债务的指标,开发团队可以识别并应对技术上的风险和挑战,提高软件的可维护性和可扩展性。

（3）测试覆盖率度量

测试覆盖率度量用于评估软件测试活动的全面性和有效性。常用的度量指标包括代码覆盖率、功能覆盖率和风险覆盖率等。代码覆盖率衡量了测试用例对软件代码的覆盖程度,功能覆盖率衡量了测试用例对软件功能的覆盖程度,风险覆盖率基于风险评估指标来衡量测试活动对关键风险的覆盖情况。通过测试覆盖率度量,开发团队可以评估软件测试的质量和完整性,及时发现和修复潜在的问题。

（4）开发团队协作度量

开发团队协作度量用于评估开发团队成员之间的沟通效率、合作效果和协同能力。常用的度量指标包括团队成员的交流频率、问题解决速度、任务分配和协作工具的使用情况等。开发团队协作度量可以帮助开发团队发现沟通和合作方面的问题,从而采取相应的措施改进开发团队的协作效能。

通过以上的产品度量和过程度量,开发团队可以更好地了解软件产品的质量和性能,以及软件开发过程的效率、质量和协作情况,并根据度量结果采取相应的改进措施。需要注意的是,软件度量仅仅是一种工具,开发团队还需要结合实际情况和需求,综合考虑各种因素,制订有效的软件开发策略和改进实践。

3.3 软件度量与分析规程

软件度量与分析规程是为了指导软件项目有效实施的度量工作,定量地控制项目的过程性能,从而提高过程质量和产品质量而制订的规程。度量管理包括制订过程性能目标,测量过程性能,分析测量结果,并调整以保持性能在可接受的目标范围之内,确保达到组织已知的标准过程性能,并以定量方式进行评估。在软件开发项目中,SEPG、项目经理和 SQA 人员在软件度量与分析方面发挥着关键作用。

（1）SEPG:识别度量数据并分析数据的有效性,定期或事件驱动地维护组织现阶段的度量目标。

（2）项目经理:负责制订项目度量目标及度量计划,收集度量数据并分析结果,采取措施避免偏离目标。

（3）SQA 人员:协助项目经理制订度量计划,配合进行度量数据的收集和分析工作,及时向相关人员通报分析结果。

软件度量与分析流程如图3.1所示。

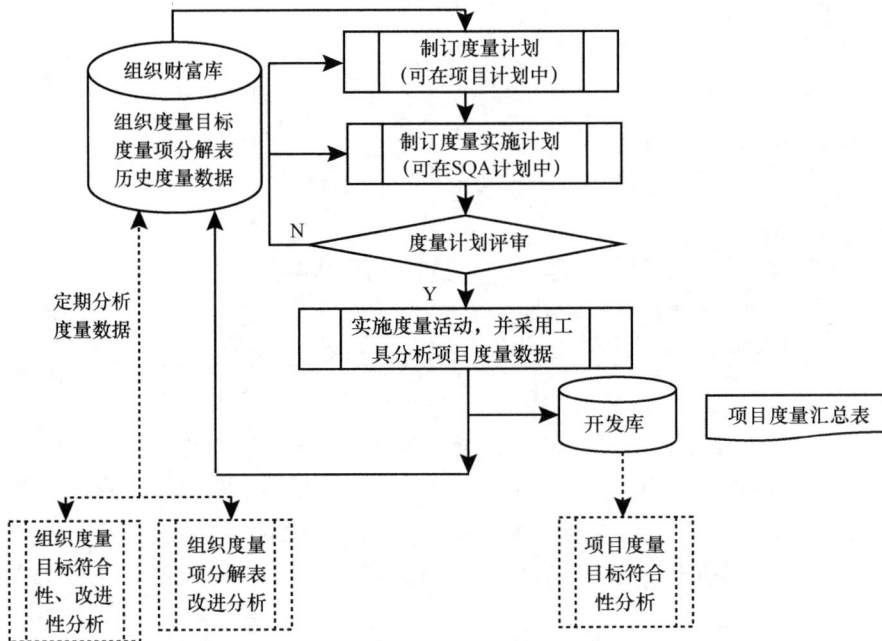

图3.1　软件度量与分析流程

3.3.1　确定度量目标

依据组织现阶段的度量目标与质量目标，制订软件项目的度量目标。在当前阶段，组织旨在通过有计划的度量过程管理活动，实现对软件开发过程性能的定量控制，并确保组织标准过程的过程能力是定量且已知的。在此背景下，软件项目的度量目标要求按计划收集和控制软件产品的缺陷数据，以提高产品质量。同时，还要对每个阶段的工作进行详细分解和工作量估计，确保人员与进度安排的合理性和正确性，从而使整个软件开发过程得到有效控制，逐步实现各阶段工作量的合理分配。此外，软件项目的度量目标还旨在提高各阶段工作的质量，改善同行评审效果，减少过程变更与修改，以提高工作效率并缩短软件开发周期。这些目标的实现将有助于提升软件开发过程的可控性和质量，从而推动软件项目顺利进行并成功交付。

3.3.2　分解度量数据

分解度量数据指结合组织度量目标及组织研发项目过程特性，识别组织度量数据，确定度量数据分解表（如表3.1所示），并在软件过程改进（Software Process Improvement，SPI）计划中制订组织度量计划。SPI计划是针对软件开发过程中存在的问题和挑战制订的改进计划，旨在通过系统性的方法和一系列的活动，对软件开发过程进行评估、分析和改进，以提高整个软件开发过程的质量、效率和可控性。SPI计划通常涉及对组织内部的开发流程、标准规范、工具使用、员工培训等方面的改进，并可能引入新的最佳实践和方法论，以确保软件开发过程能够持续地优化和提升。

表 3.1 度量数据分解表

度量类型	度量数据	数据收集表格	汇总记录表	分析形成的图
收集软件产品的缺陷数据，控制软件产品质量	（1）评审中发现的严重和一般缺陷数及类型 （2）测试中发现的缺陷总数及类型、等级 （3）需求跟踪中发现的缺陷数 （4）过程审计中发现的缺陷数 （5）各阶段变更数及变更类型、变更关闭数 （6）测试中发现的缺陷在各模块中的分布 （7）测试中发现的缺陷的每千行代码比值 （8）测试结束允许的残留缺陷数及等级、类型 （9）评审、测试的效率（页数/小时、功能总数/人天、结合用例、发现的缺陷数/人天）	（1）工作量度量数据记录表 （2）配置相关表格 （3）项目评审相关表格 （4）测试相关表格 （5）变更控制表 （6）需求跟踪矩阵表 （7）过程审计报告	缺陷数据记录表	（1）里程碑发现缺陷分析图 （2）缺陷类型分布图 （3）里程碑变更分布柱状图 （4）测试中缺陷-时间曲线
收集软件项目工作量数据，改进人员、进度安排合理性，缩短开发周期	（1）项目总进度、需求分析进度、设计进度、编码进度、测试进度、验收进度 （2）项目总工作量及项目外任务总工作量 （3）各阶段开发工作量及加班工作量 （4）项目经理、SQA 及 SCM 人员管理工作量统计 （5）代码走查、例会、变更、风险管理工作量 （6）修正评审、测试缺陷所用工作量（效率） （7）评审中除项目组以外人员的工作量统计 （8）项目组在开发中培训的人天数 （9）各阶段人员分布	（1）工作情况汇报表 （2）项目状态报告 （3）评审相关表格 （4）配置相关表格 （5）会议纪要	工作量度量数据记录表	（1）里程碑工作量分布图 （2）各类工作量分布图 （3）阶段工作量跟踪图 （4）阶段进度跟踪图 （5）阶段人员分布图
收集软件项目规模度量数据，改进估算方法，逼近软件项目实际规模	（1）软件产品代码总行数或功能点数 （2）新编、复用、修订代码总行数 （3）控件总数、画面总数、模块总数 （4）字节数（针对嵌入式软件） （5）各阶段产生的文档份数与页数 （6）项目各阶段的文档总人天数及生产率（页数/天） （7）项目代码生产率（总代码行数/总工作量）	（1）工作情况汇报表 （2）项目状态报告 （3）评审相关表格	规模度量数据记录表	规模对比表

度量类型	度量数据	数据收集表格	汇总记录表	分析形成的图
其他度量内容	（1）评审中由于领导工作繁忙造成的延误（人天数） （2）各阶段工作由于人员不到位造成的延误 （3）用户试（使）用中发现的缺陷数 （4）用户试（使）用时出现死机、中断、不稳定的次数 （5）用户试（使）用中发现的需求变更要求数量：更改、增加、删除的需求数、功能数 （6）用户对软件产品的评估及满意度（建立调查表） （7）培训的小时数、人数，及效果评价 （8）可靠性度量 （9）同行评审的范围和效率(页/小时）	（1）评审相关表格 （2）工程/维护反馈表 （3）工程实施总结表 （4）新需求表 （5）维护联系单 （6）投诉处理单 （7）新需求反馈表 （8）用户满意度调查表	无	用户满意度调查报告

3.3.3 确定度量计划

识别项目度量目标和制订度量管理计划是确保软件开发过程可控和质量可靠的重要手段。项目经理和 SEPG 需要密切合作，确保度量目标和计划与软件项目目标和需求相符，并不断优化和改进度量过程，以提高软件开发过程的效率和质量。

在项目计划阶段，SQA 人员与项目经理合作，根据软件项目的特性和需求，裁剪组织的度量目标，并将其分解为适用于具体项目的度量目标。这些度量目标需要考虑软件项目的规模、复杂性和可行性，以确保能够有效地应用于项目管理和控制中。在确定项目度量目标后，SQA 人员与项目经理结合度量数据分解表（如表3.1 所示），识别出软件项目所需收集的过程数据和过程工作产品数据项。这些数据项需要清晰地定义，以便项目管理团队能够准确地反映软件项目的进展和质量情况。

随后，在项目开发计划中，SQA 人员参与定义度量计划的内容，包括明确度量数据与相关目标、所需的资源（包括人员和工具），以及数据分析方法等。这些计划内容需要与软件项目的整体计划相协调，确保度量过程能够有序进行，并为项目管理提供有力支持。同时，SQA 人员负责制订度量实施计划，将其纳入 SQA 计划中。该计划需要包括确定度量数据（包括数据收集来源、里程碑点等）、人员安排、数据分析方法以及最终分析结果的呈现形式。这些步骤的制订需要充分考虑软件项目的特点和实际需求，以确保度量过程的有效实施和结果的准确反映。此阶段的工作产品是度量管理计划（在开发计划中）、度量实施计划（在 SQA 计划中）。

3.3.4 实施度量计划——度量数据的收集

在实施度量管理计划和度量实施计划的过程中，SQA 人员将根据软件项目的特点和需求，采取适当的方法和工具，收集所需的度量数据。这些数据将为项目管理和决策提供重要依据，帮助开发团队监控和改进软件项目的进展、质量和过程。

（1）组织度量计划实施

由 SEPG 根据 SPI 计划要求，及时收集各个软件项目所要求的度量数据，纳入组织过程财富库中进行管理。度量数据汇总、缺陷度量数据汇总、工作量度量数据汇总和规模度量数据汇总分别如图 3.2、图 3.3 和图 3.4 所示。

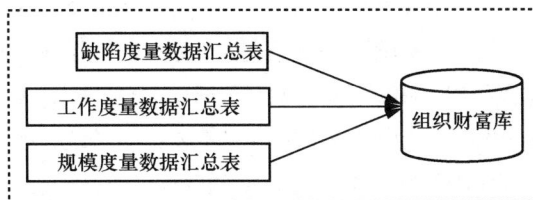

图3.2　度量数据汇总

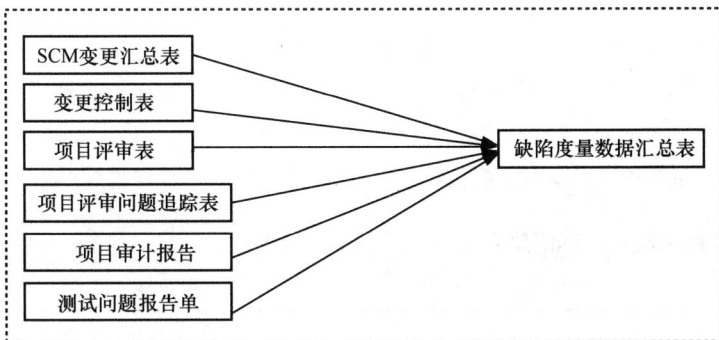

图3.3　缺陷度量数据汇总

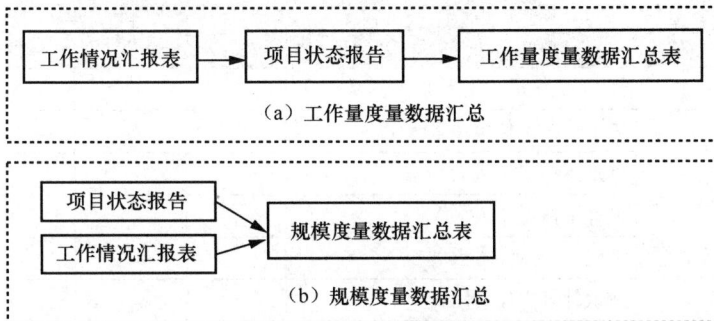

图3.4　工作量度量数据汇总和规模度量数据汇总

（2）项目度量计划实施

① SQA 人员按计划实施度量活动，定期或在项目里程碑处将收集的数据汇总到各汇总表中。度量数据汇总表由团队成员以邮件的方式抄送给 SQA 人员，也可以存放于开发库中，通过给 SQA 人员开权限的方式实现。

② SQA 人员把度量数据纳入项目配置库中。

3.3.5　分析和通报度量结果

在软件项目中，SQA 人员通过收集和分析各项度量数据，可以深入了解软件项目的执行情况、质量水平以及进展情况。这些数据的分析结果对于项目相关的各方都具有重要意义。完成数据分析后，SQA 人员将向所有利益相关者报告度量和分析结果，以确保他们能够了解软件项目的状态并做出相应的决策。

同时，为了更好地管理项目数据和分析结果，这些信息也会被纳入配置库管理中。SQA 人员将数据和分析结果存档，并设立相应的访问权限，这可以确保数据的安全性和可追溯性，为未来的参考和审查提供便利。在处理多个软件项目和多种类型数据的基础上，定期建立和维护组织标准软件过程的过程能力基线至关重要，这需要组织根据已有的数据分析结果和经验教训，建立组织通用的过程能力基线，以作为未来项目的参考标准。通过不断地维护和更新这一基线，组织可以逐步优化和改进其软件开发过程，提高软件项目交付的质量和效率，并确保整体过程的持续改进。

（1）分析和通报组织度量数据

① SEPG 根据 SPI 计划，在组织财富库中各个项目的度量数据收集达到一定量时，组织 SEPG、部门总工程师和项目经理共同识别其中的有效、有代表性的数据。

② 采用工具分析项目度量数据。分析工具可以是分析图表或者自编小软件等。

③ 分析度量数据，逐步逼近度量目标，定期或事件驱动地维护和更新组织现阶段的度量数据分解表（如表 3.1 所示）和度量数据及质量目标汇总表（如表 3.2 所示），必要时通报相关受影响方。

表 3.2 度量数据及质量目标汇总表

项目名称：　　　　　　　　开发起止日期：　　　　　　　　项目经理：

项目名称及版本号					项目经理	
项目开发起止时间					SQA 人员	
度量数据类型	度量数据		计划数	实际数	误差%	质量目标
过程	项目总工作量（人天）					误差≤10%
	阶段工作量	需求分析工作量（人天）				
		计划工作量（人天）				
		设计工作量（人天）				
		编码工作量（人天）				
		测试计划工作量（人天）				
		测试工作量（人天）				
		试运行、验收工作量（人天）				
	项目经理管理工作量与项目工作量之比					10%～20%
	SQA 工作量（人天）					
	SCM 工作量（人天）					
	代码走查工作量（人天）					
	例会及研讨会工作量（人天）					
	各类变更引起的工作量增加（人天）					
	对评审与测试中发现的缺陷的修正工作量(人天)					
	项目组外人员参加评审、讨论的工作量（人天）					

续表

度量数据类型	度量数据	计划数	实际数	误差%	质量目标
过程	接受培训的工作量（人天）				
	各阶段人员投入的分布				
	评审的效率（页数/小时）				≤10 页/小时
	测试的效率（缺陷数/千行代码）				
	高级经理繁忙导致评审与批准的延期（天）				0 天
	人员不到位导致的工作延误（天）				0 天
文档及产品规模	立项报告	页数：	人天数：		
	需求规格说明书	页数：	人天数：		
	计划	页数：	人天数：		
	设计（包括各类设计）	页数：	人天数：		
	测试设计（包括用例）	页数：	人天数：		
	用户操作说明书	页数：	人天数：		
	产品介绍	页数：	人天数：		
	项目总结报告	页数：	人天数：		
	测试报告	页数：	人天数：		
	SQA 工作总结报告	页数：	人天数：		
软件产品质量	软件产品代码总行数				
	软件产品功能点数				
	软件产品新编代码行数				
	软件产品复用代码行数				
	组件总数				
	页面总数				
	模块总数				
	字节数（针对嵌入式软件）				
	代码的生产率（行数/人天）				
	评审中发现的缺陷数				
	需求跟踪中发现的缺陷数				
	过程审计中发现的缺陷数				
	变更的次数及阶段				
	测试中发现的缺陷数及在模块中的分布				
	测试最终的缺陷稳定性				下降并稳定在 3 个/千行以内
	残留缺陷的比例（缺陷数量/千行代码）				≤3 个/千行
	缺陷的残留数量及等级				
	（1）严重				0

度量数据类型	度量数据		计划数	实际数	误差%	质量目标
软件产品质量	（2）一般					≤1~2个/千行
	（3）轻微					≤2~3个/千行
	功能、性能的符合性					均为100%
	用户（使）试用中发现的代码缺陷数					
	用户（使）试用中发现的死机、中断、不稳定的次数与周期					
	用户（使）试用中发现的需求缺陷数					
	用户对产品的满意度					85%以上

a. 目标一：收集项目的缺陷数据，控制软件产品质量

通过查看收集并分析的各项目的缺陷数据，如项目的缺陷数量分布图和缺陷曲线图，高级经理可以更清晰地了解项目过程中的工作产品、过程执行情况、软件质量，以及追溯项目相应阶段的项目管理状况。这样便于高级经理采取相应措施，从而加强对项目的管理和支持力度。

b. 目标二：收集项目工作量数据，改进人员、进度安排合理性，缩短开发周期

通过分析项目的工作量数据，如里程碑工作量分布图，组织可以对自身范围内多个软件项目的相关工作量数据进行综合与比较，得出比较合理的比例（如表3.3所示），为新项目的策划、项目经理合理安排人员和进度提供数据参考依据。

表3.3　多个软件项目的相关工作量数据比较

项目名称	项目A	项目B	项目C	均值比例
需求:设计:编码:测试	3:2:3:2	2.5:1.5:4.5:1.5	2.5:2:4:1.5	2.7:1.6:3.6:2.1

同时，组织可以通过自身范围内多个软件项目的各类工作量分布图，分析软件项目开发过程中工作量占比，得出比较合理的比例数据（如表3.4所示），为后续进度安排留出合理时间提供依据。

表3.4　多个软件项目的管理工作量占比比较

项目名称	项目A	项目B	项目C	参考比例（均值）	方差
管理工作量占比	30%	20%	45%		

c. 目标三：收集项目规模度量数据，改进估算方法，逼近项目实际规模

通过规模度量数据汇总表，组织可以为其他类似软件项目估算提供依据，并且可由此导出符合组织情况的工作效率和平均生产率，如表3.5所示。

表3.5　多个软件项目的规模度量数据

项目名称	项目A	项目B	项目C	参考数据（均值）	方差
需求总数（NOR）	48	63	85		

续表

项目名称	项目 A	项目 B	项目 C	参考数据（均值）	方差
规模（LOC）	5000	6000	7500		
编码工作量（PD）	50	50	60		
项目总工作量（TD）	125	145	155		
工作效率（LOC/PD）	100	120	125		
平均生产率（LOC/TD）	40	41	48		
每项需求的代码行数（LOC/NOR）	104	95	88		

需求总数（NOR）：指软件项目中所有需求的总数，包括功能需求、非功能需求和其他相关需求。

规模（LOC）：表示软件项目的代码规模，通常以行数或者功能点数来衡量，是评估软件开发工作量和项目复杂性的重要指标。

编码工作量（PD）：表示完成软件项目中的编码工作所需的总工作量，包括编写、测试和调试代码等与编码相关任务的工作量。

项目总工作量（TD）：指整个软件项目所需的总工作量，包括需求分析、设计、编码、测试、文档编写等各个阶段和任务的工作量。

工作效率（LOC/PD）：表示在单位编码工作量（PD）下能够产生的代码规模（LOC），反映了开发团队的生产效率和编码速度。

平均生产率（LOC/TD）：指在整个项目总工作量（TD）下，平均每单位工作量所产生的代码规模（LOC），是衡量开发团队整体生产力的指标。

每项需求的代码行数（LOC/NOR）：表示每个需求对应的平均代码行数。通过此指标，开发团队可以了解每个需求的开发量和复杂度，从而进行资源分配和进度估算。

（2）分析和通报项目度量数据

① SQA 人员配合项目经理对收集的数据进行完整性检查，必要时进行阶段分析，通报相关受影响方。

② 采用图表工具等分析项目度量数据，逐步逼近度量目标。

a. 目标一：收集产品的缺陷数据，控制软件产品质量，提高生产率

如在各里程碑处构建变更分布柱状图分析，了解变更在各工作阶段的分布状态，为项目经理提供控制依据，加强评审前的充分讨论，与组间协调，提高评审的有效性并及时纠正问题，并加强变更管理，及早预防问题的发生，从而保证开发过程的平稳顺畅运行，减少产品缺陷。

又如通过阶段以及项目结束时的缺陷数量分布图/缺陷曲线图分析，项目经理或高层可以更清晰地了解项目过程工作产品和过程执行、软件产品质量，或追溯项目相应阶段的项目管理状况，便于采取相应措施，从而加强项目管理力度。

b. 目标二：收集项目工作量数据，改进人员、进度安排合理性，缩短开发周期

分析阶段里程碑工作量分布图（如图 3.5 所示），SQA 人员可以获得软件项目各阶段工作量的百分比，尤其是阶段工作量占总工作量的比例，为项目经理合理安排人员和进度提供依据。

分析各类工作量分布图（如图 3.6 所示），项目经理可以了解项目开发过程中工作量所占的比例，为后续进度安排留出合理冗余时间提供依据。

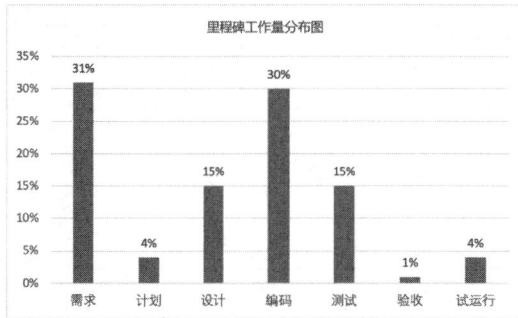

图3.5　里程碑工作量分布图

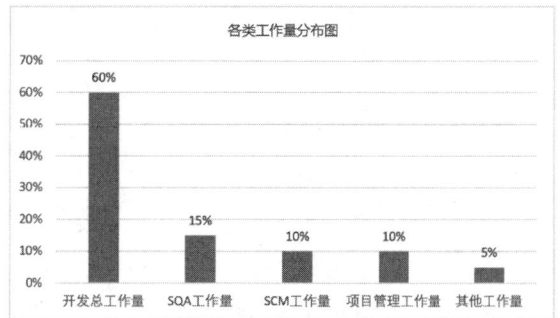

图3.6　各类工作量分布图

同时，通过对开发阶段内的工作量跟踪分析图、阶段人员分布图等的分析比较，项目经理可以及时发现计划偏离，改进人员、进度安排合理性，从而缩短开发周期。

c. 目标三：收集项目规模度量数据，改进估算方法，逼近项目实际规模

通过规模度量数据汇总表，SQA 人员可以重复验证项目的估计。由此，SQA 人员可以导出项目的工作效率和平均生产率。SQA 人员会定期或基于事件驱动，把项目经理认可后的度量汇总表和软件过程审计报告进行通报。这些通报会发送给 SQA 经理及其他相关方。通报的目的是向相关方提供度量及分析结果，这些结果有助于支持决策和采取纠正措施。

本阶段的工作产品是度量汇总表及其相应分析图、软件过程审计报告。

3.3.6　度量在支持过程域中的活动

通过定量数据，项目经理可以获得关于软件项目执行情况的客观信息，从而了解软件项目是否偏离预期。这些定量数据可以包括进度、成本、质量和风险等方面的指标。例如，项目经理可以监测项目进度，比较实际完成情况与计划进度之间的差距。如果项目延迟或提前完成，项目经理可以及时采取应对措施，如重新分配资源、调整工作优先级或协调相关方的合作，以确保软件项目能够按计划进行。同样地，通过监测软件项目的成本和质量指标，项目经理可以及时发现潜在的问题，并制订相应的纠正措施。如果成本超出预算或质量不达标，项目经理可以采取相应的措施，如优化资源利用、加强质量控制或调整项目范围，以确保软件项目的成功交付。此外，积累过程数据也是软件项目管理的重要方面。通过记录和分析项目执行中的各项数据，项目经理可以获取有关软件项目开发过程的关键信息，这些数据可以包括时间花费在各个任务上的分布、错误和缺陷的发生率以及各个阶段的工作量和效率等。通过积累过程数据，项目经理可以识别出常见的问题模式、瓶颈和改进机会。这些数据可以为未来的软件项目开发提供宝贵的依据，帮助项目经理制订更准确的计划、预估工作量和资源需求，并优化软件项目开发过程，提高开发团队的效率和质量。总而言之，定量数据的使用可以帮助项目经理及时了解软件项目的偏离情况，并采取适当的应对措施。同时，积累过程数据可以为今后的软件项目开发提供经验、教训和指导，促进开发团队持续改进和项目管理水平的提升。度量过程域的要素关系如图 3.7 所示。

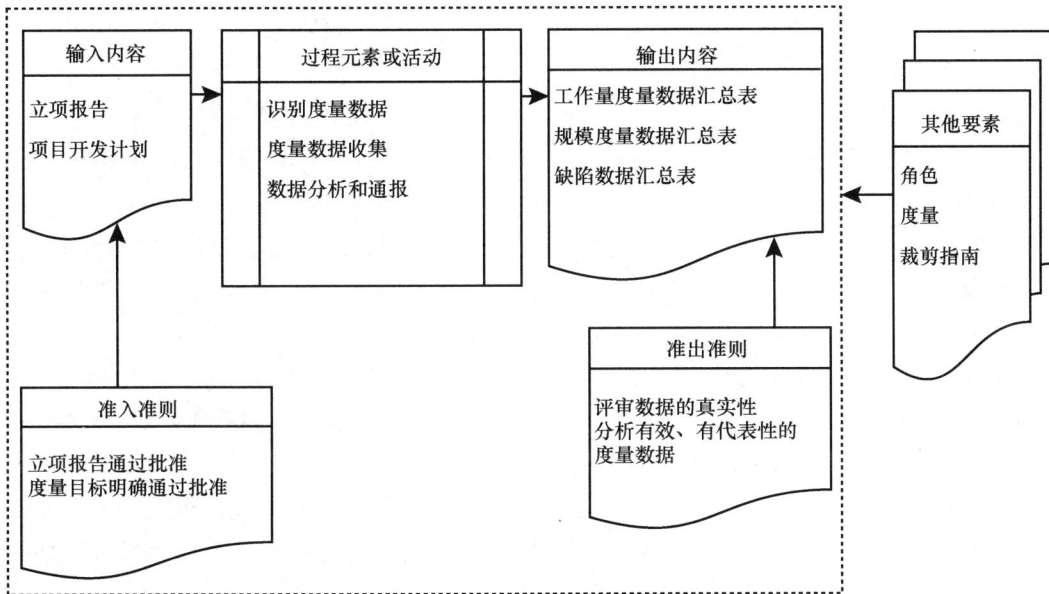

图3.7　度量过程域的要素关系

度量过程域的裁剪指南如表 3.6 所示。

表 3.6　度量过程域的裁剪指南

活动	可选方案	裁剪指导方针
培训	执行	数据收集人员不熟悉度量与分析规程
	不执行	有相关经验或相关技能
收集度量数据	执行	一般而言，要求各类项目都要收集度量数据
	合并或省略执行	工期要求特别紧迫、技术难度不高、新颖程度不高、规模较小的项目，尤其是维护项目，可以由项目经理负责度量，度量数据可以是最基本的

3.4　软件代码质量指标

软件代码质量的度量数据提供了一种系统化的方法来评估和监控软件开发过程中的质量，从而帮助开发团队在早期发现和解决潜在问题。通过设定这些度量数据，开发团队可以更好地了解软件代码的健康状况，及时采取措施来改进代码质量，减少后续修复缺陷的成本。ISO/IEC 25010 标准为这些度量数据的设定提供了一个权威的参考框架，这有助于确保度量的全面性和准确性。巴里·贝姆（Barry Boehm）的研究也强调了在软件开发过程早期发现和纠正问题的重要性，以避免问题在后续阶段被放大，从而导致更高的成本和风险。因此，通过制订符合 ISO/IEC 25010 标准的 8 个主要质量指标，开发团队可以更好地掌握软件代码质量的关键方面，及时发现潜在问题并进行改进，从而提高软件的整体质量和可靠性，减少后续维护和修复的成本，提升软件开发的效率和成功率。ISO/IEC 25010 定义的 8 个主要质量指标如下所示。

（1）功能适用性（Functional Suitability）：软件所实现的功能达到其设计规范，满足用户需求，强调正确性、完备性、适合性等。

（2）可靠性（Reliability）：在规定的时间和条件下，软件能够维持其正常的功能操作、性能水平的程度/概率，如成熟性越高，可靠性就越高。一般用平均失效前时间（Meantime To Failure，MTTF）或平均故障间隔时间（Meantime Between Failures，MTBF）来衡量可靠性。

（3）效率（Performance Efficiency）：在指定条件下，软件对操作所表现出的时间特性（如响应速度）及资源利用效率（如内存占用、CPU 利用率等）。局部资源占用高通常是性能瓶颈的表现；系统容量指标（如最大并发用户数、连接数等）反映软件的伸缩性需求。

（4）可操作性（Operability）：使用一个软件时，用户学习、操作、准备输入和理解输出所作努力的程度，如安装简单方便、容易使用、界面友好，并能适用于具有不同特点的用户，包括对残疾人、有其他缺陷的人能提供软件使用的有效途径或手段（即可达性）。

（5）安全性（Security）：要求软件在数据传输和存储等方面能确保其安全，包括对用户身份的认证、对数据进行加密和完整性校验，所有关键性的操作都有日志记录（Log），能够审查不同用户角色所做的操作。安全性涉及保密性、完整性、抗抵赖性、可核查性、真实性。

（6）兼容性（Compatibility）：涉及共存和互操作性，共存要求软件能与系统平台、子系统、第三方软件等兼容，同时针对国际化和本地化进行合适的处理；互操作性要求软件能在不同平台上运行，还要求它与其他系统或第三方软件进行无缝的沟通和交互。

（7）可维护性（Maintainability）：当一个软件投入运行应用后，在需求发生变化、环境发生改变或软件发生错误时，开发团队进行相应修改所做努力的程度。可维护性涉及模块化、复用性、易分析性、易修改性、易测试性等。

（8）可移植性（Portability）：软件从一个计算机系统或环境移植到另一个计算机系统或环境的容易程度，或者是一个系统和外部条件共同工作的容易程度。可移植性涉及适应性、易安装性、易替换性。

ISO/IEC 25010 标准对于软件开发早期的质量评估起到了积极的作用。然而，该标准存在两个主要缺点：首先，标准没有规定如何度量质量属性。有些质量属性甚至似乎不适合进行客观的度量。以“可操作性”为例，其包含了“界面友好”和“容易使用”等子属性。但是，SQA 人员很难采用合适的方法与单位准确度量这些属性。其次，大多数质量属性的定义在不同环境下具有不同的含义。因此，即使 SQA 人员可以度量这些质量属性，也很难找到明确客观的标准来判断它们的优劣。“效率”就是一个很好的例子。对于某些软件来说，1 秒内的响应时间已经足够快速；而对于另一些软件来说，在 1 毫秒内作出响应才能满足需求。

为对程序代码质量进行系统地评估，项目组通常可以制订可以进行量化处理的 8 个度量数据，如图 3.8 所示。这 8 个度量数据基于 ISO/IEC 25010 制订，其量化数值与软件质量属性之间有一定的映射关系。

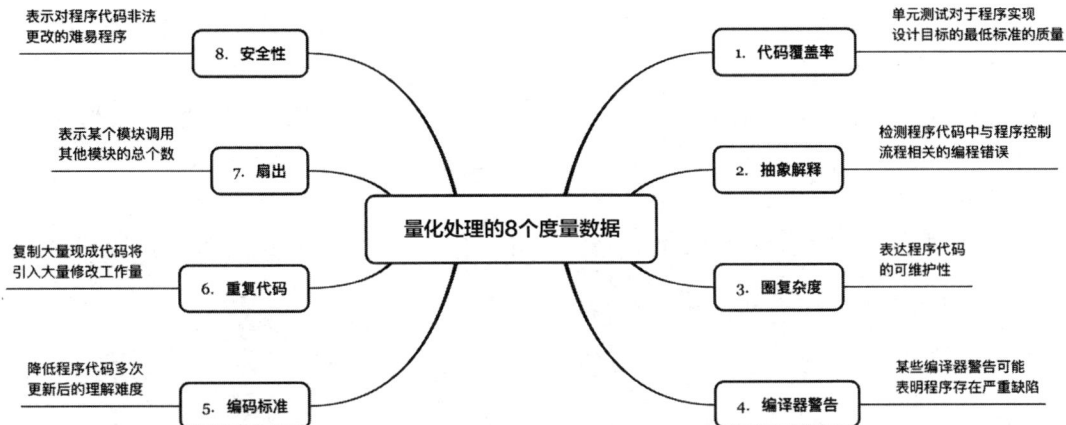

表示对程序代码非法
更改的难易程度　　　8. 安全性

表示某个模块调用
其他模块的总个数　　7. 扇出

复制大量现成代码将
引入大量修改工作量　6. 重复代码

降低程序代码多次
更新后的理解难度　　5. 编码标准

量化处理的8个度量数据

1. 代码覆盖率　　单元测试对于程序实现
　　　　　　　　　设计目标的最低标准的质量

2. 抽象解释　　　检测程序代码中与程序控制
　　　　　　　　　流程相关的编程错误

3. 圈复杂度　　　表达程序代码
　　　　　　　　　的可维护性

4. 编译器警告　　某些编译器警告可能
　　　　　　　　　表明程序存在严重缺陷

图3.8　代码质量进行量化处理的8个度量数据

3.4.1　代码覆盖率

在软件工程师将他们的代码移交至软件开发的下一个阶段之前，他们通常会进行一些单元测试。这些测试是小规模的自动化测试，能够检查代码的特定部分（如单个函数），然后将实际测试结果与预期结果进行比较。单元测试是一种有效的软件测试方法，旨在验证代码是否以最低标准实现了设计目标。代码覆盖率表示在单元测试运行期间，有多少行代码或可执行分支得到了测试。代码覆盖率越低，执行的单元测试质量就越低。代码覆盖率是衡量"功能适用性"和"可靠性"的一个指标。

以下是一段 Java 代码示例，展示了代码覆盖率检测工具输出的简单示例，背景色为深色的代码行（10~11 行）表示该代码尚未被测试过。代码覆盖率检测工具的输出显示，除第 10~11 行外，此代码示例中的所有行都已经进行了测试。

```
1 public class Main {
2     public static int max(int a, int b) {
3         if (a > b) {
4             if (a > 10) {
5                 return a;
6             } else {
7                 return 10;
8             }
9         } else {
10            if (b > 10) {
11                return b;
12            } else {
13                return 10;
14            }
15        }
16    }
17 }
```

3.4.2　抽象解释

可以通过运行抽象解释工具（也称为深流分析工具）来检测软件中可能存在的"可靠性"问题。

抽象解释工具能够自动检测与代码控制流程相关的各种编程错误，比如空指针解引用、除零和未关闭的数据库连接等。抽象解释工具的优点在于它们能够在不实际运行代码的情况下生成结果，这是通过计算代码所有可能的路径来实现的。抽象解释工具发现的错误通常是严重的编程错误，它们可能导致代码崩溃。这种度量与代码的"可靠性"密切相关。下面是一个关于抽象解释的简单示例，使用 Java 代码进行展示。

```
1  public Order getorder() {
2      if(orderDate.isValid()){
3          return order;
4      } else{
5          return null;
6      }
7  public List<Order> getOrderPackages() {
8      return getOrder().getCorrespondingOrderPackages(company);
9  }
```

抽象解释工具将在第 8 行标记一个可能出现的空指针解引用缺陷，因为方法 getOrder 会在订单没有有效日期的情况下返回 NULL。如果发生这种情况，将抛出异常，可能导致代码崩溃。

3.4.3　圈复杂度

圈复杂度是经典的软件度量数据之一。圈复杂度在数量上表现为独立代码路径的条数，例如每个 if 语句都会添加一条额外的代码路径。圈复杂度越高，代码的判断逻辑就越复杂。此外，代码路径越多，就需要编写更多的测试用例来实现更高的代码覆盖率。每个代码的平均圈复杂度是一个度量指标，可以比较代码之间的复杂性。圈复杂度在一定程度上展示了代码的"可维护性"。下面以一段 Java 代码为例展示如何计算圈复杂度。

```
1  public int getValue(int param1){
2      int value = 0;
3      if (param1 == 0) {
4          value = 4;
5      } else {
6          value = 0;
7      }
8      return value;
9  }
```

方法 getValue 在第 1 行的圈复杂度为 2（因为包含 2 条执行路径）。

3.4.4　编译器警告

代码要在计算机上执行，首先需要经过编译或解释。编译器（或解释器）会生成错误和警告。错误必须修复，否则程序无法运行；警告虽然不一定需要解决，但是一些编译器警告表明代码存在严重缺陷，留下这些未解决的缺陷可能会影响代码的可靠性。除此之外，大多数编译器警告还体现了"可移植性"问题。下面是关于编译器警告在 Java 代码片段的一个简单示例。

```
1  int func(int i){
2      if (i==0){
3          return -1;
4      }
5  }
```

在这段代码中，编译器可能会发出警告。因为在函数 func()中，当传入的参数 i 等于 0 时，会执行语句 return -1，但是没有对其他情况进行返回操作。这种情况下，编译器可能会提示警告，因为函数没有覆盖所有可能的返回路径，存在潜在的逻辑错误。通常情况下，最好确保代码涵盖了所有可能的执行路径，以避免潜在的问题。

3.4.5　编码标准

软件维护是软件工程师最耗时的任务之一。其原因之一是经过多次更新后，软件工程师很难理解代码编写的原本意图。降低软件维护成本的一种方法是引入编码标准，编码标准是软件工程师都应该遵循的规则。这些编码规则涉及已知的语言缺陷、要避免的代码构造，还涉及命名约定和代码布局。由于编码标准通常包含许多不同的规则，所以它们可以反映大多数代码质量问题。大多数规则涉及"可维护性"和"可靠性"，但也有可用于"可移植性"和"效率"的规则。下面是一个违反编码标准的Java 代码示例。

```
1    int abs(int i) {
2        int result;
3        if (i<0) {
4            result = -i;
5            goto end;
6        }
7        result = i;
8        end:
9        return result;
10   }
```

给出的代码示例使用了 goto 语句来跳转到标签 end 处。虽然这段代码可以正常工作，但使用 goto 会使代码的逻辑变得混乱。通常情况下，应该优先考虑使用更结构化的方式来实现相同的逻辑，比如使用条件语句来替代 goto。

3.4.6　重复代码

有些时候软件工程师会复制大量现成代码，并对其进行一些小的修改而不是重新编写。大量重复代码的缺点是，如果出于某些原因（如修复缺陷或添加丢失的功能）必须更改代码的一部分，那么其他重复的代码也很可能需要更改。一旦有所疏忽，大量的重复代码将产生巨大的工作量。这非常影响软件的"可维护性"。假设一个开发团队正在开发一个在线商店网站，其中有一个"添加到购物车"功能。该功能需要在多个页面上使用，因此开发团队成员复制并粘贴了原始代码以在不同的页面上重复使用。以下是示例代码。

```
1 <!--button to add product to cart on page 1-->
2 <button onclick="addToCart('product1')">Add to Cart</button>
3 <!--button to add product to cart on page 2-->
4 <button onclick="addToCart('product2')">Add to Cart</button>
```

这种复制和粘贴的方式看起来很简单，但它会导致可维护性问题。假设开发团队决定更改"添加到购物车"功能，例如要求用户先登录才能添加商品到购物车。在这种情况下，需要修改每个页面上的按钮代码以添加登录检查。如果有 50 个页面，那么需要手动修改每个页面上的按钮代码。这将是一项非常繁琐的工作，并且有可能出现失误。

3.4.7 扇出

> **扇出**是指一个模块或函数调用的其他模块或函数的数量，衡量了一个模块或函
> 数对其他模块或函数的依赖程度。高扇出表明一个模块或函数高度依赖于其他模块
> 或函数。

软件通常是由模块或组件构造的。这些模块和组件存在层次调用的情况。扇出表示某个模块使用的下级模块的个数。如果模块需要许多其他模块才能正确运行（高扇出），那么模块之间就有很高的相互依赖性，这使得代码更难修改。因此，扇出在一定程度上反映了软件的"可维护性"。下面的 Java 代码给出了一个高扇出的示例。

```java
1 import java.util.ArrayList;
2 import java.util.List;
3
4 public class HighFanOutExample {
5     public static void main(String[] args) {
6         List<String> names = new ArrayList<>();
7         names.add("Alice");
8         names.add("Bob");
9         names.add("Charlie");
10        names.add("David");
11
12        greetAll(names);
13    }
14    public static void greetAll(List<String> names) {
15        for (String name : names) {
16            greet(name);
17        }
18    }
19    public static void greet(String name) {
20        System.out.println("Hello, " + name + "!");
21    }
22 }
```

示例代码定义了一个 HighFanOutExample 类，其中包含了 main( )方法和两个其他方法 greetAll( )和 greet( )。greetAll( )方法接收一个字符串列表作为参数，并使用 for-each 循环遍历列表中的每个元素，然后调用 greet( )方法来问候每个名字。greet( )方法接收一个字符串参数，将其与问候语拼接后输出到控制台。

3.4.8 安全性

软件的安全性反映了在未获得授权进行数据访问时软件被攻击的难易程度，以及利用安全漏洞对软件进行更改的难易程度。这种安全漏洞的例子有缓冲区溢出（让程序崩溃）和敏感数据的暴露（从而给用户提供信息以获得未经授权的访问）。下面的 Java 代码给出了一个安全泄漏的示例。

```java
1 import java.security.MessageDigest;
2 import java.security.NoSuchAlgorithmException;
3
4 public class InsecurePasswordStorageExample {
```

```
5    public static void main(String[] args) {
6        String password = "myPassword123";
7        String hashedPassword = hashPassword(password);
8
9        System.out.println("Original password: " + password);
10       System.out.println("Hashed password: " + hashedPassword);
11    }
12    private static String hashPassword(String password) {
13        try {
14            MessageDigest md = MessageDigest.getInstance("MD5");
15            byte[] hashedBytes = md.digest(password.getBytes());
16
17            StringBuilder sb = new StringBuilder();
18            for (byte b : hashedBytes) {
19                sb.append(Integer.toString((b & 0xff) + 0x100, 16).substring(1));
20            }
21
22            return sb.toString();
23        } catch (NoSuchAlgorithmException e) {
24            e.printStackTrace();
25        }
26
27        return null;
28    }
29 }
```

示例代码使用 MD5 哈希算法对密码进行哈希处理。然而，MD5 已经被证明是不安全的哈希算法，容易受到碰撞攻击。此外，示例代码还将密码明文存储在内存中，并在控制台输出，这也是不安全的做法。

3.5 软件度量工具

软件度量工具可以帮助开发团队收集、分析和呈现与软件项目相关的数据，并将其转化为有意义的指标和报告。通过使用软件度量工具，开发团队能够更好地理解和评估软件项目的状态、质量和风险，并及时采取措施来改进和优化软件开发过程，以确保软件项目的成功交付。软件度量工具还可以帮助开发团队追踪和管理软件项目中的问题和缺陷，从而提高解决问题的效率和准确性。软件度量工具能够记录和跟踪问题的状态、优先级和解决时间，帮助开发团队发现潜在的风险和瓶颈，并及时采取措施解决。

软件度量工具在现代软件开发中扮演着不可或缺的角色，为开发团队提供了数据驱动的决策支持和改进机会，并帮助实现高质量、高效率的软件开发过程。无论是大型企业还是小型团队，使用合适的软件度量工具都是实现软件项目成功的关键要素之一。在软件开发中，确保代码质量和监控项目进展变得越来越重要。为了满足这一需求，许多开发团队采用了各种工具和技术来帮助他们进行静态代码分析、问题跟踪和持续集成等任务。本节将介绍几个广泛使用的工具，包括 SonarQube、JIRA 和 Jenkins，它们在软件度量和质量管理方面发挥着重要的作用。

3.5.1 SonarQube

SonarQube 是一个广泛使用的静态代码分析工具，可以帮助开发团队检测代码中的问题并提供改进建议。SonarQube 提供了各种度量指标，如代码圈复杂度、代码重复率、潜在的缺陷等。通过 SonarQube 的 Web 界面，开发团队可以查看生成的报告，了解代码质量情况，并及时采取措施进行改进。

例如，某开发团队在 SonarQube 上进行静态代码分析后，发现代码中有一些圈复杂度较高的方法和大量的重复代码。他们可以根据 SonarQube 提供的建议，对代码进行重构和优化，以提高代码质量和可维护性。

（1）SonarQube 配置和项目设置

开发团队首先在 SonarQube 中创建了一个项目，并配置了适当的代码分析规则和参数，以满足他们的代码质量评估需求。开发团队可以选择不同的规则集，如代码圈复杂度、代码重复率、潜在缺陷等。开发团队还可以设置阈值，以便在达到特定问题数量时触发警报。

（2）静态代码分析和度量指标

开发团队使用 SonarQube 对他们的代码进行静态分析。SonarQube 会检测代码中的问题，如圈复杂度较高的方法、大量的重复代码、潜在的缺陷等，并为每个问题生成度量指标。这些指标可以帮助开发团队了解代码的质量状况，并提供改进建议。

（3）SonarQube 报告和问题追踪

当静态代码分析完成后，开发团队可以通过 SonarQube 的 Web 界面查看生成的报告。报告将显示代码的度量指标，并列出每个问题的详细信息，包括问题所在的文件、行数、建议的修复方法等。开发团队可以根据报告中的问题列表，追踪和管理代码中存在的问题。

（4）代码重构和优化

根据 SonarQube 提供的度量指标和建议，开发团队可以决定对代码进行重构和优化。例如，开发团队可以重构圈复杂度较高的方法，将其分解为更小和更易于理解的部分；他们还可以通过消除重复代码来提高代码的可维护性和重用性。通过这些改进措施，开发团队可以提高代码质量，减少潜在的缺陷和问题。

（5）持续改进和跟踪

开发团队可以定期运行 SonarQube 进行静态代码分析，并跟踪代码质量的改进情况，他们可以查看度量指标的变化趋势，比较不同时间点的报告，并评估所采取的改进措施的效果。开发团队如果发现某些度量指标没有达到预期的水平，他们可以进一步分析问题并调整改进策略。

通过使用 SonarQube 进行静态代码分析，开发团队能够更全面地了解代码质量情况，并采取相应的改进措施。SonarQube 提供的报告和问题追踪功能可以帮助开发团队快速识别和解决代码中存在的问题，从而提高软件的可维护性、可靠性和性能。通过持续的代码质量改进，开发团队能够提高软件开发效率和质量，为用户提供更好的产品和体验。

3.5.2 JIRA

JIRA 是一个流行的软件项目管理和问题跟踪工具，用于收集和跟踪软件项目中的度量数据。在 JIRA 中，开发团队可以创建问题（如缺陷、任务）并记录解决问题的时间，从而生成报告并监控开发团队的工作进度和效率。

例如，某开发团队使用 JIRA 跟踪软件项目中的缺陷情况，他们可以查看每个缺陷的状态、优先级和解决时间。通过 JIRA 提供的报告，开发团队可以了解缺陷的趋势和解决效率，及时发现和解决问题。

（1）JIRA 配置和项目设置

开发团队首先在 JIRA 中创建了一个项目，并设置了适当的问题类型（如缺陷、任务）、工作流、优先级、标签等，以满足他们的软件项目管理需求。

（2）缺陷记录和状态追踪

开发团队在发现软件项目中的缺陷时，会在 JIRA 中创建相应的缺陷问题，并填写相关信息，如描述、优先级、指派给谁等。开发团队在解决缺陷的过程中，会不断更新缺陷的状态（如待处理、处理中、已解决）并记录解决问题的时间。

（3）报告和监控

开发团队定期查看 JIRA 提供的报告，以了解缺陷的趋势和解决效率。开发团队关注的内容如下。

① 缺陷的数量随时间的变化，是否存在增长或下降的趋势。

② 缺陷的优先级分布，是否存在大量高优先级的未解决缺陷。

③ 缺陷的平均解决时间，即开发团队的解决效率如何。

（4）发现和解决问题

通过 JIRA 提供的报告，开发团队如果发现某些缺陷类型持续增长，或者高优先级的问题得不到及时解决，可以快速采取行动，重新分配资源或调整工作重点，以确保软件质量和项目进度。

（5）持续改进

开发团队根据 JIRA 提供的报告结果和监控情况，不断改进他们的工作流程和软件项目管理策略。开发团队可以调整优先级规则、加强沟通合作，以提高缺陷的解决效率和软件质量。

通过使用 JIRA 跟踪缺陷情况并监控开发团队的工作进度和效率，开发团队成功地提高了对软件项目的管理和控制能力。JIRA 提供的报告帮助开发团队及时发现和解决问题，并促使他们不断改进工作流程和软件项目管理方法。

3.5.3 Jenkins

Jenkins 是一个持续集成工具，可以自动化软件构建、测试和部署过程。通过与其他工具（如静态代码分析工具和代码覆盖率检测工具）集成，Jenkins 可以帮助开发团队获取软件度量数据，并生成相应的报告，用于监控软件项目的质量和进展情况。

例如，某开发团队在 Jenkins 中设置了定期执行静态代码分析和代码覆盖率测试的任务，他们可以通过 Jenkins 生成的报告查看代码质量和代码覆盖率的变化趋势，及时发现问题并改进代码质量。

（1）配置 Jenkins 任务

开发团队首先在 Jenkins 中创建了一个任务，用于进行静态代码分析和代码覆盖率测试。他们设置了一个定期执行的计划，例如每天晚上执行一次。任务的配置包括以下步骤。

① 从版本控制系统（如 Git）中拉取最新的代码。

② 运行静态代码分析工具（如 SonarQube 或 PMD）来检测潜在的代码质量问题，并生成相应的报告。

③ 运行代码覆盖率检测工具（如 Jacoco 或 Cobertura）来评估代码覆盖率，并生成相应的报告。

④ 将生成的报告存档，以便后续查看和分析。

（2）查看静态代码分析报告

每次 Jenkins 任务执行完毕后，开发团队可以通过访问 Jenkins 的 Web 界面来查看生成的静态代码分析报告。该报告将显示代码中的潜在问题，如未使用的变量、重复的代码、低效的算法等。开发团队可以根据报告中的建议对代码进行改进，以提高代码质量和可维护性。

（3）分析测试覆盖率检测报告

除了静态代码分析报告外，开发团队还可以查看生成的测试覆盖率检测报告，该报告将显示代码中被测试覆盖到的部分和未被测试覆盖到的部分。开发团队可以通过分析报告来确定代码覆盖率的情况，并针对未被覆盖到的代码编写相应的测试用例。

（4）监控度量指标的变化趋势

开发团队可以通过 Jenkins 生成的历史报告来监控度量指标的变化趋势，他们可以查看静态代码分析获取的问题的数量和严重程度的变化情况，以及代码覆盖率的增长或降低趋势。通过监控这些度量指标，开发团队可以识别出软件项目质量的改进或下降，并及时采取行动。

通过 Jenkins 集成静态代码分析工具和代码覆盖率检测工具，开发团队可以获取关于代码质量和代码覆盖率的度量指标，并生成相应的报告。这些度量指标和报告可以帮助开发团队监控软件项目的质量和进展情况，并及时发现和解决潜在的问题。通过分析历史报告，开发团队可以了解度量指标的变化趋势，并评估他们的质量改进措施的效果。

3.6 SmartArchive项目的软件度量

SmartArchive 项目的软件度量是评估和量化软件开发过程中各种属性和特征的方法。通过对软件进行度量，开发团队可以更好地了解和控制项目的进度、质量和复杂性，从而做出更明智的决策。本节详细介绍在 SmartArchive 项目中应用的软件度量方法，探讨不同类型的软件度量指标，包括成员工作量数据、阶段工作量数据、规模度量数据、缺陷度量数据、进度跟踪、工作量分析和缺陷分析等。

3.6.1 项目成员背景

在软件质量的度量汇总表中，项目成员背景是一个重要的度量数据，用于评估开发团队的组成情况和成员的技能水平。项目成员背景的评估可以帮助确定团队是否具有足够的技术能力和经验来完成项目，并且是否具备多样化的背景以应对各种挑战，如图 3.9 所示。

HSA/C07-270

度量汇总表——项目成员背景

项目名称及版本号	SmartAchive1.00					项目经理	何工

项目类型	□ 产品研发项目 ■客户定制或应用开发项目 □平台或中间件项目 □维护项目

序号	姓名	现任职位	学历	进公司时间	培训（CMMI）	阅历
1	何工	产品经理、项目经理	大学本科			
2	王工	开发人员	大学本科			
3	张工	开发人员	大学本科			
4	单工	开发人员	大学本科			
5	叶工	开发人员	专科			
6	李工	开发人员	大学本科			
7	童工	实习生	硕士研究生			
8	马工	实习生	大学本科			
9	娄工	实习生	大学本科			

注：　(1)　"现任职位"是在本项目中担任的角色。
　　　(2)　"培训"指所参加的何种CMMI培训（CMMI基础知识；CMMI二级的5个KPA；CMMI三级相关知识）。
　　　(3)　"阅历"主要描述曾经做过哪些项目（包括过去的经历），曾担任什么角色。

图3.9　项目成员背景

3.6.2　成员工作量数据

在评估软件项目的质量和成功率时，成员工作量数据也是一个关键的度量数据。成员工作量数据可以提供有关团队成员在项目中的工作量分配情况和贡献程度的信息，有助于评估团队的效率、资源利用情况以及项目进展的情况，如图 3.10 所示。

HSA/C07-270

度量汇总表——成员工作量数据记录表　单位:工时

项目名称及版本号	SmartAchive1.00			项目经理	何工	SQA	伊工、汤工

项目类型	□ 产品研发项目 ■客户定制或应用开发项目 □平台或中间件项目 □维护项目

成员姓名	立项	需求	计划	概要、数据库设计	详细设计	编码	测试	验收	合计
何工	3	22	10	102	50	200			387
王工		22	0	100	50	180			352
张工		22	0	90	56	177			345
单工				90	40	115			245
叶工						71			71
李工						36			36
童工					72	128	8		208
马工					72	128	16		216
娄工						112			112
合计	3	66	10	382	340	1147	24		1972

注：由项目经理每周或定时根据项目组成员所提交的工作情况汇报表对每人每个阶段的工作量进行统计汇总。

图3.10　成员工作量数据

3.6.3　阶段工作量数据

在软件开发项目中，对开发阶段的工作量进行度量可以帮助开发团队评估项目进度、资源分配以及质量控制情况，如图 3.11 所示。

HSA/C07-270

度量汇总表——工作量度量数据记录表

项目名称及版本号			SmartAchive1.00																				项目经理		何工		SQA		伊工、汤工		
项目类型			□产品研发项目　■客户定制或应用开发项目　□平台或中间件项目　□维护项目																											

阶段	开始日期	结束日期	立项			需求			计划			设计			编码			测试			验收			SCM	SQA	项目管理					
			参加人数	进度	工作量	参加人数	进度	工作量	参加人数	进度	工作量	参加人数	进度	工作量	参加人数	进度	工作量	参加人数	进度	工作量	参加人数	进度	工作量	工作量	工作量	日常管理工作量	风险管理工作量	变更管理工作量	评审工作量	例会工作量	培训工作量
立项阶段	2023/11/3	2023/11/8	1	16	2.5																			8	8	1			1	1	
需求阶段	2023/10/20	2023/11/7				3	17.5	63.6																4	4	2		1	1	1	
计划阶段	2023/11/4	2023/11/22							1	18.2	2.7													2	4	1		2	1	1	
概要设计阶段	2023/11/7	2023/11/26										6	20	175										2	4	6		1	1	1	
详细设计阶段	2023/11/18	2023/11/30										6	12	125										2	4	12		2	1	1	1
编码阶段	2023/12/1	2024/1/14													9	45	525							8	10	50		10	6	6	6
测试阶段	2023/12/22	2024/1/16																3	23	125				6	6	25	1	4	12	1	6
验收阶段	2024/1/20	2024/1/20																			6	6	12	1	1	1			1	4	4
总计			1	16	2.5	3	17.5	63.6	1	18.2	2.7	12	32	300	9	45	525	3	23	125	6	6	12	33	41	98		20	16	21	4
工作量总计			1030.8																				256								
项目总工作量			1286.8				新编代码总行数(KLOC)					21030					编码生产率(行/人天)						40.1								
备注																															

注：(1) 项目阶段包括立项阶段、需求阶段、计划阶段、设计阶段（包括概要、数据库设计和详细设计）、编码阶段（功能实现、单元测试）、测试阶段（包括代码修改）、验收阶段。
(2) 日常管理工作量包括协助、沟通、策划、任务分配和计划跟踪等。
(3) 变更管理工作量是指变更引起起增加的工作量，包括填写变更控制表、评估、修改文档、跟踪关闭变更等。
(4) 评审工作量包括评审前的准备、评审、跟踪、验证等一系列与评审有关的工作量。
(5) 工作量的统计采取人天方式。
(6) 编码生产率是指代码总行数/工作量，此工作量是设计、编码和测试阶段所花费的时间，包括管理工作量。

图3.11　工作量度量数据

3.6.4　规模度量数据

　　规模度量数据用于衡量和评估软件产品或项目的大小、复杂度和范围。规模度量数据可以帮助开发团队更好地估计工作量、资源需求和项目进度，从而更有效地进行项目管理和控制，如图3.12所示。

HSA/C07-270

度量汇总表——规模度量数据记录表

项目名称及版本号			SmartAchive1.00					项目经理	何工		SQA			伊工、汤工	
项目类型			□产品研发项目　■客户定制或应用开发项目　□平台或中间件项目　□维护项目												

序号	子系统名称	工作量	子系统代码行数	包括模块个数	模块名称	工作量	代码总行数(KLOC)	重用代码量(KLOC)	文档名称	文档页数	工作量	评审次数
1	电子文件	29	1,700	2	接收	15	800	0	立项报告	8	2	
					验证	8	500	0	立项通知书	1	1	
					整理	6	400	0	项目开发进度表	9	2	
2	档案采集	42	3,900	6	案卷著录	18	1,500	100	项目开发计划书	26	8	
					件著录	12	1,200	100	会议纪要	35	12	
					文件著录	12	1,200	100	例会问题追踪	6	2	
					档案扫描录入	18	1,600	20	关于接口库初始化脚本的反馈意见	1	1	
					检查	3	300	0	需求跟踪矩阵表V1.00	9	2	
					归档	6	600	0	需求规格说明书V1.00	78	26	
3	档案管理	44	3,700	15	全宗卷信息管理	18	1,500	0	概要设计说明书	89	28	
					档案类目管理	14	1,200	0	数据库设计说明书	33	12	
					密级管理	6	1,000	0	详细设计说明书	136	56	
					历史目录册管理	6	500	0	案卷著录信息确认书	21	7	
					档案校验	8	1,200	0	文件著录信息确认书	67	20	
					鉴定管理	6	600	20	需求规格说明书评审通知和确认单	1	1	
					销毁管理	6	500	0	概要设计说明书评审通知和确认单	1	1	
					变更管理	8	1,200	20	需求规格说明书预审问题清单	1	1	
					变研管理	12	1,000	20	概要设计说明书预审问题清单	1	1	
					年检管理	16	1,400	20	需求评审问题追踪表	1	1	
					监督检查管理	14	1,200	10	项目状态报告	2	1	
					温湿度管理	6	500	10	测试表格	4	2	
					安全管理	6	600	10	接口设计说明书(OA系统部分)V1.00	15	2	
					密集架管理	6	500	10	接口设计说明书(档案加工部分)V1.00	14	2	
					法律法规管理	6	500	10				
总计		115	9,300	23		242	21,500	470		559	191	
新编代码总行数(KLOC)		21030		编码生产率(行/人天)		40.1			文档编写生产率(页/人天)		2.93	

注：(1) 模块指完成一定功能的最小单元。
(2) 子系统/模块工作量包括设计、编码和测试所耗费的人天数；文档工作量包括编写和修改所耗费的人天数。
(3) 代码行数的统计不包括空行。

图3.12　规模度量数据

　　注：规模度量数据只是列出了SmartArchive项目中3个子系统的度量数据内容。

3.6.5 缺陷度量数据

缺陷度量数据用于评估和监控软件质量，帮助开发团队及时发现和解决问题，提高软件的可靠性和稳定性，如图 3.13 所示。

HSA/C07-270

度量汇总表——缺陷度量数据记录表

项目名称及版本号	SmartAchive1.00		项目经理	何工	SQA		伊工、汤工			
项目类型	□ 产品研发项目 ■客户定制或应用开发项目 □平台或中间件项目 □维护项目									

阶段	发生变更数	所属类型	评审	审计	测试		其他		合计	
			发现问题	发现问题	发现问题	关闭问题	发现问题	关闭问题	发现问题	关闭问题数
需求阶段	3	需求	3	0					3	0
计划阶段	1	计划	1	0					1	0
概要设计阶段	1	需求	1	0					1	0
详细设计阶段	2	需求	2	0					2	0
编码阶段	3	需求	3	0					3	0
测试阶段	2	需求	2	1					3	0
验收阶段	0								0	0
总计	12		12	1	0	0	0	0	13	0

注：(1) 其他问题包括硬件、环境、用户变更等。
(2) 变更所属类型若是多项，如编码阶段发生的变更有设计变更2次、需求变更1次、计划变更3次，变更次数可以描述为2/1/3；变更类型则为设计/需求/计划。

图3.13 缺陷度量数据

本项目共发生 12 次变更，相对来说比较少，说明项目的变更管理工作相对较好，变更请求被合理地评估和处理，减少了不必要的变更和影响。每次变更都有可能对测试和质量控制带来一定的影响，因此需要足够重视变更过程中的测试和质量控制工作，以确保变更不会对当前软件的稳定性和性能造成损害。通过加强变更管理（详见第 5 章）和质量控制工作，开发团队可以减少变更带来的影响和风险，提高项目的成功交付率。

3.6.6 度量数据及质量目标

在软件开发项目中，度量数据和质量目标的汇总表是一个重要的工具，用于跟踪和管理项目的度量指标和质量目标，如图 3.14 所示。

SmartArchive 项目实际工作量达到了 29.52%的误差，这意味着实际完成项目所需的工作量与最初预期的工作量相差较大。这种误差对项目进度、资源分配和成本产生重要影响。以下是本项目执行时导致实际误差的一些因素，分析这些因素将对其他项目起到借鉴作用。

（1）需求变更：项目执行过程中出现了需求的变化或新增，这些变更如果没有得到及时评估和控制，就可能导致工作量的增加。

（2）技术挑战：项目中存在复杂的技术问题或未预料到的挑战（包括新技术的学习、系统集成问题或者性能优化等），需要更多的时间和资源来解决。

（3）沟通和协调问题：开发团队成员之间的沟通不畅或协调不力可能导致任务重复或信息丢失。这些问题浪费时间和资源，从而导致工作量的增加。

（4）资源限制：项目受到人力、时间或其他资源限制的影响，导致工作无法按计划完成。缺乏足够的资源会延迟进度或导致工作质量下降。

HSA/C07-270

度量汇总表——度量数据及质量目标汇总表

项目名称及版本	SmartAchive1.00		项目经理	何工	SQA	伊工、汤工
项目类型	□ 产品研发项目　■ 客户定制或应用开发项目　□ 平台或中间件项目　□ 维护项目					

度量数据类型	要收集的数据名称		数据			参考质量目标与优先级
			计划	实际	实际误差%	
过程	项目总工作量（人天）		222	315	29.52%	误差＜10%，中
	阶段工作量	立项工作量（人天）				
		需求分析工作量（人天）				
		计划工作量（人天）				
		设计工作量（人天）				
		编码工作量（人天）				
		测试工作量（人天）				
		验收工作量（人天）				
	项目经理管理工作量与项目工作量之比					5%～20%，低
	SQA工作量					
	SCM工作量					
	例会及研讨会工作量					
	各类变更引起的工作量增加					
	对评审与测试中发现的缺陷的修正工作量					
	项目组外人员参加评审、讨论的工作量					
	接受培训的工作量					
	评审的效率（页数/小时）					＜10页/小时，低
	由于高级经理忙，未结束评审与批准的延期（天数）					0天，中
	由于人员不到位，导致的工作延误（天数）					0天，中
文档及产品规模			计划		实际	
	立项报告		总页数：　人天数：		总页数：　人天数：	
	需求规格说明书		总页数：　人天数：		总页数：　人天数：	
	计划		总页数：　人天数：		总页数：　人天数：	
	设计（包括各类设计）		总页数：　人天数：		总页数：　人天数：	
	测试（包括用例和计划）		总页数：　人天数：		总页数：　人天数：	
	用户类文档		总页数：　人天数：		总页数：　人天数：	
	项目总结报告		总页数：　人天数：		总页数：　人天数：	
	测试分析报告		总页数：　人天数：		总页数：　人天数：	
	软件产品代码总行数					
	软件产品功能点数					
	软件产品新编代码行数					
	软件产品复用代码行数					
	模块总数					
	字节数（对嵌入式软件）					
	代码的生产率（行数/人天）					
产品质量	评审中发现的缺陷数					
	需求跟踪中发现的缺陷数					
	过程审计中发现的缺陷数					
	变更的次数及阶段					
	测试中发现有效Bug数的比例（总Bug数/新编代码总行数）					
	测试中发现的Bug数及在模块中的分布					
	测试最终的Bug稳定性					下降并稳定在3个/千行以内，高
	残留Bug数的比率（Bug数/千行代码）					＜3个/千行，高
	Bug残留数及等级	1.严重				0，高
		2.一般				＜1-2/千行，中
		3.轻微				＜2-3/千行，中
	功能的符合性					均为100%，高
	性能的符合性					均为101%，高

图3.14　度量数据及质量目标汇总表

在面对实际误差时，项目管理团队在后续的其他项目中应该采取以下措施。

（1）重新评估工作量：对项目的范围和任务进行重新评估，确定实际所需的工作量，并与预期工作量进行比较，找出差距。

（2）优化资源分配：重新分配资源以解决工作量偏差。这可能需要调整开发团队成员的角色和责任，或者寻求外部资源的支持。

（3）优化进度计划：根据实际情况重新规划项目进度，确保在可行的范围内按时交付。这可能需要重新安排任务优先级，调整里程碑和截止日期。

（4）加强沟通和协调：改进开发团队内外的沟通渠道，确保信息的准确传递和共享。加强开发团队合作和协调，避免重复劳动和信息丢失。

通过及时采取上述措施，项目管理团队可以更好地控制实际工作量，最大限度地减少误差并提高项目交付的成功率。

3.6.7 进度跟踪分析

项目经理可以通过进度跟踪分析图对实际进度与计划进度的差异进行分析，及时调整计划和资源分配，如图 3.15 所示。

HSA/C07-270

度量汇总表——进度跟踪分析图

阶段	需求	计划	概要设计	详细设计	编码	测试	验收	试运行
计划天数	30	3	20	15	15	10	2	15
实际天数	20	3	40	10	25	20	2	30

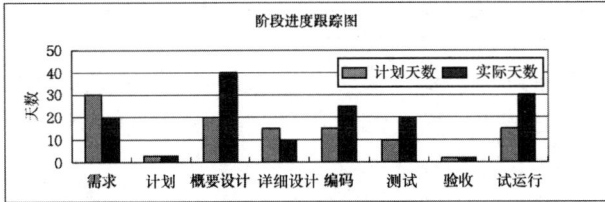

阶段	需求	计划	概要设计	详细设计	编码	测试	验收	试运行
计划工作量（人天）	30	3	50	50	60	10	4	15
实际工作量（人天）	40	6	60	45	100	20	4	40

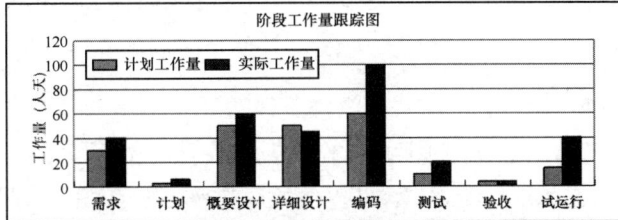

阶段	需求	计划	概要设计	详细设计	编码	测试	验收	试运行
计划人数	2	2	4	4	6	1	2	1
实际人数	2	3	4	4	10	2	2	3

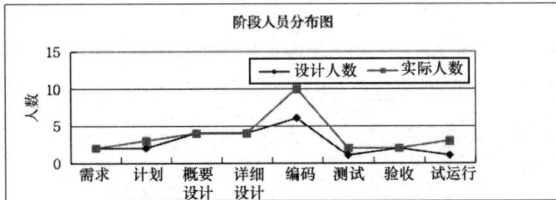

图3.15 进度跟踪分析图

根据进度跟踪分析图，项目在需求、概要设计、编码、测试和试运行等方面的工作量实际上超出了最初的计划。以下是对每个阶段的分析。

（1）需求阶段：原计划为 30 人天，但实际上花费了 40 人天。这意味着在需求收集、分析和确认等活动中，出现了额外的任务或需求变更，导致工作量超出了预期。开发团队需要仔细审查需求变更的原因，并确保在后续阶段中纠正和控制需求的范围。

（2）概要设计阶段：原计划为 50 人天，但实际上花费了 60 人天。这表明在概要设计阶段中，遇到了技术挑战、复杂的系统需求或者缺乏相应的技能和经验，导致了额外的工作时间。开发团队需要评估设计过程中的问题，并采取措施来提高效率和质量。

（3）编码阶段：原计划为 60 人天，但实际上花费了 100 人天。这种明显的差异表明在编码过程中存在严重的问题，如代码质量低下、错误修复数量过多或存在技术难题等。开发团队需要对编码过程进行详细审查，找出问题的根本原因，并采取适当的措施来改进编码质量和效率。

（4）测试阶段：原计划为 10 人天，但实际上花费了 20 人天。这表明在测试过程中发现了更多的问题或缺陷，需要更多的时间来修复和验证。也可能表明最初的测试估算不充分，需要重新评估测试工作的规模和复杂性。

（5）试运行阶段：原计划为 15 人天，但实际上花费了 40 人天。这种很大的差异，可能表明试运行过程中出现了意外的问题或故障，需要更多的时间来解决和修复。也表明最初的试运行估算不充分，需要重新评估试运行工作的规模和复杂性。

针对上述分析，项目管理团队可以采取以下行动。

（1）重新评估需求、概要设计和编码阶段的工作量，确保工作量的准确性和合理性。

（2）确定导致工作量超出预期的具体原因，并采取措施来避免类似问题再次发生，如优化需求变更控制、提供培训支持来解决技术挑战等。

（3）加强团队的沟通和协作，确保信息的流通和共享，以提高工作效率和质量。

（4）在后续阶段中加强对项目的监控和控制，及时调整计划和资源分配，以确保项目能够按时完成。

通过应用以上措施，项目管理团队可以更好地控制工作量，最大程度地减少误差，并提高项目交付的成功率。

3.6.8　工作量分析

项目经理可以通过工作量分析图对项目的工作量数据进行分析，了解各项任务的复杂性和耗时情况，识别可能导致工作量增加或减少的因素，并采取相应的措施进行优化，如图 3.16 所示。

在图 3.16 中，各类工作量分布图中的工作量是百分比数值。根据提供的工作量分配比例，可以进行如下分析。

（1）开发总工作量 60%

开发工作量占据了最大的比例，这表明项目的主要精力都集中在软件的实际开发上。这涉及需求分析、设计、编码、单元测试等一系列开发活动。如果开发工作量过高，可能需要考虑优化开发流程、提高开发效率或者增加开发人力以确保项目按时交付。

（2）SQA（软件质量保证）工作量 15%

SQA 工作量占据了一定比例，这表明项目非常重视软件质量保证的工作，包括测试计划制订、测试用例设计、执行测试、缺陷跟踪和报告等活动。确保 SQA 工作得到充分的资源和支持，有助于最大程度地提高软件质量和稳定性。

（3）SCM（软件配置管理）工作量 10%

SCM 工作量占据了一定比例，这表明项目有意识地关注软件配置管理的工作，包括版本控制、变更管理、构建和部署等活动。有效的 SCM 工作有助于确保软件开发过程的可控性和可靠性。

（4）项目管理工作量 10%

项目管理工作量占据了一定比例，这表明项目对项目管理活动也给予了一定的重视，包括需求管理、进度跟踪、风险管理、沟通协调等项目管理活动。有效的项目管理有助于确保项目目标的实现和资源的有效利用。

HSA/C07-270

度量汇总表——工作量分析图

项目阶段	需求	计划	概要设计	详细设计	编码	测试	验收	试运行
工作量（人天）	100	15	30	20	100	50	5	15

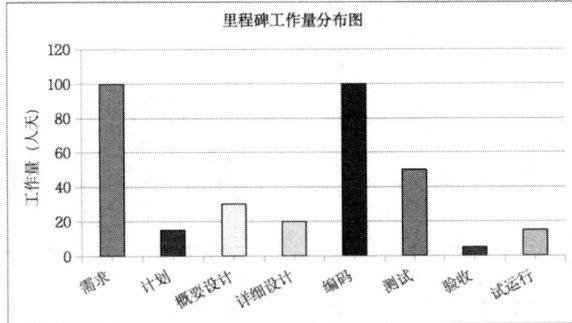

里程碑工作量分布图

工作量类别	开发总工作量	SQA工作量	SCM工作量	项目管理工作量	其他工作量
工作量（%）	60	15	10	10	5

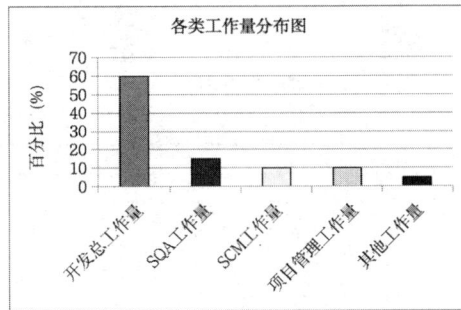

各类工作量分布图

图3.16　工作量分析图

（5）其他工作量 5%

其他工作量涉及一些非常规的工作，如培训、技术支持、文档编写等。虽然比例较小，但这些工作同样需要得到足够的关注和支持，以确保项目的全面成功。

3.6.9　缺陷分析

通过缺陷分析图，开发团队可以更清晰地了解项目中存在的问题类型和分布情况，有针对性地制订解决方案和优先级，从而提高项目的质量和效率，如图 3.17 所示。

（1）从里程碑中发现的缺陷分布

需求阶段存在 30 个缺陷，数量较多，这意味着需求分析不够充分或者需求描述存在模糊不清的情况。在未来的项目中，应该加强需求管理，确保需求能够清晰、完整地被捕捉和理解。

测试阶段存在 30 个缺陷，数量也比较多，这意味着测试用例设计不够全面或者测试覆盖不够充分。应当加强测试工作，包括测试用例设计、执行和缺陷修复验证，以提高测试效率和发现问题的能力。

其他各阶段的缺陷数量相对较少，这表明在这些阶段的质量管理工作相对较好。然而，仍然需要关注每个阶段的质量，尽早发现和解决问题，以减少后续阶段的成本和风险。可以定期举行的质量回顾会议，总结经验教训并持续改进质量管理过程。

HSA/C07-270

度量汇总表——缺陷分析图

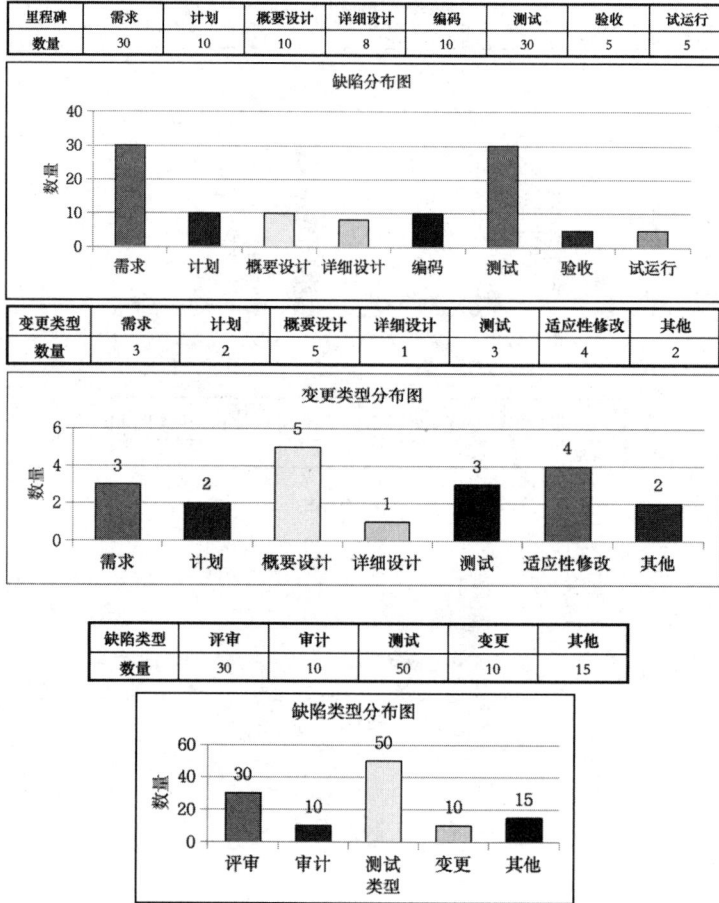

里程碑	需求	计划	概要设计	详细设计	编码	测试	验收	试运行
数量	30	10	10	8	10	30	5	5

变更类型	需求	计划	概要设计	详细设计	测试	适应性修改	其他
数量	3	2	5	1	3	4	2

缺陷类型	评审	审计	测试	变更	其他
数量	30	10	50	10	15

图3.17　缺陷分析图

（2）从缺陷类型中发现的缺陷分布

测试缺陷数量较多，达到50个，这意味着测试阶段存在较多的问题，需要加强测试用例设计、执行和缺陷修复验证的工作。同时，也需要审视测试流程和方法，以确保充分的测试覆盖和有效的测试策略。

评审缺陷数量为30个，这表明在评审过程中发现了一定数量的问题。可以在评审过程中加强对需求、设计和代码的检查，以减少后续阶段的问题产生。

审计、变更和其他缺陷类型的数量相对较少，但仍然需要进行合理的跟踪和处理，以确保项目整体质量。

3.7　小结

软件度量是通过定量化的方法对软件开发过程和产品进行评估的过程，它帮助开发团队了解软件项目的进展情况，评估成本和质量，并提供数据支持进行决策和改进。本章介绍了软件项目中软件度量的相关内容，包括软件度量的概念、不同类型的度量、与分析规程的关系、软件代码质量指标的自动度量方法以及软件度量工具等。这些方法和工具被广泛应用于软件项目中，帮助开发团队监控和改进软件开发过程，达到预期的质量标准。

3.8　习题

一、选择题

1. 软件度量与物理事务度量相比，具有（　　　）的特点。

A. 更多的抽象性和复杂性

B. 更直接基于可观察的物理特征进行测量

C. 更关注经济指标，如销售额、利润率等

D. 更注重软件产品的质量和性能

2. 可以帮助开发团队评估代码的可读性和可维护性的度量方法是（　　　）。

A. 缺陷密度统计　　　　　　　　　　　B. 功能点分析

C. 代码复杂性度量　　　　　　　　　　D. 可靠性度量

3. 用于评估软件的稳定性和容错能力的度量方法是（　　　）。

A. 缺陷密度度量　　　　　　　　　　　B. 生产率度量

C. 可靠性度量　　　　　　　　　　　　D. 技术债务度量

4. 开发团队协作度量主要用于评估团队成员之间的（　　　）。

A. 项目规模和进度　　　　　　　　　　B. 开发人员的工作效率和贡献

C. 软件系统的稳定性和可靠性　　　　　D. 沟通效率、合作效果和协同能力

5. 代码覆盖率是指（　　　）。

A. 代码执行的速度　　　　　　　　　　B. 单元测试运行期间被测试的代码比例

C. 代码的可维护性评估　　　　　　　　D. 模块之间的相互依赖性

6. 圈复杂度指标主要用于衡量代码的（　　　）。

A. 可靠性　　　　　　　　　　　　　　B. 可维护性

C. 性能效率　　　　　　　　　　　　　D. 功能适用性

7. 重复代码对软件的影响主要体现在（　　　）。

A. 安全性　　　　　　　　　　　　　　B. 可维护性

C. 兼容性　　　　　　　　　　　　　　D. 可移植性

二、分析题

某软件公司正在开发一个新的网络安全应用程序，该应用程序旨在提供网络攻击检测和防御功能。为了评估开发过程的效率和产品质量，开发团队决定进行软件度量。

问题：请根据以下情景，选择适合的软件度量指标，并解释你的选择。

情景描述：在开发过程中，开发团队采用敏捷开发方法，每个迭代周期为 3 周。团队成员包括开发人员、测试人员和安全专家。他们使用版本控制工具进行源代码管理，并且每个周期迭代结束后都会进行代码评审和单元测试。此外，开发团队还使用静态代码分析工具来辅助发现潜在的安全漏洞和缺陷。

04 第4章 软件配置管理

软件配置管理是软件项目的心脏，它确保团队成员都在同一个页面上工作，确保软件交付的质量。

　　为了更好地说明配置管理的概念，本章先用一个贴近生活，易于理解的例子类化。假设一个人开车前往加油站加油，他的车辆需要使用 95 号汽油，加油站工作人员就用有 95 号标识的油枪为他加油。这个过程类似将用户所需的软件从产品库中交付给用户的过程。其中，配置管理的任务在于确保在汽油从原油开采和提炼加工、到运输存储于相应的油库、再到为用户的车辆添加所需汽油的整个流程中，每个环节的产出物都准确无误。软件开发过程涉及多个阶段，包括需求分析、设计、编码、测试、交付以及上线使用等，这些阶段需要多人协同合作，生成大量文档和代码。如何确保这些工作产品能够清晰无误地显示其当前状态（通常使用版本号），并追溯多次变更的历史，这就是软件配置管理所关注的问题。再举一个例子进行总结：就餐点菜时，服务员会记录下顾客的点菜内容（配置项标识），并进行重复确认（建立基线）。如果顾客在 10 分钟后想要加一道菜（配置项变更），服务员会再次确认他的要求（变更过程）。用餐结束后，服务员会递上账单并让顾客确认订单的准确性（状态确认）。如果没有问题，顾客就会付款；如果有问题，则进行相应的变更。在整个过程中，如果有配置管理工具的支持，会使这一过程更加简化。然而，即使没有工具，这一过程也可以完成，只是更容易出现混乱。因此，使用配置管理工具（如 Git）是非常有必要的。至于每个基线、配置项发布或变更批准的权限，需要根据组织的实际情况来制订。

　　软件由代码构成，是可运行的逻辑产品。稍微复杂一些的软件往往不可能由一个人独自完成，而是需要多人协作，各自负责不同的部分。例如 QQ、淘宝等软件，其开发过程中可能涉及众多开发人员同时协作的情况。在这种情况下，要想保证软件开发有序进行，避免开发人员相互干扰，就需要科学的软件配置管理方法。

　　例如，某软件公司在其职能部门内设有项目管理、产品研发、测试、售前支持、配置管理以及质量保证等多个部门。目前，公司拥有 12 条大产品线，同时运行着超过 50 个项目。然而，公司在配置管理方面存在诸多问题，需要各部门通力合作进行整改。具体而言，目前存在以下几个主要问题：（1）开发库混乱、权限不明确、责任人不清晰，导致产品与项目交叉；（2）受控库更新不及时，开发库混乱，导致配置管理人员已无法跟踪；（3）产品库更新不及时，负责人不明确，导致软件未入产品库直接发送给客户；（4）公司未建立配置库，导致所有文件直接存放在服务器的开发库、受控库和产品库三个文件夹下，各负责人随意建立子文件夹。这些问题将严重影响公司的项目管理、产品管理和运营，因此需要尽快采取措施进行改进。

不同公司在配置管理方面可能采用不同方式，例如由专门的配置管理员负责，或者由项目经理或职能经理兼职完成。由于每家公司的体制、规模和用户群体都不同，对配置管理的要求也会有所差异。然而，无论采用何种方式，公司都需要制订明确的配置管理方法和制度，以支持项目管理、产品管理和公司运营。这一点尤为重要，因为良好的配置管理能够确保各个部门之间的协同工作，从而减少生产过程中的错误和漏洞，提高产品质量和用户满意度。

4.1　软件配置管理要素

以一台机器为例，它的每个零部件都有型号和编号。可以很容易地想到，应该有某种列表或文档来记录各个零部件的型号和组成关系，即物料清单（Bill of Materials，BOM）。当配置发生变化时，需要更新物料清单。而且，这样的变动不应该随意进行，应该先经过总工程师批准，并进行相应的测试后才能更新。

从软件的角度来看，软件也需要进行配置使各个源文件、源代码和相应的文档结合起来编译，生成可以正确运行的程序。此外，软件配置管理还具有自己的特点。

（1）软件更容易发生变化，是向前演进的。

（2）软件的相关性（耦合）较高，一旦需要进行改动，通常不只是修改一个文件。

在软件开发过程中，变更是不可避免的，并且这些变更加剧了项目中软件开发人员之间的混乱。配置管理的目标是标识变更、控制变更、确保变更正确实施并向相关人员报告变更情况。从某种角度来看，配置管理是一种标识、组织和控制修改的技术，其目的是将错误降至最低，并有效提高生产效率。

从流程的角度来看，配置管理是整个软件开发生命周期中的核心管理过程。配置管理贯穿需求分析、架构设计、项目管理、开发、集成构建、测试以及发布等全过程，涉及宏观的软件项目进度控制、配置管理规范和计划制订、多地点开发规划等方面，也包括更细粒度的分支管理模型、构建和集成方式、变更处理流程，还涉及与开发人员直接相关的版本控制、差异比较和合并等微观层面的任务。

4.1.1　软件配置管理的定义及优点

> **定义**
> **软件配置**是在技术文档中明确说明并最终组成软件产品的功能或物理属性。因此软件配置包括了即将受控的所有产品特性及其内容：相关文档、软件版本、变更文档、软件运行的支持数据以及其他一切保证软件一致性的组成要素。

> **定义**
> **软件配置管理**（Software Configuration Management，SCM）也称配置管理、软件形态管理或软件建构管理，是一种应用于整个软件工程过程的围绕软件资产的标识、组织和控制修改的管理技术。软件配置管理用于界定软件的组成项目，对每个项目的变更进行管控（版本控制），并维护不同项目之间的版本关联，以使软件在开发过程中任一时间的内容都可以被追溯。

在整个软件生命周期中，组织需要对生产与运行环节中的相关产物进行管理，包括产物自身及其唯一标识和修订历史，以及不同产物之间的关联关系等。其目标是记录并管理软件演化的过程，确保组织在软件生命周期中的各个阶段都能得到精确的产品配置，并提升各成员间的协作效率。配置管理的目的在于使用配置识别、配置控制、配置状态管理以及配置审核和审计等技术，来建立并维护工作产品的完整性。在快速变化的市场中，"一切自动化"是持续交付部署流水线的一种重要原则，也是提升"持续交付验证环"运转速度的一个重要影响因素，而软件配置管理是"一切自动化"的基石。软件配置管理的目标是获得可追溯性和可重现性，提升整个软件生命周期管理的安全性，并提高团队协作效率。

> **小知识**
>
> 可追溯性：任何人在获得授权的前提下，能够找到该软件的任何变更历史。
>
> 可重现性：任何人在获得授权的前提下，能够重现从过去到现在之间任意时间点的软件状态。

具体来说，软件配置管理的优点如下。

（1）记录过程及成果

正如一棵树需要经历发芽、开花、结果、成熟的过程才能结出果实，软件开发也有其生命周期和一系列的产物。软件开发人员可以依靠可靠的软件配置管理工具将这些产物完整地保存下来，确保开发团队的努力成果从始至终得以保留。

例如，开发团队 A 的成员张工决定辞职，新成员李工接替了他的开发任务。李工可以通过软件配置管理工具中保存的工作产物快速了解之前的工作内容，并轻松接手，不再因为头绪混乱而失去信心。李工能够熟练地处理新的工作，开发团队的整体开发进度没有因人员变动而受到延误。某一天，当李工准备打开电脑，全身心地投入开发工作时，故障毫无征兆地发生了——他的工作电脑硬盘"罢工"了，无法使用。同事们都对他投以同情的目光，以为他的工作成果都丢失了，一夜之间功亏一篑。然而，李工保持着冷静，他与资源部门联系，更换了一台新的工作电脑，继续享用着豆浆，编写着代码！原来，他已经将之前的工作成果提交到配置管理库中，所以即使电脑更换了，他仍然可以从配置管理库中下载之前的工作内容到本地，继续昨天的进展，迈向今天的征程。

（2）回溯历史版本

配置管理中的回溯历史版本功能就像是时间旅行的魔法师，可以让人们穿越时光，回到过去的某个节点，观察和改变过去的选择。想象一下，一个料理大师正在创作一道令人垂涎欲滴的菜肴。在编写菜谱的过程中，他发现某些配料的比例可能不够完美，烹饪时间也需要微调。幸运的是，版本控制就像是烹饪笔记本，详细记录下每一次调味品添加和烹饪步骤的变动。如果当前的菜肴味道不尽如人意，可以回顾以前的版本历史，找到那个味道更好的版本，重新调整现在的烹饪过程，让菜肴重焕风采。

配置管理不仅包容万象，更是一位细致入微的"操控者"，通过编号的方式记录开发团队成员的每一次操作。每个编号代表一个版本，可以追溯，加快问题的定位和修复，并给予多次反悔的机会。假设某团队正在开发一个社交媒体应用，允许用户分享照片和视频，并与朋友互动。在开发的早期阶段，该团队发布了第一个版本，其中包括基本的用户注册、登录和照片上传功能。然而，随着应用的使用，他们开始收到用户反馈，表示遇到了一些问题。例如，有些用户报告说无法正确加载他们上传的照片，有些用户遇到了闪退问题等。为了解决这些问题，该团队使用软件配置管理工具记录每个版本的代码变更。当收到用户报告时，可以回溯到特定的历史版本，以便发现和修复问题。通过回溯历史版本功能，该团队发现某个版本的代码变更导致了照片加载问题，因此可以快速返回到该版本之前的状态，并仔细检查修改的代码。经过调试和测试后，该团队修复了问题，并创建了一个新的版本。

此外，回溯历史版本功能还允许开发团队探索其他功能或设计选择的不同路径。例如，该团队曾经尝试过两种不同的用户界面设计，但无法确定哪种设计更受用户欢迎。通过回溯历史版本，可以快速比较这两种设计的效果，评估哪种更符合用户需求，然后选择合适的设计方案。

（3）实现并行开发

几乎所有的树都有主干和分支，主干实现分支的汇聚，分支实现并行生长，既能稳固地立于大地之上，又能以最广阔的姿态吸收阳光，主干与分支之间有分工，亦有协同。软件开发也是如此，需要分工、协同，以提高效率。

假设项目组正在开发一个电子商务网站，其中包括用户注册、商品浏览和购物车等功能。为了支持并行开发，项目组采用了分支管理模型，并使用版本控制工具 Git（详见 4.5.1 小节）进行代码管理。首先，项目组创建一个主分支（通常称为"master"或"main"）。这个分支包含了稳定版本的代码，作为基线版本（详见 4.1.5 小节）。接下来，项目组为每个功能或任务创建一个独立的开发分支。例如，一位开发人员可以创建一个名为"feature-user-registration"的分支来负责用户注册功能的开发，另一位开发人员可以创建一个名为"feature-product-browsing"的分支来负责商品浏览功能的开发。在各自的分支上，开发人员可以并行地进行工作。他们可以编写代码、添加新功能，并进行单元测试。每个开发人员都可以独立地推进他们的分支开发进度，而不会影响到其他功能的开发或主分支的稳定性。其间，如果发现了修复缺陷的需要，可以创建一个独立的修复分支（通常称为"hotfix"）。例如，开发人员可以从主分支创建一个名为"hotfix-login-issue"的分支来修复登录问题。这个修复分支可以与其他功能开发分支并行存在。在开发过程中，团队成员可以频繁地提交代码，并保持代码库的更新。同时，他们可以在需要的时候从主分支拉取最新的代码变更，并将其他分支的代码合并到自己的分支中。当一个功能开发完成并通过了测试，开发人员将自己的分支推送到远程代码仓库，并发起合并请求。其他成员可以审查代码，并提供反馈。如果合并请求通过，该功能代码将被合并到主分支中，整个系统将包含这个新功能。通过使用分支管理模型，负责不同功能的开发人员可以同时进行工作，并且能够方便地获取和合并其他分支的代码变更。这样，开发团队可以更加高效地开发、测试和交付新功能，同时保持代码的稳定性和可维护性。

4.1.2　配置管理的功能

根据软件工程的最佳实践，配置管理是确保软件项目顺利进行和交付的重要环节，它涵盖了配置识别、配置控制、配置状态管理以及配置审核和审计 4 个核心功能。通过这些功能，开发团队可以高效地管理和控制软件的各个配置项，确保软件的稳定性、一致性和可追溯性。配置管理的实施对于项目成功和软件质量的提升至关重要。

配置管理主要有以下 4 个核心功能。

（1）配置识别（Configuration Identification）：配置识别是确定和记录软件项目中所有的配置项并

对其进行唯一标识的过程。配置项可以包括源代码、文档、工具、测试数据等。通过配置识别，开发团队能够准确地追踪和管理每个配置项，确保对其进行正确的变更控制和版本管理。

（2）配置控制（Configuration Control）：配置控制是确保对配置项的变更是经过授权和管理的过程，它涉及变更请求的提交、评审、批准和实施，以及确保只有经过授权的人员才能修改配置项。配置控制帮助开发团队避免未经授权的变更，减少错误和冲突，并确保软件的稳定性和一致性。

（3）配置状态管理（Configuration Status Management）：配置状态管理是记录和报告每个配置项的状态和版本信息的过程。配置状态包括配置项的当前状态、变更历史记录以及与之相关的文档和问题跟踪。通过配置状态管理，开发团队可以跟踪和追溯配置项的演进和变更情况，确保成员之间了解软件的最新状态。

（4）配置审核和审计（Configuration Audit and Review）：配置审核和审计是评估软件配置管理过程是否符合规范和标准的重要环节。配置审核是对软件配置管理活动的定期评估，以确保其过程和要求符合规定。配置审计是对软件配置管理过程进行全面和独立的检查，以发现潜在问题并采取纠正措施。通过配置审核和审计，开发团队可以提高配置管理的效果和质量，确保项目达到预期的目标和标准。

4.1.3　配置管理计划

配置管理的 4 个核心功能相互关联，共同确保软件开发过程中的配置项得到正确的变更控制和版本管理，确保软件的质量、稳定性和可追溯性。要实现这 4 个核心功能，需要有配置管理计划（Configuration Management Plan）的支持，才能有条不紊地开展配置管理的相关活动。

> 注意　配置管理计划是开展所有配置管理活动的基础。

配置管理计划是在软件项目开始时制订的一份文件或计划，用于明确和规划配置管理活动的目标、方法和策略。下面是配置管理计划中通常包含的内容。

（1）引言：对配置管理计划的目的、范围和背景进行简要介绍，确保读者对配置管理计划有一个整体的了解。

（2）资源和工具：列出用于支持配置管理活动所需的技术资源、人员和工具。例如版本控制系统（Version Control System，VCS）、变更管理工具、配置项标识符生成工具等。

（3）配置管理活动：描述软件项目中需要进行的具体配置管理活动，包括配置识别、配置控制、配置状态管理、配置审核和审计等。每个活动应该清晰地定义其输入、输出、角色和责任。

（4）配置项标识和版本控制：确定配置项的唯一标识符方案，并说明如何管理和控制配置项的版本。这包括配置项命名规则、版本编号方案、版本库的组织结构等。

（5）变更管理：描述如何管理和控制对配置项的变更请求，包括变更请求的提交、评审、批准和实施过程，以及变更影响分析、变更冲突解决等。

（6）配置状态管理和报告：说明如何记录和报告每个配置项的状态和变更历史，包括配置状态报告的频率、内容和格式，以及与其他项目管理过程的集成情况。

（7）配置审计和合规性：确定配置管理活动的审计策略和计划，以确保其符合相关标准和规定，包括定期的配置审核和合规性检查，发现潜在问题并采取纠正措施。

（8）角色和责任：明确配置管理活动中各个角色的职责和权限，例如配置管理员、变更管理委员会、项目经理等。

（9）计划更新和维护：描述如何更新和维护配置管理计划，以适应软件项目的变化和需求的变更。

配置管理计划是软件项目中非常重要的一份文档，它有助于有效组织和管理配置管理活动，确保软件的质量、稳定性和可追溯性。根据具体的项目需求，配置管理计划可以进行定制和扩展。

4.1.4　配置项

定义　为了方便对软件配置进行管理，软件配置经常被划分为各类**配置项**，这类划分是进行软件配置管理的基础和前提。配置项是一组软件功能或者物理属性的组合，在软件配置管理过程中，配置项被作为一个单一的实体对待。一个软件系统包括的配置项的数量是一个与设计密切相关的问题。

定义　**版本**是表示一个配置项具有一组定义的功能的一种标识。随着功能的增加、修改或删除，配置项的版本随之演变。

配置项（Configuration Item，CI）是软件配置管理的指定实体，它可以由多个相关的工作产品组成。所有纳入配置管理范畴的工作成果统称为配置项。配置项主要分为两大类：一类是属于产品组成部分的工作成果，例如源代码、需求文档、设计文档、测试用例等；另一类是在管理过程中产生的文档，例如各种计划、监控报告等，这些文档不是产品的组成部分，但也值得保存。可以将配置项进一步分解成若干配置元素。例如，在需求管理中，配置项可以是一个需求或一组需求；源代码可以按照子系统/模块/构件划分成不同的配置项。所有的配置项都被保存在配置库中，以确保它们不会混淆或丢失。配置项及其历史记录反映了软件的演化过程，从而提供了对软件的跟踪能力。

软件项目中可以将版本以版本号进行标识。

（1）版本号（Version Number）：为了简要表达特定版本的目的和意义，方便区分不同的版本，引入了版本号这一概念，也称为版本标识。

（2）版本库（Repository）：也被称为存储库或仓库。在版本库中，存储着源代码的各个版本。当然，其中只包含不同版本之间存在差异的部分，并且采用增量存储的方式进行存储。

（3）签入（Check in）：指代码修改完成后，需要通知版本控制工具，并将新代码保存到版本库中。

（4）签出（Check out）：指代码修改前，需要先通知版本控制工具，将版本库中的代码复制到本地。

定义　**配置标识**是软件配置管理的一个组成部分，包括：选择产品的配置项、为他们制订唯一的标识，并在技术文档中记录其功能和物理的特性。

配置标识是对软件配置进行管理的前提和基础。配置标识包括了对软件的配置项进行选择、划分以及对配置项的功能和物理属性进行描述的过程。每个配置项都必须有唯一的标识，这个唯一标识用于区分、跟踪和报告该配置项的状态。通常情况下，每个配置项都会被赋予一个标识符。标识符的命名分为以下 3 种。

（1）文档：对所有文档而言，文件名就作为配置项的命名。

（2）代码：可以使用"项目名—模块名＋代码"或者"项目名＋代码"的方式进行命名。

（3）工具：以工具本身的名称命名。

4.1.5 基线

> **定** 在配置管理中，**基线**就是配置项在其生命周期的不同时间点上通过评审而进入
> **义** 正式受控的一种状态，而这个过程被称为"基线化"。

基线（Baseline）是经过正式评审和认可的、作为未来进一步开发的基础的配置项或配置项集合。只有通过正式的变更控制规程，才能对基线进行变更。基线的作用是明确划分各阶段的工作，使本来连续的工作在这些点划分上断开，以便于验证和确认阶段的开发成果，并在确认后的基准上进行后续工作。通常，在软件生命周期的各个阶段末尾的特定点形成基线，也称为里程碑时间点。一个产品可以只有一个基线，也可以有多个基线，例如需求基线、设计基线、产品基线等。每个基线都将接受严格的配置管理控制，对已纳入基线的配置项的修改将按照变更控制要求的过程进行，即遵循变更控制规程进行变更活动。

每一个基线都是其下一步开发的基准。基线具有以下属性。

（1）通过正式的评审过程建立。

（2）基线存在于配置库中，基线的变更由软件项目的变更控制委员会（Change Control Board，CCB）控制。

（3）基线是进一步开发和修改的基准。

4.1.6 变更控制

生活中并没有绝对的岁月静好，软件开发也很难一帆风顺。在软件开发过程中，人员变动和需求变更等因素总会引起变更。软件配置管理中的变更控制是指对形成基线的配置项进行变更的控制，以确保软件的质量、稳定性和可维护性。变更控制的目标是实现对配置项的全面管理，建立确保软件质量的机制，确保所有变更都经过严格审批和控制，并能够追踪和记录每个变更的历史和影响，以防止配置项被随意修改而导致混乱。

配置管理需要对出现的变更进行控制。这种控制包括评估已提出的变更请求，确定其类型并根据不同类型提供修改方案，估算所需的人力资源、时间以及修改方案对项目进度和成本等的影响，预测可能出现的风险。然后，对涉及的各项内容进行协调，针对可预测的风险制订规避方案。前期的准备工作决定了变更请求是否得到批准。在正式批准后才能实施变更，并进行必要的验证。

配置管理中的变更控制通常涵盖 6 个步骤。

（1）变更申请

① 开发人员或相关变更控制系统提交变更申请。

② 变更申请应包括变更的原因、作用范围、风险评估和期望的结果等信息。

③ 变更申请可以经过预定义的模板或表格来规范化和标准化。

（2）审批变更申请

① 变更控制委员会或类似团队对变更申请进行评审。

② 评审过程可能包括与业务利益相关者的讨论，以了解变更的必要性和影响范围。

③ 决策过程需要考虑变更的紧急程度、风险和可行性等因素。

（3）安排变更任务

① 一旦变更被批准，变更管理团队需要将变更转化为实际的任务。

② 任务分配通常基于团队成员的专业能力和可用性。

③ 每个任务应包括具体的变更描述、目标和所需资源。

（4）执行变更

① 任务执行阶段涉及对软件的配置项进行变更。

② 开发人员根据任务要求进行必要的编码、修改和测试。

③ 可能需要实施版本控制措施，确保变更的正确性和可复原性。

（5）验证变更结果

① 在变更执行之后，需要验证变更是否按照预期工作。

② 验证过程通常包括单元测试、集成测试和系统测试等活动。

③ 如果变更结果有问题或不符合预期，需要返回到前一阶段进行修复和重新测试。

（6）结束变更

① 一旦变更被验证为成功，变更控制过程将结束。

② 变更记录将被更新，包括变更编号、批准人、实施时间和相关测试结果等信息。

③ 软件可能需要进行调整以适应新变更，并确保相关文档和材料得到及时更新。

通过遵循这些步骤，开发团队可以高效地管理变更、确保开发质量，并最小化对软件稳定性和用户体验的潜在负面影响。每个步骤都具有重要的功能，以确保变更得到审查、验证并适当记录。

4.1.7　配置状态报告

配置状态报告是配置管理计划中的一部分，用于记录和报告每个配置项的状态和变更历史。各个配置项在软件开发的不同阶段呈现不同的状态，版本控制工具会记录这些状态数据。以这些数据为基础，通过图表等方式进行分析，形成配置状态报告。例如，可以通过分布图的方式直观地表现出一个开发阶段内各配置项的变更情况。根据项目实际情况定期输出配置状态报告，可作为阶段配置管理工作的总结，以及项目总体进度维护的参考。

配置状态报告就像一张"魔法地图"，能够向开发团队展示项目的"全貌"和"当前位置"。就像哈利·波特在霍格沃茨学校使用魔法地图找到目标一样，开发团队可以借助配置状态报告来了解项目的进展和当前状态。以下是"魔法地图"与配置状态报告的具体类比。

（1）地图的完整性："魔法地图"能够呈现整个学校的布局，包括所有校舍和关键地点。类似地，配置状态报告提供了对软件项目的完整概览，包括所有的配置项、功能模块和相关资源。

（2）实时导航："魔法地图"可以实时更新，显示人物在地图上的准确位置。类似地，配置状态报告也可以及时更新，反映软件项目的最新状态和进展，帮助开发团队更好地"导航"项目的路径和决策。

（3）揭示陷阱："魔法地图"可以揭示藏匿在学校里的秘密房间和陷阱。类似地，配置状态报告可以揭示潜在的问题、风险和挑战，使开发团队能够提前识别并避免它们。

（4）寻找目标：当哈利·波特需要找到某个特定地点时，"魔法地图"会为他指引正确的路线。类似地，配置状态报告可以帮助开发团队找到软件项目的目标和里程碑，并指导他们在开发过程中朝着正确的方向前进。

通过将配置状态报告比喻为一个"魔法地图"，读者可以更好地理解其作用和功能。配置状态报告可以帮助开发团队了解项目的真实情况，并提供有用的反馈和建议，从而做出更好的决策以取得成功。以下是配置状态报告通常包含的内容。

（1）配置项信息：列出所有受控的配置项，包括其唯一标识符、名称、描述和所属分类等信息。

（2）配置项状态：记录每个配置项的当前状态，例如开发中、已发布、废弃等。可以使用不同的符号、颜色或文本表示不同的状态。

（3）变更历史：追踪每个配置项的变更历史，包括变更日期、变更类型、变更描述和变更责任人等信息。这有助于了解配置项的演变和变更趋势。

（4）版本信息：记录每个配置项的版本信息，包括当前版本号、发布日期和关联的变更请求或修复问题等信息。可以在报告中显示最新的版本和与之前版本的差异。

（5）问题和缺陷：记录与配置项相关的问题和缺陷，包括已知的缺陷、待解决的问题和正在处理中的工单等。这有助于跟踪问题的解决进度和优先级。

（6）审批和授权：记录对配置项进行变更的审批和授权情况，包括变更请求的批准人和批准日期，以及相关的授权人和授权日期。

（7）总结和趋势分析：对配置项状态的总体情况进行总结，并进行趋势分析。例如，统计已发布的配置项数量、发现的问题数量和解决的问题数量，以及分析配置项状态的变化趋势等。

生成配置状态报告的频率可以根据软件项目需要进行调整，可以是每周、每月或每季度生成一次。配置状态报告有助于开发团队了解配置项的当前状态、跟踪变更和问题处理进展，并为管理决策提供依据。

4.1.8　配置审计

配置管理中的配置审计就像是一位仔细而尽职的质量检查员，他穿梭于软件开发的道路上，对每一个配置项进行仔细的检查和评估。正如一名敏锐的侦探，他深入调查每个角落，寻找潜在的安全隐患和风险。他的目标是确保软件配置的完整性、合规性和可靠性，就像是为了建筑安全而进行的结构审核。他小心翼翼地搜集各种配置信息，就如同收集线索一般，将它们组织起来并进行比对，就像是在破解谜题。他分析软件的配置是否符合规章制度，是否满足组织的策略和标准，就像是审查证据一样，寻找问题的蛛丝马迹。同时，他也关注软件配置的安全性，就像是守护者一样保护着软件的安全。他深入挖掘可能存在的安全风险，如权限设置、密码强度等，就像是对待潜在的犯罪嫌疑人一样警觉。他通过详细的审计报告，向开发团队和管理者展示发现的问题，并提供改进措施，就如同向法庭呈递证据，为软件的安全辩护。最终，配置审计为配置管理提供了保障，就像是给软件开发过程上了一把安全锁，确保每个配置项都经过仔细的检查和评估，杜绝配置错误和潜在的风险。就像是一座坚固的堡垒，配置审计保卫着软件的稳定性和可靠性，让用户放心地使用软件，享受顺畅的体验。配置审计通常包括以下步骤。

（1）收集配置信息：收集软件的配置信息，包括操作系统、应用程序、设备设置等。

（2）确定审计要求：根据组织的策略、标准和合规要求，明确审计的目标和范围。例如，审计是否关注安全性、合规性或性能等方面。

（3）评估配置合规性：将收集到的配置信息与组织的策略、标准和最佳实践进行对比，识别潜在的配置问题、风险和合规性缺陷。

（4）分析配置安全性：评估配置中存在的安全风险，如没有正确配置的权限、弱密码、开放的网络端口等，以发现潜在的威胁和漏洞。

（5）生成审计报告：总结审计过程中的发现，并记录存在的问题、风险和建议的改进措施。审计报告应清晰、详尽地描述审计结果，并提供可行的解决方案和建议。

（6）实施改进措施：基于审计报告提出的建议，及时采取相应的改进措施，修复配置问题，加强安全控制，并确保合规性要求得到满足。

配置审计作为信息安全管理的重要环节，能够基于审计报告建议及时采取改进措施修复配置问题，通过加强安全控制和确保合规性要求，有效提高软件的稳定性、可靠性和安全性。配置审计核心价值体现在三个方面：首先是通过系统化检查帮助组织识别配置偏差，及时发现和解决潜在风险；其次是验证开发人员对配置管理规范的遵守情况，确保所有软件产品均被正确描述，变更需求完整闭环；最后通过两类专项审计实现深度验证——功能审计侧重检验配置项是否达到功能基线需求（包括缺陷关闭状态、程序文档一致性、需求满足度等），物理审计着重核验实际构建产物与技术文档的精确一致性。这种多维度的审计机制共同构成了组织风险管理体系的关键防线，为软件全生命周期质量提供保障。

4.2　软件配置管理的功能及应用

配置管理在软件开发中扮演着重要的角色，它通过版本控制、访问控制、变更控制、备份和恢复等方式，保护软件资产的完整性、安全性和可靠性。同时，配置管理还可以帮助开发团队实现协同高效工作、"昨日"重现、版本隔离和增量发布，并进行风险管理。接下来详细介绍配置管理的这些功能及其实际应用。

4.2.1　保护软件资产

配置管理通过以下方式保护软件资产。

（1）版本控制：开发团队使用 Git 作为版本控制系统，每个开发人员在本地工作副本上对代码进行修改和提交。版本控制系统可以记录每个版本的变更，包括添加、删除和修改的文件等。这样，即使出现意外情况，如误删除或修改错误的文件，开发团队仍然可以回滚到之前的稳定版本，并恢复软件资产的状态。

（2）访问控制：开发团队使用访问控制工具或身份验证系统，例如轻量目录访问协议（Lightweight Directory Access Protocol，LDAP）或单点登录（Single Sign On，SSO）来限制对软件资产的访问权限。

只有经过授权的用户才能登录和访问特定的配置管理工具或存储库。这样可以防止未经授权的人员或程序访问和篡改软件资产，确保其安全性和可靠性。

（3）变更控制：开发团队建立一个变更管理流程来管理软件的变更。例如，当有新的功能需求时，团队成员需要提交变更请求，经过审批后，才能进行相应的变更。变更记录会被记录在变更管理工具中，并与版本控制系统结合，以确保变更的可追溯性和效果评估。这样可以保护软件的完整性和稳定性，防止未经审批的变更潜藏风险。

（4）备份和恢复：开发团队定期将软件资产进行备份，以防止硬件故障、自然灾害或其他意外事件导致数据丢失。例如，可以使用云存储服务，在每天的固定时间点自动备份软件资产。如果发生数据损坏或丢失，开发团队可以从备份中恢复软件资产，确保业务的连续性和数据的安全性。

（5）安全审计：开发团队使用安全审计工具来记录对软件资产的访问、修改和删除操作。例如，可以使用日志管理系统，收集和分析访问日志、变更日志和安全事件日志等。通过对这些日志进行监控和审查，开发团队可以检测和修复潜在的安全漏洞，保护软件资产的机密性和完整性，防止未经授权的活动对软件资产造成损害。

综上所述，配置管理通过版本控制、访问控制、变更控制、备份和恢复、安全审计等方式，保护软件资产的完整性、安全性和可靠性，它提供了对软件资产的细粒度控制和跟踪，使组织能够有效地管理和保护其软件资产。

举例说明

假设某个开发团队正在开发一个电子商务网站，他们使用软件配置管理系统来管理网站的代码、配置文件和数据库结构等软件配置。下面是几个具体的例子，说明软件配置管理如何保护软件资产。

（1）版本控制：开发团队在软件配置管理系统中使用版本控制功能来管理网站的代码。每个代码变更都会生成一个唯一的版本标识，并记录变更内容和责任人等信息。这样团队可以方便地回溯和恢复之前的版本，确保软件资产的稳定性和可追溯性。

（2）访问控制：软件配置管理系统根据团队成员的角色和责任设置不同级别的访问权限。只有核心开发人员和管理员才能直接访问和修改关键的软件配置，其他成员只能查看相关信息。这样可以减少潜在的安全风险，保证软件资产的机密性和安全性。

（3）变更控制：团队成员只能通过软件配置管理系统提交变更请求。例如，如果需要修改网站的功能或者调整配置参数，成员必须在系统中提出变更请求，经过审批和验证后才能进行变更。这种变更控制机制可以防止未经授权的修改，确保软件资产的完整性和稳定性。

（4）备份和恢复：软件配置管理系统定期自动备份网站的代码和数据库。如果不小心删除了重要的文件或者数据库遭到损坏，开发团队可以通过恢复最近的备份来将网站还原到之前的可用状态，确保软件资产的安全和稳定。

（5）安全审计：审计对于确保电子商务网站的稳定性和安全性至关重要。开发团队记录每次的配置变更，以便追溯问题的根源并快速修复。例如，当出现安全漏洞时，开发团队能够迅速定位并解决这些问题。

4.2.2 协同高效工作

配置管理可以提供以下方式来实现软件开发协同高效工作。

（1）版本控制促进协同：团队成员可以使用版本控制系统（如 Git）来协同开发软件。每个成员可以在自己的本地工作副本上进行修改，并通过提交变更到共享存储库来共享自己的工作。其他成员可以随时获取最新的代码更改，合并变更并解决冲突。这种协同工作方式使团队成员能够同时进行独立的开发工作，并确保每个成员在一个统一的代码基础上工作。

（2）分支管理提升效率：在版本控制系统中，开发团队可以创建不同的分支来同时处理不同的任务和进行功能开发。例如，可以创建一个主分支用于稳定版本的开发，同时创建特性分支用于开发新功能。每个成员可以在自己的特性分支上独立工作，而不会干扰其他成员的工作。当特性开发完成后，它可以合并回主分支，从而保持整体代码的一致性和稳定性。

（3）协同讨论和反馈：配置管理工具通常提供协同讨论和评论功能，例如通过代码评审或问题跟踪系统来进行沟通和反馈。团队成员可以在特定位置提出问题、讨论设计选择以及提供反馈意见。这种沟通方式促进了开发团队内部的合作和知识共享，提高了软件开发的质量和效率。

（4）文档和文档版本控制：配置管理工具可以与文档管理系统集成，例如 Wiki 或文档共享平台。开发团队可以使用文档管理系统来撰写和维护软件开发相关的文档，例如需求文档、技术规范、API 文档等。通过与版本控制系统结合，开发团队可以将文档与代码一起管理，确保文档的版本与代码相匹配，并提供易于查找和访问的文档历史记录。

通过以上方式，配置管理能够促进团队成员之间的协同工作和信息共享，提高软件开发的效率和质量。团队成员可以更好地协调工作、合作解决问题，并利用自动化工具简化繁琐的操作，从而集中精力于核心开发任务。

举例说明

①版本控制促进协同：假设一个开发团队正在开发一个电子商务网站，他们使用 Git 作为版本控制系统。开发人员张工和李工同时在不同的功能模块上工作。张工负责开发购物车模块，而李工在处理用户登录模块。由于他们使用了 Git，张工可以创建一个名为 "feature-shopping-cart" 的新分支，李工也可以创建一个名为 "feature-user-login" 的新分支。他们可以独立地开发各自的功能，不会相互影响。一旦他们完成了各自的工作，他们可以将自己的分支合并到主分支中，Git 会帮助他们处理合并冲突，并确保代码的一致性。

②分支管理提升效率：在上述例子中，除了创建各自的功能性分支外，张工和李工还可以利用分支来进行缺陷修复或紧急任务处理。例如，如果出现了一个紧急的安全漏洞，他们可以从主分支上创建一个名为 "hotfix-security-issue" 的分支，专门用于修复这个问题。这样可以确保在修复问题的同时，不影响正在进行的其他开发工作。

③协同讨论和反馈：团队成员可以通过配置管理工具本身进行协同讨论和反馈。配置管理工具通常可以提供一种交流和讨论的机制，例如问题跟踪系统或请求变更机制。团队成员可以使用这些功能来提出新的配置需求、报告问题或提供反馈意见。

④文档和文档版本控制：开发团队使用 Markdown 格式编写配置管理的相关文档，然后将这些文档存储在版本控制系统中。这样做的好处是，团队成员可以随时查看历史版本的文档，了解文档的变更历史，并恢复到先前的版本。例如，当开发团队对部署流程进行更新时，他们可以更新文档，并通过版本控制系统记录每次的修改，确保文档的及时更新和可追溯性。

4.2.3 "昨日" 重现

配置管理可以通过以下方式帮助实现软件开发的"昨日"重现。

（1）版本控制系统：配置管理工具中的版本控制系统可以记录软件开发过程中的每次提交和变更。通过版本控制系统，开发团队可以回溯到过去的任何一个时间点，并且查看特定时间点的代码、文档以及相关的配置信息。这使得开发团队能够重现软件在不同时间点的状态，以便分析和解决问题。

（2）标签和分支：版本控制系统允许创建标签和分支来标记重要的里程碑和版本发布。如果需要重现软件过去的某个特定版本，开发团队可以使用标签将代码库锁定到特定的版本状态。此外，开发团队可以在特性开发过程中使用分支来隔离不同的功能和修复，以便在需要的时候能够回溯到特定的分支状态。

（3）文档和说明：配置管理工具可以与文档管理系统集成，用于记录和存储与软件开发相关的文档和说明。开发团队可以编写详细的文档，包括环境设置、配置说明、依赖关系等。这样，开发团队可以参考这些文档来确保正确地配置和设置软件。

（4）环境复制和容器化：为了更好地重现软件开发环境，开发团队可以使用环境复制和容器化技术。通过容器镜像完整还原开发时的技术环境、工具配置和运行状态。

通过以上方式，配置管理能够帮助开发团队重现过去的软件开发状态。无论是代码、配置、构建流程还是环境设置，都可以根据需要回溯到过去的某个时间点，以便进行故障排除、版本回退或其他分析任务。这样，开发团队可以更好地理解和管理软件的历史，并确保在需要时能够准确重现"昨日"的开发场景。

举例说明

假设开发团队正在开发一款名为 ABC 的电子商务应用程序。以下是使用配置管理来实现"昨日"重现的示例。

①版本控制系统：开发团队使用 Git 作为版本控制系统，并在项目仓库中创建一个名为"ABC-App"的代码库。每个团队成员都可以复制代码库到本地，并在其本地开发环境中进行更改和提交。当某个功能开发完成并经过测试后，团队成员会将其提交到主分支。如果需要重现"昨日"的软件状态，可以使用 Git 命令切换到特定的提交（commit），即"昨日"的代码版本。例如，使用 git checkout <commit-hash>命令可以切换到"昨日"的代码状态，以便查看和构建"昨日"的软件。

②标签和分支：开发团队在每个重要的里程碑上都会创建标签。例如，当软件发布一个新的版本时，团队可以使用命令"git tag v1.0"为该版本创建一个标签。这样，在需要重现昨天的软件状态时，可以通过"git checkout v1.0"命令轻松地切换到该版本。此外，开发团队还可以创建不同的分支来处理不同的需求或功能。假设开发团队正在开发一个名为"支付模块"的功能，并在一个名为"payment-module"的分支上进行开发。如果需要回到"昨日"的软件状态，可以切换到"昨日"的代码版本，并在"payment-module"分支上进行开发和测试。

③文档和说明：开发团队使用配置管理工具中的文档功能来编写和存储关键的文档和说明。例如，他们可以编写一个名为"ABC-App 配置指南"的文档，其中包含了软件的环境要求、依赖关系、配置参数和步骤等信息。这些文档可以随着软件项目的进行不断更新和完善。当需要重现"昨日"的软件状态时，团队成员可以参考配置指南中的说明来还原"昨日"的环境设置和配置参数，这样就能够保证在重现软件时有准确的指导。

④环境复制和容器化：开发团队使用自动化部署工具 Docker 来构建容器化的软件环境。他们将所有的软件依赖项、配置文件和环境设置打包到一个可移植的 Docker 镜像中。这样，无论是开发环境还是生产环境，都可以使用相同的镜像来部署软件。当需要重现"昨日"的软件状态时，开发团队可以通过拉取"昨日"的 Docker 镜像并运行它来还原"昨日"的软件环境。这确保了在任何支持 Docker 的计算机上都可以重现"昨日"的软件状态。

4.2.4　版本隔离和增量发布

配置管理可以通过以下方式实现版本隔离和增量发布。

（1）分支管理：配置管理工具使用分支管理功能来实现版本隔离。团队成员可以在主代码库上创建独立的分支，每个分支都是一个相对独立的开发环境。不同的分支可以用于不同的功能开发、缺陷修复或实验性功能。这种分支的创建可以保证不同功能的开发互不干扰，减少冲突和错误的产生。

（2）合并与冲突解决：当各个分支开发完成后，团队成员可以使用配置管理工具将分支合并到主代码库中，以进行综合测试和整合。在合并过程中可能会发生冲突，即不同分支对同一代码进行了修改。配置管理工具提供合并工具和冲突解决机制，帮助团队成员解决冲突并保持代码库的一致性。

（3）增量发布：配置管理工具支持增量发布的方式。开发团队可以根据需要，选择性地发布软件的部分功能或模块，而不必等待所有功能都开发完成。通过配置管理工具，开发团队可以轻松选择某个特定版本的代码进行构建和发布，并将新功能逐步引入生产环境，实现软件的渐进式更新。

（4）标签和版本号：配置管理工具提供标签和版本号的功能，用于标识和管理不同的版本。开发团队可以根据自己的规则为每个重要的里程碑或版本发布创建一个唯一的标签或版本号。这样，不仅可以上线特定版本的代码，也方便团队成员追踪和参考历史版本。

（5）自动化构建和部署：配置管理工具可以与自动化构建和部署工具集成，例如 Jenkins 或 GitLab CI/CD 等。这些工具可以自动化编译、测试和部署软件，可以确保版本的一致性，并减少人为错误的风险。团队成员可以在代码提交后，自动化构建和部署工具可以触发自动构建和测试流程，快速获取构建结果和测试反馈。这种自动化流程可以使开发团队快速迭代，加快软件开发的速度和质量。

通过以上方式，配置管理实现了版本隔离和增量发布的目标，它允许开发团队并行开发和管理不同版本的代码，以及选择性地发布和引入新功能，从而提高软件开发效率和软件交付的灵活性。

举例说明

以自动化构建和部署为例，假设某互联网公司开发了一个打车软件，并希望通过自动化构建和部署来快速、可靠地将新功能发布到生产环境。以下是可能的自动化构建和部署步骤。

① 版本控制系统：使用 Git 管理软件的源代码。开发团队每次完成新功能或修复缺陷后，都会将其提交到版本控制系统中。

② 持续集成服务器：建立一个持续集成服务器，例如 Jenkins、Travis CI 等。该服务器会监控向版本控制系统中提交的代码，并触发构建过程。

③ 自动化构建：在持续集成服务器上设置相应的构建脚本，例如使用 Maven、Gradle 等构建工具。这些脚本会自动编译代码、运行单元测试、生成可执行文件或部署包等。

④ 自动化测试：在构建过程中，可以集成自动化测试工具，例如 JUnit、Selenium 等，对代码进行自动化测试。这些测试可以包括单元测试、集成测试和端到端测试等，以确保新功能的正确性。

⑤ 部署到生产环境：一旦构建和测试通过，自动化部署脚本会将软件部署到生产环境。这可能涉及复制文件、安装依赖项、配置数据库连接等操作。脚本可以使用 Ansible、Chef 等工具来实现。

⑥ 自动化回滚：如果在部署过程中发生问题，例如软件无法正常启动或出现严重错误，自动化部署脚本可以提供回滚机制。它可以通过备份和还原文件、数据库等方式，迅速将软件恢复到之前的稳定状态。

4.2.5　风险管理

配置错误可能导致系统的不稳定性或安全漏洞。通过风险管理，可以对配置进行审计和控制，识别潜在的风险和安全漏洞，并采取相应的措施来减轻和防止这些风险的发生。具体来说，风险管理包括以下几个方面。

（1）审计：审计是通过对配置进行检查和评估，发现潜在的风险和安全漏洞。这包括检查和验证配置文件、源代码、第三方组件等，以检测配置错误、权限设置不当、数据泄露等风险。

（2）控制：控制是指对配置进行限制和管理，以确保其符合规范和标准，并减少潜在的风险和安全漏洞。例如，可以通过限制访问权限、建立审批流程等手段来控制配置的变更和修改。

（3）识别潜在的风险和安全漏洞：审计和控制可以识别潜在的风险和安全漏洞。例如，检查源代码中的漏洞可以发现潜在的安全漏洞；审查配置文件可以识别潜在的配置错误；分析系统环境的变化可以发现可能带来的风险。

（4）采取相应的措施：一旦识别出潜在的风险和安全漏洞，就需要采取相应的措施来减轻和防止这些风险的发生。例如，可以修补安全漏洞、限制访问权限、限制配置的修改等。

总之，在软件配置管理中，风险管理是重要的手段，可以帮助识别潜在的风险和安全漏洞，并采取相应的措施来减轻和防止这些风险的发生。通过风险管理，可以确保软件的稳定性和安全性。

举例说明

假设一个开发团队正在开发一个新的移动应用程序。他们使用配置管理来跟踪和管理应用程序的各个版本、构建和部署等方面。在这个过程中，可能会遇到以下几种风险，可以通过风险管理来应对。

①配置项丢失

在软件开发过程中，可能会出现某些配置项丢失的情况，如配置文件、数据库脚本等。这可能导致部署失败或应用程序无法正常运行。

应对风险的措施：开发团队可以定期备份和存档配置项，确保在需要时可以恢复丢失的配置。同时，可以使用版本控制系统来跟踪和恢复更改，以及使用自动化脚本来自动生成和更新配置项，减少人工操作带来的错误。

②版本冲突

当多个开发团队成员同时修改同一个文件或模块时，可能会发生版本冲突。这会导致代码不一致、编译错误或无法成功集成。

应对风险的措施：开发团队可以使用版本控制系统来协调和管理多个成员的工作。通过使用分支和合并策略，开发团队可以减少版本冲突的情况，并确保代码的一致性和可集成性。此外，也可以引入代码审查和自动化测试等实践，及早发现并解决潜在的冲突。

③部署错误

在应用程序部署过程中，可能会发生人为错误，如配置错误、遗漏依赖项等。这可能导致应用程序无法正常启动或出现功能缺失。

应对风险的措施：开发团队可以使用自动化部署工具和脚本，确保部署过程的一致性和正确性。编写详细的部署脚本和清单，以及进行预发布测试，可以降低人为错误的风险。同时，开发团队可以建立监控系统来实时监测应用程序的运行状态，及时发现和处理部署问题。

④变更控制不当

在软件开发过程中，可能会发生频繁的变更，如需求变更、缺陷修复等。如果变更不受控制或没有适当的文档记录，可能会导致配置项不一致、系统不稳定或无法追溯变更历史。

应对风险的措施：开发团队可以建立变更控制流程，包括变更请求、审批和记录等方面。通过定义变更管理的角色和责任，并使用版本控制系统来追踪和记录变更，开发团队可以确保变更的可控性和可追溯性。同时，开发团队也可以定期进行配置审查和配置项验证，以确保配置的准确性和一致性。

4.3 配置管理解决方案

配置管理解决方案是一套工具和实践，它通过版本控制、自动化构建、配置管理、持续集成/持续交付、文档和知识管理以及测试管理等来管理和控制软件开发过程中的代码、文档和相关资产，以提高开发效率、质量和团队协作能力。

4.3.1 一切皆有版本

在软件开发过程中，为了获取所需的版本组合，需要进行多维度的版本控制。软件提供给用户的内容不是单个文件，而是一组文件的组合，这个组合也是一个配置项，其中包括相匹配的需求、代码和操作手册等。以程序代码组合为例，发布到项目上的代码是否仅仅是文件的最新版本组合呢？显然不是。发布到项目上的代码首先必须是经过测试的版本组合，还可能是针对某些修改而形成的版本组合。假设针对新功能开发的 C 文件目前尚未发布到项目上，而 A 文件和 B 文件有尚未修复的缺陷，并且修复完缺陷后需要发布到项目上。此时，项目组需要发布经过测试的 A 文件和 B 文件的组合。

从这个需求可以看出，在配置管理中获取配置项时，应该以多个维度作为条件，如时间、范围和状态等。为达到这个目的，配置管理工具应能够标识出针对特定需求进行过修改且已经通过测试的版本，并在需要时能够发布这些版本，而不仅仅是根据时间维度获取所有文件的最新版本，如图 4.1 所示。

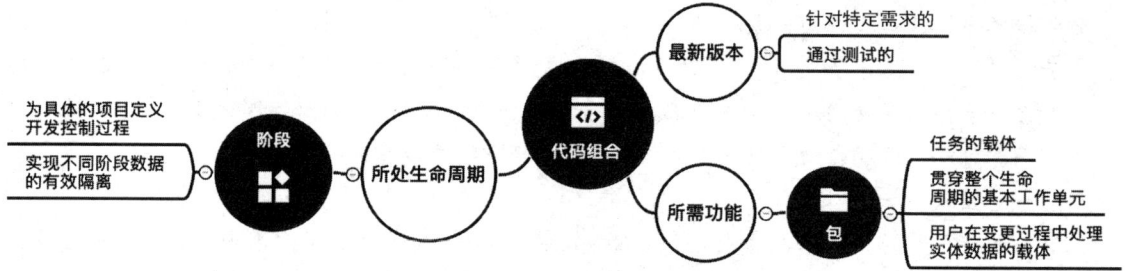

图4.1　标识出修改后且通过测试的版本并发布

为实现多维度的版本控制，需要将包与阶段对应，如图 4.2 所示。包用来记录修改某个功能时都修改了哪些文件，产生了哪些版本；阶段用来记录包所在阶段。包与阶段的配合使用可实现版本的有效隔离，实现增量测试和增量发布。

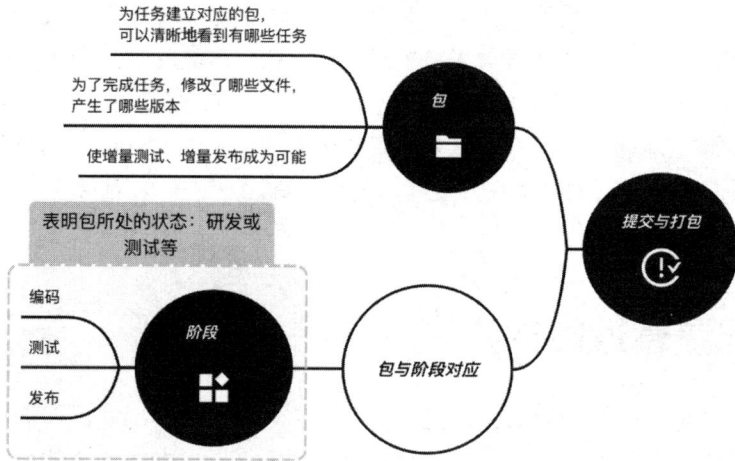

图4.2　将包与阶段对应，实现多维度的版本控制

4.3.2　灵活的基线控制

在包与阶段的基础上，可以实现更加灵活的基线控制。灵活的基线控制是指在配置管理中能够有效地管理和控制基线（即软件的特定版本），并在需要时进行灵活调整。以下是一些实现灵活的基线控制的方法。

（1）定义基线策略：在软件项目开始前，明确定义基线策略是非常重要的。基线策略应包括何时创建基线、基线的命名规则、基线的内容和范围等。明确定义基线策略可以为后续的基线控制提供指导。

（2）灵活的基线选择：根据软件项目的需要和进展情况，可以选择性地创建基线。不必非得等到所有功能都完成才创建基线，而是可以根据需求和优先级选择某个特定阶段的代码作为基线。这样可以更快地发布和部署特定版本的软件，以满足用户需求或修复紧急问题等。

（3）基线标签和基线版本号：使用标签和版本号来标识和管理基线是非常重要的。在每次创建基线时，为它分配一个唯一的标签或版本号，以便于在需要时进行查找、回滚或恢复。同时，对于不同的基线，可以使用不同的标签或版本号，帮助团队成员快速识别和使用正确的基线，如图 4.3 所示。

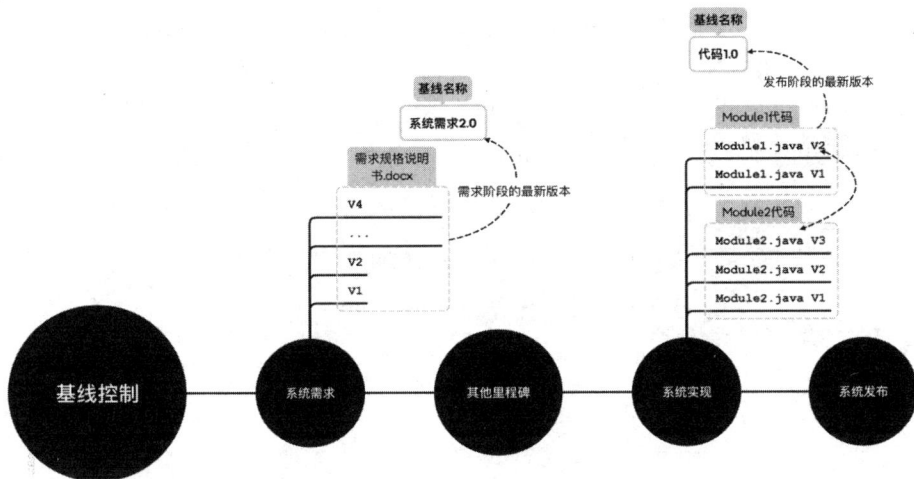

图4.3　不同的阶段，不同的基线名称和版本号

（4）分支管理：使用分支是实现灵活的基线控制的有效方式之一。通过创建不同的分支，开发团队可以独立开发和管理不同的功能或版本，并在需要时选择性地合并到主代码库中。这样可以保持主代码库的稳定性，同时允许开发团队根据需求进行基线的调整和切换。

（5）版本控制工具：使用强大的版本控制工具可以支持灵活的基线控制。例如，Git 工具提供了分支管理、标签、版本回滚等功能，可以方便地管理和控制基线。

（6）自动化构建和部署：使用自动化构建和部署流程，可以更灵活地控制基线。自动化工具可以根据预定义的规则和策略，生成特定版本的软件包，并自动部署到目标环境中。这样可以快速发布新的基线，同时也可以灵活地切回旧的基线，以确保软件的可控性和可靠性。

4.3.3　可定制的研发流程

可定制的研发流程与配置管理之间是相互促进和支持的。研发流程指导了不同阶段的软件开发活动，而配置管理为研发流程提供了工具和方法，用于管理和控制不同配置项、版本和变更。它们的结合使得软件开发过程更加可控、高效，并确保软件的稳定性和可靠性。

（1）需求分析阶段：在研发流程的需求分析阶段，开发团队会定义和收集用户需求，并将其转化为具体的软件功能和特性。在此阶段，配置管理起到指导和支持的作用，可以帮助开发团队标识和管理不同版本的需求文档、用户反馈等配置项，确保需求的变更可控并与研发活动相一致。

（2）设计和开发阶段：在设计和开发阶段，开发团队会根据需求进行系统架构设计、编码和单元测试等工作。这些工作可能涉及多个开发人员、多个代码库和多个配置项。配置管理通过提供版本控制和分支管理的功能，帮助开发团队跟踪和管理不同代码版本和配置项，并确保开发过程中代码和配置的一致性。

（3）测试阶段：在测试阶段，开发团队会进行各种类型的测试，如单元测试、集成测试和系统测试等。配置管理在此阶段的作用是帮助开发团队管理不同测试环境的配置，并确保每个测试环境的配置项和版本与要测试的软件版本一致。这样可以保证测试结果的可靠性和可重复性。

（4）发布和部署阶段：在发布和部署阶段，开发团队会将软件交付给用户或部署到生产环境中。配置管理通过提供自动化构建和部署的功能，帮助开发团队生成特定版本的软件包，并将其部署到目标环境中。这样可以确保发布的软件版本的一致性，并简化了部署过程。

配置管理对研发流程的控制是非常重要的，可以说配置管理是研发流程落地的地方。因此定制适合的研发流程非常关键。标准的研发流程如图 4.4 所示。然而，并非所有的软件项目都适用于标准的研发流程，要根据项目的实际情况在标准的研发流程上进行删减，制订适合自己的研发流程。例如在图 4.4 中，可以把 GitHub 替换成自己的配置管理工具（详见 4.5 节）；禅道可换成自己的测试管理工具（详见第 9 章）。

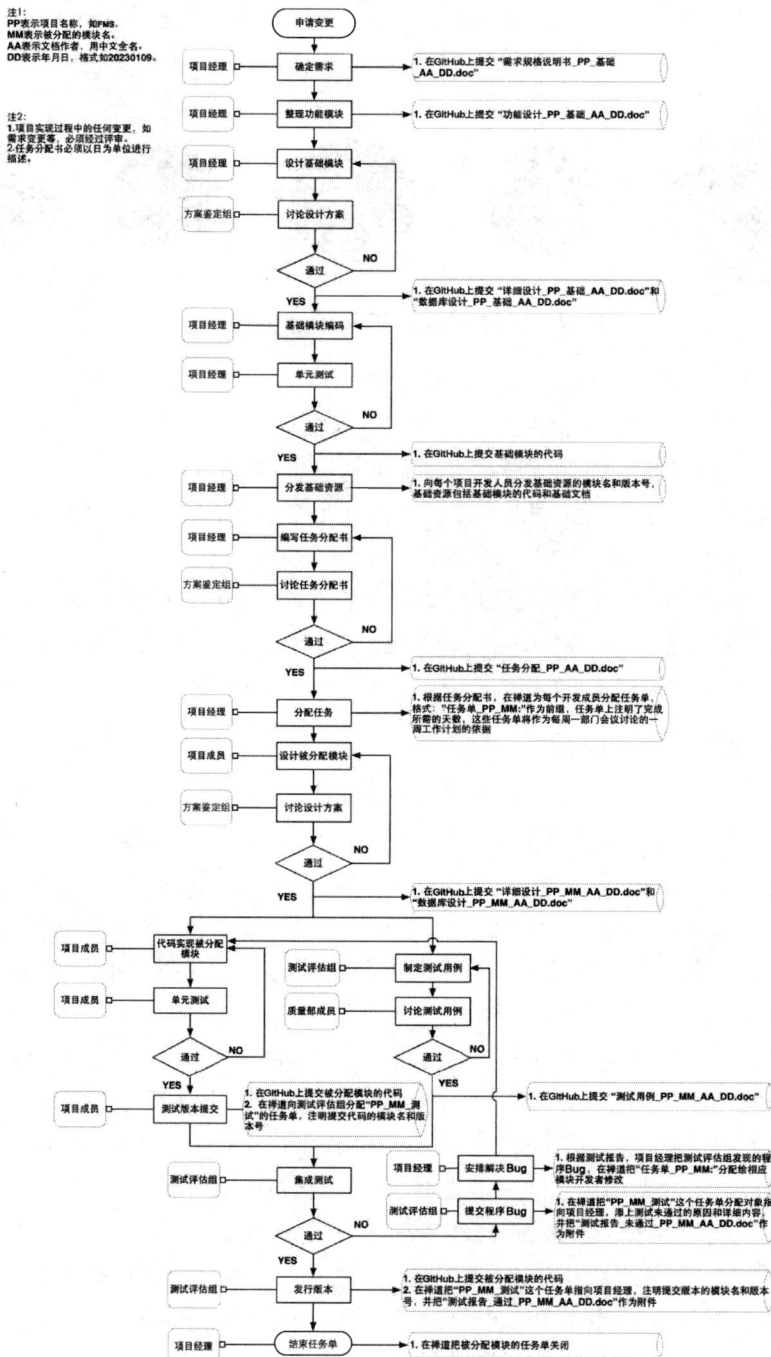

图4.4　标准的研发流程

在配置管理中，一直秉持着如下原则——"三库一专员，传完喊一喊"。这句话强调配置管理中的三个核心库以及专门负责配置管理的人员的重要性，并强调传输完成后要及时通知他人。遵循这一原则可以有效地管理软件配置，确保开发团队协作顺畅，减少问题和错误的发生。这里的"三库"通常是指开发库、受控库和产品库，如图 4.5 所示。

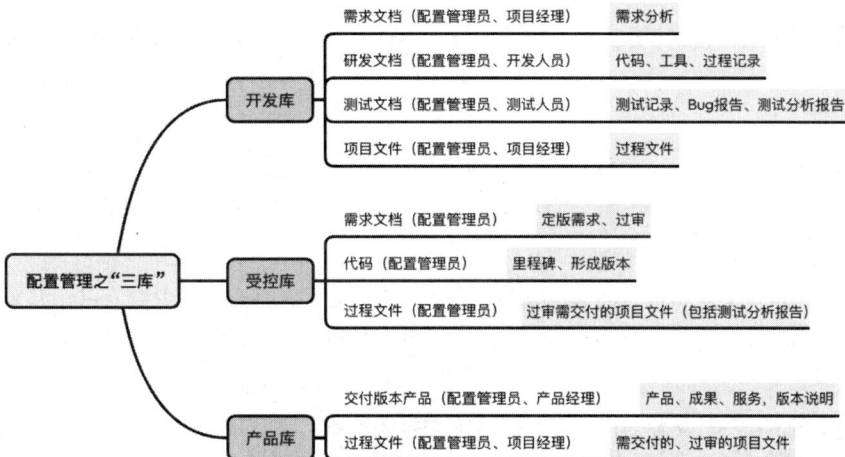

图4.5　配置管理之"三库"

> **"三库"：**
>
> 　　开发库——包括项目过程中的所有文件、代码、大小版本、测试结果等。配置管理员只负责监督，不负责入库工作；代码、过程记录由开发人员自行上传；测试记录、测试分析报告由测试人员上传。
>
> 　　受控库——包括经过评审的所有文件、里程碑基线/大小版本基线与对应的测试分析报告。只有配置管理员（和项目经理）有权限入库和出库，其他人只读。
>
> 　　产品库——包括项目交付所需的产品、过程文件，项目过程中需提交给用户的小版本产品及对应过程文件。只有项目经理、产品经理、配置管理员有权限入库和出库。
>
> **喊一喊：**
>
> 　　不论是谁，上传了什么版本，只要做了改动并会对别人产生影响，都要以邮件的形式发给受影响的人，必须抄送项目经理和配置管理员！

（小知识）

配置管理的"三库"可以根据不同情况进行裁剪。举例来说，在某个驻场开发项目中，项目组意识到在用户本地服务器建立配置管理（SVN，详见 4.5 节）并同时建立受控库和产品库是不合适的。因此项目组进行了调整，裁剪了受控库和产品库。项目组采用了 SVN 基线的形式，将原本需要进入受控库的内容，打成了小基线；而需要通过正式渠道交付给用户的内容，打成了大基线。根据软件开发合同规定，每完成一个里程碑就要交付一版给用户进行场景测试。

在软件项目中，配置管理的重要性不言而喻，尤其是对于规模庞大、跨部门和跨组织的项目而言。良好的配置管理至关重要，一旦出现差错，可能导致整个项目崩溃。项目经理必须制订详细的配置管理计划，并指派专门的配置管理员。配置管理的根本目标是促进开发团队协同工作。权限分配虽然重要，但更重要的是开发人员要及时通知其他人员上传了新版本。配置管理无法自动传递信息，如果开发人员不主动与他人沟通，即使严格按照配置管理流程执行，也无法发挥作用。

4.4 CMMI与配置管理

CMMI 是一种软件工程能力成熟度模型，旨在帮助组织提高其软件开发和管理过程的质量和成熟度。CMMI 并不直接涉及配置管理，但配置管理是 CMMI 中的一个重要过程领域，与其他过程领域相互关联。

（1）配置管理过程领域：CMMI 将配置管理作为其中一个过程领域。配置管理过程领域涵盖了对配置项进行标识、控制、审查和审计等活动，以确保软件配置的正确性和稳定性。这与配置管理的核心原则和实践是一致的。

（2）配置管理的目标：CMMI 对配置管理过程领域定义了一些目标，主要有以下几项。

①确定并控制配置项：CMMI 要求组织能够识别和管理软件的配置项，包括源代码、文档、脚本等，确保它们的完整性和一致性。

②控制配置项的变更：CMMI 强调对配置项变更的控制，包括变更的评审、批准、跟踪和验收等活动。这与配置管理中的变更控制是一致的。

③维护配置项的历史记录：CMMI 要求组织能够跟踪和记录配置项的变更历史，包括变更的原因、负责人、时间等信息。这有助于保证配置管理的可追溯性和审计需求。

（3）与其他过程领域的关联：配置管理在 CMMI 中与其他过程领域有密切的关联。例如，在项目计划和项目跟踪过程领域中，需要考虑配置管理的计划和资源分配；在软件需求管理过程领域中，需要确保配置项能够满足需求，并与需求变更进行协调等。

CMMI 与配置管理的关系描述如下。

（1）CMMI 中的配置管理过程领域：CMMI 将配置管理作为一个独立的过程领域，这表明配置管理在软件开发和管理过程中具有重要意义。配置管理过程领域涵盖了一系列活动和实践，以确保对配置项的标识、控制、审查和审计等。

（2）配置管理计划：根据 CMMI 的要求，组织应该制订配置管理计划。配置管理计划是一个文档，描述了如何管理和控制软件配置项的整个生命周期。配置管理计划包括定义和标识配置项、配置项的版本控制策略、变更控制机制、配置库的管理等内容。

（3）配置项标识：CMMI 强调对配置项进行准确的标识和标记。配置项标识是为了唯一地识别和追踪软件中的各个组成部分，例如源代码、文档、库文件等。通过配置项的标识，组织可以确保对配置项进行正确的控制和管理。

（4）配置项控制：CMMI 要求组织能够对配置项进行有效的控制。这包括确保只有经过授权和批准的人员可以修改和访问配置项，以及记录和跟踪对配置项所做的任何更改。

（5）变更控制：CMMI 强调对配置项变更进行控制和管理。变更控制涉及对变更请求进行评审、分析和批准，确保只有经过授权和验证的变更才能被应用到软件配置中。此外，变更控制还需要跟踪变更的状态、审批者、实施日期等信息。

（6）配置库管理：CMMI 要求组织建立和维护一个配置库，用于存储和管理配置项的版本和变更历史。配置库应该提供可靠的访问控制、版本控制和备份恢复机制，以确保配置项的完整性和可用性。

（7）可追溯性和审计：CMMI 强调对配置项及其变更历史的可追溯性和审计能力。可追溯性要求组织能够跟踪特定配置项的变更历史和关联信息，以便追溯、分析和验证配置项的演变过程。审计要求组织进行定期的配置项审计，以确保配置管理过程的正确执行和符合性。

以下案例可以帮助理解如何遵照 CMMI 中的配置管理规程实施开发过程管理，假设你是一家软件公司的项目经理，负责开发一款游戏软件。你希望确保开发团队的软件配置管理符合 CMMI 的要求，以提高软件项目的可控性和可靠性。

①配置管理计划：你召集开发团队的成员进行了一个小型会议，大家共同制订了一个配置管理计划。在这个计划中，你们决定要对游戏软件的各个组成部分进行准确的配置管理，包括源代码、图形素材、音频文件等。你们详细描述了配置项的标识、变更控制流程和配置库的管理方式。

②配置项标识：为了确保对游戏软件的各个组成部分进行准确的标识，你们决定使用一个有趣的命名规则。例如，对于每一关卡的背景音乐，你们决定给它们取一些与关卡主题相关的名字，比如"jungle_beat""space_odyssey"等。这样一来，团队成员可以轻松辨识和引用不同的配置项。

③配置项控制：为了确保对游戏软件的各个配置项进行有效的控制，你们引入了一个有趣的"守卫机器人"概念。在开发环境中，只有经过授权的成员才能与配置项进行交互，他们需要通过输入一个特定的口令才能修改某个配置项，而这个口令就由"守卫机器人"提供。这样一来，只有获得权限的成员才能修改配置项，从而确保了配置项的安全性和可控性。

④变更控制：为了在游戏软件的开发过程中进行变更控制，你们决定实施一个"魔法变化盒子"。每当有团队成员提出一个对游戏软件的变更请求时，他们需要将变更请求写在一张专门设计的"魔法卡片"上，并将其放入"魔法变化盒子"中。然后，每周开发团队会召开一个"变化控制委员会"会议，由项目经理和相关团队成员共同审查这些变更请求，并决定是否将它们接受并纳入软件配置中。

⑤配置库管理：为了方便团队成员存储和管理游戏软件的配置项，你们创建了一个"宝藏岛"。这个"宝藏岛"是一个在线的代码托管平台，团队成员可以将他们的代码、素材等存储在这个平台上，并进行版本控制和共享。每个人都可以在"宝藏岛"上寻找需要的配置项，就像在探险中寻宝一样。

这种创意的方式可以帮助团队成员更好地理解和遵循配置管理过程，提高软件项目的质量和效率。

4.5　常用的软件配置管理工具

在软件开发领域，有一些常用的软件配置管理工具可用于帮助开发团队实施配置管理。以下是其中几个常见的配置管理工具。

（1）Git：Git 是一个分布式版本控制系统，广泛应用于代码管理和协作，它提供了强大的分支管理、合并和版本控制功能，能有效跟踪和控制配置项的修改历史。常见的 Git 服务提供商包括 GitHub、GitLab、Bitbucket 和 Gitee。

（2）Subversion（SVN）：Subversion 是一个集中式版本控制系统，也常被用于代码管理。与 Git 不同，Subversion 采用集中式的存储模式，需要一个中央仓库来管理代码。Subversion 提供类似于 Git 的版本控制功能，并支持文件和目录级别的权限控制。

（3）Apache Maven：Apache Maven 是一个项目管理和构建工具，主要用于 Java 项目，它使用基于项目对象模型（Project Object Model，POM）的标准化配置文件来定义项目结构、依赖关系和构建过程。Apache Maven 可以自动下载所需的依赖项、构建项目并生成可发布的软件包。

（4）Jenkins：Jenkins 是一个流行的开源持续集成和持续交付（Continuous Integration/Continuous Delivery，CI/CD）工具，它可以通过自动化构建、测试和部署过程来加速软件交付。Jenkins 提供了丰富的插件生态系统，支持与其他工具集成，如代码检查工具、测试框架和部署工具。

（5）Ansible：Ansible 是一个自动化配置管理和应用程序部署工具，它使用简单易懂的 YAML 配置文件来描述和管理主机、服务和应用程序的状态。Ansible 具有轻量级、易于学习和扩展的特点，适用于自动化各种配置管理任务。

以上是一些常见的配置管理工具，根据具体需求和团队偏好，还有其他工具可供选择。选择合适的配置管理工具可以帮助开发团队更好地组织和控制配置项，提高开发效率和项目质量。

4.5.1 Git与GitHub

Git 和 GitHub 是软件开发中经常使用的工具，但它们是不同的概念。Git 是一个分布式版本控制系统，用于跟踪和管理源代码的修改历史，它允许开发人员在本地对代码进行提交、分支、合并等操作，并可以与其他团队成员进行协作。Git 的优势在于其快速、灵活和强大的分支管理功能，使得开发团队能够高效地开发和维护软件项目。

GitHub 是一个基于云端的 Git 仓库托管平台，用于集中存储和管理 Git 仓库。在 GitHub 上，开发人员可以创建远程仓库，并通过 Git 的命令行或图形界面工具进行代码的推送、拉取和合并操作。此外，GitHub 还为团队协作提供了问题跟踪、代码审查、持续集成等功能。

> 小知识　Git是一个分布式版本控制系统，而GitHub是一个基于云端的Git仓库托管平台。Git使得开发人员能够跟踪和管理源代码的修改历史，而GitHub则提供了一个方便的平台来存储、协作和共享Git仓库。它们可以一起使用，为开发团队带来更好的版本控制和协作体验。

使用 Git 和 GitHub 可以带来以下好处。

（1）版本控制：Git 记录每次提交的变更，使得开发人员可以轻松回溯和恢复到某个历史状态。

（2）分支管理：Git 的强大分支管理功能允许开发人员同时进行多个任务和实验，而不会干扰主要代码流程。

（3）协作与团队合作：GitHub 作为一个开放的协作平台，使得多个开发人员可以协同工作、共享代码，并进行代码审查和讨论。

（4）可视化工具与集成：通过图形界面工具（如 GitHub Desktop），开发人员可以更直观地管理和操作 Git 仓库。此外，许多开发工具和持续集成工具都支持与 Git 和 GitHub 的集成。

下面通过一个例子来说明如何使用 Git 和 GitHub。假设你所在的项目组正在开发一个名为"AwesomeApp"的 Web 应用程序，项目组可以使用 GitHub 进行项目管理，以下是一个简单的示例。

（1）创建仓库：在 GitHub 上创建一个新的仓库来托管项目代码。可以选择从头开始创建空白仓库，或者将本地已有的 Git 仓库推送到 GitHub 上（如以下代码所示）。

```
1 git init          #初始化本地仓库
```

```
2 git remote add origin https://github.com/your-username/AwesomeApp.git #添加远程仓库
```
地址

（2）复制仓库：在本地使用 Git 命令复制刚刚创建的仓库到本地开发环境中。这样可以在本地进行代码的修改和开发。

```
1 git clone https://github.com/your-username/AwesomeApp.git   #复制远程仓库到本地
```

（3）创建分支：为了同时处理多个任务或实验，可以基于主分支创建新的分支。可以使用 Git 命令 git branch 来创建新分支，并使用。git checkout 用来切换到相应的分支。

```
1 git branch feature-branch #创建新分支，例如名为 feature-branch
2 git checkout feature-branch #切换到 feature-branch 分支
```

（4）开发和提交代码：在本地分支上进行代码的开发和修改。在完成一定的工作量后，使用 Git 命令 git add 和 git commit 将修改的代码提交到本地仓库。

```
1 #在 feature-branch 分支上进行代码开发和修改
2 #使用 git add 命令将修改的代码添加到暂存区
3 git add <文件名>
4 #使用 git commit 命令将修改的代码提交到本地仓库
5 git commit -m "完成特定功能的开发"
```

（5）推送到远程仓库：当在本地完成一部分工作后，可以使用 git push 命令将本地分支推送到 GitHub 远程仓库。这样其他团队成员就可以查看和访问这些内容。

```
1 git push origin feature-branch   #将 feature-branch 分支推送到远程仓库
```

（6）Pull Request：如果你在分支上完成了一项功能或修复，在 GitHub 上提出一个 Pull Request（PR），请求将你的分支合并到主分支上。其他团队成员可以查看你的代码变更，提供评论和建议，并进行代码审查。

（7）处理反馈：在 Pull Request 中，其他团队成员可以发表评论、提出问题或提供修改建议。作为开发者，你可以回复这些评论，解答问题，并根据需要进行相应的修改。

（8）解决冲突：如果多个人在同一时间修改了同一文件的相同部分，可能会产生代码冲突。在这种情况下，需要手动解决冲突，并提交解决冲突后的代码。

```
1 #当代码冲突发生时，手动解决冲突后，使用 git add 命令将修改的代码添加到暂存区
2 git add <文件名>
3 #继续使用 git commit 命令提交解决冲突后的代码
4 git commit -m "解决冲突"
```

（9）合并到主分支：当所有的代码审查和修改都完成后，Pull Request 可以被管理员或项目负责人合并到主分支中。

（10）持续集成与部署：GitHub 还支持与持续集成工具（如 Jenkins、Travis CI 等）的集成，可以配置自动化的构建、测试和部署流程，实现快速交付和自动化质量控制。

通过以上步骤，开发团队可以在 GitHub 上进行项目的协作和管理。开发人员可以方便地创建分支、提交代码和发起 Pull Request，并进行代码审查和提供反馈，最终将代码合并到主分支中。GitHub 提供了一个集中的协作平台，使得开发团队可以高效地开发和管理项目。

4.5.2　Gitee

Gitee 是一个类似于 GitHub 的代码托管平台，由中国企业开源中国开发和运营。与 GitHub 类似，

Gitee 提供了基于 Git 的版本控制系统，并提供了在线的代码托管、协作和项目管理功能。使用 Gitee 进行项目管理的步骤与 GitHub 类似。Gitee 在 Git 的基础上添加了一些特色功能和服务。以下是 Gitee 相对于 Git 的一些特色。

（1）快速访问：Gitee 的服务器部署在中国境内，提供了更快的访问速度，使得国内用户可以更快速地复制、推送和拉取代码。

（2）中文支持：Gitee 提供了中文界面和中文文档，方便以中文为母语的开发者更好地理解和使用。

（3）免费私有仓库：Gitee 允许免费账户创建私有仓库，以及在保密项目中进行协作开发，保护代码的安全性。

（4）内置社区功能：Gitee 提供了一系列社区工具和功能，如项目讨论、问答区、项目管理等，方便开发者之间的交流和合作。

（5）内置持续集成与部署：Gitee 提供了持续集成和持续部署的集成服务，可以方便地配置构建、测试和部署流程，实现自动化工作流。

（6）企业级服务：Gitee 还提供了针对企业用户的定制化服务，包括私有云部署、高级权限管理、团队协作等功能，满足企业级开发需求。

（7）数据安全保障：Gitee 采用多重备份措施和数据加密技术，保障用户数据的安全性和可靠性。

需要注意的是，Gitee 是针对市场需求而开发的代码托管平台，在中国拥有较高的知名度和广泛的用户群体，提供了一些本地化的特色功能和服务。但它仍基于 Git 技术，与其他代码托管平台（如 GitHub、GitLab）在原理和核心功能上是相似的。

4.5.3　其他代码托管平台和协作工具

除了 GitHub 和 Gitee，还有一些类似的代码托管平台和协作工具可供选择。以下是一些常用的类似工具。

（1）GitLab：GitLab 是一个基于 Git 的完整 DevOps 平台，提供代码托管、CI/CD、项目管理等功能。它支持自托管和云托管两种方式，可以在私有环境中运行。

（2）Bitbucket：Bitbucket 是由 Atlassian 公司推出的代码托管平台，支持 Git 和 Mercurial，提供了源代码管理、问题跟踪、协作等功能。它与 Jira、Confluence 等 Atlassian 产品无缝集成。

（3）Coding.net：Coding.net 是一个国内领先的代码托管平台，提供了 Git/SVN 代码托管、持续集成、项目协作等功能。它也支持自助部署，适合企业用户或有特殊需求的开发团队使用。

（4）SourceForge：SourceForge 是一个开源项目托管平台，提供了代码仓库、问题追踪、文档管理等功能。它长期以来一直支持开源社区，并且提供了大量的开源软件供用户下载和使用。

（5）Azure DevOps：Azure DevOps（前身为 Visual Studio Team Services）是微软推出的一个基于云的 DevOps 平台，提供了代码托管、CI/CD、项目管理等一体化解决方案。

（6）Phabricator：Phabricator 是一个开源的软件开发协作平台，提供了代码仓库、代码审查、任务管理、文档管理等一系列工具和服务。

以上列举的工具都是比较知名和常用的、类似 GitHub 和 Gitee 的代码托管平台或协作工具。根据开发团队或个人的需求，可以选择适合的工具进行代码管理和协作开发。

4.6　SmartArchive项目的配置管理

前述几章的 SmartAchive 项目实例演示了如何进行相关的质量保证和管理活动。本章继续从配置管理的角度阐述如何对 SmartAchive 项目进行配置管理。

4.6.1　配置管理人员及其职责

（1）配置控制委员会（CCB）的职责。

①审查基线的建立和配置项的标识。

②审查和批准基线的变更。

③审定最终产品的发布。

（2）配置控制委员会建议组成

CCB 成员为项目级的，可因项目的不同而有所不同，由项目经理在立项报告中定义，一般应包括部门总经理或总工程师、副总级项目负责人、项目经理。

（3）SCM 组的职责：

①创建和管理项目的软件配置库。

②制订、维护和发布 SCM 计划、标准和规程。

③标识工作产品。

④对管理配置库存取权限的管理。

4.6.2　配置管理过程

（1）选择配置管理工具

根据 SmartArchive 项目的特性和配置管理策略，项目组选择配置管理工具 Git。

（2）识别需要控制的配置项

识别 SmartArchive 项目开发过程中纳入配置管理的配置项，要求包括开发过程中形成的所有工作产品。该过程包括以下两项活动。

活动 1——识别配置项

在软件配置管理计划中定义项目配置项，如表 4.1 所示。

表 4.1　配置项及存储路径

类型		存放内容	入库时间	提交组或人
文档类（document）	计划（plan）	项目开发计划	项目策划结束	项目组
		项目责任矩阵表	项目策划结束	项目组
		项目进度表	项目策划结束	项目组
		配置管理计划	项目策划结束	SCM 组
		软件质量保证计划	项目策划结束	SQA 组
		估算文档	项目策划结束	项目组
		子合同管理计划	子承包商策划结束	子合同经理

续表

类型		存放内容	入库时间	提交组或人
文档类 （document）	测试（test）	（单元、集成、系统） 测试计划	测试策划结束	测试组
		（单元、集成、系统） 测试用例	测试前	测试组
		测试问题报告	测试阶段	测试组
		（单元、集成、系统） 测试分析报告	测试完成	测试组
	需求 （requirement）	项目需求调研	需求分析阶段	项目组
		需求规格说明书/需求表	需求分析阶段	项目组
		需求追踪矩阵表	需求分析阶段	项目组
	设计（design）	设计模型	设计阶段	项目组
		概要设计说明书	设计阶段	项目组
		数据库结构设计	设计阶段	项目组
		详细设计说明书	设计阶段	项目组
	用户文档（user document）	用户操作手册	试运行	项目组
		程序维护手册	试运行	项目组
		安装手册	试运行	项目组
		Readme.txt	试运行	项目组
	验收（accept）	项目验收报告	验收	项目组
		项目开发总结报告	验收	项目组
		产品发布申请表、通知单	验收	项目组
过程类 （process）	工作汇报 （report）	项目状态报告	每周	项目组
		工作情况汇报表	每周	项目组
		测试状态报告	测试阶段	测试组
		软件过程审计报告	定期/事件驱动	SQA 组
	工作考核（kpi）	开发组成员考核表	项目结束	项目组
		QA 检查汇总计分表	里程碑结束	SQA 组
		项目验收考核表	项目结束	项目组
	数据收集（data collection）	度量汇总表	定期	项目组
	变更及跟踪 （change& track）	变更控制表	事件驱动	项目组
	评审（review）	评审问题追踪表	评审结束	SQA 组
		项目评审表	评审结束	SQA 组
		预审问题清单	评审结束	SQA 组
		评审通知和确认单	评审结束	SQA 组

续表

类型	存放内容		入库时间	提交组或人
过程类 （process）	参考 （reference）	项目组使用的参考资料	实时	项目组
	会议/交流纪要（meeting summary）		事件驱动	项目组
代码类（code）	源代码（source）		编码阶段	项目组
	目标代码（object）		编码阶段	项目组
	安装/可执行程序（execution）		编码阶段	项目组
环境类 （environment）	开发环境（development）		项目启动	项目组
	运行环境（runtime）		项目结束	项目组
管理类 （management）	配置相关表格（scm）		事件驱动	SCM 组
	SCM 产品发布清单（product list）		事件驱动	SCM 组
	用户权限表（user permission）		事件驱动	SCM 组
	版本控制表（version control）		项目结束	SCM 组

活动 2——标识配置项

项目组成员及相关人员（包括测试人员、SCM 人员、SQA 人员）遵照下列拟定的标识规则中的配置项命名约定赋予标识；配置项入库后由 SCM 人员在基线处打基线标签。标识规则如下所述。

①发布版本命名约定

发布版本号表示方法为<X>.<Y>.[<Z>]，各字段的含义如表 4.2 所示。

表 4.2　发布版本命名约定

版本号字段	含义
<X>	一位整数，代表主发布版本号，一般从 1 开始编号，如 1，5
<Y>	一位或两位整数，如果是两位整数，一般从 00 开始编号，代表次发布版本号，如 05，30
<Z>	三位整数（可选），一般从 000 开始编号，代表备选发布版本号（修补程序），如 2.15.001 表示 2.15 版的第 001 号补丁

②发布版本标签

发布版本标签用于产品发布，由大写英文字母与阿拉伯数字组成。其表示方法为：V<发布版本号>_[START][END]（其中，[START][END]为备选项，仅用于上一版本尚未正式发布，而新的升级版本已准备开发的情况，默认值为[END]）。

举例来说：V1.03 表示某产品发布版本为 1.03；V1.03.001 表示某产品发布版本号为 1.03 的第 001 号补丁（无补丁时第三节可略）；V1.04_START 表示某产品 V1.03 尚未发布，V1.04 已开始开发；V1.04_END 表示某产品在 V1.03 发布前开始开发，而 V1.04 已开发完成并发布。

③基线版本标签

基线版本标签用于标识工作产品状态及项目组内部发布，由大写英文字母与阿拉伯数字组成。其表示方法为 B<基线类型>Dyymmdd[序号]（其中，yy 表示年，mm 表示月，dd 表示日。序号用整数表示，从 1 开始，用于标识一天中形成的第几个基线。）

举例来说：BplanD230412 表示在 2023 年 4 月 12 日建立的计划基线；BdesignD2304121 表示在 2023 年 4 月 12 日建立的第一个设计基线。

④配置项命名约定

a.配置项标识：部门－系统名－V<发布版本号>－类型－子类－Dyymmdd[序号]（其中，部门：RD 表示研究院；ED 表示电子影像产品部；NP 表示新产品开发部；QM 表示质量管理部；IT 表示 IT 部门。系统名：采用系统的英文缩写。类型：D 表示文档；C 表示代码；P 表示过程；E 表示环境。若类型是文档，采用的子类标识如表 4.3 所示；若类型是过程，子类标识为文件名称+姓名+提交时间 yymmdd，例如工作情况汇报表 XX20230701；若类型是代码，则子类标识采用模块的英文全称或简写。）

表 4.3　配置项的类型若是文档，应采用的子类标识

子类标识名称	子类标识含义	子类标识名称	子类标识含义	子类标识名称	子类标识含义
FSR	可行性研究报告	SQAP	软件质量保证计划	SCMP	配置管理计划
PRS	项目需求调研	UTP	单元测试计划	RSKMP	风险管理计划
CR	立项报告	STP	系统测试计划	UG	用户操作手册
PDP	项目开发计划书	ITP	集成测试计划	IG	安装手册
SRS	需求规格说明书	UTC	单元测试用例	PSM	程序维护手册
PDS	概要设计说明书	STC	系统测试用例	PPR	阶段进度报告
DSD	数据库结构设计	ITC	集成测试用例	PDSP	项目开发总结报告
DDS	详细设计说明书	TR	测试分析报告	SSBP	子合同管理计划

b. 封版标识：部门－系统名－[发布版本号]。

（3）定义基线

在项目开发过程中每个关键里程碑处、基线变更或定期建立新的基线时，项目经理可根据实际情况选择基线包含的配置项。里程碑基线建立时机如下。

①立项基线：立项批准时建立。

②计划基线：计划批准时建立。

③需求（包括用户需求和软件需求）基线：需求批准时建立。

④设计基线：概要设计、数据库设计、详细设计批准时建立。

⑤代码基线：详细设计、编码、检查和单元测试通过时建立。

⑥测试基线：集成测试通过为系统测试时建立。

⑦产品基线：发布系统时建立。

（4）制订并执行软件配置管理计划

配置管理计划（Software Configuration Management Plan，SCMP）的制订是在整个项目策划的早期阶段，并平行于整个项目策划。项目经理可依据项目特点将配置管理计划编入项目开发计划，也可由

SCM 人员按照配置管理计划模板制订独立的配置管理计划（SmartAchive 项目的配置管理计划表如图 4.6 所示，配置计划文档结构如图 4.7 所示）。配置管理计划编写完成后应经过项目经理的评审，具体评审流程参照项目评审规程（见第 6 章）。配置管理计划评审通过后纳入 SCM 库，并作为下一阶段配置管理工作的依据，其变更遵循变更控制。

文件编号：HSA/B06-296
配置项编号：ED-SMA-V1.0-D–SCMP-D2309271

配置管理计划表

修 订 页							
编号	章节名称	修订内容简述	修订日期	修订前版本号	修订后版本号	修订人	批准人
1	全部	创建	2023-4-28		V1.0.0	江工	薛工 章工
2	3.2	修改权限	2023-5-8	V1.0.0	V1.0.1	茹工	薛工 章工

项目名称及版本号	SmartAchive V1.0		项目经理	何工
项目类型	■产品研发项目　□客户定制或应用开发项目　□平台或中间件项目　□维护项目			

配置库物理路径		/home/user/smart-archive-config	SCM 人员	吴工
配置库开帐号日期	2023-4-29	配置库关帐号日期	2023-4-29 工具	Git

配置库的基本情况		
目录名称	权限	用户
smart-archive-config	读写权限，仅限项目团队成员访问	开发团队的项目成员
smart-archive-config	只读权限，开放给所有项目成员和团队外部的相关方	包括开发团队成员、产品经理、测试人员以及受信任的合作伙伴

配置项和基线 （说明：被定义成基线的用粗体字表示）					
配置项名称	配置项标识	配置时间	是否为基线	版本号	评审方式
源代码（日志级别）	ED-SMA-V1.2-C–CONF-D220910	2022-09-10 14:00:00	否	2.0.0	自动化测试
详细设计说明书（业务逻辑处理方式）	ED-SMA-V1.0-D–DDS-D221201	2022-12-01 10:00:00	**是**	**BdesignD 2304121**	**质量管理部门审核**

基线变更控制		
变更控制授权机构	控制基线名称	变更实现方式描述
IT 部门	网络安全策略	添加入站流量过滤规则
业务运营部门	存储容量	增加 SmartArchive 系统的存储容量至原来的两倍

配置审计			
阶段名称	审计时间	审计人员	备注
备份策略更新	2023-09-20 11:10:00	伊工	确认并记录 SmartArchive 系统的备份策略更新信息
性能优化	2023-09-25 14:55:00	岳工	审计 SmartArchive 系统的性能优化措施，并记录优化结果

配置状态报告			
报告内容	报告时间	报告给谁	备注
存储容量使用率报告	2023-09-07 10:00:00	IT 部门主管	汇总 SmartArchive 系统存储容量使用率，并向 IT 部门主管报告
备份恢复测试结果报告	2023-09-18 14:30:00	安全团队负责人	向安全团队负责人报告备份恢复测试结果，确认系统的灾难恢复能力

其他		
数据备份	备份周期：每日	备份工具：SmartBackup 软件

图4.6　SmartAchive项目的配置管理计划表

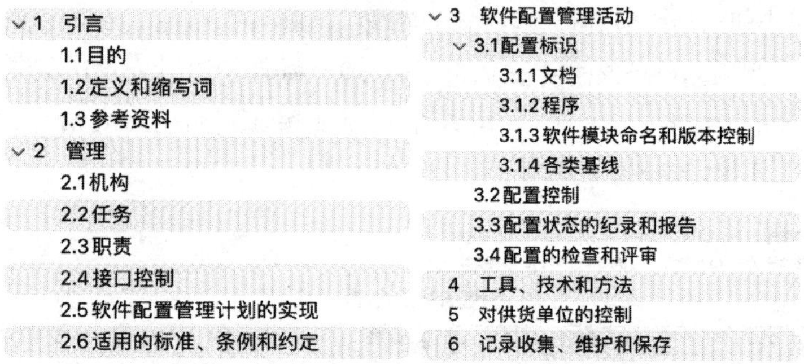

1 引言
　1.1 目的
　1.2 定义和缩写词
　1.3 参考资料
2 管理
　2.1 机构
　2.2 任务
　2.3 职责
　2.4 接口控制
　2.5 软件配置管理计划的实现
　2.6 适用的标准、条例和约定

3 软件配置管理活动
　3.1 配置标识
　　3.1.1 文档
　　3.1.2 程序
　　3.1.3 软件模块命名和版本控制
　　3.1.4 各类基线
　3.2 配置控制
　3.3 配置状态的纪录和报告
　3.4 配置的检查和评审
4 工具、技术和方法
5 对供货单位的控制
6 记录收集、维护和保存

图4.7　SmartAchive项目的配置计划文档结构

图 4.6 中，源代码（日志级别）配置项并不被标记为基线，表示它是一个可变的配置项，而不是作为后续版本的参考点。源代码的版本号为 2.0.0，表示这是对之前版本的修改或更新。版本号的递增反映了配置项的演变和变更历史。评审方式为自动化测试，意味着日志级别的变更会经过自动化测试来验证配置的正确性和稳定性。

另外，对于详细设计说明书配置项，需要修改其中的"业务逻辑处理方式"，这个配置项被标记为基线，表示它是一个重要的配置项，用于作为后续版本的参考点。配置项的版本号为 BdesignD2304121，表示这是一个基线版本且是初始版本，版本号是 1。当配置项发生变更时，版本号将会递增。评审方式为质量管理部门审核，意味着该配置项的变更需要经过质量管理部门的审核和确认，以确保变更符合项目的质量标准和规范。通过记录基线历史，开发团队可以追踪每个基线版本的变更内容、审核结果等信息。与配置项历史记录相比，基线历史记录更关注重要的配置项或者说是决策性的配置项，其变更需要经过额外的评审和确认，以保证其安全性、稳定性和可维护性。需要注意的是，实际的基线历史可能涉及不同的部门和开发团队之间的沟通和协作。配置项和基线历史的记录涉及整个项目的配置管理，需要从项目全局角度进行考虑和计划。

（5）配置管理库的建立及使用

①由 SCM 人员为每个产品在服务器指定的共享目录（如 SCM 库或受控库）下建立配置管理库（简称 SCM 库），并以"部门名_项目名"命名。在本项目中，配置管理库的文件名为"ED_SMA"

②在 SmartArchive 项目中，使用 Git 进行 SCM 库的分区管理。以下是分区管理策略。

a. 开发区（Development Area）：开发区用于开发人员进行日常开发工作和团队协作。每个开发人员可以在该区域创建自己的功能分支（Feature Branch），并在这些分支上进行新功能开发、缺陷修复等工作。开发人员可以频繁地从主分支（如 master）或开发分支（如 develop）拉取最新代码，确保与其他开发人员的工作保持同步。

b. 受控区（Controlled Area）：受控区用于集成、测试和审核开发人员的代码变更。在受控区中，可以设置一个集成分支（例如 integration 或 staging），用于接收来自开发区的代码合并请求。在集成分支上进行测试、构建和部署，并进行代码审查等工作。只有经过审查和测试通过的代码变更才能被合并到主分支。

c. 测试区（Testing Area）：测试区用于进行系统级和集成级的测试。在测试区中，可以创建一个或多个临时环境来模拟真实生产环境，并进行自动化测试、性能测试、回归测试等。开发人员和测试人员可以在测试区中合作，将开发完成的功能进行综合测试和验证。

d. 主分支（Main Branch）：主分支用于存放稳定和可发布的代码版本。通常，使用一个主分支（如 master）作为最终部署到生产环境的代码源。只有经过受控区和测试区验证的代码才能被合并到主分支。通过从主分支创建发行版（release）或打标签（tag）来标识具体版本。

③开发区的配置库结构如图 4.8 所示。

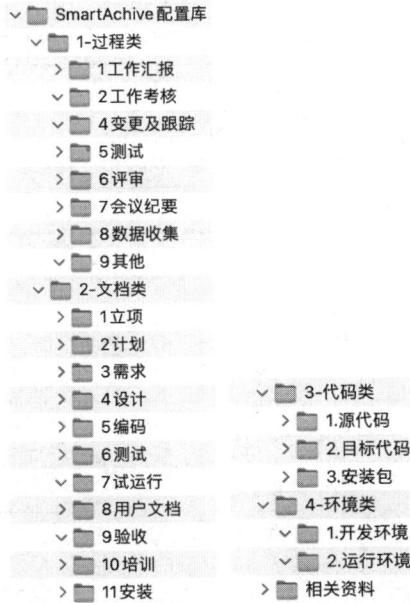

图4.8　SmartAchive项目开发区的配置库结构

④原则上同一产品的不同版本应在同一个配置库中管理。

⑤按照 SmartAchive 项目的配置库权限（如表 4.4 所示）的要求为配置库分配用户权限。

表 4.4　SmartAchive 项目的配置库权限

		目录	描述	允许访问组	权限
项目名称 SmartAchive	document		文档类：开发文档、用户文档、外来文档等	Team/other	W/R
		plan	计划：项目开发计划、项目责任矩阵表、项目开发计划表、项目进度表、配置管理计划、软件质量保证计划、（单元、集成、系统）测试计划、项目估算文档、子合同管理计划	Admin/other	W/R
		requirement	需求：项目需求调研、需求表或需求规格说明书、需求跟踪矩阵表	Dev/other	W/R
		design	设计：概要设计说明书、数据库结构设计、详细设计说明书、概要/详细设计表	Dev/other	W/R
		guide	用户操作手册、程序维护手册、安装手册、readme	Dev/other	W/R

续表

	目录	描述	允许访问组	权限
	code	编码：源代码、跟编码相关的文档	Dev	W
document	test	测试：（单元、集成、系统）测试用例、测试分析报告、测试问题报告、测试情况通报	Team/other	W/R
	proposal	立项：项目立项过程中提交的相关文档	Admin/other	W/R
	check&accept	验收：项目开发总结报告、产品发布申请表、产品发布通知单	Admin/other	W/R
	代码类：存放源代码及衍生对象		Team	W
code	source	源代码、重用代码	Dev	W
	object	目标代码	Dev	W
	setup	安装包	Test	W
	过程类：存放跟踪数据、评审记录、验收记录、会议纪要及其他		Team/other	W/R
	report	工作汇报：工作情况汇报表、项目状态报告、阶段进度报告、SQA 阶段工作表、软件过程审计报告	Team/other	W/R
	kpi	工作考核：开发组成员考核表、QA 检查汇总记分表、项目验收考核表	Team/other	W/R
process	data collection	数据收集：度量汇总表等度量及分析文档	Team/other	W/R
	change&track	变更及跟踪：变更控制表、计划跟踪检查表	Team/other	W/R
	review	评审：评审问题追踪表、项目评审表、评审通知和确认单	Team/other	W/R
	meeting summary	会议纪要：每周例会会议纪要及其他会议摘要	Team/other	W/R
	other	其他	Team/other	W/R
	环境类：描述并存放软件的开发环境、运行环境		Team	W
environment	development	开发环境：开发过程中用到的组件、控件及开发过程中所用的操作系统、开发语言等，必要时包括说明文档	Dev	W
	runtime	运行环境：软件作为产品运行时必须具备的运行环境	Dev/other	W/R
management		管理类：SCM 活动的管理 存放 SCM 基线变更状态报告、SCM 基线报告、SCM 产品发布清单、用户权限表等	Admin/other	W/R

项目名称 SmartAchive

（6）配置项出入库控制

配置项的出入库是受控的，配置项从开发区移到受控区时，SCM 人员依据配置管理计划进行配置项完整性检查并填写版本控制表（如图 4.9 所示）；取用配置项时，填写 SCM 出库登记表（如图 4.10 所示）。关于 SmartAchive 项目的配置项出入控制权限，建议取用人与批准人的对应关系如表 4.5 所示。

HSA/C07-293

版本控制表

项目名称及版本号	SmartAchiveV1.0				项目经理	何工

项目类型	■产品研发项目 □客户定制或应用开发项目 □平台或中间件项目 □维护项目

序号	配置项		基线名称					
			计划基线	需求基线	设计基线	代码基线	测试基线	产品基线
1	ED-SMA-V1.0-D – DDS-D221201	基线标识			BdesignD2304121			
		修订时间			2023/4/12			
		修订人			张工			
2	ED-SMA-V1.2-C – CONF-D220910	基线标识				BcodeD2303091		
		修订时间				2023/3/9		
		修订人				单工		
		基线标识						
		修订时间						
		修订人						

填写说明：
1. 填写时间：在新基线形成时或对基线进行变更后，要求实时维护。
2. 修订时间：变更完成后登记的时间。
3. 配置项：新基线的配置项为其包含的所有配置项，如为基线变更时，只须填写有变更的配置项。

图4.9　SmartAchive项目的版本控制表

HSA/C07-287

SCM出库登记表

项目名称及版本：

配置项类型	配置项名称	配置项版本	取用人	取用时间	取用原因	登记人	备注	批准人
代码类	ED-SMA-V1.2-C-CONF-D220910	2.0.0	叶工	2023年9月28日	修复了一个紧急的安全漏洞	汤工		何工
文档类	ED-SMA-V1.0-D-DDS-D221201	BdesignD2304121	娄工	2023年9月12日	修复了业务逻辑错误	汤工		何工

填写说明：配置项类型型为文档、过程、环境、代码类。

图4.10　SmartAchive项目的SCM出库登记表

表 4.5　SmartAchive 项目的配置项出入控制权限

基线	取用人	批准人
产品基线	组织内部员工或组织外人员	相关部门总工程师或常务副总工程师
其他基线	非项目组成员	项目经理
	项目组成员	不需填写 SCM 出库登记表

（7）变更控制

活动1——选择变更控制的范围

导致系统变更的请示主要分为三类：任务安排、缺陷（包括评审时发现的缺陷及测试时发现的缺陷）和用户要求。对任务安排进行变更控制的含义是使系统在有明确任务时进行变更，防止对系统的无计划修改。此过程在对系统有严格的变更控制要求时适用。

活动2——定义变更权限

CCB 的成员为项目级，可因项目的不同而有所不同，由项目经理在立项报告中定义，一般应包括部门总经理或总工程师、副总级项目负责人、项目经理。设立两个变更授权机构：CCB、项目经理。

① 确定变更等级：变更等级一般由项目经理判断，并在配置管理计划中描述各自控制的变更。建议影响需求基线和产品基线的变更以及严重影响项目进度、成本、产品质量的重大变更提交 CCB 控制，其他变更（如文字编辑、格式调整）由项目经理控制。

② 在项目立项时，根据项目的规模和特点，确定变更授权机构及其职责，并纳入立项报告及计划阶段的配置管理计划。

活动3——实施变更控制

① 变更申请人填写变更控制表（Change Control Table，CCT）说明问题来源或修改原因，项目经理在变更控制表中记录变更状态为"已提交"，如图 4.11 所示（为说明方便，将变更状态设置为初始的已提交状态，随着变更流程的执行，可以修改状态）。

HSA/C07-286

变更控制表

项目名称及版本号	SmartAchiveV1.0.0	项目经理		何工
项目类型	■产品研发项目 □客户定制或应用开发项目 □平台或中间件项目 □维护项目			

变更状态	■已提交 　□已评估 　□已批准 　□已变更 　□已入库 　□拒绝变更			
变更所属阶段	□需求阶段 　□计划阶段 　■设计阶段 　□编码阶段 　□测试阶段 　□试运行阶段 　□维护阶段			
变更类型	■设计变更 　□需求变更 　□适应性修改 　□计划变更 　□测试变更 　□其他_____			
变更提出者	王工	提出日期	2023-09-23	变更号（阶段名-顺序号）	D-001

变更请求说明：（陈述变更基线的内容及其理由）
变更内容：调整商品列表页面布局；变更原因：根据用户反馈和市场竞争情况，发现当前商品列表页面的布局不够直观和易用，希望通过调整布局来提升用户的舒适度和购买意愿。

变更评估				
所需资源	设计团队：负责制订新的布局方案，并进行内部评审和用户测试。 开发团队：负责调整商品列表页面的 HTML、CSS 和 JavaScript 文件。	估计工作量	设计团队：制订新的布局方案并进行内部评审，预计需要 1 天；进行用户测试并收集反馈，预计调整需要 2 天。 开发团队：调整商品列表页面的 HTML、CSS 和 JavaScript 文件，预计需要 3 天。	
估计可能的风险	用户反对：新的布局可能不符合部分用户的习惯或预期，可能引起一些用户的不满。 兼容性问题：新的布局可能在某些设备或浏览器上出现兼容性问题，需要做适配工作。			
其它估计	用户培训：如果新的布局引入了较大的改变，可能需要为用户提供相关培训或说明文档，以帮助他们适应新的界面。			
变更的影响项	用户体验：通过调整布局，预计可以提升用户的浏览和购物体验，提升用户的舒适度和购买意愿。 界面一致性：新的布局应确保与其他页面风格的一致性。			
评估结论	根据以上估计，整体工作量预计需要 6 天。变更的影响主要体现在用户体验和界面一致性方面，可能的风险包括用户反对和兼容性问题，但可以通过适当的用户培训和兼容性测试来应对。综合考虑，建议继续进行此次变更，并在实施过程中密切关注用户反馈和兼容性情况。			
评估人签字	何工		评估日期	2023-09-24

变更批准				
批准结论	同意	批准人签字	岳工	批准日期	2023-09-24

变更后的描述				
变更的配置项	变更前版本号	变更后版本号	执行变更人	验证人
ED-SMA-V1.0-D-DDS-D221201	1.0	1.0.1	王工	何工

变更发布范围	
CCB 成员：薄工、叶工、何工　开发人员：叶工、委工　测试人员：卜工、边工　SCM 人员：易工、吴工、伊工　SQA 人员：伊工、汤工　其他：售前工程师	
SQA 人员跟踪意见：跟踪设计方案、编写测试用例、兼容性测试、用户反馈追踪、风险管理、变更记录审查。 日期：2023-09-25	

填写说明：1. 若本页不足，可另附页。
　　　　　2. 变更号：阶段名-顺序号，阶段名：P:计划，R:需求，D:设计，C:编码，T:测试，A:试运行，M:维护，O:其他，如：R-001 表示需求阶段发现的第一个问题。
　　　　　3. 用"■"表示选中。

图4.11　SmartAchive项目的变更控制表

② 项目经理评估变更带来的影响、分析变更所需花费的工时、工作量、成本及变更带来的风险等，并将评估结果应写入"变更评估"栏，并更新变更控制表的状态（"已评估"）。

③ 项目经理根据配置管理计划中确定的变更授权机构提交变更。

④ 变更控制人判断变更的大小采取合适的评审方式：签字或评审。若采取签字方式，变更控制人在变更控制栏填写审核意见。若采取评审方式，遵照评审规程执行，然后顺次执行以下步骤。

⑤ 如果变更被拒绝，项目经理通知变更申请人并更新变更控制表的状态（拒绝），并注明拒绝人的名字，由项目经理提交 SCM 人员入库，变更结束。

⑥ 如果变更被批准，项目经理负责通知受影响的人员更改相关配置项，并指定项目组成员实施变更。项目经理更新变更控制表的状态（"已批准"）并注明批准人。

⑦ 修改人实施被批准的变更，从 SCM 库"检出"变更的对象并实施变更。修改完后，在变更控制表中进行变更描述，必要时可用附件。

⑧ 由验证人验证修改结果并更新变更控制表的状态（"已更改"），修改人更新基线。

⑨ 变更实施且被 SQA 审核签字后，由项目经理抄送相关人员（包括部门总经理、测试人员、文档人员、SCM 人员、SQA 人员等）并将变更控制表交给 SCM 人员纳入 SCM 库，并更新变更控制表的状态（已入库）。

活动 4——变更标识

所有涉及基线的变更均需有变更说明，变更标识采用标识规则定义的方式进行。

活动 5——管理变更文件

变更产生的所有文件均纳入配置管理范畴。变更控制表可以是电子表格或纸质文档，形式不限；基线变更汇总在 SCM 基线变更状态报告（如图 4.12 所示）中。

HSA/C07-288

SCM基线变更状态报告

项目名称及版本号			SmartAchiveV1.0.0					项目经理			何工	
项目类型			■产品研发项目	□客户定制或应用开发项目		□平台或中间件项目			□维护项目			
序号	变更号	变更状态	配置项	修改前版本号	修改后版本号	存放路径	入库时间	修改人	批准人	验证人	备注	
1	D-001	已入库	ED-SMA-V1.0-D-DDS-D221201	1.0	1.0.1	/home/user/smart-archive-config	2023/9/25	王工	岳工	何工		

填写说明：配置项的属性名称与变更控制表中的属性名称是一致的。

图4.12 SmartAchive项目的SCM基线变更状态报告

（8）配置验收、基线审计、产品构造和发布

活动 1——配置验收

产品批准之前，由 SCM 人员依据配置管理计划进行产品配置项完整性的验收。

活动 2——基线审计

① 评估基线的完整性。

② 评审配置管理库系统的结构和设施。

③ 验证基线库内容的完备性和正确性。

④ 验证基线与适用规程的符合性等。

由 SQA 人员依据软件质量保证过程执行 SCM 库的审计。

活动 3——产品构造

CCB 审定从配置库受控区构造的产品的生成。产品构造一般应在集成测试或系统测试前，以及产品交付客户前进行。最简单的方法是将产品从配置库取出至特定目录进行构造。配置工具 Git 与 IDE 工具集成时，也可以在 IDE 工具中进行构造。

活动 4——发布

发布有四个前提条件：发布必须得到批准；产品基线发布前已完成了验收评审；所有发布的配置项是置于配置控制下的；创建了产品发布清单。发布类型包括产品基线、立项基线、计划基线、需求基线、设计基线、代码基线、测试基线等的发布。发布的步骤如下。

步骤 1：基线发布对照表如表 4.6 所示。

步骤 2：立项基线、计划基线、需求基线、设计基线、代码基线、测试基线、变更后形成的基线、定期形成的基线的发布，按以下三个步骤执行。

① 先由项目经理确认受影响的相关人员（如项目组成员、测试人员、SCM 人员、SQA 人员）。

② SCM 人员将最新的 SCM 基线报告（如图 4.13 所示）、基线变更状态报告和版本控制表定期或事件驱动地发布给受影响的相关人员。

③ 项目经理确认受影响的相关人员收到最新的 SCM 基线报告、基线变更状态报告和版本控制表。

表 4.6　SmartAchive 项目的基线发布对照表

发布类型	发布责任人	发布对象	发布前提
产品基线发布	SCM 人员	公司内部	产品批准
立项基线、计划基线、需求基线、设计基线、代码基线、测试基线、变更后形成的基线、定期形成的基线的发布	项目经理	受影响的相关人员	评审或测试通过

HSA/C07-290

SCM基线报告

2023年5月

项目名称及版本号	项目经理	QA人员	项目计划起止日期	项目估计规模（人）		立项通知书	开发计划评审	需求评审	概要设计评审	详细设计评审	测试计划评审	测试用例评审	项目验收评审	产品发布通知
SmartAchiveV1.0	何工	伊工、汤工	2023.4.12 - 2024.4.12	1320	计划时间	2023.04.12 - 2023.04.12	2023.04.20 - 2023.04.20	2023.05.10 - 2023.05.12	2023.05.25 - 2023.05.27	2023.6.8-2023.6.11	2024.3.1-2024.3.1	2024.3.10-2024.3.10	2024.4.10-2024.4.10	2024.4.12-2024.4.12
					实际时间	2023.04.12 - 2023.04.12	2023.04.20 - 2023.04.20	2023.05.10 - 2023.05.12	2023.05.25 - 2023.05.27	2023.6.8-2023.6.11	2024.3.1-2024.3.1	2024.3.10-2024.3.10	2024.4.12-2024.4.12	2024.4.15-2024.4.15
					规模	2人日	2人日	6人日	6人日	8人日	2人日	2人日	2人日	2人日
					备注	项目启动，确定项目目标和范围。	与开发团队一起评审和确认开发计划，包括资源分配和时间表。	评审和确认需求文档，确保对系统功能和性能的理解一致。	评审和确认系统概要设计，包括系统架构和模块划分。	评审和确认系统详细设计，包括数据结构、算法和接口设计。	与测试团队一起评审和确认测试计划，包括测试策略和测试环境准备。	评审和确认测试用例，确保覆盖系统各项功能和场景。	项目交付前进行总体验收，确认系统符合要求并通过验收测试。	评审产品发布计划，确保产品交付和部署的顺利进行。
填写说明：填充"红色"表示本月新增的评审基线，黄色为暂停项目，绿色为已发布项目。														

制表部门：质量保证部　　制表人：茹工　　审核人：薛工　　填报日期：2023年5月22日

图4.13　SmartAchive项目的SCM基线报告

步骤 3：产品发布。

① 发布前准备：项目经理负责将版本控制表、产品发布申请表（如图 4.14 所示）的内容填写完整，并检查软件是否测试通过，SCM 库是否经过审计，审计发现的问题是否得到解决；检查项目评审表验收结论，是否通过验收评审。

② 产品发布申请：将版本控制表、产品发布申请表及产品发布通知单（如图 4.15 所示）提交部门总经理或总工程师审核签字。

③ 产品封版。

a. 责任人：SCM 人员。

b. 封版内容：SCM 库受控区的内容。

c. 封版的实现：锁定配置库，备份配置库。

d. 封版标识：唯一标识封版内容（建议标识方法：部门名−系统名。如 ED-SmartAchive 表示电子影像产品部的档案管理产品）。

HSA/C07-292

产品发布申请表

项目名称及版本号	SmartAchiveV1.0	项目经理	何工
项目类型	■产品研发项目 □客户定制或应用开发项目 □平台或中间件项目 □维护项目		

项目总结：
- SmartAchive 项目旨在开发一款档案管理系统，用于帮助企事业单位高效管理和检索档案信息。
- 在过去的 12 个月里，我们成功完成了项目的所有关键里程碑，包括需求分析、系统设计、开发和测试等阶段。
- 关键功能模块，如档案存储、检索和权限管理等，已经按计划完成。

项目经理签字：何工 2024 年 4 月 16 日

配置验收结论：
- 所有相关配置项，如数据库、服务器环境和第三方库，均已完成配置，并经过验收测试。
- 配置库中的版本记录和变更控制工作得到有效管理，确保了系统的稳定性和可追溯性。

SCM 人员签字：吴工 2024 年 4 月 16 日

测试结论：
- 经过全面的测试覆盖，包括单元测试、集成测试和系统测试等，SmartAchive 系统表现出良好的稳定性和可靠性。
- 所有测试用例的执行结果均符合预期，未发现重大问题或错误。

测试人员签字：卜工 2024 年 4 月 16 日

SQA 结论：
- 在项目开发过程中，我们实施了严格的 SQA 活动，包括代码审查、静态分析和性能测试等。
- 通过 SQA 的有效实施，我们发现并解决了一些潜在的问题，提高了代码的质量和可维护性。

SQA 人员签字：伊工 2024 年 4 月 17 日

验收评审结论：
- 在最终验收评审中，SmartAchive 系统被认为满足了用户的合同要求和期望。
- 过程中出现的一些小问题和反馈已经得到及时修复和解决，确保了项目交付的质量和准时性。

仲裁者签字：薛工 2024 年 4 月 17 日

总工程师/总经理意见：
- 作为总工程师/总经理，我对整个 SmartAchive 项目团队的努力和成就表示钦佩。
- 他们在开发过程中展示出的技术能力和团队合作精神，使得 SmartAchive 系统成为一项成功的产品。
- 我们相信 SmartAchive 系统将为用户提供卓越的档案管理体验，并具备广泛的商业价值。

总工程师/总经理签字：薄工 2024 年 4 月 17 日

附：《版本控制表》、《新功能特点表》

图4.14　SmartAchive项目的产品发布申请表

e. 封版媒介：光盘、硬盘等介质。

f. 约束：封版后的产品将不得随意改动，如需改动，必须遵照变更控制流程执行。

g. 产品版本升级见标识规则。

④ 产品发布。

内部发布：项目经理填写产品发布通知单，以书面形式在所属部门发布产品；SCM 人员填写 SCM 产品发布清单（如图 4.16 所示）。

外部发布：各产品部门 SCM 人员将母盘的安装目录、用户文档目录下的内容刻成光盘提交给用户并填写 SCM 产品发布清单。

（9）配置状态统计及报告

① 形成基线时，SCM 人员填写 SCM 基线报告，内容包括项目名称、项目经理、QA 人员、计划评审的基线、评审时间、评审结果等。

② 基线变更时，SCM 人员根据项目经理提交的变更控制表填写 SCM 基线变更状态报告，内容包括变更序号、项目名称、项目版本号、配置项名称及版本号、变更人、批准人等。

HSA/C07-295

产品发布通知单

(第 2024007 号)

__电子影像产品__ 部门:

__SmartAchiveV1.0__ 于 _2024_ 年 _4_ 月 _20_ 日正式发布.

特此通知！

发布人: 何工
2024 年 4 月 20 日

发布说明:

1. 关于此发布版
本次发布版是 SmartAchive 的首个正式版本, 主要包括以下特征和功能.
- 档案存储: 用户可以将档案以电子文档的形式存储在系统中, 并按照不同的分类进行管理.
- 档案检索: 用户可以通过限定关键词、日期范围等方式快速检索所需档案, 并实现高效地查询和定位.
- 权限管理: 系统具备灵活的权限设置功能, 可以对用户进行不同层级的授权, 确保档案信息的安全性.
- 用户界面优化: 简洁直观的用户界面设计, 使用户能够轻松使用系统, 提高工作效率.

2. 兼容产品
该产品的 Web 端已经在以下平台上进行了测试:
- Windows 10 操作系统
- macOS Big Sur 操作系统

此外, SmartAchive 对以上操作环境有以下需求 (最低配置): 4GB RAM, 20GB 可用存储空间, 分辨率 1280×800.

3. 升级
对于以前发布的产品, 用户需要进行全新安装. 请参考安装指南进行操作.

4. 新功能
本次发布版具有以下新功能:
- 批量导入: 支持将已有电子档案批量导入系统, 减少手动录入的工作量.
- 档案分享: 用户可以将特定档案以链接形式分享给其他用户, 方便协作和共享信息.

5. 已知错误和局限性

5.1 一般说明
当前版本暂无已知的一般局限性.

5.2 <缺陷或错误>
- 在某些情况下, 系统可能会出现搜索结果不准确的问题. 建议用户尝试不同的关键词或筛选条件以获得更精确的结果.
- 部分用户反馈在上传大型文件时可能会出现上传速度较慢的情况. 我们正在努力优化系统性能, 以提升文件上传效率.

附:《版本控制表》

图4.15　SmartAchive项目的产品发布通知单

HSA/C07-289

SCM产品发布清单

产品名称	版本	项目经理	用户名称	SCM人员	封版日期	发布日期	批准人	备注
SmartAchive	V1.0	何工	某某公司	易工、吴工、伊工、岳工	2024.04.19	2024.04.20	叶工	

图4.16　SmartAchive项目的SCM产品发布清单

③ 产品发布后，SCM 人员填写 SCM 产品发布清单，内容包括产品名称、版本、发布日期等。

④ 定期或事件驱动向 QA 经理、部门总经理、总工程师、项目经理、其他受影响人员（包括项目组成员等）提交 SCM 基线报告、SCM 基线变更状态报告、版本控制表、SCM 产品发布清单。

（10）管理 SCM 活动

步骤 1：跟踪 SCM 活动。

① SCM 人员负责将每周的工作情况汇报给直接领导。

② SCM 人员负责将配置管理状况（SCM 基线报告、SCM 基线变更状态报告、SCM 产品发布清单）报告给 QA 经理、部门总经理、总工程师、项目经理。

步骤 2：验证 SCM 活动。

项目的 SQA 人员负责依据软件质量保证过程和项目的 SQA 计划验证 SCM 活动的执行是否符合配置管理计划。

4.7　小结

配置管理是软件工程中的重要领域，旨在有效管理和控制软件开发过程中的各种项目资产和配置项。配置管理帮助开发团队组织和跟踪软件项目中的变更，并确保团队成员之间的协同工作和版本控制。配置管理有 5 个关键要点：配置项标识、变更控制、配置状态报告、配置审计，以及工作产品的完整性、一致性、可追溯性。如图 4.17 所示。

配置管理主要的活动包括以下内容。

（1）配置管理计划：在软件项目开始时，制订一个详细的配置管理计划是非常重要的。该计划将定义配置管理的目标、活动、责任分配以及相关工具和资源的使用。

（2）配置识别：配置识别是确定软件项目中所有的配置项并对其进行唯一标识的过程。这些配置项可以包括源代码、文档等。通过配置识别，开发团队能够追踪和管理每个配置项的变更。

（3）配置控制：配置控制确保对配置项的变更是经过审查和批准的，包括变更申请、审批变更申请、安排变更任务、执行变更、验证变更结果、结束变更。

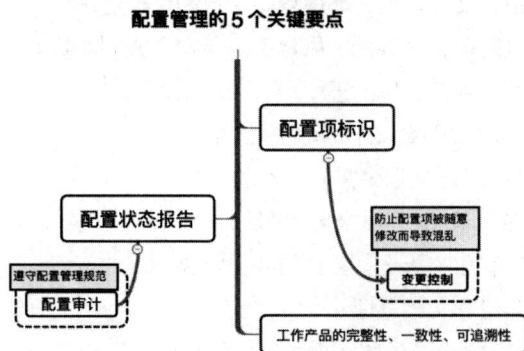

图4.17　配置管理的5个关键要点

（4）配置状态管理：配置状态管理涉及记录和报告每个配置项的状态和版本信息，包括配置项的当前状态、变更历史记录以及与之相关的文档和问题跟踪。

（5）配置审核和审计：配置审核和审计是确保软件配置管理过程符合规范和标准的重要环节。通过定期的审核和审计，开发团队可以发现潜在的问题并采取相应的纠正措施，以确保软件产品的质量和一致性。

（6）配置项发布和交付：当一个配置项完成开发和测试后，它需要被发布并交付给用户或其他系统集成方。配置项发布和交付的过程应该是有序的，同时确保配置项的正确性和完整性。

通过有效的配置管理，开发团队可以更好地控制和追踪软件开发过程中的变更，减少错误和冲突，并确保软件产品的质量和可靠性。

4.8 习题

一、选择题

1. 配置管理计划是在软件项目的（　　）制订的。

A. 需求分析阶段　　　　　　　　　　B. 设计阶段

C. 开发阶段　　　　　　　　　　　　D. 启动阶段

2. 以下（　　）不是配置管理的主要功能。

A. 变更控制　　　　　　　　　　　　B. 状态记录和报告

C. 软件测试　　　　　　　　　　　　D. 配置项管理

3. 基线是指经过正式评审和认可的（　　）。

A. 软件需求规格说明书　　　　　　　B. 软件设计文档

C. 配置项或配置项集合　　　　　　　D. 软件测试报告

4. 配置审计的目的是（　　）。

A. 评估软件的质量和性能　　　　　　B. 发现和解决配置问题

C. 识别和解决软件缺陷　　　　　　　D. 审查和评估配置管理的完整性和合规性

5. 配置管理通过（　　）来保护软件资产。

A. 版本控制、访问控制、变更控制、备份和恢复、安全审计

B. 分支管理、协同讨论、文档管理、环境复制、自动化构建

C. 标签和版本号、增量发布、容器化、风险识别、安全漏洞预防

D. 团队合作、任务分配、项目追踪、进度报告、成果评估

6. 配置管理通过（　　）实现版本隔离和增量发布。

A. 标签和版本号、增量发布、容器化

B. 版本控制系统、分支管理、自动化构建和部署

C. 文档和说明、环境复制和容器化、合并与冲突解决

D. 团队协同、反馈和讨论、文档管理

7. 配置管理通过（　　）帮助开发团队重现过去的软件开发状态。

A. 版本控制系统、标签和版本号、自动化构建和部署

B. 访问控制、环境复制和容器化、风险管理

C. 标签和版本号、文档和说明、环境复制和容器化

D. 版本控制系统、标签和分支、文档和说明、环境复制和容器化

8. 针对软件开发过程中的多维度版本控制，应该以（　　　）作为获取配置项的条件。

A. 时间、人员和地点　　　　　　　　B. 时间、范围和状态

C. 人员、范围和状态　　　　　　　　D. 时间、进度和需求

9. 在实现灵活的基线控制时，（　　　）不是实现灵活基线控制的方法。

A. 分支管理　　　　　　　　　　　　B. 基线标签和基线版本号

C. 自动化构建和部署　　　　　　　　D. 团队合作管理

10. 可定制的研发流程与配置管理之间的关系是（　　　）。

A. 相互独立　　　　　　　　　　　　B. 相互促进和支持

C. 相互制约　　　　　　　　　　　　D. 以上均不对

11. 在软件项目中，良好的配置管理至关重要，一旦出现差错可能导致整个项目崩溃。以下（　　　）不是配置管理的根本目标。

A. 促进团队协同工作　　　　　　　　B. 提高软件性能

C. 确保软件质量的稳定性和可靠性　　D. 管理和控制不同配置项、版本和变更

12. 下列（　　　）不是 CMMI 对配置管理过程领域定义的目标。

A. 审计配置项的变更历史　　　　　　B. 确定并控制配置项

C. 维护配置项的权限控制　　　　　　D. 控制配置项的变更

13. 在软件开发领域，（　　　）工具主要用于 Java 项目的项目管理和构建。

A. Git　　　　　　　　　　　　　　　B. Apache Maven

C. Jenkins　　　　　　　　　　　　　D. Subversion（SVN）

14. 以下关于 Git 与 GitHub 的描述中，（　　　）是正确的。

A. GitHub 是基于云端的 Git 仓库托管平台

B. GitHub 提供了中文界面和中文文档

C. Git 采用集中式的存储模式

D. GitHub 不支持持续集成与部署的集成服务

二、简答题

1. 什么是软件配置管理？详细描述其作用和重要性。

2. 列举并解释至少三种常见的配置项类型，例如源代码、文档和测试用例。

3. 请说明版本控制系统的作用，并列举两个常用的版本控制系统。

4. 解释什么是持续集成，以及如何在配置管理中实现持续集成。

5. 描述一下变更管理的过程，并提供至少两个应对变更管理问题的最佳实践。

6. 在软件配置管理中，什么是构建和部署？简要概述构建和部署流程。

7. 解释权限控制在软件配置管理中的作用，并提供两个确保权限控制有效的方法。

05 第5章　软件风险管理

在软件开发中进行有效的风险管理可以帮助避免昂贵的问题，并确保项目成功。

为了更好理解软件风险管理，可以想象一个场景：假设你是一家软件开发公司的项目经理，负责一个重要的项目。这个项目十分复杂，需要一个高水平的开发团队来完成。因此，你从各个部门选拔了优秀的人才组成了一个强大的开发团队，并投入了大量的时间和资源进行开发。然而，在项目进行的过程中，发生了一个意外，一位关键的开发人员张工决定离职。张工是整个开发团队中技术最为熟练的专家，他对于项目中一些复杂的技术问题有着独特的见解和丰富的经验。这个突如其来的人员流失给整个项目带来了巨大的风险，可能导致项目延期、质量下降，甚至损失重大的商业机会。在项目初期，张工发挥了重要作用，他帮助开发团队解决了许多复杂的技术难题，并提供了许多创新的解决方案。现在，开发团队面临着巨大的挑战，即如何填补张工离开后留下的空缺。为了应对这个风险，你决定采取以下措施。

（1）知识共享和交叉培训：你在开发团队成员之间组织了知识共享会议和培训，让其他成员了解张工的工作内容、技术专长和解决问题的思路。通过交叉培训，开发团队内的其他成员能够尽快掌握张工的工作，并具备解决类似问题的能力。

（2）人员调整和任务分配：你重新评估了团队成员的技能和能力，并根据需求进行了人员调整。你将张工之前负责的部分工作指派给一位有潜力的开发人员负责，并在他逐步接管工作的过程中给他提供支持和指导。

（3）外部资源引入：鉴于项目的重要性，你与公司高层沟通并获得了额外的资源支持。你决定引入一位外部顾问——拥有类似领域经验的专家，以填补张工离开后的技术空缺。这位顾问将在开发团队中工作一段时间，帮助开发团队解决复杂的技术问题，并传授经验和知识。

（4）风险评估和规划：你召集开发团队成员开会，共同评估人员流失带来的风险，并制订相应的规划和应对策略。你们讨论了可能的延期风险、技术挑战以及如何在有限时间内完成任务的方法。

（5）沟通和透明度：你向用户和利益相关者及时通报了人员流失情况，并说明了你采取的应对措施。你与用户保持及时的沟通，协调项目进展，并尽量减少对交付时间的影响。

通过这些措施，开发团队逐渐适应了张工离开后的新工作安排，成功填补了他留下的空缺。虽然项目进度受到了一些影响，但开发团队的努力和有效的风险管理帮助项目及时恢复正常，并最终成功交付了高质量的软件解决方案。

这个例子指出了风险管理在软件项目中的关键作用。通过识别风险、采取措施并与利益相关者保持沟通，开发团队能够成功应对人员流失等突发风险，确保项目的顺利进行。

本章将深入探讨软件风险管理的重要性及实施方法，讲解如何识别潜在的风险，评估其潜在影响，并制订相应的应对策略。通过有效的风险管理，开发团队可以及时发现和解决潜在问题，降低项目失败的风险，并确保软件按时交付、质量可靠。

5.1　软件风险管理概述

在软件开发项目中，风险管理是确保项目成功的关键因素之一。风险管理旨在识别、评估和控制可能对项目进度、质量和成本产生不利影响的潜在风险。随着软件开发变得越来越复杂和关键，有效的风险管理变得至关重要。软件风险可能来源于很多方面，包括技术因素、商业因素和项目管理因素等。技术风险涉及软件设计、开发和测试过程中的技术挑战和难题，例如复杂的算法、集成问题或性能瓶颈。商业风险与市场需求、竞争压力、商业模式等因素相关，例如产品定位的失误、市场需求的变化等。项目管理风险与项目管理方面的问题有关，例如项目进度延迟、资源不足或团队合作问题。

软件风险管理的目标是及早发现和解决潜在风险，以最大限度地减少其对软件项目的负面影响。通过识别潜在风险并评估其潜在影响，开发团队可以制订相应的风险应对策略，包括风险规避、风险转移和风险减轻等措施。软件风险管理需要开发团队全部成员的参与和合作，以确保软件项目的顺利进行并达到预期的目标。

5.1.1　软件风险管理的定义

IEEE 对软件风险管理的定义如下。

> **定义**　**软件风险管理**是识别、评估和控制软件开发或维护过程中与项目成功相关的潜在问题的系统过程。

这个定义强调了风险管理的 3 个关键方面，即识别、评估和控制。识别是指确定可能发生的风险，并记录下来以便后续管理。评估是指对潜在风险进行分析和评估，包括对风险发生概率和影响的评估。控制指的是制订和实施相关措施以消除或降低风险的影响。IEEE 的定义还强调了风险管理的目标，即确保项目成功。这意味着软件风险管理是为了确保软件开发或维护过程中的软件项目目标实现，包括项目的进度、质量和成本等方面。

风险管理被视为一个系统性的过程，而不仅仅是一次性的活动。这意味着软件风险管理需要在整个软件开发或维护周期中持续进行，并需要有计划地进行管理和监控。软件风险管理关注那些可能对软件项目成功产生负面影响的问题。这些问题可能涉及多个方面，如进度延迟、成本超支、存在质量问题等，因此需要全面考虑并采取相应的措施进行管理。软件风险管理需要综合考虑技术、商业和项目管理等方面的风险因素，这意味着风险管理需要跨部门合作，汇集各方资源和力量，以确保全面有效地管理软件项目中的风险。软件风险管理也包括对软件开发过程中出现的风险进行反馈和总结，以便从中吸取经验教训，不断改进和优化软件开发过程，提高软件项目成功的可能性。

5.1.2 软件风险管理的目标和价值

软件风险管理对软件项目成功至关重要。首先，通过早期识别和评估潜在风险，开发团队能够提前发现可能影响软件项目的问题，从而采取相应的措施进行预防和缓解，避免问题进一步恶化。这有助于降低软件项目面临的不确定性，并提高项目的可控性和可预测性。其次，软件风险管理有助于保障项目的进度和成本，减少或避免项目因为风险的出现而导致的推迟和额外成本。通过有效地规划和利用项目资源，开发团队能够优化资源的利用，提高工作效率，从而更好地满足项目需求。此外，软件风险管理还有助于提高软件产品的质量，通过及早发现和解决可能影响产品稳定性和用户满意度的问题，确保最终产品的质量和竞争力。总之，软件风险管理是确保软件项目成功的关键环节，它在项目的各个方面提供了重要的支持，从而实现项目的顺利进行和最终的成功。以下是软件风险管理的目标和价值。

（1）项目成功：软件风险管理旨在确保软件项目达到预期的目标并按时交付。通过及早识别和解决潜在风险，开发团队可以减少项目失败的风险，提高项目的成功率。

（2）风险降低：软件风险管理的目标是降低软件项目中出现各种风险的概率和影响。通过评估和控制风险，开发团队可以采取相应的措施来减轻风险的影响，从而提高项目的稳定性和可靠性。

（3）资源优化：软件风险管理可以帮助开发团队合理分配和利用项目资源。通过识别风险，开发团队可以更有效地规划和管理资源，避免资源浪费和重复工作，从而提高资源利用效率。

（4）质量保证：软件风险管理有助于提高软件产品的质量。通过识别和控制潜在风险，开发团队可以更好地预防和解决质量问题，从而提高软件产品的稳定性、可用性和安全性。

（5）决策支持：软件风险管理提供了有关软件项目风险的信息和数据，以支持管理者和决策者做出明智的决策。通过全面了解项目中的风险情况，开发团队可以制订合适的决策和计划，并及时调整项目方向以应对不断变化的环境。

总的来说，软件风险管理的目标是确保软件项目成功并最大限度地减少风险对项目的负面影响。它为开发团队提供了一种系统性和综合性的方法来识别、评估和控制风险，从而提高项目的成功率、资源利用效率和软件产品质量。同时，软件风险管理还为管理者和决策者提供了有价值的信息和数据，以支持软件项目管理和决策过程。

以下是一个例子，说明风险管理的目标和价值。假设某软件公司正在开发一款重要的在线支付应用程序，以满足用户对安全、便捷支付的需求。在项目启动初期，开发团队进行了风险管理分析，并识别出了以下两个关键风险。

第一个风险是安全漏洞风险，由于支付涉及用户的敏感信息和资金情况，因此存在黑客攻击和数据泄漏的风险。开发团队意识到如果未能有效保护用户数据，将会对用户信任和公司声誉造成重大损害。

第二个风险是第三方服务提供商风险。应用程序集成了第三方支付服务提供商的接口，但存在第三方服务不稳定或突然中断的风险。开发团队担心如果第三方服务出现问题，将影响用户支付体验并导致收入损失。

针对这些风险，开发团队采取了以下措施。针对安全漏洞风险，开发团队加强了应用程序的安全性设计和开发，引入了加密技术、访问控制和安全审计机制，以确保用户数据得到充分保护。针对第三方服务提供商风险，开发团队与多家服务提供商建立合作关系，并制订备选方案以应对突发情况。同时，开发团队与服务提供商签订服务水平协议（Service Level Agreement，SLA），明确责任和补偿机制。

通过这些措施，开发团队成功降低了安全漏洞风险和第三方服务提供商风险的概率和影响。在应用程序上线后，用户安全得到保障，支付服务稳定可靠，用户体验良好，公司声誉得到提升。

5.1.3 软件风险管理的流程

在软件项目中，风险管理是至关重要的一项任务。即使最具经验和技能的开发团队也很难预测所有可能出现的风险和问题。因此，一个成功的软件项目需要一个全面的风险管理计划，以帮助识别、评估和应对潜在的风险。在风险管理流程中，开发团队需要通过定义风险策略、识别潜在的风险、评估风险的可能性和影响程度，并采取适当的风险应对措施来降低风险的影响。风险管理流程为如图 5.1 所示的 2 个并行流程。

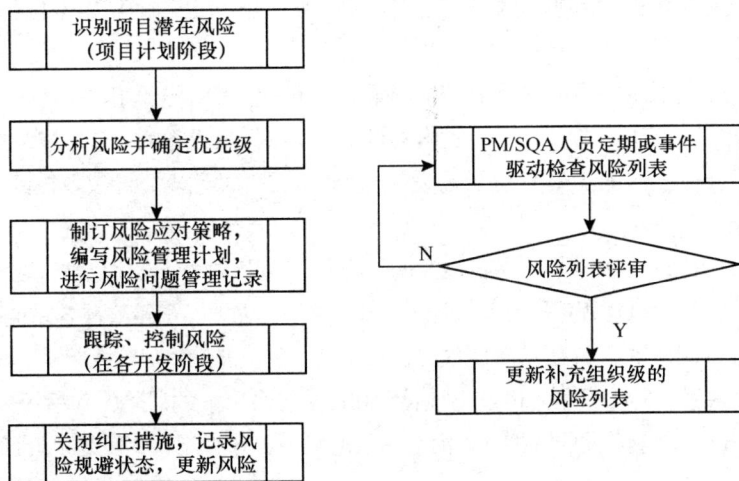

图5.1 软件风险管理流程

5.2 软件风险识别

软件风险识别是确保软件项目成功的重要环节之一。软件开发过程中存在各种潜在的风险因素，包括技术、进度、质量、成本等方面的风险。如果这些风险没有得到及时的识别和管理，可能会导致项目超出预算或无法按时交付等。软件风险识别旨在通过系统地审查软件项目的各个方面，识别可能对项目产生负面影响的风险。这些风险可能源自需求不明确、技术选择不当、人力资源问题、沟通不畅等多种因素。软件风险识别的目标是及早发现这些风险，以便采取相应的措施来降低其发生的概率或影响。在进行软件风险识别时，开发团队需要充分了解软件项目的背景、目标和约束条件，并与相关人员进行密切合作，以确保全面而准确地识别潜在的风险。这涉及对项目需求、项目计划、技术架构、开发团队能力等方面进行仔细分析和评估。通过有效的软件风险识别，开发团队可以提前预知潜在的风险，并制订相应的风险管理计划，以降低项目失败的风险。软件风险识别不是一次性的活动，而是一个持续的过程，需要开发团队不断监测和评估风险，及时采取措施来应对和管理这些风险。

5.2.1 头脑风暴

头脑风暴（Brainstorming）是指开发团队成员通过集体讨论，自由提出可能存在的风险。这种方法可以激发创造力，将各种观点和经验纳入考虑，并产生全面的风险清单。假设某开发团队在开发一款新的移动应用程序，团队成员可以进行头脑风暴，提出可能存在的风险。

（1）用户体验风险

① 用户界面复杂：应用程序的界面设计可能过于复杂，导致用户难以理解和使用。

② 响应速度慢：应用程序可能在某些设备上响应速度较慢，影响用户体验。

③ 设备兼容性问题：应用程序可能在不同的设备上显示不一致或存在兼容性问题。

（2）功能风险

① 核心功能缺失：应用程序可能缺少关键功能，无法满足用户的核心需求。

② 功能错误：应用程序的某些功能可能存在错误，导致功能无法正常工作或产生意外结果。

③ 功能冲突：应用程序的某些功能可能存在冲突，导致用户使用时出现混乱或不一致的情况。

（3）性能风险

① 响应时间延迟：应用程序可能在某些情况下响应时间较长，导致用户等待时间过长。

② 资源消耗过高：应用程序可能消耗过多的设备资源，导致设备响应变慢或电量消耗过快。

③ 并发请求处理问题：应用程序可能无法有效处理大量并发请求，导致系统负载过重或崩溃。

（4）安全风险

① 数据泄露：应用程序可能存在数据泄露的风险，导致用户的个人信息被盗取。

② 账号安全性问题：应用程序可能存在账号安全性问题，如弱密码策略或容易被破解的登录机制。

③ 恶意攻击：应用程序可能受到恶意攻击，如网络钓鱼、恶意软件注入等。

通过进行头脑风暴，团队成员可以广泛地思考和提出各种可能的风险，包括用户体验、功能、性能和安全等方面。这有助于开发团队增加对潜在风险的认识，并为制订相应的风险管理计划做准备。

5.2.2 专家访谈

专家访谈（Expert Interviews）是指通过与领域专家或类似项目成功经验丰富的人进行面对面的访谈，借鉴他们的知识和经验，以识别潜在风险。例如，在开发一款新的医疗健康应用程序时，开发团队邀请了一位具有丰富医疗信息技术经验的医生进行专家访谈，以探讨可能存在的风险。在访谈中，医生提出了以下几个潜在风险与应对措施。

（1）患者隐私保护风险

① 加密数据传输与存储：应用程序应采用端到端加密技术，确保患者个人健康信息在传输和存储过程中的安全性。

② 法律法规合规性：应用程序应严格遵循《中华人民共和国个人信息保护法》等相关法律法规和医疗行业的保密要求，以保护患者隐私信息的安全性和私密性。

③ 定期安全审查：应用程序应定期进行安全审查和评估，确保患者隐私保护措施的有效性和合规性。

（2）医疗信息准确性和可靠性风险

① 权威来源：应用程序提供的医疗信息应来自权威的医学资料和可靠的医疗机构，确保信息的准确性和可信度。

② 信息更新机制：应用程序应建立信息更新机制，及时更新医疗信息，确保用户获取的信息是最新的、准确的。

③ 验证机制：应用程序应设立验证机制，确保医疗信息的来源和准确性，包括验证信息的来源是否可信以及信息内容的准确性。

（3）用户体验和易用性风险

① 用户友好界面设计：应用程序的界面设计应考虑医疗从业者和普通用户的使用习惯，确保界面简洁清晰、易于操作。

② 清晰指导：应用程序应提供清晰易懂的指导，采用文字说明、图文示范等形式，帮助用户正确使用应用程序功能。

③ 用户反馈机制：应用程序应设立用户反馈机制，接受用户对界面设计和功能操作的反馈意见，以不断优化用户体验，提高用户满意度和使用便捷性。

通过与医疗行业专家进行访谈，开发团队可以获取宝贵的见解和建议，识别潜在的风险因素，并制订相应的风险管理计划。专家访谈有助于从行业专业人士的角度审视项目，帮助开发团队更全面地考虑风险，并采取有效的措施来降低风险发生的可能性。

5.2.3　需求分析

需求分析（Requirements Analysis）是指通过详细审查和分析项目需求文档，识别可能导致项目出现问题或失败的不完整、不明确或有冲突的需求。例如，在一个新的在线教育平台的项目中，开发团队进行需求分析时，可能发现的潜在问题与应对措施如下。

（1）不完整的需求

① 用户角色与权限管理：需求文档应详细描述各种用户角色（如学生、教师、管理员）的权限和操作，确保开发团队能够准确确定不同用户可以执行的操作。

② 支付系统集成：需求文档应明确说明支付系统集成的需求（如学生付费课程的流程处理方式），以确保开发团队了解支付流程的处理细节。

（2）不明确的需求

① 用户界面设计：需求文档应提供清晰具体的用户界面设计描述，包括各个页面的布局、交互细节等，以确保设计和开发团队准确理解需求，实现用户友好的界面设计。

② 课程创建和发布流程：需求文档应明确描述教师创建和发布课程的流程，包括是否支持视频课程、文本和图片的格式等，消除可能存在的歧义，确保开发团队能够准确实现功能。

（3）冲突的需求

① 学习顺序与自由选择：需求文档应明确说明学生学习课程的方式，消除可能存在的冲突，确保开发团队确定最终的实现方式（如按章节学习或自由选择学习顺序）。

② 多语言支持：需求文档应明确指出是否需要平台支持多语言界面，以确保开发团队清楚是否需要考虑这一功能，并根据需求进行实现。

通过对项目需求文档进行详细审查和分析，开发团队可以及时识别不完整、不明确或有冲突的需求，并及时与相关人员沟通，以澄清和协调需求，确保整个开发团队对项目目标有清晰的认识，避免后期因为需求不明确导致的问题。

5.2.4　风险分类模型

风险分类模型（Risk Taxonomy）可以帮助开发团队系统地组织和识别风险。使用风险分类模型时，可以将风险按照不同的类别、维度或特征进行组织和识别。假设开发团队正在开发一个新的电子商务平台，可以使用风险分类模型识别以下风险。

（1）技术风险

① 系统安全性：可能存在数据泄露、黑客攻击等安全漏洞。

② 技术可扩展性：可能无法处理高流量和大规模的用户请求。

③ 第三方集成兼容性：可能遇到与第三方服务商集成时的技术兼容性问题。

（2）市场风险

① 竞争压力：可能面临来自其他电子商务平台的竞争，导致市场份额下降。

② 市场需求变化：可能由于市场趋势和用户需求变化而导致产品或功能不符合市场需求。

③ 用户体验：可能出现用户界面不够友好、购物流程烦琐等问题，导致用户流失。

（3）合法合规风险

① 数据隐私：可能未能遵守相关法律法规，如数据收集、存储和处理不符合法律法规要求。

② 支付合法合规：可能因为支付流程不符合金融机构的合规要求而面临风险。

③ 电子商务合法合规：可能未能遵守相关的电子商务相关法律法规，如《中华人民共和国消费者权益保护法》《中华人民共和国广告法》等。

（4）运营风险

① 供应链管理：可能由于供应商问题导致产品供应延迟或货物损坏。

② 用户服务：可能因不良用户服务导致用户投诉和用户流失。

③ 售后支持：可能由于售后支持不到位导致用户体验差和品牌声誉受损。

通过使用风险分类模型，开发团队可以更加系统地识别和管理潜在的风险。在每个风险类别下可以进一步细分和评估具体的风险，并制订相应的风险缓解策略和计划。这有助于提高开发团队对软件开发项目中各种风险的关注度，并采取适当的措施来降低风险对项目的负面影响。

5.2.5　检查表和指南

开发团队可以使用预定义的检查表和指南（Checklists and Guidelines），确保对潜在风险进行全面的覆盖。假设开发团队正在开发一个在线支付系统，可以使用预定义的检查表和指南来进行技术风险识别。

（1）技术风险识别检查表

① 技术架构是否已经明确定义，并且是否能够支持项目的整体需求？在在线支付系统中，技术架构需要支持高并发的交易处理，同时保证数据的安全性和一致性。开发团队需要确保所选的技术架构

能够满足这些要求。

② 项目中是否需要使用新的、不成熟的技术或工具？新的、不成熟的技术或工具可能会导致集成困难或性能问题。开发团队计划引入新的区块链技术作为支付验证的一部分。这是一个相对较新的技术，开发团队需要评估其成熟度和稳定性，以及与现有系统集成的难度。

③ 是否有关键的第三方组件或服务依赖，其可靠性和稳定性是否已经评估？开发团队使用了第三方的身份验证服务和支付网关，需要确保这些服务的可靠性和稳定性，以免影响整个系统的正常运行。

④ 项目中是否使用了特定的硬件或设备，其供应商是否可靠并且能够满足项目需求？开发团队计划使用专门的加密硬件模块来保护用户的支付信息，需要评估其供应商的可靠性和供货能力。

⑤ 是否有针对数据安全和隐私的特殊要求，如数据加密、权限控制等，是否已经充分考虑到？数据安全和隐私是系统的重要关注点，需要确保数据加密、权限控制等安全措施得到充分考虑和实施。

（2）技术风险识别指南

① 对于每个技术风险点，需要进行详细的评估，包括评估其可能性和影响程度，并确定相应的风险应对策略。

② 定期审查技术选择和架构设计，确保他们始终满足项目需求，并及时调整以适应变化的环境。

③ 与技术团队密切合作，了解他们对技术风险的看法，并共同制订风险管理计划。

通过以上的例子，读者可以了解如何利用预定义的检查表和指南来对特定软件项目中的技术风险进行识别和管理，以确保项目在技术层面上的稳定性和可靠性。

5.3 软件风险评估与优先级

在软件开发领域，风险评估是确保软件项目成功的关键步骤之一。通过对潜在风险的识别、评估和优先级确定，开发团队能够在早期识别并处理风险更好地规划和管理软件项目进程，以降低项目失败的风险。因此，采用有效的软件风险评估工具和确定优先级的方法，对于确保软件项目顺利完成、交付高质量成果至关重要。本节将探讨常用的软件风险评估工具（如风险值矩阵），以及确定软件风险优先级的方法，帮助读者更好地理解和应对软件开发过程中的各种挑战。

5.3.1 风险值矩阵

风险值矩阵是一种用于定量评估和管理软件风险的常用工具，它将风险事件的概率和影响程度进行量化，并将其表示在一个二维矩阵中，从而帮助开发团队更好地识别和理解不同风险事件的优先级。在风险值矩阵中，纵轴通常表示风险事件发生的概率，横轴通常表示风险事件发生后的影响程度（如图 5.2 所示）。

在风险值矩阵中，可以将风险事件分为四个象限。

高概率、高影响：这类是最紧急需要处理的风险事件，比如一项关键技术可能无法按计划完成，导致整个项目受到严重影响。

高概率、低影响：这类风险事件可能需要密切监控，以避免其对项目产生负面影响。例如，某个开发团队成员可能会突然离职，但项目影响可以通过重新分配任务得到缓解。

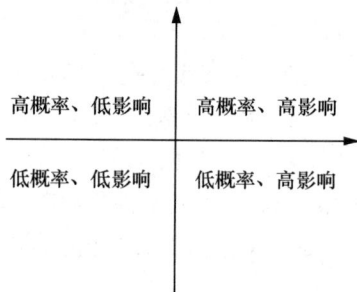

图5.2　风险值矩阵

　　低概率、高影响：这类风险事件虽然发生的概率较低，但一旦发生，将会对项目产生重大影响。例如，项目资金突然被削减，导致项目无法继续进行。

　　低概率、低影响：这类风险事件通常可以被放在较低的优先级，但仍需关注。例如，某个关键设备出现短暂的故障，但很快就可以得到修复，对项目进度产生了较小的影响。

　　根据不同风险事件在两个维度上的评估，可以将其分类为高、中、低或高、低风险等级，进而确定应对策略和优先级。通过风险值矩阵，开发团队可以系统性地评估软件项目面临的各种风险，并对其进行排序和优先处理。高概率、高影响的风险事件往往被认为是最紧急需要解决的，因为它们可能对项目目标和进度产生重大影响。中概率、中影响的风险事件可能需要进一步监控和管理，以避免其演变成实际问题。低概率、低影响的风险事件通常可以被放在较低的优先级，但仍需要关注以确保项目整体的稳健性。低概率、高影响的风险事件一旦发生将产生重大影响，因此尽管其发生概率较小，仍需要高度重视和应对。开发团队应该针对这些风险制订应急计划和备选方案，以应对可能的不利影响，确保项目目标的达成。另外，高概率、低影响的风险事件虽然可能会频繁出现，但由于影响较小，通常可以通过常规的项目管理措施或控制措施来应对。开发团队可以将这些风险事件放在较低的优先级，但仍需要持续监控和及时应对，以确保项目进展顺利。

　　假设有一个软件开发项目，需要在两个月内完成。在项目启动前，开发团队成员一起评估了可能出现的风险，如表 5.1 所示。

表 5.1　风险评估表

风险事件	概率	影响程度
关键技术无法按计划完成	高	高
某个开发团队成员离职	高	低
项目资金被削减	低	高
会议延迟或取消	低	低

　　在此次风险评估中，高概率、高影响的风险事件（例如关键技术无法按计划完成）被视为最紧急需要处理的，开发团队需要制订相应的应对措施，以确保项目进度和质量。高概率、低影响的风险事件（例如某个开发团队成员离职）则需要监控，但不必立即处理。低概率、高影响的风险事件（例如项目资金被削减）需要引起注意，但由于其不太可能发生，所以可以放在较低的优先级。低概率、低影响的风险事件（例如会议延迟或取消）则可以被放置在最低优先级。

风险值矩阵不仅可以帮助开发团队识别和评估风险，还可以促进开发团队之间的沟通和达成共识。通过共同讨论并填写风险值矩阵，开发团队成员可以就风险事件的概率和影响展开讨论，从而形成对风险的整体认知。此外，风险值矩阵也有助于开发团队制订针对不同风险事件的风险应对计划，以确保在面临挑战时能够及时、有效地做出应对。

5.3.2　优先级确定方法

确定软件风险的优先级是指根据风险的概率和影响程度，以及其他相关因素，对风险事件进行排序，以确定哪些风险需要首先被处理和控制的过程。在确定软件风险的优先级时，可以考虑以下因素。

（1）风险严重性

结合概率和影响，对每个风险事件进行评估，确定其严重性。举例来说，在一个软件项目中，存在着一个潜在的风险事件——系统集成延迟。该风险事件指的是在软件开发的不同模块或组件集成时可能出现延迟，导致整个系统的完整性和功能受到影响。首先，开发团队需要对这个风险事件进行概率评估。开发团队通过分析经验和相关数据，可以得出一个估计的概率，用来表示该延迟可能发生的程度。假设根据历史数据和项目经验，预计该风险事件发生的概率为5%。接下来，开发团队需要评估该风险事件的影响程度。系统集成延迟可能导致整个项目的进度受阻，因为在集成之前，其他模块的开发和测试工作无法顺利进行。这可能会导致项目的交付时间延长，进而影响其他相关部门或利益相关方的计划安排。考虑到风险事件一旦发生，可能对项目进度产生重大影响，因此将系统集成延迟的影响程度评估为高。综合考虑概率和影响，可以将该风险事件的严重性评估为较高。尽管该风险事件的发生概率较低，但是由于其影响程度高，开发团队将会优先考虑对该风险事件进行处理和控制。例如，可以采取一些预防措施，如增加集成测试的时间和资源，加强沟通和协调等，以减少系统集成延迟的发生概率，从而减轻项目进度受到的影响。通过对风险严重性进行评估，开发团队能够更好地识别并重点关注那些严重性较高的风险事件，以便采取相应的措施来降低风险并确保项目的顺利进行。

（2）风险管理目标

风险管理的目标是确保开发团队能够全面识别和处理各种潜在的风险，从而实现软件项目的顺利进行和成功交付。开发团队需要根据项目的风险管理目标和整体战略，确定哪些风险事件对项目目标的达成可能产生最大影响，并优先考虑这些风险。

例如，如果软件项目的主要目标是按时交付，那么与交付进度相关的风险将被优先考虑，因为它们直接影响项目目标的实现。此时，可以采用风险严重性评估等方法来确定与交付进度相关风险的优先级，然后采取相应的策略和措施，以确保项目能够按时交付。另外，根据项目的整体战略和需求，也可以确定其他的风险管理目标。

① 安全目标：在许多软件项目，尤其是涉及敏感数据或关键系统的项目中，安全性往往是最重要的风险管理目标。数据泄露或系统受到攻击等均可能会对项目造成严重的损害，甚至可能导致项目失败。因此，与安全相关的风险通常会被放在首位。

② 质量目标：高质量的产品或服务是软件项目成功的关键因素之一。如果产品或服务的质量无法达到预期标准，可能会导致用户满意度降低，进而影响项目的成功。因此，与质量相关的风险通常排在第二位。

③ 成本目标：虽然控制成本是软件项目管理的核心任务之一，但在考虑风险管理目标的优先级时，

与成本相关的风险通常会排在第三位。因为在追求安全和高质量的前提下，有时可能需要适当地增加成本以确保项目的成功。

综合运用上述方法，开发团队可以根据软件项目的具体情况确定软件风险管理的目标和优先级，从而更好地识别和处理各种潜在的风险。同时，也需要不断监控和跟踪风险的变化和发展，并根据实际情况及时调整风险管理计划和策略。

假设某公司有一个软件开发项目，该项目的主要目标是开发一个用于在线支付的安全、高质量的软件，并且要在预定的预算内完成。开发团队制订了如下的风险管理目标。

安全目标优先：该软件涉及用户的隐私信息和交易数据，因此安全性是最重要的风险管理目标。开发团队需要确保软件的数据加密、身份验证和防止潜在的网络攻击等方面的安全措施都实施到位。

质量目标次之：在确保安全性的基础上，开发团队需要确保软件的功能完善、用户界面友好、无缺陷等，以提供高质量的用户体验。

成本目标最后：在安全和质量得到保证的前提下，开发团队需要控制开发成本，确保软件开发在预算范围内完成。这可能涉及优化开发流程、选择合适的技术栈和工具，以及合理分配资源等。

（3）利益相关方优先级

在软件项目中，利益相关方包括客户、用户、开发团队、测试人员、管理者等多个方面。不同的利益相关方可能对不同类型的风险的关注程度不同。因此，在确定软件风险的优先级时，需要考虑到这些利益相关方的需求和担忧，并将他们对软件风险的关注度纳入考虑，以确定风险的优先级顺序。下面以一个假设的在线银行应用为例来进行说明。

① 客户

数据安全：客户非常关注其个人和财务信息的安全。因此，对于数据库泄露、黑客攻击等数据安全风险会格外敏感。

交易准确性：客户期望他们的交易记录准确无误。因此，与交易处理和记录相关的风险也会引起客户的关注。

② 用户

界面友好性：用户希望应用界面简洁直观，操作流畅。因此，与界面设计不当、操作繁琐等用户体验相关的风险会引起用户较高的关注。

响应速度：用户希望应用能够快速响应他们的操作。因此，与系统响应速度不佳、加载时间过长等相关的风险也会引起用户的关注。

③ 开发团队

技术实施：开发团队可能更关注技术实施方面的风险，如加密算法的选择、安全漏洞的修复等。

第三方组件稳定性：开发团队可能也会关注第三方组件的稳定性和可靠性，以确保整个系统的稳定性。

④ 测试人员

功能覆盖完整性：测试人员会关注功能测试是否覆盖到位，是否有遗漏的功能点，以及是否存在功能实现不符合预期的风险。

安全性测试：测试人员也会关注安全测试，检查系统是否容易受到 SQL 注入、跨站脚本攻击等安全威胁。

⑤ 管理者

项目进度与成本控制：管理者关注项目的进度和成本控制。因此，与开发周期延长、额外的成本支出等相关的风险会受到他们的特别关注。

可见，不同利益相关方对软件风险的关注点不同。因此，在确定风险优先级时，需要考虑各方的需求和担忧。

综合运用以上方法，开发团队可以更全面地确定软件风险的优先级，从而更好地保障项目的成功交付。

5.4　软件风险应对策略

软件风险应对策略是指在软件项目中，如何有效应对已经识别的风险事件，以最大程度地减少风险带来的影响，保证软件项目的顺利实施和成功交付。常用的软件风险应对策略包括风险规避、风险转移、风险减轻和风险接受 4 种。

5.4.1　风险规避

风险规避是指通过调整软件项目计划或技术选型等措施，避免出现可能导致项目失败或者成本超支等的风险。具体方法如下。

（1）调整项目计划：根据风险管理计划中的风险评估结果，重新制订项目计划，合理安排时间、资源和任务分配，以规避潜在的风险。

（2）调整技术选型：针对可能存在的技术风险，选择更可靠、更稳定的技术方案，以降低风险发生的概率。

（3）避免高风险活动：对于风险评估结果较高的活动，可以考虑放弃或者推迟，避免造成严重的影响。

假设一个开发团队正在开发一款新的企业级软件，他们意识到了可能存在的技术风险。特别是在项目进行初期的技术评估阶段，开发团队发现他们计划采用的某个第三方库在大规模并发情况下性能可能存在问题。为了规避这个技术风险，开发团队可以采取以下措施。

（1）调整技术选型：开发团队可以重新评估可用的替代库或技术方案，选择更成熟、更稳定的解决方案来规避潜在的性能问题。

（2）进行原型验证：开发团队可以先制作一个小规模的原型系统，使用该第三方库进行实际测试和评估，以验证其在实际应用中的性能表现。通过原型验证，开发团队可以更好地了解潜在问题，并采取相应的措施。

（3）实施容错机制：即使开发团队最终选择继续使用该第三方库，他们也可以实施容错机制，如增加缓存、优化代码等，以减轻潜在的性能问题带来的影响。

（4）寻求专家意见：开发团队还可以寻求相关领域专家的意见，了解该第三方库的最佳实践和潜在风险，并根据专家建议调整项目实施方案。

5.4.2　风险转移

风险转移是一种常见的软件风险管理策略，通过将风险责任转移给其他方来减轻自身承担的风险。软件项目通常采用外包的形式来转移软件开发的风险，例如发包方面对一个完全陌生领域的项目可以通过外包来完成，发包方必须有明确的合同约定以获得承包方对软件的质量、进度以及维护的保证，否则风险转移很难取得成功。此外，还有一些其他的风险转移方法，下面用一个例子来说明。

假设一个公司正在开发一款关键的软件产品，他们意识到了可能存在的市场接受度风险。公司担心投入大量资源和资金后，软件产品最终无法吸引足够的用户，导致项目失败。为了规避这个市场接受度风险，公司可以考虑以下风险转移策略。

（1）合作伙伴协议：公司可以与在行业内具有一定影响力和资源的合作伙伴建立合作关系，共同推广软件产品。通过与合作伙伴合作，公司可以借助其现有的用户群和市场渠道，减少软件产品推广和市场接受度方面的风险。

（2）外包市场研究：公司可以将市场调研工作外包给专业的市场研究公司，以获取更全面和客观的市场信息。通过外包市场研究，公司可以减少对内部资源的依赖，同时获得更专业和可靠的市场分析，降低错误决策的风险。

（3）技术合作：如果软件产品涉及复杂的技术或领域知识，公司可以考虑与技术专家或顾问合作，共同解决技术难题，提升软件产品的竞争力。通过技术合作，公司可以转移部分技术风险，并确保软件产品在技术上具有可行性和可持续性。

通过以上风险转移策略，公司可以有效规避市场接受度风险，降低项目失败的可能性，确保软件产品的顺利推出和成功推广。

5.4.3　风险减轻

风险减轻旨在减少软件风险对项目的影响。为了减轻这些风险的影响，开发团队可采取以下措施。

（1）增加资源投入：开发团队可以增加测试团队的人员数量，并引入自动化测试工具，以提高测试效率和覆盖率。同时，强化质量控制流程，包括加强代码审查、定期质量检查等，以减少软件缺陷的出现概率。

（2）制订备用方案：在项目计划中考虑各种可能的风险事件，并为关键任务和功能设计备用方案。例如，针对可能的需求变更，开发团队可以设计可扩展的架构和模块化的代码结构，以便快速适应新的需求。

（3）定期复查和评估：开发团队定期审查风险登记册，跟踪风险状态并执行相应的风险应对措施，包括每周举行风险评估会议、及时发现和解决潜在风险，并调整项目计划以应对新的挑战。

5.4.4　风险接受

风险接受是指在面对某些软件风险时，开发团队选择不采取任何措施，而是接受这些风险可能带来的影响，或者仅采取最低限度的措施来降低或消除风险。风险接受通常适用于以下情况。

（1）低影响风险：一些风险即使发生，对项目的影响也很小，可以被轻易承受。在这种情况下，开发团队可能会选择接受这些风险，而不采取额外的风险管理措施。

（2）成本效益考虑：有时候采取风险管理措施的成本可能比风险本身造成的损失更高，这时开发团队可能会选择接受风险，以保持项目成本在可控范围内。

（3）技术挑战：在某些情况下，项目面临的风险是与新技术或未经验证的解决方案相关的。在这种情况下，开发团队可能会选择接受这些风险，以便探索新的技术领域并获取更多的学习经验。

尽管开发团队选择接受某些软件风险，但他们仍然需要进行风险识别、评估和监控，以便在风险发生时及时采取行动应对。在风险接受的情况下，开发团队应该有应对风险所造成的影响的计划，并做好随时调整的准备。

5.5 SmartArchive项目的风险管理

软件风险管理是软件项目管理过程中的重要活动，其目的是对潜在的和突发的、影响项目正常进行甚至使项目进程受阻的风险提前或及时作出识别，制订应对措施，起到防范、规避和缓解的作用，使软件项目开发得以顺利完成。本节详细介绍了如何规范 SmartAchive 项目风险管理过程，有效地进行项目风险的识别、制订管理策略并进行跟踪控制工作，确保项目顺利完成。

5.5.1 SmartArchive项目的风险管理职责

在 SmartArchive 项目中执行风险管理所包含的活动时，项目经理、SQA 人员、项目组成员、高级经理和 SEPG 的职责描述如下。

项目经理的职责是组织进行风险管理前期的识别、分析、制订应对策略的工作，制订风险管理计划或风险问题管理记录，指导项目组成员执行风险应对策略，并在整个项目执行过程中持续进行风险的跟踪和控制工作。

SQA 人员的职责是协助项目经理对风险进行跟踪和控制，并对风险管理过程数据进行收集整理。

项目组成员的职责是参与风险管理前期的识别、分析、制订应对策略的工作，参与执行风险应对策略。

高级经理的职责是对项目经理提交的高优先级风险的解决进行支援。

SEPG 负责收集新风险项，对风险列表进行更新。

5.5.2 SmartArchive项目的风险管理

根据软件风险管理流程，SmartArchive 项目实施的风险管理工作如下。

（1）识别项目潜在风险。

该阶段的主要任务是召开风险研讨会，进行风险识别，编写初步的风险管理计划或风险管理表（风险管理计划文档结构如图 5.3 所示，风险管理表如图 5.4 所示，为把风险管理过程跟踪完整，把该表放于本节最后，请参阅）。

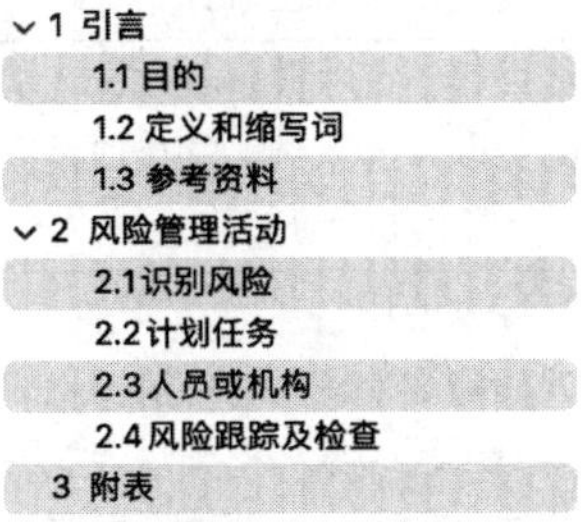

```
∨ 1 引言
    1.1 目的
    1.2 定义和缩写词
    1.3 参考资料
∨ 2 风险管理活动
    2.1 识别风险
    2.2 计划任务
    2.3 人员或机构
    2.4 风险跟踪及检查
  3 附表
```

图5.3 SmartAchive项目的风险管理计划文档结构

该阶段的工作内容如下。

① 项目组在项目经理的指导下展开风险研讨，必要时吸纳项目相关人员（包括市场人员）参加，对项目开发计划的工作分解结构（WBS）中所有活动中可能存在的风险进行识别。

② 对项目风险的识别可以参照如表 5.2 所示的风险列表，对表中罗列的风险项，逐一研讨其显含或隐含的可能性。

③ 对项目风险的识别，还可以参考其他项目或当前项目的早期阶段中识别出来的或发生过的风险。

④ 以下为 SmartAchive 项目的常见的风险。

a. 需求不明确或需求分析缺项，致使最终产品不符合客户或市场的需要，导致项目目标偏离或在中途作重大变动，延误时间。

b. 对项目工作量估计不足，工作不能按计划执行，甚至放弃计划。

c. 客户要求急，开发时间短，放松了对过程的控制，导致缺陷不能及时发现，给后面的维护工作带来了较大的压力。

d. 测试手段和时间不足，不能充分覆盖所有需求项，导致交付的产品有较多缺陷未能发现。

⑤ 项目经理负责将识别出来的风险项记录在风险管理计划文档或风险管理表中。

该阶段的工作产品是风险管理计划文档或风险管理表。

表 5.2　风险列表

风险种类	风险问题
进度风险	▲ 进度安排制订的是否合理？ ▲ WBS 的分析是否足够细致，以便对进度做较贴切的安排？ ▲ 对交付日期的要求是否严格？ ▲ 是否可以为了满足严格的进度安排而对产品功能进行让步？ ▲ 计划是否为过程管理预留时间？
规模风险	▲ 对软件需求的认同是否一致？ ▲ 需求是否按优先级排列？ ▲ 对需求的变化是否建立了相应的管理机制并实施？ ▲ 对需求的变化是否做了相应的分析？ ▲ 需求是否稳定并达到了充分的共识？ ▲ 过度的客户化是否会给软件的发布带来难度或导致延迟发布、功能不齐全等问题？ ▲ 规模的估计方法是否正确掌握和使用？ ▲ 项目规模是固定不变还是在不断扩展或变更？ ▲ 项目开发规模或范围的预估是否正确？
外部依赖风险	▲ 系统是否引入新的或未经验证的技术要求（包括硬件、软件、服务或集成方案）？ ▲ 与其他系统（包括组织以外的系统）的接口是否存在外部依赖性？ ▲ 该项目是否依赖其他（平行的）开发项目？
技术风险	▲ 所采用的技术是否已经过使用？ ▲ 使用的组件是否被成功地重复使用？重复使用的组件是否合理？ ▲ 数据量是否合理？当前可用的系统框架是否能够保存这些数据？ ▲ 是否有特殊或苛刻的技术需求（如要求开发团队处理他们不熟悉的问题）？ ▲ 是否存在极不灵活的可用性和安全性需求（如"系统必须永远不出现故障"）？ ▲ 系统的用户是否对正在开发的系统类型有经验？ ▲ 应用程序的大小或复杂性是否导致了风险的增加？ ▲ 项目的成功是否依赖开发工具（设计工具、编译器等）和实施技术（操作系统、数据库、进程间通信机制等）的成功集成？是否有替代计划，可以在没有这些技术的情况下交付项目？

续表

风险种类	风险问题
人员	▲　是否拥有必要的人员（尤其是测试人员、SQA 人员、SCM 人员）？ ▲　项目组成员是否具备合适的技能和经验以及接受过相应培训？ ▲　项目组成员是否会有突然接受其他任务的可能性？ ▲　项目组成员对项目成功是否有信心和决心？
资金	▲　完成项目所需的资金能否到位？ ▲　是否有预算限制？ ▲　项目的成本预算是否准确？ ▲　是否有预留风险管理等资金？
用户	▲　用户的配合程度是否导致项目难以进行？ ▲　用户环境或外界环境变更是否将使项目中断或中止？ ▲　用户环境与开发环境的差别是否会导致出现难以克服的困难？

（2）分析风险并确定优先级

风险分析是软件风险管理过程中的重要任务，旨在全面评估和理解已识别的风险。首先，对识别的风险进行分类以使其更易于管理。然后，对这些风险进行详细的分析，评价其概率（P）和影响度（I），以确定其对项目的潜在影响。通过计算风险值和风险等级，开发团队能够量化风险的严重程度，并将其与其他风险进行比较，以确定风险项的优先级。此外，预测风险在项目生命周期中可能发生的阶段，有助于制订相应的风险应对策略和措施。最后，完善风险管理表是记录和跟踪风险信息的重要步骤，以便及时更新和监控风险管理过程。通过这些任务，相关人员能够更好地了解项目的潜在风险，为项目的成功交付提供有效的风险管理和决策支持。该阶段的工作内容如下。

活动 1——风险分类。

项目经理负责进行风险估计并列举风险项，按表 5.2 中所列的风险种类进行整理，尽可能合并相似的风险项，避免重复。

SEPG 负责收集各项目组新识别的风险项，并进行评估，定期更新风险列表内容。必要时可以召集公司高级经理、项目经理、SEPG 成员及相关人员对风险列表进行评审。

活动 2——评价风险概率（P）和影响度（I）。

项目经理负责组织项目组成员对识别的风险项进行分析，评价风险发生的概率和影响度。必要时，可以邀请相关同行参与风险分析活动。

① 概率（P）是指风险发生的可能性。其量化评价方法是按下列描述打分：高可能性 $P \geqslant 70\%$；中可能性 $30\% < P < 70\%$；低可能性 $P \leqslant 30\%$。

② 影响度（I）是指当风险说明中所预料的情况发生时可能会对项目产生的影响。其量化评价要考虑到性质、范围和时间，并使用下列描述：低度影响 $I=1$；中度影响 $I=2$；高度影响 $I=4$。

活动 3——计算风险值。

根据计算出的风险概率（P）和影响度（I）的值，按照风险值矩阵表（如表 5.3 所示）中的对应关系，计算每个风险项的风险值，风险值=风险概率×影响度。

表5.3 风险值矩阵表

风险概率（P）	影响度为高（$I=4$）	影响度为中（$I=2$）	影响度为低（$I=1$）
$P \geqslant 70\%$（高）	2.8～4.0	1.4～2.0	0.7～1.0
$30\% < P < 70\%$（中）	1.2～2.8	0.6～1.4	0.3～0.7
$P \leqslant 30\%$（低）	0～1.2	0～0.6	0～0.3

活动4——确定风险优先级。

项目经理组织项目组成员，结合项目管理经验和当前项目的实际情况，确定各个风险项的优先级。风险优先级分为四类：高优先级、中优先级、中低优先级和低优先级。

① 高优先级：即一级风险，是高影响度且高概率、高影响度且中概率、中影响度且高概率的风险，在风险值矩阵中为橘黄色区域。

② 中优先级：即二级风险，是高影响度且低概率、中影响度且中概率、低影响度且高概率的风险，在风险值矩阵中为黄色区域。

③ 中低优先级：即三级风险，是中影响度且低概率、低影响度且中概率的风险，在风险值矩阵中为淡黄色区域。

④ 低优先级：即四级风险，是低影响度且低概率的风险，在风险值矩阵中为白色区域。

活动5——预测风险在项目生命周期中可能发生的阶段。

活动6——完善风险管理计划或风险管理表。

项目经理根据前几步工作，完善风险管理计划或风险管理表。

该阶段的工作成果：风险管理计划或风险管理表。

（3）制订风险应对策略

制订风险应对策略的任务不仅是根据风险的等级，制订相应的应对策略与措施，还包括根据风险的性质和特点，采取针对性的措施来降低或消除风险的影响。首先，项目组需要根据风险的影响度和概率确定相应的优先级（高、中、中低、低），重点关注高优先级风险。接着，针对每个风险制订具体的应对策略，例如风险规避、风险转移、风险减轻或风险接受。在制订应对策略时，需要考虑成本效益、可行性以及潜在的影响。此外，还需要明确责任人，并制订实施计划和时间表。除了一次性的应对策略，还需考虑长期的风险管理措施，以确保项目在整个生命周期内能够有效地管理和应对风险。制订风险应对策略的目标是最大程度地降低风险的影响，保证项目能够按时交付，达到预期的成本和质量目标。该阶段的工作内容如下。

① 项目经理根据风险的概率、影响度和优先级，制订风险的应对策略与措施，并确定责任人。

a. 风险应对策略与措施应包括风险的规避措施和风险发生后的减轻措施。

b. 对于高优先级的风险，项目经理可以牵头组织会议，请相关高级经理（如部门总工程师或总经理等）参加，共同制订风险应对策略，并取得高级经理的支持。

c. 对于中优先级的风险项，项目经理可以组织项目组成员或邀请同行以讨论的方式，制订风险应对策略。若风险项为项目级无法解决的风险，由项目经理提交相关高级经理以寻求帮助。

d. 对于中低、低优先级的风险项，项目经理可以组织项目组成员或部分人员以讨论的方式，制订风险应对策略。

② 风险的应对策略通常有以下 4 种：风险规避、风险转移、风险减轻、风险接受。

a. 风险规避：制订风险规避策略时，项目经理要向高层领导报告，并获得批准。如有必要，还需通知客户以达成一致。风险规避措施包括缩小项目规模，缩小项目目标或功能范围，重新组织项目等。

b. 风险转移：制订风险转移策略时，项目经理要向高级经理报告，并获得批准，如有必要，还需通知客户以达成一致。风险转移措施包括将风险转移给其他方（如客户方等）承担，将当前项目中高风险的功能转移到另外的、能够成功实现它的相关项目或系统中等。

c. 风险减轻：减轻措施主要用在风险发生时。建议制订及时的、正面主动的、具体的应急方案解决问题，以便减少风险对项目的影响。

d. 风险接受：当某些高优先级的风险不能进行规避和转移，必须承认风险发生的可能性时，可采取风险接受的方式来处理风险。风险接受措施包括在制订项目计划或预算时，估计出这一部分风险发生时所耗费的工作量和成本，作为风险管理储备。由项目经理和 SQA 人员重点对该风险的状态进行监控和报告，制订应急方案，确定风险减轻措施。

③ 项目经理根据风险管理的前期工作，完成风险估计。

④ 在进行项目开发计划评审时，评审风险估计部分。评审过程参照软件 CMMI 规程——项目评审规程（详见第 6 章）。

该阶段的工作成果：风险管理计划文档或风险管理表。

（4）跟踪、控制风险

跟踪、控制风险的任务包括跟踪和控制风险的状态，以确保在整个生命周期中能够有效地管理项目的潜在风险。这一过程需要持续进行风险识别、分析和跟踪工作，及时更新风险信息，并采取必要的行动来应对新出现的风险或调整原有的风险管理策略。通过不断监测和控制风险，开发团队能够及时发现并应对可能对项目目标产生负面影响的风险，确保项目能够按计划顺利进行并取得成功。该阶段的工作内容如下。

活动 1——跟踪风险。

SQA 人员协助项目经理按照项目开发计划，定期或事件驱动地以询问责任人的方式，对每个风险进行跟踪，在项目状态报告的风险管理表中记录跟踪状态。跟踪状态如下。

① 开放："开放"状态指风险未发生。风险的初始状态均为"开放"。

② 已规避：风险已完成规避。填写"实际完成时间"栏。

③ 已发生：风险已发生。填写"实际发生时间"栏。风险发生则成为问题，项目经理须将此类风险转到项目状态报告的项目进度与状态报告的相关栏目中进行说明，并进行跟踪管理。对已转入问题管理的风险，问题解决后填写"实际完成时间"栏。

④ 关闭：风险已得到有效控制或解决。

活动 2——控制风险。

① 项目经理须定期对"开放"状态的风险重新进行评估，以确定其概率、影响度和优先级是否发生了变化，并及时更新风险管理表。

② 项目经理在项目执行的各个阶段，需要再次进行风险识别，确定新识别的风险的概率、影响度、优先级并制订应对策略，及时更新风险管理表，以确保风险管理的动态性和完整性。

该阶段的工作成果：风险管理计划文档或风险管理表（如图 5.4 所示）。

项目状态报告——风险管理表

项目名称及版本号	SmartAchive V1.0						项目经理	何工	SQA	伊工、汤工
项目类型	□产品研发项目■客户定制或应用开发项目□平台或中间件项目□维护项目									
序号	风险描述	影响度(I)	概率(P)	优先级	可能发生阶段	应对策略与措施(包括规避措施和减轻措施)	责任人	实际发生时间	实际完成时间	状态跟踪
1	数据库故障导致数据丢失	高($I=4$)	中可能性(30%<P<70%)	高	运行阶段	定期备份数据库,实施灾难恢复计划	何工	未发生		
2	技术依赖的第三方公司破产	高($I=4$)	高可能性($P≥70\%$)	高	编码阶段	寻找备选方案,准备应急预案	何工	未发生		
3	数据安全漏洞导致信息泄露	高($I=4$)	中可能性(30%<P<70%)	高	运行阶段	加强系统的安全性措施,包括加密、权限控制和审计等	何工	未发生		
4	技术设备故障影响系统运行	高($I=4$)	低可能性($P≤30\%$)	中	运行阶段	建立备用设备并定期进行维护和测试,确保系统的持续可用性	何工	未发生		
5	不合理的需求变更导致项目进度延误	中($I=2$)	高可能性($P≥70\%$)	高	需求分析/设计/编码阶段	确定明确的变更管理流程,与相关利益相关者进行沟通并评估变更对进度的影响	何工	2023/10/25		开放
6	人员流失导致项目团队的技术能力和经验丧失	高($I=4$)	低可能性($P≤30\%$)	中	全过程	实施知识转移计划,培养备用人员,确保项目团队的稳定性和技术能力的传承	王工	2023/12/22	2023/12/25	已规避
7	不可控的外部因素(如自然灾害)影响系统运行	低($I=1$)	低可能性($P≤30\%$)	低	运行阶段	制订灾难恢复计划,包括备份数据、设立灾难恢复中心、制订应对突发事件的应急预案	伊工	未发生		
填写说明 1. 阶段:描述风险可能发生的阶段,若是多个阶段可以表示为需求/设计;若全过程都可以发生,则写全过程。 2. 状态跟踪包括四种:开放、已规避、已发生、关闭。 3. 用字体红色表示开放的风险;蓝色表示已规避的风险;橙色表示已发生的风险;绿色表示关闭的风险。										

图5.4 风险管理表

(5)关闭纠正措施,记录风险规避状态,更新风险

① 关闭纠正措施:首先,评估已经实施的纠正措施是否已经达到预期的效果,且风险是否已经得到控制。如果发现纠正措施已经取得成功,并且风险已经减少到可以接受的水平,那么可以决定关闭这些措施。在关闭纠正措施之前,需要确保开发团队和利益相关方都同意这一决定,并且记录下关闭纠正措施的理由和决策过程。

② 记录风险规避状态:对于那些无法完全消除的风险,需要采取规避措施来降低其影响或概率。记录风险规避状态意味着跟踪已经实施的规避措施,并评估其效果。如果规避措施能够有效减少风险的发生概率或者减轻风险的影响,那么可以将风险状态更新为"规避中"。

③ 更新风险:风险是动态变化的,因此需要定期对风险进行评估和更新。当发现新的风险或者现

有风险的概率或影响发生变化时，需要更新风险列表。更新风险时，应该包括风险的描述、概率、影响度、优先级等信息，并记录下更新的原因和背景。

（6）PM/SQA 人员定期或事件驱动地检查风险列表并进行评审

在项目管理（PM）和软件质量保证（SQA）中，定期检查风险列表是非常重要的，可以通过定期或事件驱动检查来完成。以下是两种方法的概述。

① 定期检查

a. 风险评审会议：定期召开风险评审会议，例如在每周、每月或每个迭代结束后召开会议。在会议上，开发团队可以回顾上次会议以来出现的任何新风险，评估现有风险的状态，更新风险列表，并讨论和规划相应的应对措施。

b. 里程碑评估：与项目里程碑相关的定期评估也是检查风险列表的好时机。在到达重要里程碑时，开发团队可以评估当前的风险状况，并调整策略以应对新的挑战。

② 事件驱动检查

a. 重大变更：当项目发生重大变更（例如范围变更、人员变动、技术栈更改等）时，都应该触发风险评估的事件。开发团队需要评估这些变更对现有风险的影响，并确定是否需要调整风险应对策略。

b. 问题或故障：当项目遇到问题或故障时，应该立即进行风险评估。开发团队需要确定这些问题或故障是否导致了新的风险，以及如何调整计划来应对这些风险。

在进行风险列表的定期或事件驱动检查时，开发团队应该确保所有的利益相关方都参与到评估过程中，以确保对风险的全面理解和有效管理。同时，记录和跟踪风险列表的变化是至关重要的，以便开发团队追踪风险管理活动的进展和效果。

（7）更新补充组织级的风险列表

经过第（6）步之后，开发团队可以不断更新和补充风险列表，更好地预见和应对潜在的风险，确保项目和业务的顺利进行。

5.6　小结

软件风险管理在软件项目中起着至关重要的作用，因此应该尽早开始进行，良好的风险管理规划可以为软件项目的成功提供保障。此外，也不能忽视以往相关项目经验的参考价值。软件风险管理是一个积累的实践过程，通过借鉴前人的经验，无论是在风险识别还是风险应对方面，都可以获得启示和宝贵经验。此外，要充分考虑项目成员对风险的态度。软件风险管理不仅仅是项目经理的责任，而且需要全员参与。不同成员对风险的态度会在一定程度上影响风险应对措施的制订。因此，需要注意对于风险追逐型成员可能存在乐观偏向的情况，也不能因为某些风险保守型成员的态度而停滞不前。因此，通过早期的软件风险管理，并综合利用以往经验和专业工具，可以更好地保障软件项目的成功实施。

5.7　习题

一、填空题

1. 软件风险管理的目标是及早发现和解决潜在风险，以最大限度地减少其对软件项目的_____影响。

2. 通过识别潜在风险并评估其潜在影响，开发团队可以制订相应的风险应对策略，包括风险____、风险____、风险____和风险____等措施。

3. 软件风险管理需要全开发团队的参与和合作，以确保软件项目的顺利进行并达到_____的目标。

4. 软件风险管理也包括对软件开发过程中出现的风险进行反馈和总结，以便从中吸取经验教训，不断改进和优化软件开发过程，提高项目成功的_____。

5. 软件风险管理为开发团队提供了一种系统性和综合性的方法来识别、评估和控制风险，从而提高项目的成功率、资源利用效率和软件产品_____。

6. 软件风险管理的目标和价值之一是资源优化，通过识别风险，开发团队可以更有效地规划和管理资源，避免资源浪费和重复工作，从而提高资源利用_____。

7. 在进行软件风险识别时，开发团队需要充分了解项目的背景、目标和约束条件，并与项目相关人员进行密切合作，以确保全面而准确地_____潜在的风险。

二、案例分析题

情景描述

某公司计划开发一款新的企业级软件，开发团队在初期技术评估阶段发现可能存在的技术风险，即选用的第三方库在大规模并发情况下可能存在性能问题。

问题

作为项目经理，你将如何制订有效的软件风险应对策略，以规避潜在的性能问题，确保项目成功实施和交付？

任务要求

1. 提出针对该技术风险的风险规避策略，包括具体措施和实施步骤。

2. 讨论是否可以考虑风险转移策略，如果可以，请提出适合该情况的风险转移方案。

3. 分析风险减轻措施，说明如何减少潜在风险对项目的影响。

4. 讨论是否存在接受某些风险的可能性，如果存在，解释为何可以选择接受某些风险，并提出应对措施。

请根据以上要求撰写一份综合性的案例分析，涵盖风险规避、风险转移、风险减轻和风险接受等方面的策略和措施。

06 第6章 软件评审

软件评审是确保软件质量的关键步骤，也是发现潜在问题并进行改进的重要途径。

软件评审是一个至关重要的过程，用于确保软件项目的质量、完整性和符合性。通过严格的评审流程，开发团队可以及时发现潜在问题并提前纠正，从而降低项目失败的风险，并最终交付高质量的软件产品。

假设你是一家公司的项目经理，负责开发一个高度定制化的 ERP 系统，该系统旨在支持客户的核心业务流程。在这个项目中，由于时间紧迫和资源有限，你决定跳过软件评审这一关键步骤，以便尽快交付软件产品。这个决定可能会导致许多潜在问题无法及时发现，如潜在的设计缺陷、代码错误或性能问题等。这些问题可能会在软件产品交付后被客户和最终用户发现，从而导致严重的问题。

第一，软件的安全性和可靠性存在隐患。这可能导致数据泄露、系统崩溃或出现其他安全漏洞，给客户的业务带来重大损失，并损害公司声誉。

第二，项目失败的风险增加。潜在的问题可能会导致客户不满意、项目延期或合同违约，从而给公司带来重大损失。

第三，缺乏改进机会。软件评审不仅是发现问题的机会，也是改进软件开发流程和质量标准的机会。

在上述 ERP 系统开发项目中，跳过软件评审环节是一个严重的风险。这个决定可能会导致软件的安全性和可靠性存在隐患、项目失败的风险增加以及缺乏改进机会。

6.1 软件评审概述

系统性的审查和讨论可以提高软件的质量、可靠性和用户满意度。在软件评审中，团队成员共同审查代码、设计文档、需求规格说明书等关键部分，发现潜在问题并提出改进建议，从而确保软件符合规范、标准和用户需求。除此之外，软件评审还有助于改进开发团队的软件开发实践和流程，降低软件项目风险，提高交付成功率，并促进团队的沟通和合作能力。可见，软件评审不仅是质量管理的重要手段，也是团队持续改进和成长的关键路径之一。

6.1.1 软件评审的定义

根据 IEEE Std 1028-2008《软件评审和审计标准》，软件评审的定义如下。

> **软件评审**是一种系统性的方法，用于检查、衡量和改进软件产品、过程和相关文档的质量。它是一个多人参与的活动，旨在发现潜在错误、缺陷和改进机会，以确保软件产品满足规范、标准和用户需求。

软件评审是一个迭代和持续改进的过程。通过评审发现的问题和相应的改进建议，开发团队可以采取相应的措施来纠正和改进软件开发过程。这种持续的学习和改进有助于提高团队的技术能力和质量标准。软件评审流程通常包括制订评审标准、召开评审会议、记录问题和提出改进建议等环节。评审可以采用不同的方法，如检查清单、模拟演练、对比分析等。评审过程应该具有结构性、可重复性和可测量性，以确保评审的有效性和一致性。

6.1.2 软件评审的价值和意义

软件评审的价值和意义是多方面的。

首先，软件评审有助于提高软件的质量和可靠性。通过多人参与的评审过程，开发团队能够共同检查代码、设计文档和需求规格说明书等关键部分，发现潜在的问题和错误。这些问题可能包括逻辑错误、数据不一致、安全漏洞和性能瓶颈等。通过及早发现和纠正这些问题，开发团队可以提高软件的质量，并减少后期修复问题所需的时间和成本。

其次，软件评审有助于改进开发团队的软件开发实践和流程。在评审过程中，团队成员可以相互学习、分享经验和最佳实践，讨论和解决技术挑战，提出改进建议，并制订规范和标准以确保代码质量和一致性。通过这种知识共享和持续改进，开发团队能够提高自身的技术能力和团队协作能力，以更高效和可靠的方式开发软件。

此外，软件评审有助于降低软件风险并提高交付成功率。评审过程可以帮助开发团队识别和解决项目中的关键风险和挑战，包括技术难题、资源限制和进度压力等。通过评审过程中的讨论和决策，开发团队可以更好地理解项目需求，制订合理的计划和策略，并做出相应的调整。这有助于确保软件按时交付、在预算内完成，并满足用户的期望和需求。

软件评审还可以提升团队的沟通和合作能力。评审过程促进了团队成员之间的交流和讨论，激发了创造性思维并提高了解决问题的能力。评审会议可以成为团队互动和知识共享的场所，增强团队的凝聚力和共同目标意识。通过充分利用团队智慧和经验，软件评审可以促进开发团队的整体发展和成长。

可见，软件评审是一个不可或缺的质量管理工具，应该在软件开发过程中得到重视和广泛应用。通过有效的软件评审，开发团队可以提供高质量的软件产品，并取得更好的项目成果。

下面通过一个例子详细地说明软件评审的价值和意义。假设有一个团队正在开发一个电子商务网站。在软件评审的过程中，开发人员、测试人员、设计师和产品经理等都参与其中。

首先，评审小组会检查需求规格说明书，确保所有的功能要求被正确地理解和记录。在这个过程中，团队成员可能会发现一些功能描述不清晰或存在逻辑漏洞的问题。通过对这些问题的讨论和修正，开发团队可以避免在后续开发中出现不必要的错误和返工。

接下来，评审小组会审查设计文档，包括用户界面和数据库结构设计。他们会关注界面的易用性、一致性和美观性，以及数据库的规范性和性能优化。通过评审，开发团队可以提出改进建议，确保用户能够方便地浏览和购买商品，并且网站能够高效地处理大量的数据。

在代码评审阶段，评审小组会仔细检查代码，确保其符合编码规范和最佳实践。评审小组会着重查看潜在的安全漏洞、性能瓶颈和错误处理机制。通过评审，开发团队可以及时发现并修复代码中的问题，提高代码的质量和可维护性。

最后，在测试阶段，开发团队会共同评审测试计划和测试用例。评审小组会确保测试覆盖面广泛，并且测试用例能够验证网站的各个方面。通过评审，开发团队可以发现可能被忽视的测试需求，确保网站在交付前经受住各种场景的测试。

上述评审过程主要针对开发过程各个里程碑的工作成果，提高了软件的质量和可靠性。潜在的问题和错误在开发早期被发现和解决，避免了在开发阶段后期或用户使用过程中引起的严重问题和损失。此外，评审过程还促进了团队成员之间的合作和沟通，加强了团队的凝聚力和共同目标意识。

6.2　软件评审的类型

软件评审可以包括不同类型的审查，如技术评审（如代码审查和设计审查）、管理审查（如项目计划审查、资源管理审查和风险管理审查）等。软件评审涉及评审人员对软件开发过程和相关文档的仔细审查，以识别问题、提出改进建议并记录跟踪问题。

6.2.1　技术评审

技术评审在软件开发生命周期中扮演着至关重要的角色，它不仅仅是一个过程，更是一种质量保障机制。通过技术评审，开发团队可以及时发现和纠正潜在的问题，确保软件的可靠性、安全性和性能。

代码审查和设计审查是技术评审的两大关键组成部分。代码审查主要关注代码本身的质量，通过检查代码规范、结构、逻辑以及潜在的错误和安全漏洞来提高代码质量。设计审查更侧重系统架构、模块之间的交互、接口定义等方面，以确保软件设计满足需求且具备良好的扩展性和可维护性。

（1）代码审查

此处以 Python 语言为例，说明如何进行代码审查以提高代码质量，下面是一个用于执行加法操作的代码段。

```
1 def add_numbers(a, b):
2     # 加法函数，用于计算两个数字的和
3     result = a + b
4     return result
```

① 静态代码分析：可以使用静态代码分析工具（如 Pylint 或 Flake8）来检查上述代码段。例如，如果代码中未初始化变量 result，静态代码分析工具可能会指出这一潜在问题。

② 代码走查：开发人员可以逐行检查上述代码，关注可读性、命名规范、注释、错误处理等方面。例如，函数名 add_numbers 是否准确描述了函数的作用，或者是否存在错误处理机制以应对可能的异常情况。

③ 测试用例覆盖度检查

确保对 add_numbers 函数编写充分的测试用例是至关重要的。例如，除了测试正常情况下的加法运算外，还应该编写针对异常情况的测试用例，如输入非数字类型的参数或者输入为空值的情况。

通过上述代码审查方法，开发人员可以发现潜在的问题并提出改进建议，以提高代码质量。例如，在静态代码分析中可能会指出缺少变量初始化；在代码走查过程中可能会建议更改函数名为 sum_numbers 以更好地描述函数的功能；在测试用例覆盖度检查中可能会要求增加针对异常情况的测试用例。这些改进建议有助于确保代码质量，并最终提供更可靠和稳健的软件。

（2）设计审查

设计审查是对软件设计文档进行评审的过程，旨在确保软件设计满足需求，并符合规范和最佳实践。例如，对一个电商网站的设计审查通常会关注以下方面。

① 功能完整性：确认软件设计已经完整地覆盖了所有的需求，例如用户可以搜索商品、添加至购物车、下单支付等。通过对需求的详细分析和评估，开发团队可以确定是否有遗漏或冗余的功能。

② 模块化和可扩展性：评估设计的模块化程度，是否采用了良好的设计原则和模式，使得网站具有良好的可扩展性。例如，开发团队可能会考虑将不同的功能拆分成不同的模块，使得后续的维护和修改更加容易。

③ 接口定义和交互：评估网站各个组件之间的接口定义是否清晰，交互是否符合设计原则和最佳实践。例如，开发团队可能会关注商品搜索模块和购物车模块之间的交互方式是否合理并且易于理解。

④ 性能和效率：评估设计是否考虑到性能需求，并采用了高效的算法和数据结构。例如，开发团队可能会考虑如何优化商品搜索算法，以提高搜索效率和用户体验。

通过对设计文档进行设计审查，开发团队可以更好地了解整个系统的架构和设计，发现潜在的问题并提出改进建议，确保软件设计满足需求且具备良好的扩展性和可维护性。同时，设计审查也有助于团队成员之间的沟通和协作，促进团队整体技术水平的提升。

通过技术评审，团队成员能够共同学习、相互借鉴经验，并保持对整个软件项目的清晰认识。审查过程中的讨论和建议有助于促进团队合作和沟通，提高团队整体的技术水平和协作效率。此外，技术评审也有助于避免一些潜在问题未能及时发现，从而在后期造成较大的成本损失和其他影响。总之，技术评审不仅是确保软件质量的手段，更是一种团队合作和学习的机会。通过持续改进和优化技术评审流程，开发团队能够不断提升软件开发的效率和质量，实现更加成功的项目交付和用户满意度。

6.2.2　管理审查

管理审查是指对软件项目或组织的管理方面进行系统性的检查和评估，旨在确保软件项目或组织按照规定的管理要求和标准进行运作，并提出改进建议以提升管理效能并实现预期目标。管理审查通常包括对项目计划、资源分配、风险管理、团队协作等方面进行综合评估。通过管理审查，开发团队可以识别出存在的问题、风险和机会，并提供相应的建议和措施来解决或优化。管理审查可以由内部管理团队进行，也可以由外部专业机构或顾问进行。无论是内部还是外部审查，都需要依据相关的管理标准和指南进行评估，并提供客观、全面的审查报告和建议。在软件项目管理审查中，通常会着重关注以下几个方面。

（1）项目计划审查

项目计划审查包括确认项目计划是否合理和可行，包括项目阶段划分、关键任务和里程碑的设定等；检查项目进度的安排是否符合实际情况，是否考虑到潜在的风险和不确定性因素；评估项目计划的合理性和可操作性，以确保项目能够保持稳定的进展且按时完成。

（2）资源管理审查

资源管理审查包括确认资源分配是否合理，包括人力、财务、技术等各方面资源的分配情况；检查团队成员的工作负荷和分工是否均衡，确保没有出现过度或不足的资源配置情况；评估项目所需资源的供给和需求情况以及资源利用效率，以便提前发现并解决潜在瓶颈和问题。

（3）风险管理审查

风险管理审查包括确认开发团队是否对可能影响项目进展的风险进行了充分的识别和评估；检查开发团队是否建立了有效的风险管理机制，包括风险预警、风险应对和应急计划；评估开发团队对风险的处理能力和应变能力，以确保在项目面临风险时能够及时做出反应并采取有效措施。

6.3　软件评审的实施方法

实施软件评审时，选择合适的评审人员、制订清晰的评审标准、记录问题并提出改进建议，以及促进有效的讨论和沟通等，都是至关重要的步骤。本节将介绍具体软件评审的实施方法和技巧，帮助组织更好地进行软件评审，提高软件的质量和可靠性。

6.3.1　评审流程

下面是实施软件评审的具体流程。

（1）选择评审人员

确保评审人员涵盖了不同领域的专家，例如开发人员、测试人员、架构师等。确保评审人员具有相关的技能和经验，能够全面地评估代码的质量和可维护性。

（2）制订评审标准

制订统一的评审标准，包括代码规范、最佳实践、安全要求等，以确保评审的一致性和全面性。确保评审标准清晰明确，便于评审人员理解和遵循。

（3）召开评审会议

召开评审会议，并确保评审人员有足够的时间仔细审查代码。在会议中，鼓励评审人员提出问题、讨论解决方案，并达成一致意见。

（4）记录问题和提出改进建议

使用问题跟踪工具或评审工具记录代码中发现的问题和改进建议，确保问题能够被跟踪和解决。对于每个问题，提供清晰的描述和建议，便于开发人员理解和解决。

（5）促进有效的讨论和沟通

鼓励评审人员分享他们的观点和想法，确保所有问题都得到充分讨论。确保评审过程中的沟通畅通，解决可能出现的歧义或误解。

（6）定期进行评审回顾

在评审结束后，组织回顾会议，总结评审的结果和经验教训，为以后的评审提供指导。根据回顾结果，改进评审流程和方法，以提高评审效率和质量。

6.3.2 评审工作产品和评审方法

表6.1中列出了建议的评审工作产品和评审方法，针对不同类型的项目（产品研发项目、客户定制或应用开发项目、平台或中间件项目以及维护项目）提供了具体的检查点、评审方法、成果和责任人信息。

表 6.1 建议的评审工作产品和评审方法

项目类		检查点	评审方法	成果	责任人
产品研发项目	文档类	项目开发计划	正式评审	项目评审表 项目评审问题追踪表	项目评审小组
		需求规格说明书			
		概要设计说明书			
		项目管理计划	非正式评审	项目评审表 项目评审问题追踪表	项目组成员、相关人员
		系统测试用例			
		集成测试用例			
		详细设计说明书			
客户定制或应用开发项目	文档类	项目开发计划	正式评审	项目评审表 项目评审问题追踪表	项目评审小组
		需求规格说明书			
		项目管理计划	非正式评审	项目评审表 项目评审问题追踪表	项目组成员、相关人员
		概要设计说明书（可选）			
		系统测试用例			
		集成测试用例（可选）			
		详细设计说明书（可选）			
平台或中间件项目	文档类	需求规格说明书	正式评审	项目评审表 项目评审问题追踪表	项目评审小组
		项目开发计划（开发和管理计划）	非正式评审	项目评审表 项目评审问题追踪表	项目组成员、相关人员
		概要设计说明书（可选）	非正式评审	项目评审表 项目评审问题追踪表	项目组成员
		系统测试用例（可选）			项目经理
		详细设计说明书（可选）			项目经理
维护项目	文档类	需求规格说明书/需求表	正式评审	项目评审表 项目评审问题追踪表	项目评审小组
		项目开发计划（开发和管理计划）	非正式评审	项目评审表 项目评审问题追踪表	项目组成员、相关人员
		概要设计说明书/概要详细设计表（可选）			项目组成员
		系统测试用例			项目经理

在产品研发项目中，涉及文档类的检查点包括项目开发计划、需求规格说明书、概要设计说明书、项目管理计划、系统测试用例、集成测试用例和详细设计说明书等。这些文档将通过正式评审或非正

式评审，由项目评审小组或项目组成员、相关人员负责。

对于客户定制或应用开发项目和平台或中间件项目，同样需要评审各类文档，并通过正式评审或非正式评审。不同类型的项目可能会有不同的可选文档需要评审，例如概要设计说明书、集成测试用例和详细设计说明书等。项目评审小组或项目组成员、相关人员将承担相应的责任。

在维护项目中，需要评审项目开发计划、需求规格说明书、详细设计说明书、系统测试用例等文档。这些文档也将通过正式评审或非正式评审方式，由项目评审小组或项目经理及项目组成员、相关人员负责。

以上安排可以确保各类项目在开发过程中的关键文档得到充分的评审和监控，从而提高软件项目交付的质量和效率，减少潜在的风险和问题出现。责任人的明确分工和规范的评审流程将有助于项目团队顺利合作，达成项目目标。

6.3.3 软件评审的技巧

软件评审是确保软件质量和可靠性的重要环节，以下是一些软件评审的技巧。

（1）早期介入：在软件开发周期的早期阶段就进行评审，可以更早地发现和解决问题，减少后续的修复成本。

（2）多样化评审人员：确保评审人员涵盖不同角色和技能，并且有足够的专业知识来全面评估软件项目。

（3）制订清晰的评审标准：明确定义评审标准和规则，包括代码规范、安全要求等，以便评审人员能够有据可依地进行评审。

（4）记录问题和改进建议：使用问题跟踪工具记录评审过程中发现的问题和提出的改进建议，确保问题得到跟踪和解决。

（5）培训评审人员：为评审人员提供培训和指导，使他们了解评审流程、方法和技巧，提高评审的效率和质量。

（6）定期进行评审回顾：组织评审回顾会议，总结评审的结果和经验教训，为以后的评审提供指导和改进方向。

下面是一个关于软件评审的实践案例分析。一个软件开发团队采用了一系列技巧来进行软件评审，并取得了显著的成效。这个团队在项目初期就建立了一个专门的评审小组，由来自不同领域的专家组成，包括开发人员、测试人员和系统架构师。在一个新功能的开发过程中，他们进行了代码评审。评审小组首先制订了清晰的评审标准，包括代码规范、性能要求和安全漏洞检查等。然后，他们使用问题跟踪工具记录评审中发现的问题和提出的改进建议，确保问题能够被及时解决。在评审会议上，评审小组成员针对代码中的潜在问题展开讨论，并提出各自的观点和建议。例如，一位测试人员指出了一个潜在的边界情况，而一位系统架构师提出了一些建议来优化代码的结构和性能。通过充分的讨论和交流，评审小组达成了一致意见，并确定了需要修改和改进的部分。评审后，开发团队进行了一次回顾会议，总结评审的结果和经验教训。他们发现，在这次评审中发现的问题大部分可能会在后续的测试或生产环境中导致严重后果，因此及时发现并解决这些问题对于项目的成功至关重要。开发团队决定继续加强软件评审的实施，并提出了一些改进措施，如增加培训计划、优化评审流程等。

6.4 SmartArchive项目的软件评审

SmartArchive 项目评审规程为项目在开发过程中需要进行的评审活动提供了具体的操作步骤和流程，旨在确保评审工作的高效进行并有效指导实施。通过明确定义评审的内容、参与人员、时间安排和结果反馈机制，评审规程可以帮助项目团队更加有条不紊地展开评审工作，准确把握项目的进展情况和质量水平。

在评审规程的指导下，项目团队能够更好地识别潜在的问题和风险，及时进行调整和改进，以确保项目达到预期的质量标准和交付目标。此外，评审规程还能促进团队间的合作和沟通，增强团队的凝聚力和责任感，从而推动项目顺利进行并取得成功。评审规程的制订和执行是软件项目管理中不可或缺的一环，为项目的可持续发展和优化提供了重要支持。

6.4.1 SmartArchive项目评审职责

在执行 SmartArchive 项目评审过程所包含的活动时，不同的人员扮演着不同的角色。项目经理、作者、SQA 人员和评审人员的职责描述如下。

（1）项目经理是整个评审过程的关键指导者，负责审核准备评审的工作产品，并确定参加评审的人员和角色分配，同时还需要跟踪评审的进展情况和结果，确保评审顺利进行。

（2）作者是评审过程中的被评审人，其主要职责是完成工作产品，并参加评审会议，对评审中发现的问题做出相应的修改和改进。作者应当参与评审并对问题做出积极的回应，从而提高工作产品的质量。

（3）SQA 人员是组织和协调评审会议的重要人员，负责确保评审会议的召开、问题的跟踪和关闭，以及评审度量数据的收集和统计。SQA 人员的工作能够有效地促进评审的高效进行和问题的及时解决，从而提高项目的质量和效率。

（4）评审人员是评审会议的主要参与者，其职责是认真仔细地审查工作产品，并发现其中存在的问题和风险。评审人员十分重要，他们的工作直接关系到项目的质量和效率。通过评审人员的努力和贡献，工作产品可以得到有效改进和优化。

6.4.2 SmartArchive项目评审流程

通过系统地审查工作产品、发现和解决问题，软件评审可以提高软件的可维护性、可测试性和用户体验，从而确保 SmartArchive 项目的成功交付。软件评审不仅仅是为了找出错误，更是为了找到更好的解决方案和改进机会。SmartArchive 项目评审规程旨在为项目团队提供明确的评审流程和指导原则，确保评审工作能够高效进行并达到预期的目标。本规程详细介绍评审的各个阶段和活动，包括评审准备、评审会议的组织与进行、问题跟踪和度量等内容。同时，明确评审人员的角色和责任，以及项目经理、作者和 SQA 人员在评审过程中的职责分工。通过遵循评审规程，SmartArchive 团队成员将能够在评审中更好地合作、沟通和协调，确保评审的效果最大化，并为项目的成功贡献力量。评审规程的实施将为 SmartArchive 团队提供清晰的指导和支持，帮助项目顺利推进并实现高质量的软件交付。软件评审是一个学习和改进的过程，鼓励团队成员积极参与、共同努力，并将每次评审视为促进项目成功的机会。通过持续的评审实践，SmartArchive 团队可以不断提升软件质量，满足用户需求，并取得卓越的成果。SmartArchive 项目的软件评审流程如图 6.1 所示。

SmartArchive 项目的评审流程如下。

（1）确定项目级别

① 在项目立项过程中，项目经理根据项目特性，参考组织裁剪指南，确定项目所属级别。

a. 所有研发类项目，都需要经过立项，由组织的总工程师签署立项通知后，才能正式启动。

b. 合同类项目的合同相当于立项报告，不需要经过立项审批。

② 在项目计划过程中，SQA 人员根据确定的项目级别，配合项目经理选择软件生命周期模型及里程碑质量检查点。

（2）策划项目评审计划

SQA 人员配合项目经理策划项目评审计划，项目评审计划可以在项目开发计划中描述，也可以在 SQA 计划中描述。

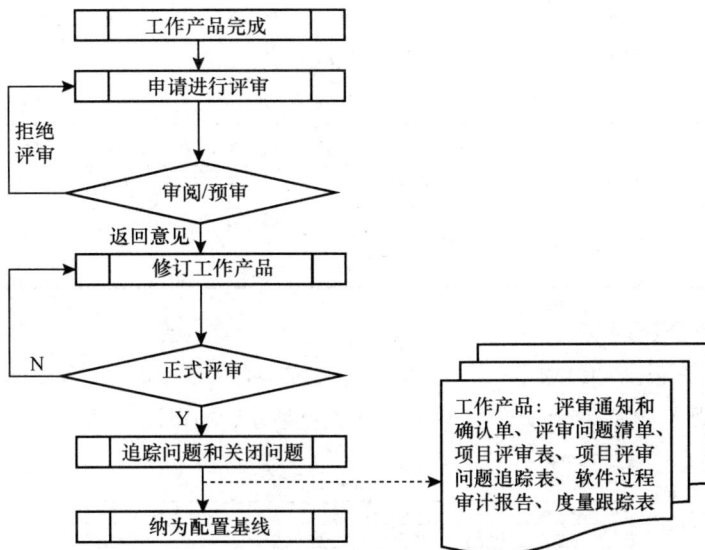

图6.1　SmartArchive项目的软件评审流程

① 确定评审工作产品

a. 根据已确定的项目级别和软件生命周期模型、里程碑质量检查点，确定需要进行评审的工作产品，要素关系图如图 2.10 所示。

b. 在 SmartArchive 项目执行过程中，可以根据实际情况进行裁剪，裁剪指南如表 2.10 所示，也可针对不同项目类型选择不同的检查点（如表 6.1 所示）。

② 确定评审类型

a. 根据不同的工作产品在开发过程中的重要程度，可以选择不同的方式进行评审。评审方式分为正式评审、非正式评审、审批三种。

b. 若评审人员无法集中，则让步接受会签，由项目经理组织，最低要求由项目负责人审阅批准，并将结果抄送 SQA 人员一份。

③ 确定评审人员组成

a. 为处于项目不同开发阶段的工作产品确定参与评审的人员名单和候选人员名单。

b. SQA 人员参与正式评审，若选择参加非正式评审，不用参与审批。

c. SmartArchive 项目在不同阶段的建议的评审人员组成如表 6.2 所示。

表 6.2　建议的评审人员组成

评审阶段	评审对象	建议评审小组组成
立项过程	立项报告	公司总工程师/产品部总经理、项目经理、高级经理、同行、销售人员、其他人员
需求分析过程	需求规格说明书	高级经理、项目经理、系统设计人员、用户代表、同行、SQA 人员、测试人员、销售人员、其他人员
项目计划过程	项目开发计划书	高级经理、项目经理、同行、系统设计人员、测试人员、SQA 人员、销售人员、其他人员
项目计划过程	项目管理计划 测试计划	项目组成员、SQA 人员、测试人员、其他人员
	质量保证计划	项目经理、高级经理、SQA 经理、SQA 人员
	配置管理计划	项目经理、SQA 人员、配置人员
设计过程	概要设计说明书	项目经理、SQA 人员、测试人员、同行、系统设计人员、其他人员
	详细设计说明书	项目经理、SQA 人员、测试人员、同行、系统设计人员、其他人员
	测试用例	项目经理、SQA 人员、测试人员、系统设计人员、其他人员
项目验收报告（内部）	项目成果	公司总工程师/产品部总工程师、项目经理、高级经理、同行高级经理、其他人员

④ 记录和报告评审结果

项目在工作产品每次评审结束后，产生的评审工作成果有项目评审表、项目评审问题追踪表。例如，如果进行需求规格说明书评审，项目评审表如图 6.2 所示，项目评审问题追踪表如图 6.3 所示。

HSA/C07-268

项目评审表

<table>
<tr><td>项目名称及版本号</td><td colspan="2">SmartAchive V1.0</td><td>项目经理</td><td>何工</td></tr>
<tr><td>项目类型</td><td colspan="4">□产品研发项目　■客户定制或应用开发项目　□平台或中间件项目　□维护项目</td></tr>
<tr><td colspan="5"></td></tr>
<tr><td>评审内容</td><td colspan="2">《需求规格书》评审</td><td>评审时间</td><td>2023-11-27</td></tr>
<tr><td>评审方法</td><td colspan="4">■正式评审　□非正式评审　□审批　□变更评审　□其他方式________.</td></tr>
<tr><td>评审结果</td><td colspan="4">■ 接受（不需重新评审）
□ 无需修改。
■ 需要修改，由＿伊工＿验证，要求完成日期＿2023-11-29＿.
□ 不接受
□ 须重新设计，由________验证，再次评审日期________.
□ 项目终止，由________负责提交项目停止申请表.
□ 评审未完成
由________验证，下次评审日期及地点________.
□ 变更
□ 部分接受，由________验证，要求完成日期________.
□ 全部接受，由________验证，要求完成日期________.
□ 拒绝，拒绝原因描述________.</td></tr>
<tr><td>评审组成员</td><td colspan="2">担任职务</td><td colspan="2">评审角色</td></tr>
<tr><td>何工</td><td colspan="2">项目经理</td><td colspan="2">主持人</td></tr>
<tr><td>江工</td><td colspan="2">需求分析师</td><td colspan="2">作者</td></tr>
<tr><td>薄工</td><td colspan="2">CCB</td><td colspan="2">仲裁者</td></tr>
<tr><td>易工</td><td colspan="2">SCM 人员</td><td colspan="2">评审员</td></tr>
<tr><td>汤工</td><td colspan="2">SQA 人员</td><td colspan="2">记录员</td></tr>
<tr><td>伊工</td><td colspan="2">SQA 人员</td><td colspan="2">验证人</td></tr>
<tr><td>茹工、薛工</td><td colspan="2">开发人员</td><td colspan="2">听众</td></tr>
<tr><td>评审组成员签字</td><td colspan="4"></td></tr>
<tr><td>验证人验证</td><td colspan="2">签字：伊工</td><td>日期</td><td>2023-11-27</td></tr>
<tr><td>SQA 人员意见</td><td colspan="2">签字：汤工</td><td>日期</td><td>2023-11-27</td></tr>
<tr><td>批准人意见</td><td colspan="2">签字：章工</td><td>日期</td><td>2023-11-27</td></tr>
</table>

图6.2　SmartArchive项目评审表

HSA/C07-269

项目评审问题追踪表

项目名称及版本号			SmartArchive V1.0		项目经理	何工
项目类型			□ 产品研发项目　■客户定制或应用开发项目　□平台或中间件项目			

评审内容	SmartArchive需求规格说明书V1.0		评审时间	2023年11月6日下午1点30分~4点	SQA人员	伊工
序号	缺陷或问题描述	位置	缺陷等级	修改意见	责任人	完成情况
1	本系统与办公自动化系统的衔接	3.3.1	中		何工	待确认
2	如何设计查询和检索的方式使效率提高	4.2.5	低		何工	已完成
3	要求熟悉档案管理业务的过程和档案归档关系		低		何工	已完成
4	人工和计算机操作的衔接		低		何工	已完成
5	系统中增加各角色的帮助信息	4.4.3	低		何工	已完成
6	确认各档案的关联关系如何建立	4.2.4	中		何工	已完成
7	业务流转过程中档案采集、录入时如何防止重复录入	4.1.1	中		何工	已完成
8	做好内部文件的保密工作		低		何工	已完成
9	分局档案系统与分局档案的衔接		中		何工	已完成
10	中间环节形成的档案如何归档	4.1.1.4	低		何工	无须修改
11	与OA系统的衔接，校对、自动生成各信息	3.3.1	低		何工	待确认
12	全宗管理信息没细化，全宗应包括目录册	4.2.1	低		何工	已完成
13	党政工作类改成党群工作类	4.1.2	低		何工	已完成
14	每份档案的唯一标识应该是档号，结构包括案卷号、项目号	4.1.1.1	低		何工	已完成
15	接收管理加上收集和整理，要求有自动编目	4.2.2	低		何工	已完成
16	纸质档案和计算机电子档案的衔接		低		何工	已完成

填表说明：1.缺陷等级分为"高""中""低"三等。

2.完成情况分为"已完成""无须修改""待确认"三类。

图6.3　SmartArchive项目评审问题追踪表

⑤ 更新评审计划

每阶段或事件驱动地比较评审的实施情况和计划，并根据实际情况调整评审计划。

（3）评审方式

①正式评审

正式评审是软件开发过程中的重要环节，通过对需要形成基线的配置项进行系统地审查，以发现和标识产品缺陷，并确保项目达到预期质量。在正式评审过程中，由仲裁者（一般是项目经理）确定评审结果，这保障了评审结果的准确性和公正性。同时，评审人员须签字确认，有效地提高了评审的严谨性和可信度。对于发现的缺陷，需要进行修改工作并进行正式验证，这有助于确保缺陷被完全修复，并避免类似问题在未来的开发过程中再次出现。同时，缺陷数据也需要被系统地收集并存储在配置库中，以便后续的跟踪和管理。正式评审是软件开发过程中的质量保障措施之一，正式评审可以帮助开发团队发现并解决问题，提高软件的可维护性、可测试性和用户体验。评审结果也可以为项目经理提供决策支持，为软件项目的成功交付提供保障。

正式评审适用于软件需求基线和产品基线的评审（即验收评审）。至于其他基线的评审方式和参与人员，则由项目经理根据具体情况进行判断和确定。

正式评审步骤如下。

a. 正式评审前通知和确认。

第一步，SQA 人员协助项目经理组织召开会议。

第二步，项目经理确认文档是否已具备评审资格，可根据评审对象的规模确定评审分几个阶段进行，或者根据评审内容的深入分层次进行多次评审。如立项报告、需求和概要设计等基线可分几个阶段多层次进行，视项目级别而定。项目经理确定了基线的大框架、方向及范围后，通过初步审查，由高层以会议的形式讨论并指出问题，最终达成共识。涉及技术或者用户需求的评审，项目经理负责组织同行或者用户对评审对象进行会议讨论，以达成共识。在通过以上讨论后，由项目经理组织项目组成员或相关组对评审对象的详细实现等内容进行讨论，在项目组内达成共识。项目经理也可以根据评审对象内容的大小估计需要的评审时间，把评审内容分为几个部分单独评审，分别由关注该部分内容的相关人员参加。

第三步，项目经理填写评审通知和确认单（如图 6.4 所示），在评审会议前 2～3 天把相关资料、评审通知和确认单、预审问题清单（如图 6.5 所示）和产品审计检查单提交给 SQA 人员。其中，产品审计检查单的内容随着不同的开发阶段而有所不同，一共有 11 张不同的检查单，分别如图 6.6~图 6.16 所示。

HSA/C07-237

评审通知和确认单

项目名称及版本号	SmartArchive V1.0			项目经理	何工
项目类型	□ 产品研发项目 ■客户定制或应用开发项目 □平台或中间件项目 □维护项目				
评审内容及版本号	SmartArchive概要设计说明书V1.00				
评审地点	7楼会议室			评审时间	2023-11-13 下午
评审角色	仲裁者	作者	主持人	记录员	评审员
姓名	薄工	项目组	何工	汤工	王主任、李科、张科等局方相关人员；薄工、何工、江工、茹工、薛工
确认情况					
替补人员					
会议进程安排	13:30～13:40 主持人宣布会议开始。 13:40～14:00 简要介绍概要。 14:00～16:30 针对各个子系统，逐步确认需求。 16:30～17:00 概要设计说明书如无较大改动，双方对需求进行承诺。 17:00～17:10 主持人宣布会议结束。				
SQA人员结论	■进行评审　□变更评审安排　变更评审时间_____地点_____。				
备注					

注：评审员一般包括高级经理、同行、市场人员和项目组其他人员（如项目经理、系统设计人员、SQA人员、SCM人员、测试人员）等。

图6.4　SmartArchive项目的评审通知和确认单

HSA/C07-267

预审问题清单

项目名称及版本号	SmartAchive V1.0		项目经理	何工
项目类型	□ 产品研发项目　■客户定制或应用开发项目		□平台或中间件项目　□维护项目	

预审内容	项目开发计划书V1.00	预审人员	伊工
收到预审材料时间	2023.11.07	预审所用时间	2.5小时

是否认为被预审内容已准备好可以评审？	■是　　□否　　□其他_____。
预审人是否已准备好按时参加评审会议？	■是　　□否　　□其他_____。

序号	缺陷或问题描述	位置	严重程度	建议修正措施
1	阶段目标中有"方舟档案馆"内容	2.1.3	中	修改
2	组织结构SCCB成员漏掉"薄工"	3.1	低	添加
3	录入组件、OCR组件等未确定内部联系人，而在风险中相关内容已安排了责任人	3.2	中	补充
4	项目责任矩阵表还未填写	3.3	低	补充
5	根据项目的实际情况，计划制订应在需求分析之后	4.1	中	修改
6	详细设计和编码阶段应完成的任务还包括撰写详细设计说明书	4.2	中	补充
7	工作成果（文档）漏掉测试用例	5.1.1 4	低	补充
8	"工作成果"栏中缺少详细设计说明书、项目总结报告，"任务分解与进度安排"应改成"项目开发进度表"	5.1.3	中	补充
9	阶段计划显示过细，导致粘贴在文档里不清楚	5.2.1	低	mpp中显示出3层计划就可以，调整后粘贴
10	培训计划时间安排没有说明	5.2.2.2	中	应说明时间安排，至少要说明在哪个阶段进行相应培训
11	机器故障如解决，则修改	5.2.2.3	低	更新或者列入风险管理
12	美工介入应在需求确认之后，并通过沟通确认美工的工作计划	6.1	中	修改
13	项目组与档案馆有工作沟通，但未列入沟通计划	6.1	中	补充

填表说明：严重程序分为"高""中""低"三档。

注：请在不晚于评审会议召开前一个工作日将此表格交给项目经理或SQA人员。

图6.5　SmartArchive项目的预审问题清单

HSA/C07-249

客户需求检查单

项目名称及版本号	SmartArchive V1.0		项目经理	何工	
项目类别	□产品研发项目　■客户定制或应用开发项目　□平台或中间件项目　□维护项目				

序号	检查项	是	否	不适用	注释
1	是否明确了客户及开发方的背景？	√			
2	是否明确了客户及开发方的责任？	√			
3	是否恰当描述了系统业务的目标？	√			
4	是否根据客户和市场需求定义了系统体系结构？	√			
5	是否界定了系统范围和用户特征？	√			
6	是否明确了假设和约束？	√			
7	是否定义了系统业务风险及其解决方案？	√			
8	是否对要处理的主要数据对象进行了描述？	√			
9	是否对外界的接口进行了描述？	√			
10	是否分析了系统可行性？	√			
11	是否对性能等非功能性需求进行了说明？	√			
12	是否对系统业务环境进行了说明？	√			
13	是否对计划的开发成本情况进行了说明？	√			
14	是否对计划的进度情况进行了说明？	√			
15	是否开发了适当的跟踪表？	√			
得分="是"的项数/(总项数-"不适用"的项数)×100			100		

图6.6　SmartArchive项目的客户需求检查单

HSA/C07-249

软件需求检查单

项目名称及版本号	SmartArchive V1.0			项目经理	何工
项目类别	□产品研发项目 ■客户定制或应用开发项目 □平台或中间件项目 □维护项目				

序号	检查项	是	否	不适用	注释
清晰性					
1	对需求的描述是否易于理解？	√			
2	是否存在有二义性的需求？	√			
3	是否定义了术语表，对特定含义的术语给予了定义？	√			
4	最终产品的每个特征是否用唯一的术语描述？			√	
组织和完整性					
1	需求是否能为设计提供足够的基础？	√			
2	是否包括了所有客户代表或系统的需求？	√			
3	在需求中是否遗漏了必要的信息？如果是的话，是否标记为"待确定"的问题？	√			
4	是否每个需求都在项目的范围内，并与商业目标一致？	√			
5	需求有没有与一些业务限制、政策或规约相冲突？	√			
6	与组织机构或政策问题相关的需求是否没有与系统的商业目标冲突？	√			
7	是否有的需求应该描述的更详细些？	√			
8	是否定义了功能需求在内的算法？	√			
9	是否识别了设计约束？	√			
10	是否对假设条件进行了说明？	√			
一致性					
1	所有需求的编写在细节上是否都一致？	√			
2	对同一对象的术语定义是否存在矛盾？	√			
3	对同一对象的特征描述是否存在矛盾？	√			
4	是否多个需求相互冲突？	√			
可追踪性					
1	需求是否具有明确的来源，从而可以被跟踪？	√			
2	是否每个需求都具有唯一性并且可以被正确地识别？	√			
3	是否所有的需求都可向前追踪到一个特定的设计文档？	√			
4	是否所有的需求都可向前追踪到一个特定的软件模块？	√			
可检验性					
1	是否所有的需求都能实现？		√		
2	是否每个需求都是可测试的？		√		
可修改性					
1	每个需求描述是否清晰、符合逻辑？	√			
2	组织结构是否合理、可接受？	√			
3	是否每个需求都没有内容上和语法上的错误？	√			
4	是否没有冗余的信息？	√			
接口					
1	是否对用户界面进行了说明？	√			
2	是否对硬件接口进行了说明？			√	
3	是否对软件接口进行了说明？	√			
4	是否对通讯接口进行了说明？			√	
5	是否对接口的设计约束进行了说明？	√			
6	是否对接口的安全性需求进行了说明？	√			
7	是否对接口的可维护性需求进行了说明？	√			
质量、性能属性					
1	是否合理地定义了性能目标？	√			
2	是否合理地确定了所有性能需求（如预期处理时间，数据传输速度等）？	√			
3	是否合理地确定了安全与保密方面的需求？	√			
可靠性					
1	是否描述了所有软件故障的原因和结果？	√			
2	是否记录了所有可能的错误条件所产生的系统行为？	√			
3	是否定义了防止故障或错误的探查策略？	√			
4	是否定义了修正策略？	√			
软硬件					
1	是否指明了硬件需求（如内存、硬盘空间等）？	√			
2	是否对要求的软件环境/操作系统进行了说明？	√			
3	是否说明了需要购买的软件？	√			
4	是否描述了将要使用的第三方软件、中间件的应用及其批准？	√			
通讯					
1	是否对目标网络情况进行了说明？	√			
2	是否说明了要求的网络协议？	√			
3	是否说明了要求的网络容量？		√		
4	是否给出了要求的或估计的网络吞吐率？		√		
5	是否给出了估计的网络连接数？		√		
6	是否给出了最低网络性能需求？		√		
7	是否给出了最佳网络性能需求？		√		
特殊问题					
1	是否所有需求都是名副其实的需求而不是设计实现方案？	√			
2	是否确定了对时间要求很高的功能并且定义了它们的时间标准？	√			
3	使用实例是否是独立的分散任务？	√			
4	使用实例是否处于抽象级别上，而不具有详细的情节？	√			
5	使用实例中是否记录了所有可能的可选过程？	√			
6	使用实例中是否记录了所有可能的例外条件？	√			
7	使用实例中的每一个操作和步骤是否都与所执行的任务相关？	√			
8	使用实例中定义的每个过程是否都是可行的、可验证的？	√			
得分="是"的项数/(总项数-"不适用"的项数)×100			86		

图6.7　SmartArchive项目的软件需求检查单

HSA/C07-249

概要设计检查单

项目名称及版本号	SmartArchive V1.0		项目经理		何工
项目类别	□产品研发项目 ■客户定制或应用开发项目 □平台或中间件项目 □维护项目				

序号	检查项	是	否	不适用	注释
清晰性					
1	是否清晰地描述了数据流程、控制流程和用户界面、接口?	√			
2	各模块之间的关系是否描述清楚?	√			
3	文档结构是否清晰没有二义性? 组织是否合理?	√			
4	文档结构是否易于理解、便于维护和修改?	√			
完整性、正确性					
1	设计是否实现了规格说明书和需求分析所包含的内容?	√			
2	是否记录了与本设计文档相关的假设、约束、决议、依赖?	√			
3	设计在进度、预算和技术上是否可行?	√			
4	所有单元的逻辑性能是否正确、完整?	√			
5	是否对子模块的所有对象、关联参数进行了说明?	√			
6	所选的设计或算法是否满足模块的需求?	√			
7	是否有一些必要的数据结构没有定义、或定义了一些不必要的数据结构?	√			
8	是否对数据元素包括重要的性能参数进行了充分的描述,并说明了有效的数据范围?	√			
9	是否对共享和存储数据的管理和使用进行了明确的描述?	√			
10	是否对性能参数进行了说明(如实现时间、内存大小、速度要求、磁盘容量等)?	√			
11	是否识别并分析了关键执行路径?	√			
12	此设计是否能为详细设计提供充分的基础?	√			
一致性及可追溯性					
1	在整个设计中,数据元素、程序、功能的命名是否保持一致?	√			
2	设计是否反应了真实的运行环境(包括软件和硬件)?	√			
3	对模块的说明是否与软件需求文档中的功能要求相一致?	√			
4	是否所有的设计元素都可追溯回需求?	√			
用户界面、接口					
1	是否对用户界面、接口的功能特征进行了设计?	√			
2	用户界面、接口是否产生问题或不便于问题的解决?	√			
3	所有的接口间是否相互一致,并和其他模块及需求相一致?	√			
4	是否所有接口都提供了要求的类型、数量和质量信息?	√			
5	是否对接口的数量和复杂度进行权衡,使接口的数量尽量少并且复杂程度可以接受?	√			
6	操作接口的设计是否考虑了用户?	√			
可维护性、可靠性					
1	信息是否有隐蔽性? 设计是否模块化?	√			
2	模块是否具有高内聚度、低耦合度?	√			
3	设计中是否提供了对错误的检测、恢复和预防的方法?	√			
4	是否考虑了异常情况?	√			
5	所有的错误情况/代码/信息描述的是否完整、准确?	√			
6	设计是否满足系统完整性要求?	√			
得分="是"的项数/(总项数-"不适用"的项数)×100				100	

图6.8 SmartArchive项目的概要设计检查单

HSA/C07-249

数据库设计检查单

项目名称及版本号	SmartArchive V1.0		项目经理		何工
项目类别	□产品研发项目 ■客户定制或应用开发项目 □平台或中间件项目 □维护项目				

序号	检查项	是	否	不适用	注释
1	是否符合数据库第三范式要求?	√			
2	是否使用了专用设计工具?	√			
3	实体-关系图是否定义清晰,实体最小定义?	√			
4	数据库是否清晰、完全反映了需求信息的逻辑法则,避免罗列?	√			
5	是否便于程序设计人员理解和使用?	√			
6	是否能够用良好的用户界面和操作过程实现模型功能?	√			
7	是否合理地使用存储过程、触发器和视图,保证数据库的功能分配和优化?	√			
8	数据库是否具备足够的灵活性,适应性?	√			
9	所有数据字段的定义是否完全满足数据格式与存储要求,消除冗余?	√			
10	每个实体表是否定义了主键?主键是否合理?	√			
11	是否定义了外键,保证相关完整性?	√			
12	数据库是否定义了完善的索引?	√			
13	是否定义了清晰必要的约束?	√			
14	是否考虑了数据库的所有与权限?	√			
得分="是"的项数/(总项数-"不适用"的项数)×100				100	

图6.9 SmartArchive项目的数据库设计检查单

HSA/C07-249

详细设计检查单

项目名称及版本号	SmartArchive V1.0		项目经理		何工
项目类别	□产品研发项目 ■客户定制或应用开发项目 □平台或中间件项目 □维护项目				

序号	检查项	是	否	不适用	注释
清晰性、完整性					
1	详细设计描述是否与需求规格说明书、概要设计说明书的要求一致？	√			
2	文档结构是否清晰、组织是否合理？是否便于维护和修改？	√			
3	是否清晰地描述了单元设计信息（包括数据流程、控制流程、接口、界面等）？	√			
4	所有必须的单元模块属性是否被详细说明？	√			
5	所有关于该模块已定义的设想是否被证明？是否能被需求反推测试或检查？	√			
6	包含在测试中的目标测试点是否被设计？	√			
7	设计的内容再增加时（可扩展）是否能被再次综合和测试？	√			
8	详细设计能实现用户的特定需求和目标吗？	√			
9	设计文档中代码的扩充率是否小于10：1？	√			
10	执行下一阶段的设计是否被充分描述？	√			
11	是否对约束进行了说明（比如处理时间）？	√			
12	所有可能产生决定作用的问题陈述是否被解决？	√			
逻辑及数据可用性					
1	所有单元模块内部逻辑结构设计是完整？是否有遗漏或不全?是否正确且易于理解？	√			
2	所有逻辑性能是否可以被测量？	√			
3	是否所有的变量和常量被定义和初始化，且被正确使用？是否列出了所有的调用？	√			
4	所有在程序中被修改的数据模块是否能让其他程序知道该模块的使用方法？	√			
5	是否设定了正确的初始化缺省值，且被正确使用？	√			
6	详细运算法则是否在每个层次模块/子单元有清晰说明？	√			
一致性、正确性					
1	贯穿于整个设计中被使用和命名的数据元素、程序和函数是否一致和相容？	√			
2	是否采用要求的方法或工具进行设计？	√			
3	数据元素、程序和函数和外部接口是否一致？	√			
4	是否存在逻辑上的问题？	√			
5	是否对各种情况都进行了处理？（如大于、等于、小于0，switch/case情况）	√			
6	是否定义了所有要求的模块属性？	√			
7	是否为开发和维护代码提供了充分的基础？	√			
8	是否所有的设计单元都可追溯回需求？	√			
9	是否可以追踪到代码？	√			
界面和接口					
1	所有的界面是否彼此协调并和其他系统或需求一致？	√			
2	参数的数量、类型和顺序是否匹配？	√			
3	是否正确地定义了输入、输出数据？	√			
4	是否清晰地描述了传递参数的顺序？	√			
5	是否识别了传递参数的机制？	√			
可维护性、可靠性					
1	设计单元是否具有高内聚度、低偶合度（即该单元的变化不会对本单元造成不可预料的影响，且对其他单元的影响达到最小）？	√			
2	信息是否有隐性使用？设计是否模块化？	√			
3	是否有因为设计而涉及到项目设计标准的危险发生（如标题是否满足项目标准，设计说明书是否包括目的、作者、开发者、环境）？	√			
4	异常情况是否被考虑（如关键数据的更改或逻辑颠倒）、是否有备份、对数据和重起程序的测试确认？	√			
5	是否对输入、输出、接口和结果进行了错误检查？	√			
6	是否列出了出错情况和解决方法（如执行输出检查等）？	√			
7	是否对错误情况/代码给出了有意义的信息提示？	√			
8	是否充分考虑了意外情况？	√			
得分=“是”的项数/(总项数-“不适用”的项数)×100			100		

图6.10　SmartArchive项目的详细设计检查单

HSA/C07-249

代码检查单

项目名称及版本号	SmartArchive V1.0		项目经理		何工
项目类别	□产品研发项目　■客户定制或应用开发项目　□平台或中间件项目　□维护项目				

序号	检查项	是	否	不适用	注释
版面风格					
1	代码的编写格式是否一致?	√			
2	代码的编写格式是否有助于代码的维护?	√			
3	代码的编写格式是否有助于代码的可读性?	√			
4	是否每行最多只包含一条语句?	√			
5	注释风格是否一致?	√			
6	注释风格是否易于注释的维护?	√			
代码					
1	定义的程序名是否有意义?	√			
2	程序接口是否清晰明确?	√			
3	变量命名是否适当?	√			
4	循环计数器的变量名称是否有意义 (不是i、j、k)?	√			
5	是否用定义的常量代替实际的数据或字符串?	√			
6	是否对数据类型、常量、本地变量、实例变量、全局变量等有不同的命名规则?	√			
7	数据类型和数据声明是否合理正确?	√			
8	是否所有参数都定义计算了，或者从外部来源获得了?	√			
9	所有定义的数据是否都使用了?	√			
10	所有引用的子程序是否都定义了?	√			
11	所有定义的子程序是否都使用了?	√			
注释					
1	注释是否有助于他人对代码的理解?	√			
2	注释是否解释了代码的目的，或总结了代码所要完成的工作?	√			
3	注释是否是最新的?	√			
4	注释是否清晰正确?	√			
5	注释是否都有用?	√			
6	是否对代码含义进行了注释?	√			
7	声明全局变量时，是否给予了注释?	√			
8	是否说明了每个子程序的目的?	√			
9	是否对输入数据、输出数据、入口参数进行了说明?	√			
10	是否描述了文件目的?	√			
11	是否记录了作者名?	√			
得分="是"的项数/(总项数-"不适用"的项数)×100					

图6.11　SmartArchive项目的代码检查单

HSA/C07-249

测试用例检查单

项目名称及版本号	SmartArchive V1.0		项目经理		何工
项目类别	□产品研发项目　■客户定制或应用开发项目　□平台或中间件项目　□维护项目				

序号	检查项	是	否	不适用	注释
1	文档结构是否清晰、组织是否合理?	√			
2	是否程序中的每个需求都有对应的测试用例?	√			
3	在测试程序中执行目标状态是否明确?	√			
4	是否程序中的每个设计元素都有对应的测试用例?	√			
5	是否在测试用例中列举了一些过去常存在的错误?	√			
6	是否对简单的临界值进行了测试 (如最大、最小值，即组合输入数据可能导致某计算变量过大或过小)?	√			
7	是否测试了典型的中间值?	√			
8	是否包含了足够的不合理和有冲突的输入组合，即默认输入值的使用方法是否合理?	√			
9	是否可演示程序中所有的错误路径?	√			
10	是否能提供充分的可行性 (如已被测试的功能在确定环境运行正确)?	√			
11	测试用例是否检查了错误数据 (如在一个薪水程序中的雇员数是负数)?	√			
12	为了支持软件可靠性的估计而被收集和验证的测试数据是否充分?	√			
13	是否分别设计了手工测试和自动测试用例?	√			
14	测试用例是否使得手工检查很容易?	√			
15	被批准的测试用例是否可以追溯到需求规格说明书、设计说明书等文档中?	√			
得分="是"的项数/(总项数-"不适用"的项数)×100		100			

图6.12　SmartArchive项目的测试用例检查单

HSA/C07-249

软件开发计划检查单

项目名称及版本号	SmartArchive V1.0		项目经理	何工
项目类别	□产品研发项目 ■客户定制或应用开发项目 □平台或中间件项目 □维护项目			

序号	检查项	是	否	不适用	注释
项目定义					
1	文档结构是否清晰，组织是否合理？	√			
2	是否符合模板要求？	√			
3	是否识别了项目范围？	√			
4	是否识别了项目目标？	√			
5	项目组中的成员角色和职责分工是否已经被定义？	√			
6	计划的编制以及是否已经批准的用户需求基线？	√			
7	是否联系了合适的小组并识别分配给项目组的资源？	√			
8	是否针对项目特征量化选择项目的软件过程元素，并进行裁剪，合理地定义出项目的过程？	√			
9	项目定义过程是否经过相关人员批准后执行？	√			
10	在项目中使用的技术方法、标准和程序是否已被定义？	√			
工作分解					
1	项目过程中产生的工作产品是否被识别（包括合理地确定待开发的软件工作产品）？	√			
2	是否有划分正确的、符合模板要求的WBS？	√			
3	WBS标识的被执行的活动和工作产品是否被实施？	√			
4	WBS是否反映了被选择的生命周期模型？	√			
5	WBS是否包括管理、技术和支持活动？	√			
6	WBS是否被定义到可以进行估算和进度安排的级别？	√			
7	是否制订了合理的进度表？	√			
8	所有受影响小组和个人是否参与制订和检查WBS？	√			
生命周期选择					
1	是否正确地选择了软件生命周期，并对各阶段的入口、出口进行了正确的描述？	√			
2	是否对软件生命周期的入口标准、工作人员、出口标准、活动和度量进行了描述？	√			
3	所有受影响组和个人是否参与评审生命周期的合理性？	√			
4	选择的生命周期是否经过相关人的批准后使用？	√			
软件估计					
1	是否确定了项目的估计策略？	√			
2	是否记录了合理的估计假设？	√			
3	整个项目/当前项目阶段是否合理制订了软件规模、工作/费用估计？	√			
4	若采用功能点来度量软件规模，是否有各测量参数及其加权因子的估计结果？是否有各复杂度调整值的估计结果？	√			
5	若采用德尔菲法（Delphi method）进行工作量估计，是否有估计过程及结果数据？			√	
6	是否使用生产率数据和其他文档化的方法来估算项目工作量/费用？			√	
7	是否有合理的关键计算机资源估计？	√			
8	是否有合理的外部成本估计？	√			
9	管理预留工作量是否被建立并包括在项目总体预算中？	√			
10	是否使用项目的应得价值和计划预算制订项目的基线进度？	√			
11	执行工作的组和个人是否参与计划和估算过程？	√			
12	计划中的进度和估算结果是否被审核并批准？	√			
项目风险识别					
1	是否对项目软件风险进行了正确的识别？	√			
2	是否对识别出的软件风险分析了其发生的可能性和影响？	√			
3	被识别风险的可能产生影响是否被文档化？	√			
4	是否对风险进行了优先级排序？	√			
5	是否已制订了各个优先级别的风险的规避措施？	√			
6	是否指定了各类风险跟踪责任人，制订了风险状态管理表？	√			
7	在WBS中反映的规避措施和项目计划的其他部分是否适当？	√			
8	项目风险识别、分析和规避措施的制订是否经过相关人员讨论认可并经过批准？	√			
度量					
1	项目中的度量目标和质量目标是否被审阅并认同（包括项目目标、对象、环境和其他属性）？	√			
2	对项目跟踪是否标识出任何额外的度量？	√			
3	项目经理针对度量目标的分解度量和质量目标值的确定是否经过讨论并达成一致意见？	√			
4	是否对收集人、收集时间、分析和报告度量等内容进行了策划？	√			
5	SQA人员和高级经理等相关人员是否针对定义的度量计划进行了审阅并达成一致？	√			
其他专项内容					
1	是否制订了关键计算机资源（工具、设备等）的计划？	√			
2	是否对项目组及组间关系的协调及其人员职责等内容制订了沟通计划？	√			
3	是否正确识别了项目相关的培训需求，并制订了合理的培训计划？	√			
4	是否正确定义了项目相关的测试范围、任务和人员职责安排，并制订了合理的测试计划？	√			
5	是否正确划分了项目外包范围和内容，并制订了合理的项目外包管理计划？	√			
6	是否清晰定义了项目相关的质量保证、配置管理等相关任务安排和人员职责分工，并制订了合理的计划？	√			
得分="是"的项数/(总项数-"不适用"的项数)×100			100		

图6.13 SmartArchive项目的软件开发计划检查单

HSA/C07-249

软件质量保证计划检查单

项目名称及版本号	SmartArchive V1.0		项目经理	何工
项目类别	□产品研发项目　■客户定制或应用开发项目　□平台或中间件项目　□维护项目			

序号	检查项	是	否	不适用	注释
1	文档结构是否清晰，组织是否合理？	√			
2	是否说明了SQA人员的工作和职责？	√			
3	是否明确了要审计的产品？	√			
4	是否确定了审计产品参照的标准？	√			
5	是否明确了要评审的过程？	√			
6	是否确定了审计过程参照的标准规程、过程？	√			
7	是否说明了SQA人员在项目策划期间的工作和职责？	√			
8	是否识别了SQA活动所需的资源？	√			
9	是否识别了SQA人员或项目组所需的培训？	√			
10	是否合理地制订了活动时间表？	√			
11	是否对不符合问题的解决方法进行了描述？	√			
12	是否确定了报告的发布频率和发布方式？	√			
13	SQA计划是否以软件开发计划为基础制定？	√			
14	SQA计划是否与SCM计划、测试计划相协调一致？	√			
得分＝"是"的项数/(总项数-"不适用"的项数)×100			100		

图6.14　SmartArchive项目的软件质量保证计划检查单

HSA/C07-249

软件配置管理计划检查单

项目名称及版本号	SmartArchive V1.0		项目经理	何工
项目类别	□产品研发项目　■客户定制或应用开发项目　□平台或中间件项目　□维护项目			

序号	检查项	是	否	不适用	注释
1	文档结构是否清晰、组织是否合理？	√			
2	文档结构是否便于维护和修改？	√			
3	是否识别了配置项？	√			
4	是否进行了配置标识？	√			
5	是否定义了要建立的基线？	√			
6	是否要求记录配置状态信息？	√			
7	是否确定了配置状态报告的发布方式和发布频率？	√			
8	是否说明了对变更和软件问题的处理方法？	√			
9	是否对基线发布信息进行了说明？	√			
10	是否确定了配置审计时间？	√			
11	是否描述了如何构造产品？	√			
12	是否识别了SCM活动所需的资源？	√			
13	是否识别了SCM人员或项目组所需的培训？	√			
14	是否合理地制订了活动时间表？	√			
15	是否建立配置管理库并设定了访问权限？	√			
16	是否确定了配置库备份频率？	√			
17	SCM计划是以软件开发计划为基础制定？	√			
18	SCM计划是否与SQA计划、测试计划相协调一致？	√			
得分＝"是"的项数/(总项数-"不适用"的项数)×100			100		

图6.15　SmartArchive项目的软件配置管理计划检查单

　　第四步，SQA 人员根据评审通知和确认单，确认评审人员的角色（作者、仲裁者、评审员、主持人和记录员），确认评审人员能准时参加会议，并在 SQA 结论中签署结论（进行评审或变更评审安排），并统一把材料发送给评审人员。如 SQA 人员确认评审不能按时进行，则需和项目经理重新协商评审时间。

　　第五步，SQA 人员当天把评审通知和确认单确认信息反馈给项目经理和所有评审人员。

HSA/C07-249

测试计划检查单

项目名称及版本号	SmartArchive V1.0		项目经理		何工	
项目类别	□产品研发项目 ■客户定制或应用开发项目 □平台或中间件项目 □维护项目					

序号	检查项	是	否	不适用	注释
完整和一致性					
1	是否定义了测试范围和测试内容？	√			
2	测试计划是否详细全面地描述了所有可行的测试路径和方法？	√			
3	测试计划是否包括了被使用系统环境中软硬件类型的详细描述？	√			
4	是否定义了测试阶段并确定各个阶段的入口、中止和出口条件？是否合理可行并且量化？	√			
5	测试计划是否充分描述了被测试的功能模块？	√			
6	是否确定了测试时间安排、测试阶段任务和人员安排？	√			
7	对于释放阶段，测试计划是否在每个阶段建立了下一阶段使用的测试基线？	√			
8	测试计划是否充分并适当地描述了回归测试？	√			
9	当重大代码变更或界面发生显著变化时计划中的测试用例是否可以充分进行测试？	√			
10	对于列入清单的测试功能，所有必需的驱动程序和标识符是否正确有效？	√			
11	测试计划是否以需求规格说明书等技术文档为基础制订？	√			
12	测试计划是否以软件开发计划为基础制订？	√			
可执行性					
1	在个人的测试进度安排中是否存在与整个进度安排产生冲突的情况？	√			
2	是否计划了测试用例执行方案？	√			
3	是否计划了测试结果的记录方法和问题确认途径？	√			
4	是否定义了测试结果评价准则？	√			
5	是否对系统的测试环境进行了策划，包括所需的软件和硬件环境？	√			
6	计划的测试用例是否包含了足够的不合理和有冲突的输入组合？	√			
7	所有不能被测试的需求是否被识别？不能被测试的原因是否被说明？	√			
8	测试进度表是否用足够的细节描述？（每个被测试的功能个体的测试进度表应被详细描述）	√			
9	是否计划了对测试完成后的Bug和系统软件能力评价？	√			
10	被批准的测试计划是否可以被追溯到需求规格说明书、设计文档中？	√			
得分=“是”的项数/(总项数–“不适用”的项数)×100		**100**			

图6.16　SmartArchive项目的测试计划检查单

b.　非正式审查阶段

第一步，评审员明确了解他们在评审会议中的角色，在收到评审资料后对评审对象进行预审，提出问题和发现的缺陷并分类整理，填写预审问题清单。

第二步，评审员在评审会议前1个工作日将预审问题清单反馈给SQA人员。

第三步，SQA人员负责检查每位评审员提交的预审问题清单，以确认评审员是否已经有充分的准备，并把预审问题清单递交给项目经理，由项目经理反馈给作者。

第四步，作者根据预审问题清单进行修改。

第五步，SQA人员利用预审问题清单收集评审员的评审工作量。

c.　正式评审会议召开

第一步，每次会议时间控制在2～3小时内。在会议开始时，主持人宣布评审注意事项。

第二步，作者花5～10分钟介绍项目的背景和本次评审工作产品的内容。

第三步，每个评审员花一定的时间（一般为10～20分钟）指出问题，和作者确定问题并定义问题的严重程度。主持人控制整个会议的进程按照已定义的规程和评审日程进行。当产生难以确定的问题时，由仲裁者判定该问题是否继续讨论，并给出结论。

第四步，记录员详细记录每一个已达成共识的缺陷，记录缺陷的位置，简短描述缺陷，对缺陷进行分类，记录该缺陷的发现者。未达成共识的缺陷也将被记录下来，仲裁者将指派作者和评审员在会后处理评审会议中未能解决的问题。

第五步，会议结束后，评审人员就评审结果达成一致意见。记录员形成项目评审表，记录评审结果，评审人员签字确认，记录员提交会议纪要（如图 6.17 所示）。如果评审结论需要修改，则确定验证人，并确定作者完成修改的时间。

HSA/C07-259

会议纪要

项目名称及版本号	SmartArchive V1.0		项目经理	何工
项目类型	□ 产品研发项目 ■客户定制或应用开发项目 □平台或中间件项目 □维护项目			

会议时间	2023 年 11 月 6 日下午 1 点 30 分～4 点	会议地点	7 楼会议室	
会议主题	需求规格说明书评审	主持人	何工	
参加人员	甲方：王主任、李科、张科 乙方：薄工、何工、江工、茹工、薛工			
会议内容	评审 SmartArchive 系统需求规格说明书 v1.00			
会议提出的问题	1. 问：本系统如何与办公自动化（OA）衔接？ 　　答：昨天已与 OA 项目组探讨，我认为利用一个接口，通过定义约定的文件格式，导入一个临时库进入本系统，可以满足系统与 OA 的衔接。 2. 问：如何设计查询和检索的方式使效率提高？ 　　答：会在详细设计中考虑。 3. 问：是否熟悉档案管理业务的过程和档案归档关系？ 　　答：熟悉，在前一段时间的调研后，整理出档案业务管理需求。 4. 问：人工和计算机操作如何衔接？ 　　答：在系统中人为加一些控制，保证人工和计算机的衔接，在详细设计和编写代码中实现。 5. 问：系统中是否增加各角色的帮助信息？ 　　答：会在设计中和代码中实现。 6. 问：业务流转过程中档案采集、录入时如何防止重复录入？ 　　答：建议系统试运行时，看运行后是否有共用性，哪些需要加以控制。 7. 问：要做好内部文件的保密工作。 　　答：通过文件的密级和用户角色来加以控制。 8. 问：局档案系统与分局档案如何衔接？ 　　答：通过电子档案借阅就可以了。 9. 问：中间环节形成的档案如何归档？ 　　答：中间任何环节形成的归档都可以是件，件都是关联的，只是没有封装。 10. 问：全宗管理信息没细化，全宗应包含目录册。 　　答：会在需求规格说明书中修改。 11. 问：党政工作类改成党群工作类。 　　答：应该是党群工作类，笔误。 12. 问：每份档案的唯一标识应该是档号，结构包括案卷号、项目号。 　　答：会在需求中修改。 13. 问：接收管理加上收集和整理，要求有自动编目。 　　答：会在需求中修改。			

会后解决会议中提出问题的工作安排					
序号	任务名称	负责人	参加人	计划完成时间	备注
1	本系统与办公自动化的衔接	江工		2023-11-10	
2	全宗管理信息细化，全宗应包括目录册	江工		2023-11-7	需求 4.2.1.7
3	党政工作类改成党群工作类	茹工		2023-11-6	需求 4.2.1
4	每份档案的唯一标识应该是档号，结构包括案卷号、项目号	茹工		2023-11-7	需求 4.2.1.4
5	确认各档案的关联关系的建立	茹工		2023-11-7	需求 4.2.1.2
6	接收管理加上收集和整理，要求有自动编目	茹工		2023-11-9	需求 4.2.2.1

注：1. 此表格用于项目组内、项目组间、项目组与客户的交流记录。
　　2. 任务跟踪的完成情况在项目的 Project 中显示。

图6.17　SmartArchive项目的会议纪要

d. 评审结果追踪

第一步，记录员形成项目评审问题追踪表（如图 6.18 所示），经项目经理确认后，给作者做修改参考。作者完成工作产品问题修改后，提交给项目经理。

HSA/C07-269

项目评审问题追踪表

项目名称及版本号	SmartAchive V1.0				
项目类型	□ 产品研发项目　■客户定制或应用开发项目　□平台或中间件项目　□维护项目				

评审内容	概要设计说明书V1.0.0		评审时间	2023年11月13日下午1点30分～5点30分	SQA人员	伊工、汤工
序号	缺陷或问题描述	位置	缺陷等级	修改意见	责任人	完成情况
1	接收管理具体业务不规范，电子接收及业务上不协调，要求与实际工作流不贴切	概要设计说明书第15页	高	体现在详细设计中，根据实际要求进行具体功能模块的调整		已关闭
2	类目管理中类目没有明列出来，一级类目和二级类目都要细化		低	这是具体文档要求的偏差，目前已经修补在3.1.2.2.1.2类目管理，具体细化的类目结构详见HGAM需求规格说明书　4.2.1.2中的类目管理		已完成
3	对全宗管理没细化，全宗卷信息具体列出表明		高	目前已经修补在3.1.2.2.1.1全宗卷信息管理		已完成
4	案卷提名改案卷题名		低	错字修改		已完成
5	编研成功改成编研成果		低	错字修改		已完成
6	编辑错误多一个在	第32页	低	已删除		已完成
7	监督检查细化		中	已有相应功能，这是理解的偏差		已关闭
8	温湿度形成报告的格式		中	局方提供具体的温湿度报告格式		须追踪
9	少一个工程项目名	第38页		具体修改见3.1.2.3.1查阅管理		已完成
10	借阅功能删掉证件、介绍信字段	第41页		具体修改见3.1.2.3.2借阅管理		已完成
11	综合科-综合处	第72页		概念错误		已完成
12	表单定义增加定义模板，对模板控制进行管理			在详细设计中体现，具体需要Sunflow人员配合		须追踪
13	删除存储设备管理		低	暂时预留		待确认
14	接口设计		高	详细设计定稿		须追踪
15	资料管理确认，分公共资料库和私人资料库，通过目录查询		中	在数据库设计、详细设计中体现		须追踪

填表说明：1.缺陷等级分为"高""中""低"三等。
2.完成情况分为"已完成""无须修改""待确认""须追踪""已关闭"五类。

图6.18 SmartArchive项目评审问题追踪表

第二步，项目经理把评审工作产品、项目评审表和项目评审问题追踪表提交给验证人。验证人根据列出的问题，在项目评审问题追踪表中逐条确认，全部通过后，在项目评审表上的"验证人"处签字，并把相关文档反馈给项目经理。

第三步，项目经理把验证签字后的项目评审表和项目评审问题追踪表递交给 SQA 人员。

第四步，SQA 人员检查作者是否完成修改任务，得到验证人的检查确认后，SQA 人员在项目评审表中签字确认。评审中产生的相关文档由项目经理统一提交给配置管理员。

e. 评审过程审计

SQA 人员在正式评审结束后，根据过程检查表对正式评审过程进行审计，发现评审中产生的问题，形成软件过程审计报告（如图 6.19 所示），持续改进评审流程。

f. 评审数据度量

在每次评审完成后，SQA 人员在度量记录表中记录评审的数据，内容包括评审工作产品名称、工作产品规模、评审次数、评审人员数、评审时间、评审发现的问题等。本阶段的工作成果为评审通知和确认单、预审问题清单、项目评审表、项目评审问题追踪表、软件过程审计报告以及度量记录表。这些成果将有助于记录评审过程中的重要信息，并为后续的改进和决策提供依据。

HSA/C07-263

软件过程审计报告

项目名称及版本	SmartArchive V1.0		项目经理	何工
项目类型	□ 产品研发项目　■ 客户定制或应用开发项目　□ 平台或中间件项目　□ 维护项目			

被审计人员	费工	审计人员	伊工	审计日期	2023/11/22
审计过程名称	软件开发过程审计				
审计结果	□ 接受 ■ 条件接受，复审日期__2023-11-26__。 □ 不接受，复审日期_____。				

不符合规范或计划的活动

不符合活动序号	活动内容	责任人	预计纠正完成日期	纠正活动
1	度量汇总表中缺少度量数据	何工	2023/11/24	请费工将接手项目以来的度量数据按开发时间相关汇总表段收集并填入
2	由于前期缺少项目的整体计划，目前项目计划仍处于做一周计划一周的情况，希望能根据上周测试结果的情况分析，制订该项目的后期总体计划	何工	2023/11/25	针对目前状况补写项目计划或调整计划，并报高层经理审批
3	注意做好测试追踪记录	何工	2023/11/26	请将测试修改情况认真记录并及时进行回归测试，记录整个测试的修复过程数据

被审计人员意见	对于活动序号为1和3的活动内容已经基本修改完毕、活动序号为2的活动内容需要由张工主持完成			
被审计人员签字	费工		日期	2023/11/22

复审情况

已纠正活动序号	实际完成日期	SQA人员确认签名	备注
未纠正活动序号	责任人	当前情况	SQA人员意见
审计人员意见	项目组在过程改进方面有明显进步，但目前仍存在计划不足的情况（项目无后期总体计划，处在干一周做一周的情况）。希望项目经理注意收集、在度量汇总表中填写度量数据。项目后期计划与高层经理联系，确定目标与时间等，使项目管理和开发工作逐步进入有计划的管理与控制之中		
签字	伊工		日期	2023/11/22
副总级项目负责人/质量管理部经理意见	同意		
签字	薄工		日期	2023/11/22

图6.19　SmartArchive项目的软件过程审计报告

② 非正式评审

非正式评审的目的包括以下几点。首先，由非作者本人的个人或组织对产品进行详细检查，以确定产品是否存在错误、是否违反开发标准以及是否存在其他问题。其次，非正式评审旨在标识产品与规格标准的差异，并在检查后提供改进建议。参与者通常包括作者（不属于检查者）、熟悉被检查技术内容的个人或组织，而不一定包括 SQA 人员。非正式评审有助于及早发现和解决问题，并提供了一个相对轻量级的审查方式来提高产品质量和规范性。

非正式评审适用于需求基线和产品基线以外的工作产品评审，项目经理会根据具体项目的类型选择适合的评审方式。非正式评审有助于项目组及时发现问题、提出改进建议，并在项目开发过程中保持产品质量和规范性。其工作步骤如下。

a. 作者完成工作产品，申请进行非正式评审。

b. 实施非正式评审，评审过程由项目经理决定。

c. 项目经理将项目评审表和项目评审问题追踪表递交给 SQA 人员，SQA 人员检查问题是否已关闭，签署意见并反馈项目经理。

d. 项目经理把非正式评审中产生的记录统一递交给项目的 SCM 人员进行配置管理。

e. 在每次评审完成后，SQA 人员在度量记录表中记录评审的数据，内容包括评审工作产品名称、工作产品规模、评审次数、评审人员数、评审时间、评审发现的问题。

工作产品是项目评审表和项目评审问题追踪表。

③ 审批

除了评审，审批也是项目开发过程中不可或缺的一部分。审批是指由个人对工作产品进行检查，并确定检查结果。审批适用于处理不太重要的工作产品或小型项目，或者处于人力资源紧张的情况时。项目经理会根据具体项目的类型选择适合的工作产品评审方式，以确保在资源有限的情况下仍能及时发现问题并提出改进建议，从而保证项目的质量和规范性。其工作步骤如下。

a. 作者完成工作产品，提交给审批者。

b. 审批者审阅工作产品，发现问题口头或书面反馈。

c. 作者修改问题，并把修改后工作产品提交给审批者验证。

d. 验证通过后，在文档首页和修订页中说明审核人员和批准人员的名字。

e. 在正式评审中，审核人员和批准人员一般不同，而在非正式评审和审批中一般为同一人。

6.5 小结

本章介绍了软件评审相关的概念、流程和方法。在软件开发过程中，软件评审是确保软件质量和安全性的重要手段。为了有效地进行软件评审，需要组建专门的评审团队，制订明确的评审标准和目标，并及早介入项目，及时发现和解决问题。同时，评审人员需要具备相关的技能和经验，并进行定期培训和回顾，以提高评审效果和工作效率。通过以上措施，组织可以有效地提高软件质量和安全性，确保软件的稳定运行和用户体验。如果软件评审不得当，可能会导致以下问题。

（1）质量问题：软件中的潜在缺陷和安全隐患未能被及时发现和解决，导致质量问题，甚至可能影响用户体验和数据安全。

（2）成本增加：由于评审不足导致问题在后期才被发现，修复成本将大大增加，甚至需要进行大规模的系统重构，从而增加项目的总体成本和周期。

（3）安全风险：评审不周导致的安全隐患可能会被恶意攻击者利用，造成严重的数据泄露或系统瘫痪等安全风险。

（4）团队合作问题：软件评审不得当可能产生团队间的沟通和协作问题，影响开发效率和团队氛围。

因此，软件评审的重要性不可忽视，组织需要在评审团队的构建、评审标准的制订，以及评审流程的执行等方面下足功夫，以确保软件评审的质量和有效性。

6.6 习题

一、判断题

1. 软件评审是一个帮助团队发现潜在问题并提前纠正、降低项目失败风险的重要过程。（　　　　）

2. 跳过软件评审环节可能导致软件系统的安全性和可靠性存在隐患，并增加项目失败的风险。

　　　　　　　　　　　　　　　　　　　　　　　　　　　　　　　（　　）

3. 在软件评审的过程中，团队成员共同检查代码、设计文档、需求规格说明书等关键部分，并提出改进建议，以确保软件产品符合规范、标准和用户需求。（　　）

4. 软件评审有助于改进团队的软件开发实践和流程，降低项目风险，提高交付成功率，并促进团队的沟通和合作能力。（　　）

5. 技术评审主要关注代码本身的质量，通过检查代码规范、结构、逻辑以及潜在的错误和安全漏洞来提高代码质量。（　　）

6. 设计审查是对软件设计文档进行评审的过程，旨在确保软件设计满足需求，并符合规范和最佳实践。（　　）

7. 管理审查的目的是确保项目或组织的管理流程和方法合理有效，以及提前发现管理上的问题，避免延误和浪费。（　　）

8. 在软件评审的实施方法中，选择评审人员时应确保涵盖了不同领域的专家，如开发人员、测试人员、系统架构师等，并且评审人员应具有相关的技能和经验。（　　）

9. 软件评审的最佳实践包括早期介入、多样化评审团队、制订清晰的评审标准、记录问题和改进建议、培训评审人员以及定期进行评审回顾。（　　）

10. 一个软件开发团队在项目初期建立了一个专门的评审小组，由来自不同领域的专家组成，例如开发人员、测试人员和系统架构师。这个做法有助于提高项目质量。（　　）

二、案例分析题

情景描述

某互联网公司计划开发一款新的社交网络应用程序，他们意识到用户隐私和数据安全至关重要。因此，他们决定在项目初期将安全性纳入考虑范围，并组建一个专门的隐私与安全评审小组，该小组由来自不同领域的专家组成，包括软件开发人员、安全专家、法律顾问和用户体验设计师。

问题

（1）你认为该公司的做法是否明智？为什么？

（2）如果你是该公司的项目经理，你会采取哪些措施来确保隐私与安全评审的有效性和成功实施？

07 第7章 软件测试技术

软件测试可以显示软件存在问题，但无法证明软件没有问题。

在软件开发过程中，软件测试是确保软件功能正确、性能稳定以及数据安全的关键环节。下面的案例能够直观体现软件测试的重要性。

假设有一家银行正在开发一个移动银行应用程序，旨在向用户提供便捷的银行服务，例如查询账户余额、转账、支付账单等。这个应用程序需要保证用户信息的安全性和交易的准确性，因此软件测试至关重要。

在软件测试的初期，测试团队与产品经理和开发团队进行了详细的讨论，以了解业务需求和系统设计，从而确定应用程序的功能范围，并制订了测试策略，包括功能测试、性能测试和安全测试等方面。接下来，测试团队开始编写测试用例。他们考虑到了各种用户操作和场景，例如登录、查看账户余额、转账给他人、添加收款人、支付账单等。对于每个功能，测试团队定义了多个测试用例，以覆盖不同的输入组合和边缘情况。在功能测试阶段，测试团队通过手动测试和自动化测试进行测试。他们模拟用户使用应用程序，并验证每个功能是否按照预期工作。例如，他们登录测试账户并检查账户余额是否正确显示。他们还进行了转账测试，确保资金能够准确地从一个账户转到另一个账户。除了功能测试，测试团队还进行了性能测试，以验证应用程序在各种负载条件下的响应时间和资源消耗情况。他们模拟多个同时在线用户，并监测应用程序的性能指标，例如响应时间、吞吐量和资源利用率。此外，测试团队还进行了安全测试，以确保用户信息和交易数据的安全性。他们使用专业的安全测试工具来检测潜在的漏洞和攻击面，并提出相应的建议和改进措施。他们还验证了应用程序是否符合相关的安全标准和法规要求。

在测试过程中，测试团队积极记录和跟踪发现的缺陷，并与开发团队合作解决问题。他们使用缺陷管理工具，对每个缺陷进行分类、优先级排序和状态跟踪，以确保缺陷得到及时修复和验证。最终，测试团队确认应用程序已通过所有的测试用例，并且缺陷得到了有效修复，他们向项目负责人和利益相关者提交了测试报告。这个报告包括测试覆盖率、测试结果、缺陷统计和建议等信息，为发布决策提供了依据。

通过这个例子，我们可以看到软件测试在保证移动银行应用程序质量和安全性方面的重要性。在本文提到的移动银行应用程序示例中，软件测试团队与产品经理和开发团队密切合作，制订了全面的测试策略，涵盖了功能、性能和安全测试。通过执行全面的测试用例并使用自动化测试工具，测试团队能够验证应用程序的功能是否按照预期工作，在各种负载条件下是否具有良好的性能，并符合既定的安全标准。

本章系统地介绍软件测试的理论知识和实践方法，使读者能够全面了解软件测试的基础知识。从软件测试的分类（静态测试和动态测试）到常用的软件测试技术（黑盒测试、白盒测试和灰盒测试），本章深入浅出地阐述了软件测试的原理和应用。此外，本章还探讨了敏捷软件开发中备受推崇的测试驱动的开发（Test Driven Development，TDD）方法，详细介绍了红-绿-重构三段式和 TDD 的最佳实践。通过 SmartArchive 项目示例，本章展示了黑盒测试和白盒测试在实际软件项目中的运用，使读者对软件测试的实践过程有更深入的理解。

7.1　软件测试的分类

软件测试通常分为静态测试和动态测试两种。静态测试侧重分析和评审软件的源代码、设计文档和其他相关文档，以发现潜在的缺陷和问题；动态测试通过执行软件代码，验证其功能是否符合预期，以及性能、安全等方面是否满足要求。静态测试和动态测试相辅相成，各有其独特的优势和适用场景。静态测试可以在软件开发的早期阶段发现问题，帮助开发团队提前改正，并有效减少后续测试中的缺陷数量；动态测试可以验证软件的实际运行情况，确保功能的正确性和稳定性。

接下来将深入探讨静态测试和动态测试的定义、原理、方法和实施技巧，以及它们在软件测试中的作用和重要性。

7.1.1　静态测试

> **定义** **静态测试**是软件测试的一种方法，它侧重于分析和评审软件的源代码、设计文档和其他相关文档，以发现潜在的缺陷和问题。与动态测试不同，静态测试并不涉及实际执行软件代码。

静态测试的目标是在软件开发的早期阶段尽早发现和修复问题，以减少后续测试过程中的缺陷数量。静态测试可以帮助开发团队提高代码质量、减少错误，并降低软件开发和维护的成本。静态测试可以通过多种方式进行，其中包括以下几种常见的技术。

（1）代码审查（Code Review）

代码审查指开发团队对软件的源代码进行仔细检查，以发现潜在的编码错误、逻辑错误、安全漏洞等。代码审查可以由开发人员自行进行，也可以由其他成员或专业的审查人员进行。第 6 章提到了代码审查也属于技术评审的一部分，本章则从静态测试的角度具体阐述。

下面是一个示例，说明了代码审查的过程。假设一个开发团队正在开发一个电子商务网站的后端服务，他们进行了代码审查来确保代码的质量和安全性。首先，团队成员江工编写了一段用于处理用户注册逻辑的代码。

```
1 def register_user(username, password):
2     if not username:
3         return "用户名不能为空"
4     if len(password) < 6:
5         return "密码长度不能少于 6 个字符"
6     # 将用户名和密码存入数据库
7     save_user_to_database(username, password)
8 return "用户注册成功"
```

在代码审查会议上，开发团队的其他成员对江工编写的代码进行了审查。他们发现了以下潜在问题。

① 没有对用户名和密码进行输入验证，可能导致恶意用户输入恶意数据。

② 没有对密码进行安全性检查，比如是否包含特殊字符、数字等。

③ 缺少错误处理机制，如果存入数据库失败，没有给出相应的反馈。

经过讨论后，开发团队决定对代码进行如下改进。

```
1 def register_user(username, password):
2     if not username:
3         return "用户名不能为空"
4     if len(password) < 6:
5         return "密码长度不能少于 6 个字符"
6     if not re.match(r"^[a-zA-Z0-9_]*$", username):
7         return "用户名只能包含字母、数字和下画线"
8     if not any(char.isdigit() for char in password):
9         return "密码必须包含至少一个数字"
10    # 将用户名和密码存入数据库
11    if not save_user_to_database(username, password):
12        return "注册失败，请稍后重试"
13    return "用户注册成功"
```

对经过改进后的代码再次审查，开发团队确认代码逻辑更加完善，安全性和健壮性得到了提升。

通过以上示例可以看出，代码审查是一种重要的静态测试方法，可以帮助开发团队发现潜在问题并改进代码质量。通过团队协作和讨论，代码审查可以有效地提高软件的质量和安全性。

（2）静态代码分析（Static Code Analysis）

静态代码分析的核心在于在不实际执行程序的情况下，对代码的语义和行为进行深入分析，以便发现由于编码错误而导致异常程序语义或未定义行为等问题。简单来说，静态代码分析可以在代码编写阶段即时检测出潜在的编码错误，无须等待所有代码编写完成，也无须构建运行环境或编写测试用例。静态代码分析工具能够在软件开发过程的早期阶段发现代码中存在的各种问题，从而有效提高开发效率和软件质量。这些问题可能包括未初始化变量、内存泄漏、不安全的函数调用等。静态代码分析工具可以自动化执行，并提供详细的问题报告。

下面是一个简单的代码示例，演示如何使用 Python 中的 Pylint 静态代码分析工具来检测代码中的问题。首先在 example.py 文件中定义了一个计算两个数的平均值的函数 calculate_average，然后传入数字 10 和 20 进行计算并打印结果。

```
1 # 示例代码：计算两个数的平均值
2 def calculate_average(a, b):
```

```
3    result = (a + b) / 2
4    return result
5 # 调用函数并打印结果
6 num1 = 10
7 num2 = 20
8 print(calculate_average(num1, num2))
```

接下来，我们可以使用 Pylint 来对这段代码进行静态代码分析。在命令行中执行以下命令：

```
1 pylint example.py
```

运行 Pylint 后，它会生成一个详细的分析报告，指出代码中可能存在的问题，例如函数命名不符合规范、缺少文档字符串、使用未定义的变量等。

```
1 ************* Module example
2 example.py:3:0: C0116: Missing function or method docstring (missing-function-
docstring)
3 example.py:5:4: R1705: Unnecessary "else" after "return" (no-else-return)
4
5 ----------------------------------
6 Your code has been rated at 8.57/10
```

这份报告显示代码的质量评分为 8.57/10，其中 C0116 和 R1705 分别是 Pylint 定义的两个问题代码，具体描述如下。

① C0116：缺少函数或方法的文档字符串。这个问题指示例代码中未给 calculate_average 函数提供文档字符串。

② R1705：在 return 之后不需要添加 else。这个问题是指示例代码中可以省略掉 else 语句而不影响代码的执行结果。

静态代码分析工具通常会针对代码中不同类型的问题来生成不同的警告和错误信息，以便开发人员更全面地了解代码存在的潜在问题。通过使用静态代码分析工具，开发人员可以及早发现并解决潜在的问题，提高代码质量，并确保代码符合最佳实践和标准。

随着现代软件规模的增大和复杂度的提高，静态代码分析工具面临着巨大的挑战。

（1）静态代码分析工具需要具备同时检测多种编程语言及支持其互操作性的能力。例如，要检测 Android 应用程序中的漏洞，静态代码分析工具需要支持 C/C++、Java 以及 JNI 语言，以有效检测由字节码和本地代码互操作引起的问题。

（2）静态代码分析工具还需要满足以下评价指标。首先是漏报率和误报率，即工具漏报或误报问题的比例。过高的漏报率或误报率将显著降低静态代码分析工具的实用性和有效性，无法有效提高软件开发效率和软件质量。其次是检测规则的可扩展性和定制性。除了支持常见的工业安全编码标准，静态代码分析工具还应该能够支持用户自定义的编码规范和业务逻辑规则。最后是分析所需的时间和资源消耗。如果静态代码分析工具需要过长的扫描时间或占用过多的内存资源，将难以与程序员的日常开发工作和流程整合，从而无法达到提高开发效率和软件质量的目标。

因此，面对现代软件的复杂性和多样性，静态代码分析工具需要支持多语言及其互操作性，具备低漏报率和误报率、扩展性、定制性以及高效的分析速度和资源占用等特点，才能满足开发人员的需求并提高软件开发效率和质量。

（3）软件设计评审（Software Design Review）

软件设计评审是软件开发过程中至关重要的环节之一。通过对设计文档进行系统性、全面性的审查，软件设计评审旨在确保软件在满足功能需求的同时，具备良好的可扩展性、可维护性和可靠性。在软件设计评审中，评审人员通常包括项目经理、架构师、开发人员以及其他利益相关者，他们将共同审查设计文档，探讨软件设计是否合理、完整、一致，并符合最佳实践和标准。

假设某评审团队正在评审一个电子商务网站的设计文档。在设计评审过程中，评审团队发现其中一个设计方案是将用户登录和注册功能集成在同一个页面上。通过讨论和审查，评审团队注意到这种设计存在以下问题。

① 用户体验不佳：将登录和注册功能放在同一个页面上，可能给用户带来困扰和混淆。新用户可能无法迅速找到注册入口，而已注册用户可能需要浪费时间寻找登录入口。

② 安全风险增加：将登录和注册功能集成在一起，可能导致安全漏洞。例如，未经授权的用户可能尝试使用已注册用户的账户进行登录，从而增加了系统被攻击的风险。

③ 扩展性受限：将登录和注册功能放在同一个页面上，可能会限制未来对这两个功能的独立扩展。例如，如果后续需要添加其他身份验证方式或注册流程的选择，该设计可能无法满足需求。

基于这些发现，评审团队提出了改进设计的建议。

① 将登录和注册功能分开：建议将登录和注册功能放在不同的页面上，以便用户可以更清晰地找到所需功能。

② 独立的注册入口：建议在网站的主导航栏或首页上提供明显的注册入口，使新用户能够方便地了解注册流程。

③ 强化安全措施：建议在登录功能中增加适当的身份验证和防护措施，以减少未经授权的登录尝试。

通过审查设计文档并提出改进建议，评审团队能够发现潜在的设计缺陷和风险，提高软件的质量和用户体验，确保设计满足功能需求，具备良好的扩展性和可维护性。这种积极的评审过程有助于避免在后续开发和测试阶段遇到问题，节省时间和资源成本。

（4）文档评审（Document Review）

文档评审指评审软件开发过程中产生的各种文档，例如需求规格说明书、测试计划、用户手册等。文档评审可以帮助开发团队发现文档中的错误、不一致性和遗漏，并提出改进建议。例如，在评审一个需求规格说明书时，评审团队注意到了以下问题。

① 不完整的需求描述：在某个功能模块的需求描述中，缺少了对特定输入条件的详细说明。这可能导致开发人员对输入条件的理解存在歧义，并可能影响功能的实现。

② 不一致的需求规定：在另一个功能模块的需求描述中，有两个相互矛盾的规定。这会给开发人员带来困惑，并可能导致软件无法按照预期的方式工作。

基于上述问题，评审团队提出了以下改进建议。

① 澄清和补充需求描述：建议在相关功能模块的需求描述中添加对特定输入条件的详细描述，以确保开发人员能够正确理解和实现。

② 解决需求规定的不一致：建议对相互矛盾的需求规定进行澄清，并与利益相关者协商，以达成一致的需求规定。

通过审查设计文档并提出改进建议，评审团队能够发现潜在的软件设计缺陷和风险，提高软件的质量和用户体验，确保设计满足功能需求，具备良好的扩展性和可维护性。这种积极的评审过程有助于避免在后续开发和测试阶段遇到问题，节省时间和资源成本。

7.1.2　动态测试

> ! 定义
>
> **动态测试**是软件测试的一种方法，它侧重于通过执行软件代码并对其行为进行观察，以发现潜在的缺陷和问题。动态测试涉及执行测试用例，输入数据并检查输出结果，从而验证软件是否按照预期的方式运行。与静态测试不同，动态测试需要实际执行软件代码。

动态测试是另一种软件测试方法，下面介绍动态测试的特点，并说明动态测试与静态测试的区别。

（1）执行代码

动态测试会执行软件代码，通过输入数据来触发不同的路径和逻辑，从而检查程序的行为。静态测试是在不执行代码的情况下进行的，主要通过审查软件的源代码、文档或设计来检查潜在错误。

（2）检查运行时行为

动态测试主要关注软件在运行时的行为，包括功能是否按预期工作、性能如何等。静态测试主要关注源代码或文档本身的质量，例如代码规范性、是否存在逻辑错误等。

（3）需运行环境

动态测试需要在实际运行环境中执行，以模拟用户操作和系统交互。静态测试可以在独立的工作环境中进行，不需要运行实际代码。

（4）发现运行时错误

动态测试主要用于发现软件在运行时产生的错误和异常。静态测试旨在发现潜在的设计缺陷、逻辑错误或代码规范问题。

根据动态测试在软件开发过程中所处的阶段和作用，动态测试可分为如下几个步骤。

（1）单元测试（Unit Testing）

单元测试是针对软件中最小可测试单元（如函数、方法）的测试，目的是验证这些单元的行为是否符合预期。开发人员通常编写单元测试用例，并使用单元测试框架（如 JUnit、pytest 等）来执行测试并自动化检查结果。

（2）集成测试（Integration Testing）

集成测试用于验证不同单元模块之间的交互是否正确，确保它们在集成后能够正常工作。可采用自顶向下或自底向上的集成测试方法，逐步组装和测试软件的各个部分。

（3）系统测试（System Testing）

系统测试是对整个软件进行的测试，旨在验证软件是否满足用户需求和系统规格说明书。系统测试包括功能测试、性能测试、安全测试等，以确保软件在各个方面都能正常运行。

（4）验收测试（Acceptance Testing）

验收测试是由用户、客户或其他利益相关者执行的测试，目的是确认软件是否符合最终用户的需求和期望。验收测试通常包括用户验收测试（User Acceptance Testing，UAT）和验收标准测试（Acceptance Standard Testing，AST）等。

（5）回归测试（Regression Testing）

回归测试用于确保对软件进行修改或更新后，已有功能没有受到影响，避免引入新的缺陷。通过重新执行之前的测试用例，验证已修复的问题，并防止因修改导致的潜在问题。

7.2 常用的软件测试技术

软件测试技术是确保软件质量的关键。在软件测试过程中，黑盒测试、白盒测试和灰盒测试是三种基本的测试方法，它们各自具有特定的优缺点和适用场景。黑盒测试主要关注软件功能和需求，通过模拟真实的用户场景来验证软件的准确性和可靠性。白盒测试侧重检查软件的源代码和内部结构，以发现逻辑错误、规范问题和性能瓶颈等。灰盒测试是介于两者之间的混合测试方法，既考虑软件的功能和需求，又关注软件的内部实现和代码逻辑。通过深入理解和灵活应用这三种软件测试方法，测试团队可以更全面地覆盖软件的各个方面，并提高测试的有效性和全面性。在实际测试过程中，选择合适的软件测试方法和技术，并使用自动化测试工具，将有助于提升软件质量并加速软件交付过程。

在测试过程中，编写测试用例是非常重要的环节。测试用例的编写对于正确、全面地验证软件功能、性能和质量至关重要，它直接影响到软件测试的有效性和覆盖范围。测试用例的定义如下。

> **定义** **测试用例**是在软件测试过程中，用来验证特定功能、场景或系统行为的一组输入数据、执行步骤以及预期结果的详细描述。每个测试用例都应该包括对被测系统的特定行为进行检查的步骤，以及对实际输出与预期输出进行比对的方法。测试用例的目标是确保软件在各种情况下都能正确运行，并且能够指出潜在的缺陷和问题。

通常，一个测试用例包括以下几个要素。

（1）测试用例名称：描述测试用例的简要名称，便于识别和管理。

（2）测试输入：指定测试所需的输入数据或条件。

（3）预期输出：描述测试执行后期望得到的输出或系统行为。

（4）执行步骤：详细说明执行测试的步骤，包括操作顺序、输入数据、预期输出等。

（5）前置条件：指明执行该测试用例所需满足的前置条件或环境要求。

通过编写和执行测试用例，测试人员能够全面地检查软件的各项功能和性能，以确保软件质量和稳定性。

7.2.1 黑盒测试

黑盒测试是一种软件测试方法，侧重于验证软件的功能和用户界面，而不需要了解软件内部的具体实现细节。在进行黑盒测试时，测试人员将软件视为一个"黑箱"（见图 7.1），只关注输入和输出，以验证软件是否符合预期行为。黑盒测试通常从用户的角度出发，通过输入各种数据或操作来验证软件的功能和响应。黑盒测试的主要目标描述如下。

（1）验证软件的功能是否符合需求规格说明书中的描述。

（2）检查软件的用户界面是否友好、易用，并符合设计规范。

（3）发现软件中的功能性缺陷、逻辑错误和集成问题。

（4）确保软件对各种输入数据和使用场景的处理是正确和有效的。

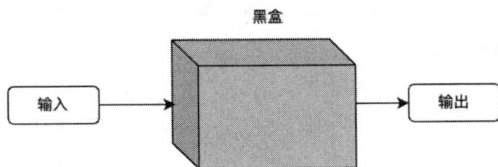

图7.1　黑盒测试

在进行黑盒测试时，常用的测试技术包括等价类划分法、边界值分析法、决策表法、因果图法等。这些技术可以帮助测试人员设计有效的测试用例，覆盖各种可能的输入情况，并发现潜在的问题和缺陷。黑盒测试能够帮助测试人员发现软件中的功能性问题并提高软件质量，是确保软件功能性和用户体验的重要手段。在软件开发过程中，结合黑盒测试与其他测试方法，测试人员可以更全面地评估软件的质量和稳定性。

（1）等价类划分法

在黑盒测试中，构造有效的输入是一个关键的难题。软件的输入空间通常是无限的，对所有可能的输入进行穷尽测试是不可行的。因此，测试人员需要寻找一种有效的方法来选择最具代表性和覆盖性的测试用例，以在有限的资源下达到最佳的测试效果。

等价类划分法将程序所有可能的输入数据（有效的和无效的）划分成若干个等价类（子集）。然后从每个子集中选取具有代表性的数据当作测试用例，每一类的代表性数据在测试中的作用等价于这一类中的其他值。测试用例由有效等价类和无效等价类的代表组成，从而保证测试用例具有完整性和代表性。利用这一方法设计测试用例可以不考虑程序的内部结构，以需求规格说明书为依据，认真分析和推敲说明书的各项需求（特别是功能需求），选择适当的典型子集，尽可能多地发现错误。等价类划分法是一种用来系统性地识别和组织测试输入数据的方法，以便有效地覆盖所有可能的测试条件。

等价类划分法借助于"划分"的概念。根据划分的定义，可以将输入数据的集合 A 划分为一组子集 A_1、A_2…、A_n。当且仅当满足以下条件时，这些子集是 A 的一个划分。

划分的条件

$A_1 \cup A_2 \cup \cdots \cup A_n = A$，即所有子集的并集等于整个集合 A，确保覆盖了整个输入数据空间。并且对于任意 i 和 j（$i \neq j$），有 $A_i \cap A_j = \Phi$，即任意两个子集的交集为空集，这意味着任意两个子集是互不相交的，确保每个输入数据只属于一个子集。

在等价类划分法中，可以将输入数据划分为若干个等价类，每个等价类代表了一组具有相同测试效果的输入数据，而且这些等价类构成了整个输入数据空间的划分。然后，可以从每个等价类中选择代表性的测试用例进行测试，并发现潜在的问题。

① 有效等价类

有效等价类是指对于需求规格说明书来说，合理的、有意义的输入数据构成的集合。利用有效等价类可以检验程序是否实现了需求规格说明书预先规定的功能和性能。有效等价类可以是一个，也可以是多个。

② 无效等价类

无效等价类和有效等价类相反，无效等价类是指对于需求规格说明书而言，没有意义的、不合理的输入数据构成的集合。利用无效等价类，可以找出程序异常说明情况，检查程序的功能和性能的实现是否有不符合需求规格说明书要求的地方。

在等价类划分法中，可以按照以下步骤设计测试用例。

第一步，确定有效等价类和无效等价类。首先根据输入条件，将输入数据划分为有效等价类和无效等价类。有效等价类是指包含有效输入数据的等价类，无效等价类是指包含无效输入数据的等价类。

第二步，设计测试用例覆盖有效等价类。

a. 为每一个等价类规定一个唯一的编号。

b. 设计一个新的测试用例，使其尽可能多地覆盖尚未被覆盖的有效等价类，并确保该测试用例能代表该等价类。

c. 重复上述步骤，直到所有的有效等价类都被覆盖为止。

第三步，设计测试用例覆盖无效等价类。

a. 设计一个新的测试用例，使其仅覆盖一个尚未被覆盖的无效等价类，并确保该测试用例能代表该无效等价类。

b. 重复上述步骤，直到所有的无效等价类都被覆盖为止。

通过以上步骤，可以有效地设计测试用例，确保其覆盖了所有的有效等价类和无效等价类，从而全面地测试程序的各种情况，以发现潜在的问题和缺陷，提高软件质量和可靠性。接下来通过一个例子来说明如何应用等价类划分法设计测试用例。

需求场景：在注册某应用时，要求手机号码由地区码和电话号码两部分组成。其中，要求地区码为以 0 开头的 3 位或者 4 位数字（包括 0），电话号码为以非 0 且非 1 开头的 7 位或者 8 位数字。假定被测试的程序能接受一切符合上述规定的手机号码，拒绝所有不符合规定的手机号码。

要求：用等价类划分法来设计测试用例，并给出实验结果。

按照需求场景，首先给出有效等价类和无效等价类，如图 7.2 所示。

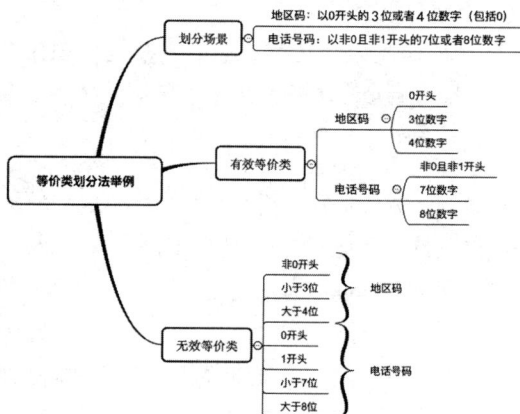

图7.2 等价类划分法举例

接着，根据有效等价类和无效等价类编写测试用例，如表 7.1 所示。

表 7.1 等价类划分法测试用例

测试用例编号	覆盖等价类	输入数据	期望输出
1	（1）地区码以 0 开头 （2）3 位数字 （7）非 0 且非 1 开头 （8）7 位数字	012 3456789	正确
2	（1）地区码以 0 开头 （3）4 位数字 （7）非 0 且非 1 开头 （9）8 位数字	0123 34567891	
3	（4）地区码以非 0 开头	110 3456789	错误
4	（5）小于 3 位	01 3456789	
5	（6）大于 4 位	01100 3456789	
6	（10）地区码以 0 开头	011 0123456	
7	（11）地区码以 1 开头	011 1234567	
8	（12）小于 7 位	011 234567	
9	（13）大于 8 位	011 234567891	

等价类是在需求规格说明书的基础上进行划分的，并且等价类划分不仅可以用来确定测试用例中的输入输出数据的精确取值范围，也可以用来准备中间值、状态和与时间相关的数据以及接口参数等。因此，等价类划分法可以用在系统测试、集成测试中，在有明确的条件和限制的情况下，利用等价类划分法可以设计出完备的测试用例。

等价类划分法可以帮助测试人员快速有效地选择测试用例，从而在保证测试全面性的同时降低测试成本和工作量。通过等价类划分法，测试人员可以将无限的输入空间简化为有限的等价类，从而避免了穷举测试的不可行性，并将测试重点放在最具代表性和覆盖性的输入数据上，以达到最佳的测试效果。同时，等价类划分法还可以帮助测试人员识别和排除输入数据中的异常情况和边界值问题，从而提高测试质量和发现问题的能力。

（2）边界值分析法

边界值分析法是软件测试中一种基于输入数据的测试方法，其主要目的是设计测试用例，着重考虑输入数据的边界情况。该方法通过输入数据的边界值和特殊值作为选取测试用例的设计依据，以确保软件在输入数据的边界处能够正确处理和响应。在软件开发中，一些常见的错误往往出现在边界情况下，比如边界条件判断不准确、边界处的异常处理不完善等。因此，专注于边界值可以更有效地发现这些潜在的问题。

常见的边界值举例如下：16 进制整数的最大值 32767 和最小值-32768；屏幕上光标的最左上和最右下位置；报表的第一行和最后一行；数组元素的第一个和最后一个（如在 Java 语言中，int A[10]中的 A[0]和 A[9]）；循环的第 0 次、第 1 次、倒数第 2 次和最后 1 次。

"单缺陷"假设是边界值分析法的关键假设之一。"单缺陷"假设认为失效通常不是由两个或多个缺陷同时发生引起的，而是由单个缺陷引起的。在使用边界值分析法设计测试用例时，主要集中于对单个缺陷的识别和定位，以便更有效地发现软件中的问题。"单缺陷"假设的基本原理是，当一个软件存在边界情况时，它更容易出现错误。边界值分析法通过选择边界值和特殊值作为测试用例的输入，检测软件在这些关键点上的行为，从而更有针对性地发现可能存在的缺陷。然而，需要注意的是，虽然"单缺陷"假设是边界值分析法的核心，但并不意味着软件中不存在多个缺陷同时存在的情况。仅仅通过边界值分析法无法完全排除多个缺陷同时发生的可能性。因此，在实际测试过程中，需要综合考虑其他测试技术和方法，如功能测试、路径覆盖等，以更全面地评估和验证软件的质量和稳定性。

对边界值设计测试用例，应遵循以下几条原则。

① 如果输入条件规定了值的范围，则应取刚达到这个范围的边界的值，以及刚刚超越这个范围边界的值作为测试输入数据。

② 如果输入条件规定了值的个数，则用最大个数、最小个数、比最小个数少 1、比最大个数多 1 的数据作为测试数据。

③ 根据需求规格说明书的每个输入条件，应用前面的原则①。

④ 根据需求规格说明书的每个输出条件，应用前面的原则②。

⑤ 如果需求规格说明书给出的输入域或输出域是有序集合，则应选取集合的第一个元素和最后一个元素作为测试用例。

⑥ 如果程序中使用了一个内部数据结构，则应当选择这个内部数据结构边界上的值作为测试用例。

⑦ 分析需求规格说明书，找出其他可能的边界条件。

通常情况下，软件测试所包含的边界值有几种类型：数字、字符、位置、质量、大小、速度、方位、尺寸、空间等。相应地，以上类型的边界值应该在最大/最小、首位/末位、最上/最下、最快/最慢、最短/最长等情况下作为测试数据。利用边界值设计测试用例的思路如表 7.2 所示。

表 7.2　利用边界值设计测试用例的思路

项	边界值	设计测试用例的思路
字符	起始数量-1 个字符、结束数量+1 个字符	假设一个文本输入区域允许输入 1 到 255 个字符，输入 1 个和 255 个字符作为有效等价类，输入 0 个和 256 个字符作为无效等价类，这 4 个数值都属于边界值
数值	最小值-1、最小值、最大值、最大值+1	假设某软件的数据输入域要求输入 5 位数作为数据值，可以使用 10000 作为最小值、99999 作为最大值，然后使用这 2 个数和刚好小于 5 位数和大于 5 位数的数值来作为边界值
空间	小于空余空间一点、大于满空间一点	例如在用 U 盘存储数据时，使用比剩余磁盘空间小一点或大一点（几 KB）的文件作为边界条件

边界值分析法的基本思想是针对输入数据在最小值、略高于最小值、正常值、略低于最大值和最大值这几个关键点进行测试，表示方法为 min、min+、nom、max-和 max。举例而言，对于涉及两个变量 x_1 和 x_2 的函数，可以分别取它们的最小值、略高于最小值、正常值、略低于最大值和最大值作为

输入的测试用例，即 x_{1min}、x_{1min+}、x_{1nom}、x_{1max-}、x_{1max}，以及 x_{2min}、x_{2min+}、x_{2nom}、x_{2max-}、x_{2max}。这样的测试方法有助于全面覆盖关键取值点，帮助测试人员发现潜在问题。若只考虑 x_1 的取值，边界值分析的取值示意图如图 7.3 所示。

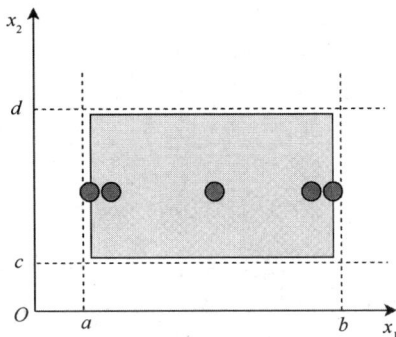

图7.3　边界值分析的取值示意图（只考虑x_1的取值）

通过边界值分析法来设计测试用例的方法是将所有变量设定为正常值，只有一个变量取极端边界值。对于一个包含 n 个变量的函数，边界值分析法会生成 $4n+1$ 个测试用例，以覆盖各个变量的边界情况，帮助测试人员发现潜在问题并提高测试效率。对于涉及两个变量的函数，进行边界值分析的方法是分别针对每个变量的边界值进行测试。例如，对于变量 x_1 的取值，分别考虑 x_{1min}、x_{1min+}、x_{1nom}、x_{1max-}、x_{1max}；对于变量 x_2 的取值，分别考虑 x_{2min}、x_{2min+}、x_{2nom}、x_{2max-}、x_{2max}。因此，对于两个变量函数的边界值分析测试用例可以表示为{$<x_{1nom}, x_{2min}>$, $<x_{1nom}, x_{2min+}>$, $<x_{1nom}, x_{2nom}>$, $<x_{1nom}, x_{2max-}>$, $<x_{1nom}, x_{2max}>$, $<x_{1min}, x_{2nom}>$, $<x_{1min+}, x_{2nom}>$, $<x_{1max-}, x_{2nom}>$, $<x_{1max}, x_{2nom}>$}。这样的测试用例可以全面覆盖各个变量的边界情况，如图 7.4 所示。

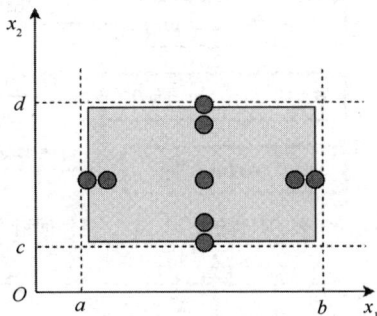

图7.4　边界值分析的取值示意图（同时考虑x_1和x_2的取值）

拥有两个变量的函数的健壮性测试用例可以根据边界值分析法进行设计，以覆盖输入变量的极端情况和非法输入。在健壮性测试中，我们除了考虑正常的边界值情况外，还需要关注异常情况，例如不合理的输入、边界外的取值等。因此，我们可以扩展测试用例，对非法输入的情况进行测试，以确保软件在面对异常输入时能够正确处理并给出合理的响应。这样的健壮性测试用例设计能够帮助测试人员发现软件的稳定性和容错性问题，从而提高软件的可靠性和安全性。若考虑在图 7.4 的基础上增加边界外的取值，可以得到如图 7.5 所示的取值情况。

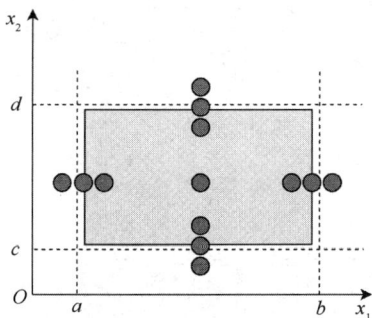

图7.5 增加边界外的取值

边界值分析法作为一种软件测试方法，采用了可靠性理论的"单缺陷"假设，具有一定的优点和局限性。其优点在于简便易行，能够以较低的成本生成测试数据，有助于测试人员快速发现潜在问题。然而，边界值分析法也存在一些局限性，例如生成的测试用例可能不够充分，无法全面考虑测试变量之间的依赖关系，忽略了输入数据的含义和性质。因此，边界值分析法适合用作初步测试用例，但在实际测试中需要结合其他测试方法和技术，以提高测试覆盖率和有效性，确保软件质量和稳定性。

（3）决策表法

决策表法（又称为判定表法）是一种黑盒测试设计技术，用于描述软件在不同输入条件下的行为，并帮助测试人员确定测试用例。决策表法可以帮助测试人员全面而系统地考虑软件的各种输入情况，从而设计出高效的测试用例。决策表的条件桩、动作桩、条件项和动作项以及规则如图 7.6 和图 7.7 所示。

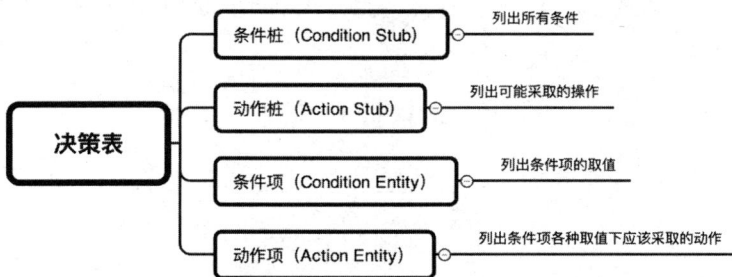

图7.6 决策表的条件桩、动作桩、条件项和动作项

图7.7 决策表的规则

在决策表设计中，任何一个条件组合的特定取值及其相应要执行的操作被称为一条规则，它在决策表中为贯穿条件项和动作项的一列。因此，决策表中列出多少组条件取值，就有多少条规则存在，也对应了条件项和动作项的列数。根据需求规格说明书设计决策表的详细步骤如图7.8所示。

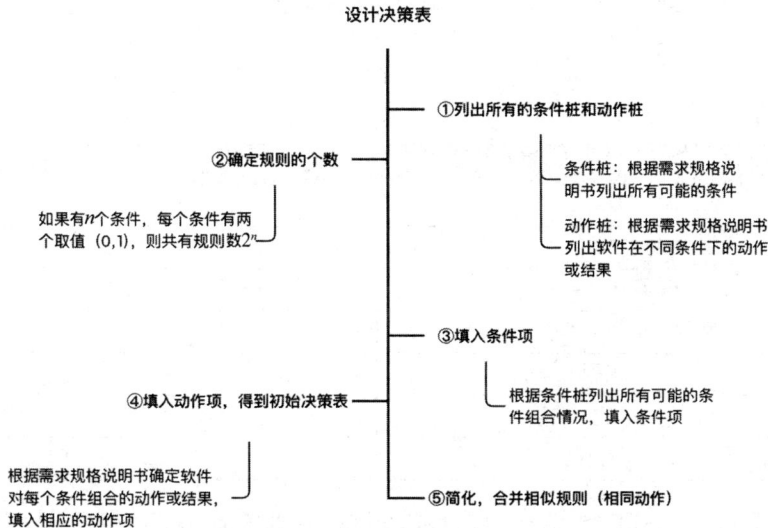

图7.8　设计决策表的详细步骤

规则合并是指简化决策表的过程，当两条或多条规则具有相同的动作或结果，并且它们的条件项极为相似时，可以将这些规则进行合并，以减少决策表的复杂度以提高可读性，如图 7.9 和图 7.10 所示。

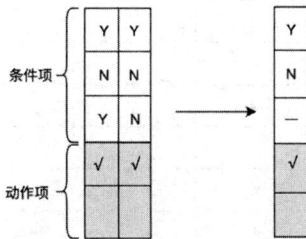

图7.9　合并规则的第一种情况

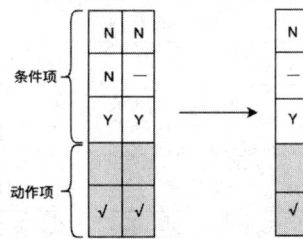

图7.10　合并规则的第二种情况

图 7.9 中，条件项 "−" 表示与取值无关。而图 7.10 中，条件项 "−" 表示在逻辑上包含其他的条件。通过以上步骤，可以根据需求规格说明书设计出完整的决策表，包括所有条件项、动作项和对应的规则。简化和合并相似规则可以减少决策表的复杂度，提高可读性和可维护性。

举个例子来说明如何使用决策表法。在某一本书籍的阅读指南中，提出了如下建议。

① 如果感到疲倦但对书的内容感兴趣，且理解存在困难，则建议回到本章开头重读。

② 如果感到疲倦但对书的内容感兴趣，但理解清晰，则建议继续读下去。

③ 如果不感到疲倦但对书的内容感兴趣，但理解存在困难，则建议回到本章开头重读。

④ 如果感到疲倦且对书的内容不感兴趣，但理解清晰，则建议跳到下一章继续阅读。

⑤ 如果感到疲倦且对书的内容不感兴趣，且理解存在困难，则建议停止阅读并休息。

⑥ 如果不感到疲倦且对书的内容感兴趣，且理解清晰，则建议继续读下去。

⑦ 如果不感到疲倦但对书的内容不感兴趣，但理解存在困难，则建议跳到下一章继续阅读。

⑧ 如果不感到疲倦且对书的内容不感兴趣，但理解清晰，则建议跳到下一章继续阅读。

根据决策表的设计步骤，首先，根据需求可直接将条件桩、条件项、动作桩、动作项分别列出来，得到初始决策表，如表 7.3 所示。

表 7.3　初始决策表

		1	2	3	4	5	6	7	8
当前状态	感到疲倦	Y	Y	N	Y	Y	N	N	N
	对书的内容感兴趣	Y	Y	Y	N	N	Y	N	N
	理解存在困难	Y	N	Y	N	Y	N	Y	N
建议	回到本章开头重读	√		√					
	继续读下去		√				√		
	跳到下一章继续阅读				√			√	√
	停止阅读并休息					√			

合并规则时先观察动作项中相同的规则，然后再观察条件项是否可以合并，例如规则 1 和规则 3 的动作项都是"回到本章开头重读"，且第 2 和第 3 条件项相同，即不论是否感到疲倦，只要对书内容感兴趣且理解存在困难，都应该回到本章开头重读。因此，简化后的决策表如表 7.4 所示。

表 7.4　化简后的决策表

		1	2	3	4	5
当前状态	感觉疲倦	—	—	Y	N	Y
	对书内容感兴趣	Y	Y	N	N	N
	理解存在困难	Y	N	Y	—	N
建议	回到本章开头重读	√				
	继续读下去		√		√	
	跳到下一章继续阅读					√
	停止阅读并休息			√		

决策表法能够充分表达所有条件组合，具有严谨性和逻辑性，同时可以简化复杂问题并提供精确、简洁的测试用例，且条件组合明确，不易遗漏。然而，决策表法无法表达重复执行的动作（循环结构体）等知识表达方式，其建立过程复杂且表达式繁琐，而且随着条件增多，规则数呈指数级增长。

决策表法适用于以下场景：根据不同的逻辑条件组合值执行不同的操作；表达多种输入和输出条件的组合情况；系统、模块或玩法规则的排列顺序不影响操作执行；需求规格说明书可以以决策表形式呈现，或者容易转换成决策表形式。如果条件项和动作项的逻辑关系不明了，可以首先使用因果图来表示输入条件与输出结果之间的逻辑关系，然后使用决策表来进一步说明这种关系。因果图可以帮助测试人员直观地理解条件项和动作项之间的逻辑联系，而决策表则可以提供更具体的逻辑推理结果。

（4）因果图法

因果图是一种用于表示因果关系的图形工具，通常用于系统分析、决策制订和问题解决等领域。因果图法的来源可以追溯到管理学和系统工程学科领域。因果图法最早在系统工程领域得到广泛运用，用于帮助工程师和设计师理解系统内部各个组成部分之间的因果关系。因果图可以清晰地展现系统中各个因素之间的相互作用，有助于相关人员识别潜在问题、优化系统设计，并支持决策制订过程。

等价类划分法和边界值分析法是两种常用的黑盒测试方法，旨在有效地识别和测试输入条件下的不同情况。然而，这些方法局限于考虑单个输入条件的情况，而忽略了多个输入条件组合可能导致的错误情况。当需要考虑多个输入条件的组合时，可能的测试用例组合数量会呈指数级增长，这使得传统的测试用例设计方法难以应对。因果图法可以更好地描述多个条件之间的组合关系，帮助测试人员设计出更全面、更高效的测试用例。

因果图包含了四种逻辑符号，分别代表了需求规格说明书中的四种基本关系。在因果图中，使用简单的逻辑符号，通过直线连接左右节点来表示因果关系。左节点表示输入状态（原因），右节点表示输出状态（结果）。通常情况下，原因（c）置于图的左侧，结果（e）置于图的右侧。c和e都可以取值 0 或 1，其中 0 表示某状态不出现，1 表示某状态出现。此外，在因果图中，输入状态之间可能存在相互依赖的约束关系，例如某些输入条件本身不可能同时发生。同时，输出状态之间也通常存在一定的约束。因此，在因果图中会用特定的符号来表示这些约束关系。因果图的四种基本关系、输入条件的约束类型和输出条件的约束类型如图 7.11 所示。

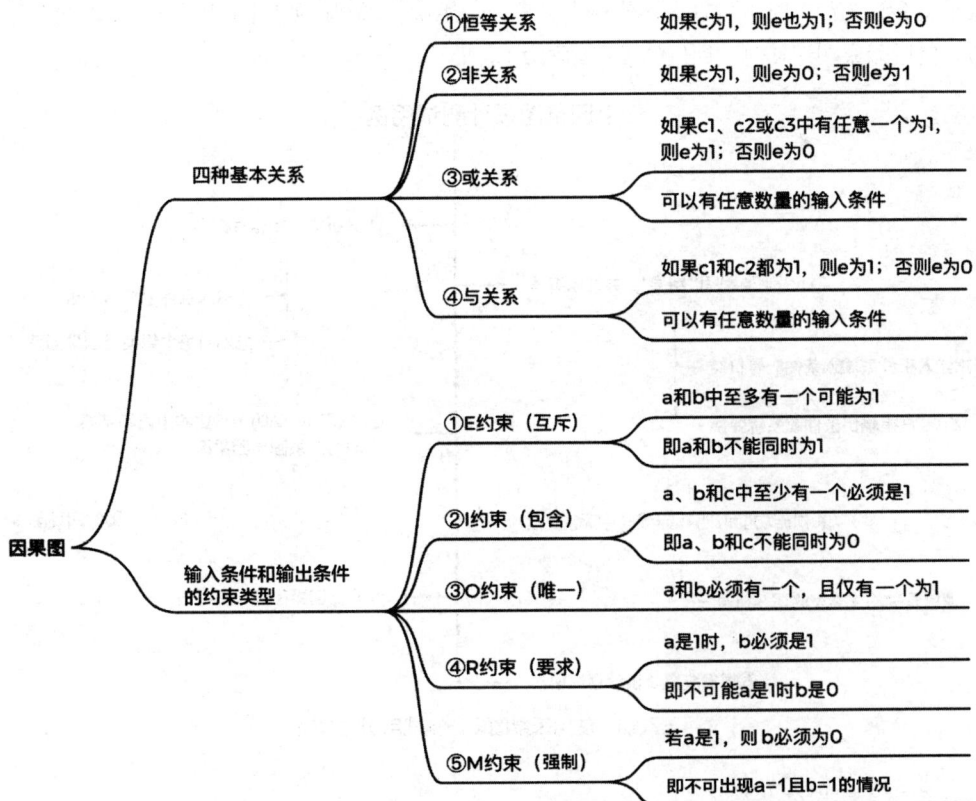

图7.11 因果图的四种基本关系、输入条件的约束类型和输出条件的约束类型

因果图所使用的四种基本关系的逻辑符号如图 7.12 所示,输入条件和输出条件的五种约束类型的逻辑符号如图 7.13 所示。

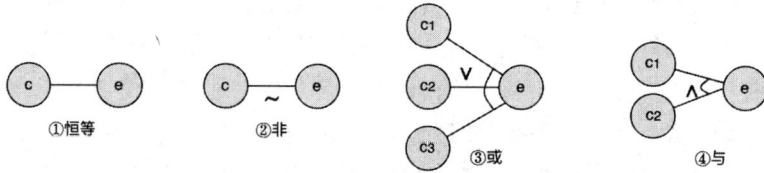

图7.12 因果图的四种基本关系的逻辑符号

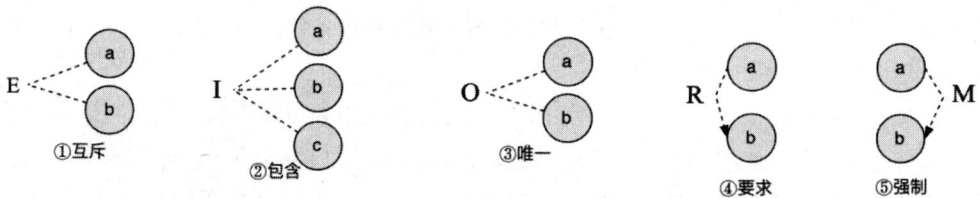

图7.13 因果图输入条件和输出条件的五种约束类型的逻辑符号

在软件测试用例设计的过程中,因果图用于描述被测对象输入与输入、输入与输出之间的约束关系。因果图的绘制过程可以理解为用例设计者针对业务因果关系的建模过程。根据需求规格说明书,绘制因果图,然后得到一个决策表进行用例设计(通常认为因果图为决策表的前置过程)。当被测对象的因果关系较为简单时,可以直接使用决策表设计用例;否则可使用因果图与决策表结合的方法设计用例。使用因果图设计测试用例的过程如图 7.14 所示。

使用因果图设计测试用例

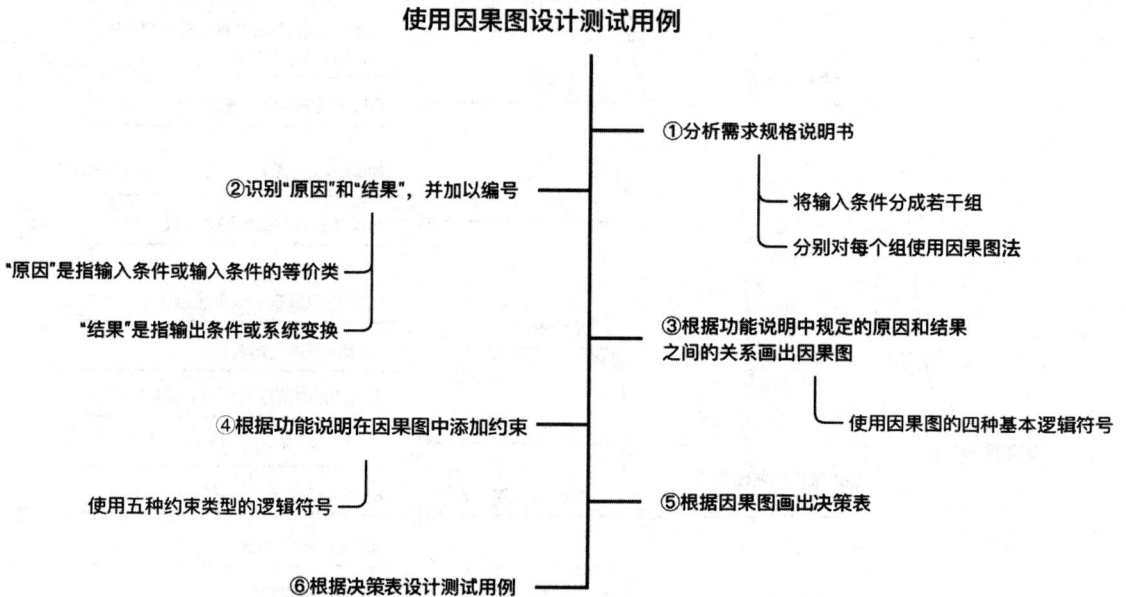

①分析需求规格说明书
    将输入条件分成若干组
    分别对每个组使用因果图法

②识别"原因"和"结果",并加以编号
"原因"是指输入条件或输入条件的等价类
"结果"是指输出条件或系统变换

③根据功能说明中规定的原因和结果之间的关系画出因果图
    使用因果图的四种基本逻辑符号

④根据功能说明在因果图中添加约束
使用五种约束类型的逻辑符号

⑤根据因果图画出决策表

⑥根据决策表设计测试用例

图7.14 使用因果图设计测试用例的过程

① 分析需求规格说明书

分析软件的需求规格说明书,将输入条件分成若干组,然后分别对每个组使用因果图法,以减少输入条件组合的数量。

② 识别"原因"和"结果"，并加以编号

"原因"是指输入条件或输入条件的等价类；"结果"是指输出条件或系统变换（如更新主文件）。每个原因和结果都对应因果图中的一个节点，当原因或结果成立（或出现）时，相应节点的值记为 1，否则记为 0。

③ 根据功能说明中规定的原因和结果之间的关系画出因果图

根据图 7.12 中因果图的四种基本逻辑符号的含义，画出初始因果图。图 7.12 中左边的节点表示原因，右边的节点表示结果。在画因果图时，原因在左，结果在右，并根据功能说明中规定的原因和结果之间的关系，用上述符号连接起来，必要时，可在因果图中加入一些中间节点。

④ 根据功能说明在因果图中添加约束

根据图 7.13 中因果图的五种输入条件和输出条件的约束类型的逻辑符号含义，在第③步的因果图中加上约束。

⑤ 根据因果图画出决策表

列出满足约束条件的所有原因组合，写出各种原因组合下的结果，必要时可根据表 7.5 所示的规则在决策表中添加中间状态。

表 7.5　决策表的中间状态

原因	允许的原因组合
中间状态	各种原因组合下的中间状态的值
结果	各种原因组合下的结果值

⑥根据决策表设计测试用例

为上述决策表的每一列设计一个测试用例。

下面举例说明如何使用因果图法。某校园自动售货机的模拟系统，其需求规格说明书的描述如下。

① 系统只接收 1 元硬币或 5 元纸币，一次购买只能使用一种货币，一次购买金额只能为 1 元或 5 元。

② 若投入 1 元硬币，并选择购买 1 元的商品，则完成购买后出货，提示购买成功。

③ 若投入 1 元硬币，并选择购买 5 元的商品，则提示投入金额不足，并退还 1 元硬币。

④ 若投入 5 元纸币，并选择购买 1 元的商品，则完成购买后出货，提示购买成功，找零 4 元。

⑤ 若投入 5 元纸币，并选择购买 5 元的商品，则完成购买后出货，提示购买成功。

⑥ 若投入货币后规定时间内未选择购买商品，则退还投入的货币，并提示错误。

⑦ 若选择购买商品后未投入货币，则提示错误。

校园自动售货机模拟系统的测试用例设计过程描述如下。

第一步，根据上述需求规格说明书，给出各个输入条件和输出结果，即找出各个原因和结果，如图 7.15 所示。

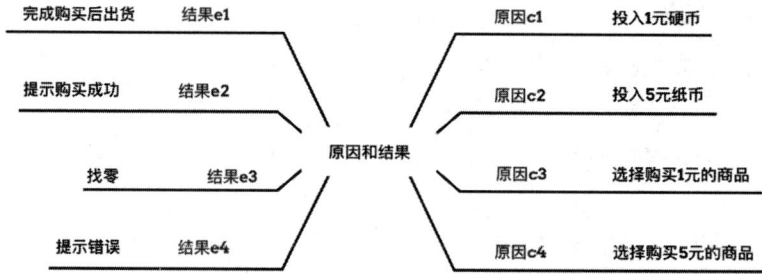

图7.15　各个输入条件和输出结果（原因和结果）

其中，"提示错误"包含"提示投入金额不足，并退还 1 元硬币"和"退还投入的货币，并提示错误"两种情况。

第二步，确定所有输入条件之间的制约关系及组合关系，如图 7.16 所示。

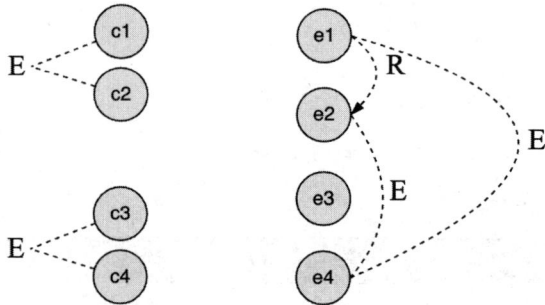

图7.16　各个输入条件之间的制约及组合关系

第三步，画出因果图，对每种情况组合的因果关系进行扩展描述。

① 原因 c1 和 c3 可以组合，得到结果 e1 和 e2 的组合，表示投入 1 元硬币，并选择购买 1 元商品，会输出"完成购买后出货，提示购买成功"的结果。其因果图如图 7.17 所示。

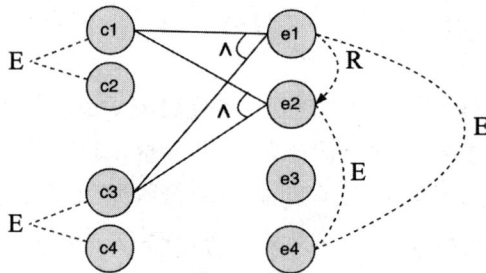

图7.17　原因c1和c3的组合

② 原因 c1 和 c4 可以组合，得到结果 e3 和 e4 的组合，表示投入 1 元硬币，并选择购买 5 元的商品，会输出"投入金额不足，并退还 1 元硬币"的结果。其因果关系如图 7.18 所示。

③ 原因 c2 和 c3 可以组合，得到结果 e1、e2 和 e3 的组合，表示投入 5 元纸币，并选择购买 1 元的商品，会输出"找零，完成购买后出货，提示购买成功"的结果。其因果图如图 7.19 所示。

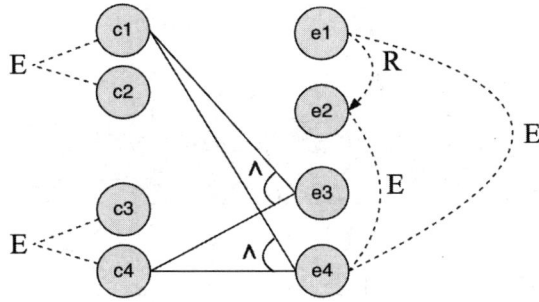
图7.18　原因c1和c4的组合

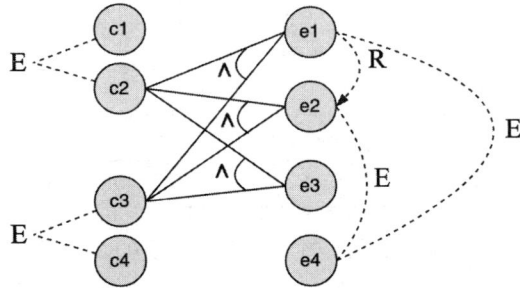
图7.19　原因c2和原因c3的组合

④ 原因 c2 和 c4 可以组合，得到结果 e1 和 e2 的组合，表示投入 5 元纸币，并选择购买 5 元的商品，会输出"完成购买后出货，提示购买成功"的结果。其因果图如图 7.20 所示。

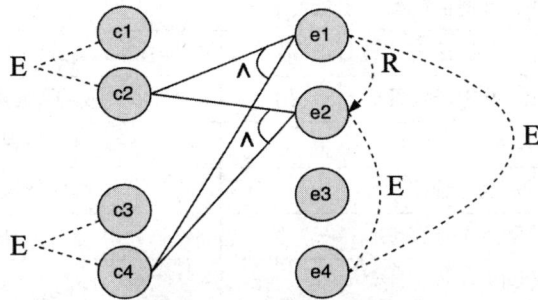
图7.20　原因c2和c4的组合

⑤ 原因 c1、c2、c3 和 c4 都可以单独出现，其因果图如图 7.21 所示。

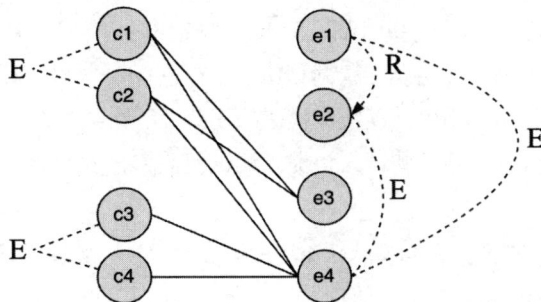
图7.21　原因c1、c2、c3和c4单独出现

第四步，根据第三步得到的因果图，设计决策表如表 7.6 所示。

表 7.6　自动售货机模拟系统的决策表

		规则							
		1	2	3	4	5	6	7	8
条件桩	投入 1 元硬币（c1）	√	√			√			
	投入 5 元纸币（c2）			√	√		√		
	选择购买 1 元的商品（c3）	√		√				√	
	选择购买 5 元的商品（c4）		√		√				√
动作桩	完成购买后出货（e1）	√		√	√				
	提示购买成功（e2）	√		√	√				
	找零（e3）		√	√		√	√		
	提示错误（e4）		√			√	√	√	√

第五步，根据第四步得到的决策表，设计相应的测试用例如表 7.7 所示。

表 7.7　自动售货机模拟系统的测试用例

编号	测试用例	预期输出
1	投入 1 元硬币，并选择购买 1 元的商品	完成购买后出货，提示购买成功
2	投入 1 元硬币，并选择购买 5 元的商品	提示错误并退还 1 元硬币
3	投入 5 元纸币，并选择购买 1 元的商品	找零，完成购买后出货，提示购买成功
4	投入 5 元纸币，并选择购买 5 元的商品	完成购买后出货，提示购买成功
5	投入 1 元硬币	提示错误并退还 1 元硬币
6	投入 5 元纸币	提示错误并退还 5 元纸币
7	选择购买 1 元的商品	提示错误
8	选择购买 5 元的商品	提示错误

7.2.2　白盒测试

白盒测试是软件测试中的一种重要方法，其目的是检查并验证软件内部的结构、设计、实现等方面是否符合预期，如图 7.22 所示。与黑盒测试侧重于功能和用户接口不同，白盒测试关注内部逻辑和代码覆盖率，旨在发现代码中的错误、漏洞和缺陷。在进行白盒测试时，测试人员将根据软件的内部结构和实现细节来设计测试用例，以验证代码的正确性、可靠性和安全性。通过深入了解软件的内部工作方式，白盒测试可以帮助测试人员提高测试覆盖率，发现潜在的逻辑错误以及边界条件下的问题。

白盒测试通常包括单元测试、集成测试和系统测试等阶段，以确保软件在各个层次上的正确性和稳定性。通过白盒测试，测试人员可以有效地发现并修复软件中的问题，同时也有助于优化代码结构和性能，提高软件质量。

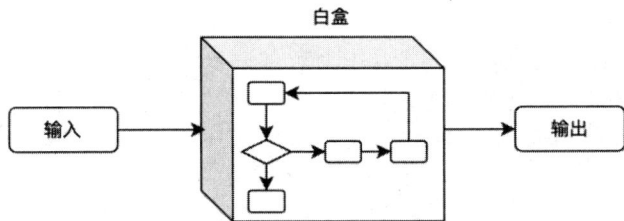

图7.22 白盒测试

白盒测试是一种深入测试软件内部逻辑和代码的方法，通常包括以下几个关键步骤。

（1）理解需求和设计：在进行白盒测试之前，测试人员需要详细了解软件的需求规格和设计文档，以便准确理解软件的功能和预期行为。

（2）编写测试用例：根据软件的内部结构和实现细节，测试人员编写测试用例来覆盖不同的代码路径、边界条件和逻辑分支。测试用例要能够验证代码的正确性、效率和安全性。

（3）设置测试环境：测试人员需要搭建适当的测试环境，包括配置开发环境、测试工具和模拟数据等，以确保能够准确地执行测试用例。

（4）执行测试用例：测试人员根据编写的测试用例，逐步执行测试代码，并记录测试结果。在执行过程中，需要检查每个代码路径的覆盖情况，以确保全面测试。

（5）分析测试结果：测试人员分析测试执行过程中产生的日志和结果，检查是否发现了错误、漏洞或异常情况，记录并跟踪发现的问题直至解决。

（6）优化代码和重复测试：根据测试结果反馈，开发人员可能需要修改代码以解决发现的问题。在修改代码后，测试人员需要重新执行白盒测试，验证修改的代码并确保问题得到解决。

（7）检查代码覆盖率：在执行白盒测试的过程中，测试人员还需要检查代码的覆盖率，确保测试用例能够覆盖尽可能多的代码路径和逻辑分支，以提高测试的全面性和有效性。

（8）生成报告：最后，测试人员生成测试报告，总结测试执行过程中的关键信息，包括测试覆盖率、发现的问题、解决方案和改进建议等，以便开发团队和管理层了解软件测试情况。

白盒测试中常用的逻辑覆盖方法包括以下 6 种。

（1）语句覆盖（Statement Coverage）：语句覆盖要求执行测试用例时能够覆盖到所有的代码语句，即每个代码语句至少执行一次，以确保代码的每一行都被执行过。

（2）判定覆盖（Decision Coverage）：判定覆盖要求测试用例能够覆盖到代码中的所有判定点（if、else 等），以确保每个判定点的几个可能的结果都被测试到。

（3）条件覆盖（Condition Coverage）：条件覆盖要求测试用例覆盖到每个条件表达式的所有可能取值（包括真和假），以验证每个条件表达式的正确性。

（4）判定-条件覆盖（Decision-Condition Coverage）：判定-条件覆盖结合了判定覆盖和条件覆盖，要求测试用例既要覆盖到所有的判定点，又要覆盖到每个条件表达式的所有取值。

（5）条件组合覆盖（Condition Combination Coverage）：条件组合覆盖要求测试用例覆盖到各种条件之间的不同组合情况，以验证条件之间的组合是否能正确影响程序的执行路径。

（6）路径覆盖（Path Coverage）：路径覆盖要求测试用例覆盖到代码中的所有可能执行路径（包括基本路径和循环路径），以确保程序的所有执行路径都被测试到。

下面给出使用这 6 种逻辑覆盖方法设计测试用例的过程。假设有一段 Python 程序代码如下。

```
1 a = int(input("请输入整数 a: "))
2 b = int(input("请输入整数 b: "))
3 c = float(input("请输入浮点数 c: "))
4 if a > 0 and b > 0:
5    c = c / a
6 if a > 1 or c > 1:
7    c = c + 1
8 c = b + c
9 print("计算结果为:", c)
```

根据上述代码，先给出程序流程图如图 7.23 所示。

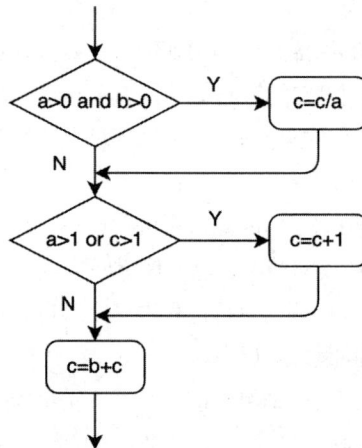

图7.23 白盒测试的程序流程图

（1）语句覆盖

语句覆盖要求测试用例能够覆盖到所有的代码语句，即每个可执行的代码语句至少执行一次。根据给定的程序段，可以编写一些测试用例来实现语句覆盖，确保每个语句都被执行到。图 7.24 中，数字①②③④⑤表示语句的执行路径。

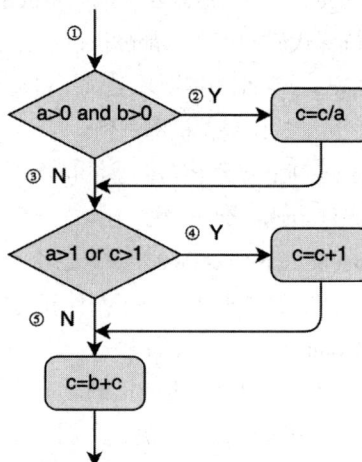

图7.24 语句覆盖

测试用例：a = 2, b = 3, c = 2。

这个测试用例可以覆盖到程序段中的所有语句，确保每个语句都至少执行一次，从而实现语句覆盖。语句覆盖的优点在于其简单直观、易于理解和实施，能快速发现一些常见的语法错误、逻辑错误和编码错误。语句覆盖的缺点在于其忽视了语句的内部细节，只要求执行每个语句，但并不要求覆盖到每个语句内部的各种可能情况，如循环中的不同迭代、条件语句中的不同分支等。语句覆盖是最弱的逻辑覆盖方法。

（2）判定覆盖

判定覆盖要求测试用例能够覆盖到代码中的所有判定点（if、else 等），以确保每个判定点的几个可能结果都被测试到。上述代码段中有两处判定点，分别是判定 C 和判定 D，如图 7.25 所示。根据给定的程序段，可以编写一些测试用例来实现判定覆盖，确保每个判定点的两个可能结果都被覆盖到。以下是几个可能的测试用例。

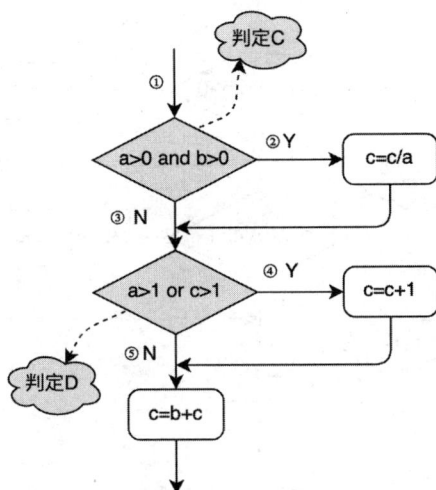

图7.25　判定覆盖

测试用例 1：a = 2, b = 3, c = 3。

该测试用例可覆盖判定 C 的 Y 分支和判定 D 的 Y 分支。

测试用例 2：a = 0, b = −1, c = 0。

该测试用例可覆盖判定 C 的 N 分支和判定 D 的 N 分支。

这两组测试用例可覆盖所有判定点的 Y 和 N 分支。

测试用例 1：a = 1, b = 3, c = −3。

该测试用例可覆盖判定 C 的 Y 分支和判定 D 的 N 分支。

测试用例 2：a = 0, b = −1, c = 3。

该测试用例可覆盖判定 C 的 N 分支和判定 D 的 Y 分支。

这两组测试用例同样可覆盖所有判定点的 Y 和 N 分支。

判定覆盖具有比语句覆盖更强的测试能力，同时简单易实施。然而，由于大部分判定语句由多个逻辑条件组合而成，仅关注判定结果而忽略每个条件的取值情况可能导致遗漏执行路径，使得判定覆盖仍然是较弱的逻辑覆盖方法。

（3）条件覆盖

条件覆盖要求测试用例能够覆盖到每个条件表达式的所有可能取值（包括真和假），以验证每个条件表达式的正确性。根据给定的程序段，可以编写一些测试用例来实现条件覆盖，确保每个条件表达式的所有取值都被覆盖到。在图 7.26 中，判定 C 的表达式由条件 1（a>0）和条件 2（b>0）组成，条件 1 的真值记为 T1，假值记为 F1；条件 2 的真值记为 T2，假值记为 F2。判定 D 的表达式由条件 3（a>1）和条件 4（c>1）组成，条件 3 的真值记为 T3，假值记为 F3；条件 4 的真值记为 T4，假值记为 F4。使用条件覆盖方法设计测试用例的思想就是让测试用例能覆盖 T1、T2、T3、T4、F1、F2、F3、F4。

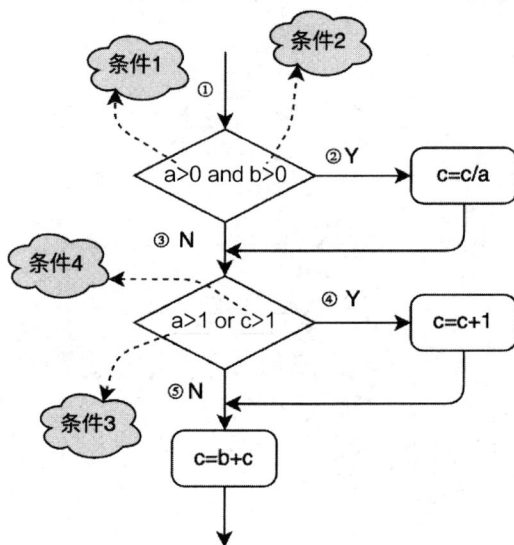

图7.26　条件覆盖

测试用例 1：a = 2, b = −1,c = −2。

该测试用例能覆盖 T1, F2, T3, F4。

测试用例 2：a = −1, b = 2,c = 3。

该测试用例能覆盖 F1, T2, F3, T4。

通过设计以上两组测试用例，可以覆盖到程序段中的所有条件表达式的所有可能取值，确保每个条件表达式的正确性都被验证到，从而实现条件覆盖。但是，这两组测试用例只能覆盖判定 C 的 N 分支和判断 D 的 Y 分支，判定 C 的 Y 分支和判断 D 的 N 分支没有被覆盖。

条件覆盖的优点在于增加了对条件判定情况的测试，扩展了测试路径。然而，条件覆盖并不一定包含判定覆盖，因为它可能遗漏了特定的判定结果。例如，上述设计的测试用例未覆盖判定 C 的 Y 分支和判定 D 的 Y 分支，条件覆盖只能确保每个条件至少为真一次，而未考虑所有判断结果。

（4）判定-条件覆盖

根据判定-条件覆盖的要求设计的测试用例需要满足以下条件：所有条件的可能取值至少执行一次，且所有判定的可能结果至少执行一次。

测试用例 1：a = 2, b = 1, c = 5。

该测试用例能覆盖 T1, T2, T3, T4 和判定 C 的 Y 分支、判定 D 的 Y 分支。

测试用例 2：a = −1, b = −2, c = −3。

该测试用例能覆盖 F1, F2, F3, F4 和判定 C 的 N 分支、判定 D 的 N 分支。

这两组测试用例满足了判定-条件覆盖的要求。

判定-条件覆盖的优点在于能够同时满足判定覆盖和条件覆盖，缺点是未考虑条件的组合情况。

（5）条件组合覆盖

根据条件组合覆盖的基本思想，针对前面的例子，需要将每个判定中的所有条件进行组合，并设计测试用例以覆盖所有可能的组合条件，如表 7.8 所示。

表 7.8　条件组合覆盖的取值情况

组合编号	覆盖条件	覆盖判断	具体条件取值
1	T1,T2	C 取 Y 分支	a>0,b>0
2	T1,F2	C 取 N 分支	a>0,b<=0
3	F1,T2	C 取 N 分支	a<=0,b>0
4	F1,F2	C 取 N 分支	a<=0,b<=0
5	T3,T4	D 取 Y 分支	a>1,c>1
6	T3,F4	D 取 Y 分支	a>1,c<=1
7	F3,T4	D 取 Y 分支	a<=1,c>1
8	F3,F4	D 取 N 分支	a<=1,c<=1

根据表 7.8 可以设计测试用例，如表 7.9 所示。

表 7.9　条件组合覆盖的测试用例

测试用例	覆盖条件	覆盖判断	覆盖组合编号
a=2,b=1,c=4	T1,T2,T3,T4	C 取 Y 分支，D 取 Y 分支	1,5
a=2,b=−1,c=−2	T1,F2,T3,F4	C 取 N 分支，D 取 Y 分支	2,6
a=−1,b=2,c=3	F1,T2,F3,T4	C 取 N 分支，D 取 Y 分支	3,7
a=−1,b=−2,c=−3	F1,F2,F3,F4	C 取 N 分支，D 取 N 分支	4,8

条件组合覆盖的优点是能够更全面地测试各种条件组合，可以发现潜在的问题和错误。它将测试用例设计得更精确，可以最大程度地覆盖可能的组合情况，提高测试的有效性。然而，条件组合覆盖也存在缺点，条件数量的增加可能导致组合数量的爆炸性增长，使得测试用例的设计变得复杂、耗时。

（6）路径覆盖

路径覆盖的基本思想是设计测试用例来覆盖程序中所有可能的执行路径。针对前面的例子设计的路径覆盖的测试用例如表 7.10 所示。

表7.10 路径覆盖的测试用例

测试用例	覆盖组合编号	覆盖路径
a=2,b=1,c=3	1,5	①-②-④
a=1,b=1,c=−3	1,8	①-②-⑤
a=−1,b=2,c=3	4,7	①-③-④
a=−1,b=−2,c=−3	4,8	①-③-⑤

虽然路径覆盖可以提高测试的全面性，但由于程序路径组合的数量可能很大，因此实现完全的路径覆盖通常是不可行的。在实际测试中，通常会结合路径覆盖与其他逻辑覆盖方法来设计测试用例，以平衡测试效果和成本之间的关系。

从前面的例子可以看到，采用任何一种逻辑覆盖方法都不能完全满足要求，所以，在实际的测试用例设计过程中，可以根据需要将不同的逻辑覆盖方法组合起来使用，以实现最佳的测试用例设计。对于上述例子来说，可以选择的覆盖方法是条件组合覆盖结合路径覆盖，测试用例的设计如表7.11所示。

表7.11 条件组合覆盖结合路径覆盖的测试用例

测试用例	覆盖条件	覆盖路径	覆盖组合编号
a=2,b=1,c=4	T1,T2,T3,T4	①-②-④	1,5
a=1,b=1,c=−3	T1,T2,F3,F4	①-②-⑤	1,8
a=−1,b=2,c=3	F1,F2,F3,T4	①-③-④	4,7
a=−1,b=−2,c=−3	F1,F2,F3,F4	①-③-⑤	4,8
a=2,b=−1,c=−2	T1,F2,T3,F4	①-③-④	2,6
a=−1,b=2,c=3	F1,T2,F3,T4	①-③-④	3,7

在确定逻辑覆盖方法时，需要遵循如下原则。

首先，根据程序的重要性和故障可能导致的损失程度确定测试等级和测试重点。对于关键程序，需要更加重视测试覆盖范围和深度。

其次，认真选择测试策略，用尽可能少的测试用例发现尽可能多的程序错误。完整的软件测试应该尽量减少遗漏错误的情况，但过度测试又会导致资源浪费。因此，需要找到测试的平衡点，既能保证测试的有效性，又能兼顾资源利用率。

最后，测试过程中需要持续跟踪和记录发现的错误，并及时进行修复和验证。

这些原则有助于确保软件测试的全面性和有效性，从而提高软件质量和用户满意度。

相比黑盒测试，白盒测试专注于软件的内部逻辑、代码覆盖率和程序结构等方面。测试人员需要深入了解软件的内部实现细节，设计测试用例来执行对代码的逐行覆盖，以发现隐藏在代码中的错误、漏洞和潜在的安全隐患。白盒测试能够帮助开发人员更好地理解和改进代码结构，提高软件的稳定性、安全性和性能。

因此，虽然黑盒测试能够验证软件的功能和用户体验，但它无法全面覆盖代码的各种执行路径和逻辑，也无法直接发现内部的潜在问题。白盒测试弥补了这一缺陷，深入代码层面的测试可以发现黑盒测试漏掉的潜在问题，提高测试覆盖率和软件质量。在软件测试过程中，黑盒测试和白盒测试通常结合使用，相互补充，以确保对软件的全面、深入的测试覆盖，从而提高软件的质量和可靠性。

综上所述，黑盒测试是一种确认方法，回答"我们在构造一个正确的软件吗？"白盒测试是一种验证技术，回答"我们在正确地构造一个软件吗？"

7.2.3　灰盒测试

灰盒测试是软件测试中一种介于白盒测试和黑盒测试之间的测试方法。在灰盒测试中，测试人员具有对软件内部结构和代码的部分了解，但并不具备完全的访问权限。通常，灰盒测试的测试人员能够查看部分源代码、设计文档或者数据库结构等信息，以便更好地设计测试用例和评估软件的内部逻辑。灰盒测试可以结合黑盒测试和白盒测试的优点，以更全面的方式进行测试。通过了解软件内部结构，测试人员可以设计更有针对性的测试用例，更好地覆盖代码路径和逻辑分支，从而发现潜在的错误。此外，灰盒测试也有助于测试人员评估软件的性能、安全性和可靠性等方面。

灰盒测试由方法和工具组成，这些方法和工具取材于软件的内部知识和与之交互的环境，能够用于灰盒测试以增强测试效率、发现和分析错误的效率。灰盒测试的思想是基于程序运行时的外部表现并结合程序内部逻辑结构来设计测试用例，执行程序并采集程序路径执行信息和外部用户接口结果。

下面是一个简单的示例代码，演示了灰盒测试中可能用到的一些信息（如部分源代码和设计文档）。假设有一个简单的函数 calculate_payment()用于计算用户的付款金额，代码如下。

```
1 def calculate_payment(item_price, discount_rate):
2     # 计算折扣后的付款金额
3     discounted_price = item_price * (1 - discount_rate)
4     return discounted_price
```

在灰盒测试中，测试人员可能知道这个函数的实现逻辑，但并不完全清楚所有细节。根据这个信息，测试人员可以设计一些测试用例来验证函数的正确性。例如，可以编写以下测试代码。

```
1 # 测试用例1：测试折扣率为0时的情况
2 assert calculate_payment(100, 0) == 100
3
4 # 测试用例2：测试折扣率为0.2时的情况
5 assert calculate_payment(100, 0.2) == 80
6
7 # 测试用例3：测试折扣率为1时的情况
8 assert calculate_payment(100, 1) == 0
```

通过这些简单的测试用例，可以验证 calculate_payment()函数在不同折扣率下的输出，并初步确认其逻辑是否正确。

灰盒测试能够进行基于需求的覆盖测试和基于程序路径覆盖的测试，测试结果能够对应到程序的内部路径，便于缺陷的定位、分析和解决，保证测试用例的完整性，防止遗漏软件的不常用的功能或功能组合，以及避免需求分析或设计不详细或不完整对测试造成的影响。然而，灰盒测试也存在一些缺点，包括投入的时间比黑盒测试多 20%~40%，对测试人员的要求较高，需要清楚内部软件结构由哪些模块组合、模块之间如何协作，测试深度不如白盒测试深入，且不适用于简单软件等。

7.3　测试驱动的开发

测试驱动的开发（Test Driven Development，TDD）是一种软件开发方法，其核心理念是在编写实际代码之前先编写测试用例。TDD 方法强调编写自动化测试用例来规划和验证代码的行为，并将测试视为开发过程的一部分，而不仅仅是开发完成后的确认手段。

TDD 通过精炼需求、快速迭代、持续集成、设计驱动、全面覆盖和重构支持等方法，提高了软件开发的效率、稳定性和代码质量，推动开发团队更好地理解需求、改善设计、提高测试覆盖率，并能够快速反应和适应变化，从而使软件更好地满足用户需求。

首先，TDD 要求开发人员在开始编写测试用例之前，充分理解功能需求，并将其细化为可量化的测试场景。通过确切的需求规范，测试用例能够准确地检验代码是否满足预期的功能要求。

其次，TDD 鼓励快速迭代。开发人员频繁运行测试用例，以获得即时的反馈。这有助于尽早发现和修复问题，提高开发效率。快速反馈机制帮助开发人员及早调整开发方向，确保代码质量。

此外，持续集成也是 TDD 的重要组成部分。TDD 倡导频繁地集成和测试代码，以确保软件的稳定性和可靠性。自动化测试用例的编写和运行是持续集成的关键环节。通过持续集成，开发团队能够更好地协同工作，确保代码的一致性和稳定性。

同时，TDD 还促进了更清晰、更模块化、更好测试的代码设计。在编写实际代码之前，开发人员先思考如何编写测试用例，从而更好地规划代码结构和接口设计。这种设计驱动的方法有助于提高代码的可维护性和可扩展性。

另外，TDD 鼓励全面覆盖各种场景和边界条件。编写详尽的测试用例、涵盖不同的测试场景，可以提高代码的健壮性和可靠性。全面覆盖有助于开发人员发现潜在的问题，并减少在生产环境中出现的错误。

最后，TDD 带来了更大胆的重构能力。由于有全面的测试用例作为支撑，开发人员可以更加放心地对代码进行重构优化，而不必担心引入新的问题。这种重构支持使得代码能够持续改进和优化，保持高质量和可维护性。

7.3.1　红-绿-重构三段式

TDD 的红-绿-重构三段式是 TDD 过程中的基本循环。具体来说，它包括了以下 3 个步骤。

（1）红（Red）：编写失败的测试。在这一步骤，编写的测试用例代码预期应该通过，但实际上还没有编写相应的代码，所以测试将会失败。

（2）绿（Green）：编写足够的代码以便让测试通过。在这一步骤，开发人员需要编写足够的代码来使得之前编写的测试用例能够顺利通过。

（3）重构（Refactor）：一旦测试通过，就可以对代码进行重构，改进设计并保持其功能不变。在这一阶段，开发人员会重新审视代码，对其进行重构以提高可读性、可维护性和性能，同时确保所有的测试仍然能够通过。

通过这样的红-绿-重构的循环，开发人员能够逐步构建出稳健、可靠的代码，并且在整个开发过程中不断地改进和优化代码。

假设要实现一个购物车类，该类拥有添加商品、计算总价并应用折扣等功能。以下是使用红-绿-重构三段式的示例。

首先，编写一个测试用例，测试购物车类是否能够正确添加商品并计算总价。

```
1 def test_shopping_cart_total_price():
2     cart = ShoppingCart()
```

```
3      cart.add_item("apple", 2, 1.5)
4      cart.add_item("banana", 3, 0.5)
5      assert cart.calculate_total_price() == 5.5
```

这个测试用例会失败，因为尚未定义 ShoppingCart 类及其相关方法。

接下来，编写足够的代码来让测试通过，定义一个简单的 ShoppingCart 类。

```
1  class ShoppingCart:
2      def __init__(self):
3          self.items = []
4      def add_item(self, name, quantity, price):
5          self.items.append((name, quantity, price))
6      def calculate_total_price(self):
7          total = sum(quantity * price for _, quantity, price in self.items)
8          return total
```

这样，测试用例就能够通过了。

一旦测试通过，就可以对代码进行重构。以下是一个针对购物车程序的重构示例，将计算总价的逻辑提取为一个单独的方法，并添加一个应用折扣的功能。首先，可以将计算总价的逻辑提取为一个新的私有方法_calculate_total_price。

```
1  class ShoppingCart:
2      def __init__(self):
3          self.items = []
4      def add_item(self, name, quantity, price):
5          self.items.append((name, quantity, price))
6      def _calculate_total_price(self):
7          return sum(quantity * price for _, quantity, price in self.items)
8      def apply_discount(self, discount):
9          total_price = self._calculate_total_price()
10          discounted_price = total_price * (1 - discount)
11          return discounted_price
```

将计算总价的逻辑封装成一个私有方法，提高了代码的模块化程度，使其更易于理解和维护。

接下来，可以添加一个新的测试用例来测试折扣功能是否正常工作。

```
1  def test_apply_discount():
2      cart = ShoppingCart()
3      cart.add_item("apple", 2, 1.5)
4      cart.add_item("banana", 3, 0.5)
5      assert cart.apply_discount(0.1) == 4.05
```

然后可以继续重复红-绿-重构的循环，添加更多的功能、处理边界条件等，以不断改进和优化购物车程序的实现，确保购物车程序功能完备、代码质量高，同时也更容易维护和扩展。

7.3.2　TDD工作流程

TDD 是一种软件开发方法论，其核心思想是在编写代码之前先编写测试用例，然后通过不断重构和优化代码使测试用例通过。下面是一个简单的 TDD 工作流程示例。

（1）编写测试用例（红）：根据需求和规格，编写一个新的测试用例，描述要实现的功能或行为。这个测试用例应该是失败的，因为相关代码尚未实现。

（2）运行测试（红）：运行测试用例，确认它失败了。这是因为还没有编写任何与测试用例相关的代码。

（3）编写最小可行代码（绿）：开始编写最少量的代码，以使测试用例通过。这可能是一个很简单的解决方案，只满足当前的测试需求，但关键是让测试用例通过。

（4）运行测试（红/绿）：再次运行测试用例，确认它是否通过。如果通过，可以继续进行下一步。如果失败，则需要回到第（3）步，修改代码以满足测试需求。

（5）重构（重构）：一旦测试用例通过，就可以对代码进行重构，以提高可读性、可维护性和性能。重构时要确保测试用例仍然通过。

（6）重复迭代：重复上述步骤，添加更多的测试用例并优化代码，直到满足所有需求，并确保所有测试用例通过。

这个 TDD 工作流程的关键是持续地进行红-绿-重构的循环。先编写测试用例，然后编写最少量的代码使其通过，并不断重构和优化代码，有助于开发出高质量、可测试和可维护的软件。此外，TDD 也有助于开发人员提前发现潜在的问题和缺陷，并促进团队合作和代码设计的良好实践。

7.3.3　TDD的最佳实践

TDD 是一种具有挑战性但非常有益的开发方法。在实践 TDD 时，建议首先明确需求，确保对要实现的功能或行为有清晰的理解。采取小步前进的策略，每次只编写足够使一个新的测试用例通过的最少代码量，然后进行重构。要确保测试用例能够快速执行并提供即时反馈，以便及时发现问题并进行修正。其次，在实践 TDD 时要遵循 KISS（Keep It Simple, Stupid）原则，保持代码简单、清晰易懂，避免过度设计。此外，在 TDD 过程中，持续集成是关键。要频繁地将代码集成到主干分支，并确保所有测试用例都能够通过，以便及时发现和解决集成问题。测试通过后，进行必要的重构以改进代码质量，同时确保重构不改变程序行为且测试用例仍然通过。另外，良好命名、适当使用模拟对象、持续学习 TDD 的最佳实践和技巧也是十分重要的。

7.4　SmartArchive项目的测试用例

SmartArchive 项目是一个旨在提供高效、可靠的档案管理系统的项目。该项目致力于帮助机构和组织有效地管理和维护档案信息，以提升工作效率和数据安全性。为了确保 SmartArchive 项目的质量和稳定性，项目组需要设计一系列全面的测试用例来验证系统的各个功能模块。通过执行这些测试用例，项目组能够验证系统在不同场景下的行为和性能，并及时发现和解决潜在的问题和缺陷。

每个测试用例都需要经过精心设计，考虑各种常见和边界情况，以确保系统能够正确处理各种输入和操作，并给出准确的结果和适当的错误提示。另外，项目组还需要着重测试系统的稳定性和可扩展性，以保证系统能够在高负载和长时间运行的情况下正常工作。

通过执行这些测试用例，项目组能够验证系统的功能完整性、正确性和可靠性，确保用户能够安全、高效地管理和访问档案信息。在执行测试用例的过程中，项目严格按照要求记录测试过程、结果和问题，以便后续分析和解决。

7.4.1　SmartArchive项目的黑盒测试

为了保证 SmartArchive 系统的功能和质量，开发团队和质量保证团队需要进行黑盒测试来验证系统的各项功能是否符合需求规格说明书和用户需求。黑盒测试旨在对 SmartArchive 系统的功能进行全面测试。在黑盒测试中，测试人员不关心系统内部的具体实现细节，而是关注系统对于各种输入的响应和输出结果的正确性。通过本次黑盒测试，测试人员将验证系统的稳定性、健壮性和安全性，以确保 SmartArchive 系统能够满足用户的需求，并且在各种使用场景下都能够可靠地运行。同时，测试结果也将为系统的进一步优化提供重要参考。

开发团队和质量保证团队将依据 SmartArchive 项目的需求规格说明书设计测试用例，以确保系统在各种情况下都能够正确处理输入并产生预期的输出。通过这些测试用例，测试人员将评估系统的功能完整性、适应性和用户友好性，为 SmartArchive 系统的上线运行提供充分的保障。下面以案卷著录子系统为例，说明如何对 SmartArchive 系统进行黑盒测试。案卷著录子系统的需求规格说明书如表 7.12 所示。

表 7.12　案卷著录子系统的需求规格说明书

说明和优先级	功能需求	激励/响应序列
高	著录案卷信息，主要有档号（即全宗号、目录号、案卷号）、案卷提名等信息	（1）选择输入档号 （2）判断该档号在案卷表中是否已经存在，如不存在，则提示信息并要求用户重新输入档号 （3）输入其他的案卷信息，如保管期限、案卷名称等 （4）检查输入合法性，如果不合法给予正确提示 （5）确认提交，信息插入案卷信息表 （6）提示操作是否成功

注：目录号（File Reference Number）用于标识一个案卷在一个全宗中的位置，其编码规则为"机构代码+年份+顺序号"。机构代码必须是"SAMS"，年份从 2000 年到 2049 年，顺序号递增。

针对目录号的编码规则"机构代码+年份+顺序号"，可以使用等价类划分法来定义测试用例。等价类划分法有助于识别输入值的有效和无效等价类，从而设计出全面的测试用例。

（1）有效等价类

① 机构代码为"SAMS"，年份在 2000 年到 2049 年之间，且顺序号递增。

② 符合机构代码、年份和顺序号规则的目录号。

（2）无效等价类

① 机构代码不是"SAMS"。

② 年份不在指定范围内。

③ 顺序号未按要求递增。

基于以上的等价类划分，可以设计以下测试用例。

（1）有效等价类的测试用例

① 目录号=SAMS202301

② 目录号=SAMS204901

（2）无效等价类的测试用例

① 目录号=ABC202301（机构代码错误）

② 目录号=SAMS199912（年份不在指定范围内）

③ 目录号=SAMS205001（年份不在指定范围内）

④ 目录号=SAMS204900（顺序号未按要求递增）

以上测试用例可以验证子系统是否能够正确地接受目录号的有效输入并拒绝无效输入，从而确保能够正确处理用户输入的目录号信息。

7.4.2　SmartArchive项目的白盒测试

白盒测试将针对 SmartArchive 项目的各个模块和功能进行深入测试，以验证代码的质量和稳定性。开发团队和质量保证团队通过设计语句覆盖、判定覆盖、条件覆盖、判定-条件覆盖和条件组合覆盖等不同层次的测试用例，检验代码的逻辑覆盖情况，发现潜在的缺陷和漏洞。

下面以档案利用管理子系统为例，对借阅管理的 AddUtilizeDetailAction.java 这个文件中的源代码段进行白盒测试。

```
1  //如果纸质资料的文档已经借出则提示不能借出
2  if (modeID.equals("1") && isBorrow.equals("1")){
3      flag = false;
4      utilDetail = new UtilizeDetail();
5      utilDetail.setFile_id(archFile.getFile_id());
6      utilDetail.setFile_name(archFile.getFile_title());
7      invalidFileList.add(utilDetail);
8  }
```

上述代码段中，第 2 行是一个判定，其中有两个条件，逻辑关系比较简单。我们直接得到测试用例，如表 7-13 所示。

表 7.13　SmartArchive 项目的白盒测试用例

覆盖类型	测试用例	
	modeID 取值	isBorrow 取值
语句覆盖	1	1
判定覆盖	1	1
	不等于 1	1
条件覆盖	1	1
	不等于 1	1
	1	不等于 1
	不等于 1	不等于 1
判定-条件覆盖	同条件覆盖	
条件组合覆盖	同条件覆盖	

说明：因为代码段中只有一个判定，所以上述逻辑覆盖已经包含了路径覆盖。

7.5　小结

软件测试是软件开发生命周期中至关重要的一环。通过使用各种测试技术和方法，测试人员可以有效地检测和评估软件的质量，发现潜在的缺陷并提供修复建议。本章介绍了几种常见的软件测试技术和方法，如图 7.27 所示。

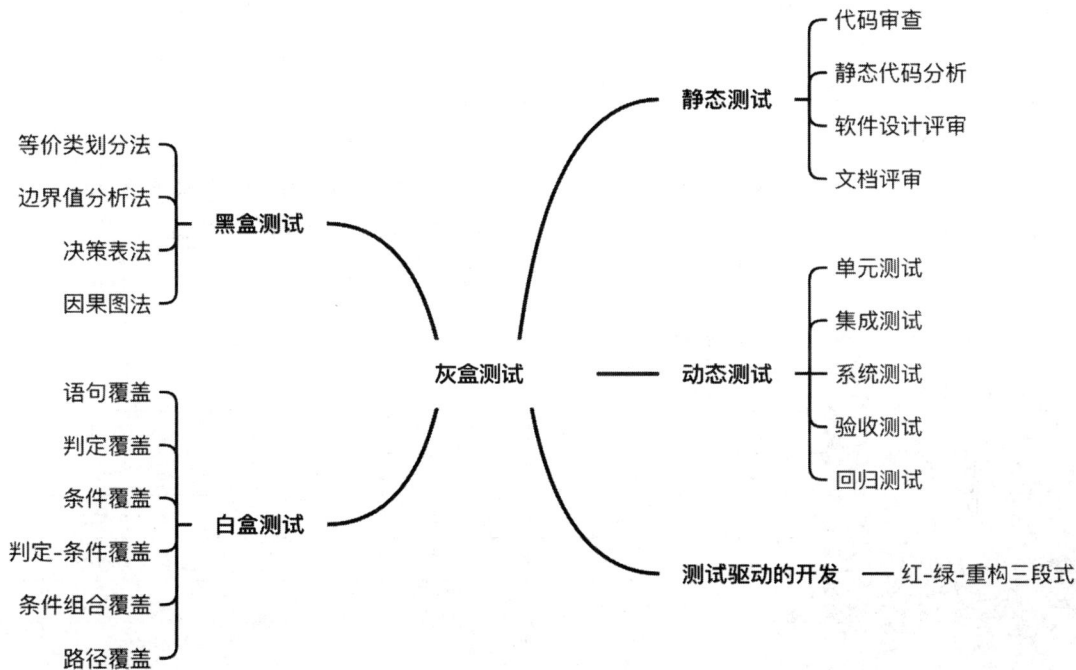

图7.27 软件测试技术总结

7.6 习题

一、填空题

1. 静态测试侧重于分析和评审软件的＿＿＿＿、设计文档和其他相关文档，以发现潜在的缺陷和问题。

2. 代码审查是一种重要的静态测试方法，可以帮助开发团队发现潜在问题并改进＿＿＿＿。

3. 静态代码分析工具能够在软件开发过程的早期阶段发现代码中存在的各种问题，从而有效提高开发＿＿＿＿和软件质量。

4. 动态测试主要用于发现软件在运行时产生的错误和＿＿＿＿。

5. 软件测试技术是确保软件质量的关键。在软件测试过程中，＿＿＿＿、白盒测试和灰盒测试是三种基本的测试方法。

6. 等价类划分法是黑盒测试中常用的测试方法之一，它将程序所有可能的输入数据划分成若干个＿＿＿＿。

7. 边界值分析法是一种基于输入数据的测试方法，其主要目的是设计测试用例，着重考虑输入参数的＿＿＿＿。

8. 决策表法（又称为判定表法）是一种＿＿＿＿测试设计技术，用于描述软件在不同输入条件下的行为，并帮助测试人员确定测试用例。

9. 因果图是一种用于表示因果关系的图形工具，通常用于系统分析、决策制订和问题解决等领域。因果图法的优点在于能够充分表达所有条件组合，具有严谨性和逻辑性，同时可以_____复杂问题并提供精确、简洁的测试用例数据。

10. 对于一个包含 n 个变量的函数，边界值分析法会生成_____个测试用例，以覆盖各个变量的边界情况，帮助测试人员发现潜在问题并提高测试效率。

二、分析设计题

1. 某保险公司的人寿保险的保费计算方式为：投保额*保险费率，其中的保险费率依 mark 点数不同而有别，10 marks 及以上保险费率为 0.6%，10 marks 以下保险费率为 0.1%；而 mark 点数又是由投保人的年龄、性别、婚姻状况和抚养人数来决定，具体规则如表 7.14 所示。

表 7.14　mark 点数的决定规则

年龄	20～39 岁	6 marks
	40～59 岁	4 marks
	60 岁以上或 20 岁以上	2 marks
性别	男	5 marks
	女	3 marks
婚姻	已婚	3 marks
	未婚	5 marks
抚养人数	一人扣 0.5 mark，最多扣 3 marks（四舍五入取整数）	

对程序中各个输入条件的要求如下。

年龄是一位或两位非零整数，值的有效范围为 1~99；性别是一位英文字符，有效取值只能为 "M"（表示男性）或 "F"（表示女性）；婚姻的有效取值只能为 "已婚" 或 "未婚"；抚养人数的有效取值可以是空白或一位非零整数（1~9）。

（1）分析程序的规格说明，列出等价表（包括有效等价类和无效等价类）。

（2）根据（1）中的等价类表，设计能覆盖所有等价类的测试用例的输入数据和预期输出。

2. 根据某机械制造企业的维修政策，对于功率大于 50 马力（1 马力 = 0.735 千瓦）的机器，并且满足以下条件之一的情况，将给予优先的维修处理。首先，如果机器的维修记录不完整或者无法提供详细的维护历史，将其列为优先维修对象。这是因为缺乏维修记录可能意味着机器存在潜在问题，需要及时进行维修以确保其安全性并能够正常运行。其次，对于已经运行了 10 年以上的机器，也将其视为优先维修的对象。长时间的运行可能导致机器的磨损和老化，因此更频繁的维护和检修对于延长机器寿命和避免突发故障非常重要。

根据上述需求，请建立决策表并设计相应的测试用例。

第8章 软件测试过程

质量不是靠检查来实现的，而是通过设计和过程来保证的。

软件测试过程旨在验证和确认软件产品的质量、功能和性能是否符合预期标准和用户需求。通过一系列有组织的活动和步骤，软件测试过程的执行可以发现潜在的缺陷、错误和问题，并确保软件产品能够稳定、可靠地运行。从单元测试到集成测试，再到系统测试、验收测试以及金丝雀测试，每个测试阶段都扮演着重要的角色，共同构成了全面的软件测试生态系统。软件测试过程不仅能够发现和修复问题，更能够确保软件交付给用户时具备高质量、可靠性和安全性。通过有效的软件测试过程，软件产品可以最大限度地减少上线后的风险和成本，提升用户体验，增强自身的竞争力和市场表现。

假设一个软件开发团队正在开发一个在线购物网站，开发人员已经完成了网站的前端设计和后端开发，并准备进行软件测试过程。在这个过程中，开发人员将经历以下几个测试阶段。

（1）单元测试：开发人员对编写的每个模块进行单元测试，例如验证登录功能、添加商品到购物车功能等。通过单元测试，开发人员可以确保每个模块都能够独立正常运行。

（2）集成测试：在集成测试阶段，不同模块之间的交互和整体功能将被测试。例如，测试用户登录后能否成功查看购物车内容，以及用户下单后库存是否正确减少等。

（3）系统测试：一旦集成测试通过，开发人员将进行系统测试，测试整个网站的功能、性能和安全性。他们可能会模拟大量用户同时访问网站，测试网站的稳定性和负载能力。

（4）验收测试：在验收测试阶段，开发人员会邀请真实用户或用户代表来测试网站，确认网站是否符合他们的需求和预期。验收测试包括检查用户界面的易用性、功能是否完整等。

（5）金丝雀测试：在网站即将上线时，开发人员可能进行金丝雀测试，逐步向一小部分用户发布新功能或更新网站，以便在全面发布之前发现潜在问题并及时修复。

通过以上测试阶段的有序进行，开发团队可以确保在线购物网站具有高质量、可靠性和安全性，最大程度地满足用户的需求，提升用户体验，从而取得成功并在市场中脱颖而出。本章介绍软件测试过程的 5 个阶段，即单元测试、集成测试、系统测试、验收测试和金丝雀测试，并列举常用的软件测试工具，帮助读者全面了解软件测试的基本过程和工具应用。

8.1　测试过程的5个阶段

在软件开发生命周期中，经过不同的测试阶段，开发团队可以逐步验证软件的功能、性能和稳定性，以确保其符合用户需求并能够正常运行。软件测试过程的 5 个主要阶段为单元测试、集成测试、系统测试、验收测试和金丝雀测试，每个阶段都有其独特的目标和方法，并配备了一系列常用的软件测试工具，这些工具旨在帮助开发团队提高效率、减少错误，并确保软件产品的成功交付。通过深入了解每个测试阶段和相应的工具，读者将能够全面掌握软件测试的流程和技术，从而为构建高质量的软件产品打下坚实的基础。

8.1.1　单元测试

单元测试（Unit Testing）旨在对软件中的最小可测试单元进行验证，这些最小可测试单元可以是函数、方法、模块或类等独立的代码单元。单元测试所测试的内容包括单元的内部结构（如逻辑和数据流）以及单元的功能和可观测的行为。单元测试使用白盒测试方法测试单元的内部结构，使用黑盒测试方法测试单元的功能和可观测的行为。单元测试由开发人员执行，需要编写驱动程序和桩程序来完成。在单元测试中，开发人员通常会使用自动化测试框架和工具来编写和执行测试用例。测试用例会涵盖不同的情景和边界条件，以尽可能全面地覆盖单元的各种执行路径。通过单元测试，开发人员可以及早发现和修复代码中的错误，提高代码质量和稳定性。单元测试具有以下特点。

（1）独立性：每个单元测试都应该相互独立，不受其他单元的影响。

（2）高度可控：测试用例应该能够完全控制单元的输入和预期输出。

（3）自动化：借助自动化测试工具，开发人员可以快速编写和执行大量的测试用例。

（4）可重复性：测试用例应该能够在任何时间和环境下重复执行，以验证单元的可靠性和稳定性。

测试金字塔是一种测试策略，其结构类似于金字塔，不同类型的测试位于测试金字塔的不同层级，所占比例也不同。测试金字塔最底层、所占比例最大的部分是单元测试。单元测试针对代码中的最小独立单元进行测试，具有快速运行的特点，能够快速发现和定位问题。单元测试能够快速提供反馈，帮助开发人员提前捕获和解决代码中的问题，增强软件的可靠性和可维护性。测试金字塔中部是集成测试，其所占比例小于单元测试。集成测试针对多个单元进行测试，验证它们之间的交互是否正确。金字塔顶部是端到端测试，其所占比例最小。端到端测试模拟真实用户的使用场景，测试整个系统的功能性。

测试金字塔结构中的单元测试具有以下优势。

（1）快速反馈：单元测试的快速运行特性可以提供及时的反馈，帮助开发人员快速发现和解决问题。

（2）覆盖广泛：建立覆盖范围广泛的单元测试可以显著提高代码的质量。

（3）增强信心：单元测试作为发布前的一道关卡，可以增强开发人员和测试人员对代码质量的信心。

（4）提高可维护性：单元测试有助于发现代码中的设计缺陷，提高代码的可维护性。

（5）支持敏捷开发：单元测试可以快速集成到敏捷开发流程中，支持快速迭代和持续集成。

针对不同的语言，以下是一些常见的单元测试框架。

（1）JUnit：Java 语言中最流行的单元测试框架，用于编写和运行重复的自动化单元测试。

（2）unittest：Python 语言中的一种简单而有效的单元测试框架，支持丰富的插件和扩展功能。

（3）NUnit：用于.NET 平台的单元测试框架，在 C#和其他.NET 语言中广泛使用。

（4）Mocha：针对 JavaScript 的单元测试框架，适用于 Node.js 和浏览器端的测试。

（5）RSpec：用于 Ruby 编程语言的 BDD（行为驱动开发）风格的单元测试框架。

（6）PHPUnit：PHP 语言的单元测试框架，适用于测试 PHP 代码的各个方面。

（7）JUnit Jupiter：JUnit 5 的新版本，提供了更多功能和灵活性，支持 Java 8 及以上版本。

以 unittest 框架为例进一步说明单元测试，以下是一个简单的函数来计算两个数的和。

```
1 def add(a, b):
2     return a + b
```

针对这个函数，我们可以编写一个单元测试用例来验证其功能是否符合预期。

```
1 import unittest
2 class TestAddFunction(unittest.TestCase):
3     def test_add_positive_numbers(self):
4         result = add(3, 5)
5         self.assertEqual(result, 8)
6     def test_add_negative_numbers(self):
7         result = add(-3, -5)
8         self.assertEqual(result, -8)
9     def test_add_mixed_numbers(self):
10         result = add(-3, 5)
11         self.assertEqual(result, 2)
12 if __name__ == '__main__':
13     unittest.main()
```

此处使用 Python 的 unittest 框架编写了 3 个测试用例来验证 add 函数的不同输入情况。每个测试用例都独立于其他测试用例，并且可以完全控制输入和预期输出。通过运行这些测试用例，我们可以验证 add 函数在不同情况下是否能够正确地返回预期结果。这样的单元测试可以帮助我们确保 add 函数的功能是正确的，而且如果以后对 add 函数进行修改，我们可以再次运行这些测试用例，以确保修改不会破坏函数原有的功能。这种方式可以提高代码质量，降低出现缺陷的风险，同时也增强了代码的可维护性。

单元测试的介入时机通常是软件开发的早期阶段。在传统的软件开发流程中，单元测试通常是开发人员在编写代码的过程中就开始编写的，以确保每个编写的单元（函数、方法、模块、类等）都能够按照预期工作。单元测试的介入时机可以大致分为以下几个阶段。

（1）编写代码之前：在编写代码之前，开发人员可以先编写单元测试用例来描述所要实现的功能，这有助于更清晰地定义代码的行为和接口。

（2）编写代码过程中：在编写代码过程中，开发人员可以边编写代码边编写对应的单元测试用例，并频繁地运行这些测试用例来验证代码的正确性，确保新添加的代码不会破坏原有的功能。

（3）代码提交之前：在准备将代码提交到版本控制系统中之前，开发人员应该运行所有的单元测试用例，确保代码的质量和稳定性，避免引入潜在的缺陷。

通过在开发过程中及时编写和运行单元测试，开发人员可以快速发现和修复代码中的问题，提高代码的可靠性和可维护性。此外，单元测试也有助于降低整体软件开发成本，因为及早发现和解决问题比在后期才发现问题要更加经济高效。

8.1.2　集成测试

集成测试（Integration Testing）的目的是确保经过单元测试的各模块组合在一起后能够按既定意图协作运行，验证不同单元（如模块、组件或子系统）之间的交互和集成是否正常工作。在集成测试阶段，开发人员将已经通过单元测试的单元组合在一起，并对它们的整体功能和接口进行测试，以确保它们协同工作的正确性和稳定性。集成测试所测试的内容包括单元间的接口以及集成后的功能。集成测试由开发人员完成，开发人员使用黑盒测试方法重新测试集成的功能，并且对以前的集成进行回归测试。

在软件开发过程中，有些模块虽然能够单独运行，但并不能保证连接后整体正常运作。一些局部问题可能在全局范围内显露出来，并影响功能实现。因此，在集成测试中应考虑以下问题：在连接模块时，数据是否会丢失；各子功能组合是否符合父功能要求；一个模块功能是否会影响其他模块功能；全局数据结构是否存在问题或异常修改的风险；单个模块的误差是否会被放大到不可接受程度。因此，经过单元测试后，进行集成测试至关重要，以发现并解决模块连接可能带来的问题，最终形成符合需求的软件子系统或系统。

集成测试通过检测接口是否匹配、数据传递是否错误、功能是否冲突等问题，能够及早发现并解决潜在的集成障碍，确保系统各部分协同工作无误，提高软件的质量和可靠性，从而减少后期维护和修复成本，保证系统在整体上能够顺利运行。在集成测试中，开发人员会使用驱动模块和桩模块进行测试。桩模块和驱动模块都是虚拟代码，用于测试"不存在"模块。它们触发函数/方法并返回响应，并将其与预期行为进行比较。

> **定义**
>
> 在集成测试中，**驱动模块**（Driver）是一种用于模拟或激活被测试模块的外部接口或功能的软件组件。驱动模块通常用于触发被测试模块的操作，提供输入数据，模拟外部系统的响应，以便进行有效的集成测试。**桩模块**（Stub）是一种用于替代被测试模块所依赖的外部模块或组件的虚拟实现。桩模块通常用于模拟被测试模块与其依赖模块之间的交互，以便进行独立的测试。

桩模块和驱动模块的区别如表 8.1 所示。

在集成测试过程中，被测试模块可能会依赖其他模块或系统的输入、输出或功能。为了独立地测试被测试模块，驱动模块被引入以模拟这些依赖关系。驱动模块能够向被测试模块提供所需的输入数据，并接收其输出结果，以验证被测试模块的行为是否符合预期。通过使用驱动模块，集成测试可以更加有效地进行，因为驱动模块允许单独测试每个模块并模拟它们之间的交互。驱动模块有助于隔离被测试模块，确保它们能够独立地进行测试，同时保持与其他模块的集成。驱动模块在集成测试中扮演着重要的角色，帮助测试人员有效地测试被测试模块，并模拟外部环境对其的影响，从而确保系统各个模块之间的正确集成和协作。

表 8.1　桩模块和驱动模块的区别

桩模块	驱动模块
用于自上而下的方法	用于自下而上的方法
首先测试最顶层的模块	首先测试最底层模块
刺激较低级别的组件	刺激更高级别的组件
较低级别组件的虚拟程序	更高级别组件的虚拟程序

当被测试模块需要与外部模块进行通信或依赖外部模块的功能时，为了隔离被测试模块并使其能够独立测试，可以使用桩模块代替这些外部模块。桩模块提供了被测试模块所期望接收的输入，并返回被测试模块所期望的输出，以模拟外部模块的功能。通过引入桩模块，集成测试可以更加有效地进行，因为它允许单独测试被测试模块，并模拟其与外部模块之间的交互，而无须实际依赖外部模块的真实实现。这样可以确保被测试模块在独立环境中的功能正确性，并帮助识别和解决可能存在的问题，确保系统各个组件之间的正确集成和协作。

集成测试的策略就是在分析测试对象的基础上，描述软件模块集成（组装）的方法。集成测试的基本策略有大爆炸集成、自顶向下集成、自底向上集成和三明治集成，后三者称为增量测试。在增量测试方法中，测试是通过集成两个或多个相互逻辑相关的模块来完成的，然后测试应用程序的正常功能；随后，以增量方式逐步集成其他相关模块，该过程持续进行，直至所有逻辑相关的模块都被集成并成功测试为止。

（1）大爆炸集成测试

大爆炸集成测试（Big Bang Integration Testing）是软件开发中常用的一种集成测试方法，其核心是将所有模块一次性集成到系统中，然后对整个系统进行测试。在这种方法中，所有模块都同时被引入系统中，而不是逐个地进行集成和测试。例如，对于一个典型的电子商务网站项目，大爆炸集成测试将会按照以下步骤进行。

① 将用户管理模块、商品管理模块、购物车模块和订单管理模块一次性集成到系统中。

② 对整个系统进行全面的功能测试，包括用户注册、登录、商品浏览、添加商品到购物车、生成订单等核心功能的测试。

③ 检查系统是否能够正确处理各种异常情况，如无效的输入、网络故障等。

大爆炸集成测试的优点是快速集成和全面测试，可以尽早发现系统整体集成后可能出现的问题。然而，由于所有模块都一次性集成，如果出现问题，定位和修复可能会比较困难。因此，大爆炸集成测试通常需要在之前的单元测试和模块测试已经充分验证的基础上进行，以减少发生问题的风险。

选择使用大爆炸集成测试还是其他集成测试方法取决于项目需求和风险承受能力。在时间紧迫、资源有限的情况下，大爆炸集成测试可以提供快速的整体验证；而在风险较高、对问题定位和修复要求较高的情况下，增量集成测试可能更为合适。

（2）自顶向下集成测试

自顶向下集成测试（Top-down Integration Testing）是一种集成测试方法，它从系统的最高级别开始，逐步向下集成子模块，直到所有模块都被集成为一个完整的系统。图 8.1 呈现了电子商务系统的自顶向下集成测试的过程。

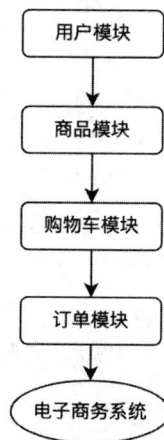

在图 8.1 中，电子商务系统位于最顶层，而各个子模块（订单模块、购物车模块、商品模块和用户模块）则按照依赖关系逐步向下排列，自顶向下集成测试的过程如下。

① 从系统的最高级别开始，对系统的整体功能进行测试。这可能涉及用户界面、核心业务逻辑等。

② 当系统的顶层功能被验证无误后，将下一级的模块（例如订单模块）集成到系统中，并测试这些模块与系统的交互。

③ 继续逐级向下集成和测试，直到所有模块都被集成为一个完整的系统。

自顶向下集成测试的优点是可以尽早地验证系统的高层功能，确保系统的主要功能正常工作，它也可以提前发现系统的整体结构问题和模块间的集成问题。自顶向下集成测试的缺点是可能需要使用模拟或存根来代替尚未开发的子模块，以便进行测试，这可能导致测试覆盖率不足或无法完全测试所有模块的交互。选择使用自顶向下集成测试还是其他集成测试方法取决于项目需求和优先级。自顶向下集成测试适用于具有明确定义的系统功能和层次结构的项目，并且注重系统的整体功能验证。

（3）自底向上集成测试

自底向上集成测试（Bottom-up Integration Testing）是另一种集成测试方法，与自顶向下集成测试相反，它从系统的最低级别开始，逐步向上集成模块，直到所有模块都被集成为一个完整的系统。图 8.2 呈现了电子商务系统的自底向上集成测试的过程。

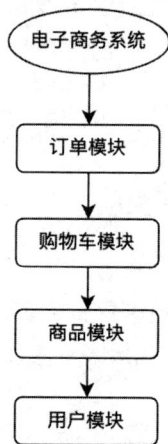

图8.1　电子商务系统的自顶向下集成测试　　　图8.2　电子商务系统的自底向上集成测试

在图 8.2 中，最底层是单个模块（用户模块、商品模块、购物车模块和订单模块），而电子商务系统位于最顶层。自底向上集成测试的过程如下。

① 从最底层的模块开始，对各个模块进行独立的单元测试，确保每个模块的功能和逻辑都正确。

② 当底层模块的单元测试通过后，它们将被逐步集成到更高层的模块中，并进行模块间的集成测试。

③ 继续逐级向上集成和测试，直到所有模块都被集成为一个完整的系统。

自底向上集成测试的优点是可以尽早地验证底层模块的功能和逻辑，确保每个模块都能独立地正常工作，它也可以提前发现底层模块之间的集成问题和依赖关系。自底向上集成测试的缺点是可能需要驱动模块或桩模块来代替尚未开发的高层模块，以便进行测试，这可能导致测试覆盖率不足或无法完全测试系统的整体功能。选择使用自底向上集成测试还是其他集成测试方法取决于项目需求和优先级。自底向上集成测试适用于具有复杂的依赖关系和底层模块的项目，并注重底层模块的功能验证。

（4）三明治集成测试

三明治集成测试（Sandwich Integration Testing）是一种结合了自顶向下和自底向上两种集成测试方法的混合方法，它的名称源自三明治的结构，即两片面包之间夹着馅料。在三明治集成测试中，系统被分为以下三个层次。

① 顶层（Top Layer）：这是系统的最高层，包括用户界面、业务逻辑和其他高层模块。

② 底层（Bottom Layer）：这是系统的最底层，包括底层模块、数据库和其他底层组件。

③ 中间层（Middle Layer）：这是顶层和底层之间的中间层，它连接了两者并负责协调它们之间的交互。

三明治集成测试的过程如下。

① 自顶向下集成测试：从顶层开始，逐步集成和测试高层模块。这类似于自顶向下集成测试方法，确保高层模块之间的集成和功能正常。

② 自底向上集成测试：从底层开始，逐步集成和测试底层模块。这类似于自底向上集成测试方法，确保底层模块之间的集成和功能正常。

③ 中间层集成测试：在顶层和底层模块之间的中间层进行集成测试，确保中间层的功能和交互正常。

这种三明治结构和集成测试方法可以同时验证系统的顶层和底层模块的集成和功能，它兼具自顶向下和自底向上集成测试的优点，既能确保高层模块的正确性，又能验证底层模块的功能。假设电子商务系统由以下几个模块组成。

① 用户界面模块（顶层）：处理用户的请求、显示产品信息和购物车等。

② 订单处理模块（中间层）：处理用户的订单请求，与产品库存模块和支付模块进行交互。

③ 产品库存模块（中间层）：管理产品的库存信息，提供查询和更新库存的功能。

④ 支付模块（中间层）：处理用户的支付请求，与第三方支付服务进行交互。

⑤ 数据库模块（底层）：存储用户信息、产品信息和订单信息等数据。

现在，我们可以使用三明治集成测试方法来测试这个系统。

① 自顶向下集成测试：从用户界面模块开始，逐步集成和测试高层模块。首先，我们可以编写测试用例来验证用户界面模块的功能，例如检查用户登录、产品展示和购物车操作等。然后，我们逐步集成订单处理模块，测试用户下单和订单处理的功能。最后，我们逐步集成其他中间层模块，确保整个顶层的功能和集成正常。

② 自底向上集成测试：从数据库模块开始，逐步集成和测试底层模块。我们可以编写测试用例来验证数据库模块的功能，例如插入用户信息和查询订单信息等。然后，我们逐步集成支付模块和产品库存模块，测试底层模块之间的交互和功能。

③ 中间层集成测试：在顶层和底层之间的中间层进行集成测试。我们可以编写测试用例来验证订单处理模块与产品库存模块的交互，例如下单时检查库存是否足够，并更新库存信息。

通过这个三明治集成测试过程，我们可以验证整个电子商务系统的功能和集成。我们可以发现和修复顶层模块、底层模块以及中间层模块之间的问题和缺陷，确保系统的整体正确性。需要注意的是，这只是一个简单的例子，实际的系统可能更加复杂，并涉及更多的模块和交互。三明治集成测试可以根据具体的系统需求进行调整和扩展。

三明治集成测试的优点在于它综合了自顶向下和自底向上的两种集成测试策略的优点。自顶向下测试可以从系统的高层开始进行测试，逐步集成下一层的模块，有助于尽早发现整体功能性问题。而自底向上测试则从底层模块开始进行测试，逐步集成上一层的模块，有助于尽早发现底层的问题，提高系统的可靠性。通过综合利用这两种策略，三明治集成能够更全面地测试整个系统。三明治集成的缺点主要是中间层在集成前测试不充分的问题，因为中间层的模块在集成前可能没有经过充分的测试，导致中间层的问题被延迟到整体集成测试阶段才能暴露出来。另外，三明治集成测试的使用范围虽然广泛，但并不适用于所有情况，特别复杂或高度关联的系统可能需要采用其他更灵活或定制化的集成测试方法。因此，在实际应用时，需要权衡利弊，根据具体项目的需求和特点选择合适的集成测试方法。

8.1.3　系统测试

系统测试（System Testing）通常在集成测试之后进行，在实际（或模拟）使用环境下，针对系统需求规格说明书规定的所有功能和非功能需求的全面验证工作，测试整个系统，以证实系统满足要求所规定的功能、质量和性能等方面的特性。系统测试可以包括以下方面的测试。

（1）功能测试

功能测试用来验证系统的功能是否按照需求规格说明书和用户需求正常工作。这包括测试系统的各种功能、操作和交互，以确保其符合预期的行为，具体包括验证用户界面的各种功能，如登录、注册、搜索、下单和支付等，测试系统的各种业务逻辑，如价格计算、库存管理和订单处理等，以及检查系统的错误处理和异常情况处理能力，如输入验证和错误消息显示等。

（2）性能测试

性能测试用来评估系统在不同负载条件下的性能表现。在性能测试中，测试人员关注以下几个方面。首先，测试系统在不同负载条件下的响应时间，即在同时处理多个用户请求时，系统的性能表现如何。其次，评估系统的吞吐量，即系统在单位时间内能够处理的请求数量。最后，测试系统的并发性能，即系统能够同时处理的并发用户数。通过这些性能测试，测试人员可以评估系统在真实使用条件下的性能水平，并确保系统能够满足用户的需求和期望。

性能测试和压力测试是软件测试中两个相关但不完全相同的概念。它们都涉及评估系统在特定负载条件下的表现，但侧重点和目标略有不同。

性能测试旨在评估系统在正常负载条件下的性能表现，包括响应时间、吞吐量、资源利用率等指标。它主要关注系统的稳定性、可靠性和用户体验，以确保系统在正常使用情况下能够满足用户的需求和期望。

压力测试通过模拟系统在高负载条件下的行为，测试系统在负载峰值情况下的性能表现。它旨在评估系统的承载能力和稳定性，检查系统在压力下是否能够正常工作，并确定系统的性能极限。压力测试通常会逐渐增加负载，直到系统达到或超过其设计容量，以测试系统的极限情况。可以说，压力测试是性能测试的一种特定形式，性能测试可以包括不同类型的测试，如并发测试、负载测试、稳定性测试等，压力测试是其中的一种类型。

（3）可靠性测试

可靠性测试用来验证系统的可靠性和稳定性。在可靠性测试中，测试人员会模拟系统崩溃或断电等异常情况，以验证系统的容错能力和恢复能力。同时，可靠性测试也会测试系统的持久性，例如在长时间运行或重启后，系统能否正确恢复并保持数据的一致性。此外，测试人员还会检查系统在接收到异常输入或无效数据后的行为，确保系统能正确拒绝或处理错误数据，以保证系统的稳定性和可靠性。通过这些可靠性测试，测试人员可以评估系统在各种异常情况下的表现，并确保系统能够可靠地运行和处理问题。

（4）兼容性测试

兼容性测试用来测试系统在不同的硬件、操作系统、浏览器和网络环境下的兼容性。兼容性测试涉及多方面，包括在不同操作系统如 Windows、MacOS 和 Linux 上测试系统的兼容性，在各种浏览器如 Chrome、Firefox 和 Safari 上测试系统的兼容性，以及在各类设备如桌面电脑、平板电脑和手机上测试系统的兼容性。这些测试能够确保系统能够在不同环境下正常运行并提供一致的用户体验。

（5）安全性测试

安全性测试用来评估系统的安全性和保护机制。这包括测试系统的身份验证、访问控制、数据加密和防护措施等，以确保系统能够保护用户数据并防止潜在的安全威胁。首先，测试人员需测试系统的身份验证和访问控制机制，确保只有拥有正确凭据的用户才能访问敏感功能或数据。其次，测试人员评估系统的数据加密和保护机制，确保用户的个人信息以安全的方式存储和传输。另外，测试人员模拟常见的安全攻击，如 SQL 注入、跨站脚本攻击和拒绝服务攻击等，来测试系统的安全性和韧性。通过这些安全性测试，测试人员可以发现潜在的安全漏洞并采取相应的安全措施，以保护系统和用户的数据安全。

（6）可用性测试

可用性测试用来评估系统的易用性和用户体验。在可用性测试中，测试人员会评估系统的界面设计和导航流程，以确定它们是否易于理解和操作。此外，测试人员会测试系统的反馈机制，确保系统提供及时的错误提示和用户指导。另外，测试人员会模拟不同用户角色和使用情境，测试系统在各种用户需求和使用场景下的可用性表现。这些测试可以帮助开发团队改进系统的用户体验，确保系统对用户友好并符合他们的需求和期望。

系统测试通常由专门的测试团队执行，并且需要使用真实或类似真实的环境来模拟实际使用情况。测试团队会根据系统需求和测试计划设计和执行测试用例，并记录和报告测试结果。

8.1.4　验收测试

验收测试（Acceptance Testing）是软件开发过程中的最后一个测试阶段，旨在验证软件系统是否满足用户需求和需求规格说明书，以确定系统是否可以交付给用户使用。验收测试通常由用户、客户或代表用户的人员执行，他们代表最终用户的利益，对系统的功能、性能和可用性进行评估。验收测试的目标是确认系统是否满足用户的期望，并验证系统是否达到了预期的质量标准。验收测试可以包括以下几种类型。

（1）用户验收测试（User Acceptance Testing，UAT）：由最终用户或代表用户的人员执行，以验证系统是否满足用户需求和期望。用户验收测试通常基于实际使用场景和用户需求，测试系统的功能、界面、业务流程和用户体验等方面。

（2）合同验收测试（Contract Acceptance Testing）：当软件开发合同规定了特定的验收标准和条件时执行的测试。合同验收测试用于验证软件系统是否符合合同规定的要求和规格。

（3）α（Alpha）测试：在软件开发过程的早期阶段由内部团队执行的测试，主要用于发现系统中的缺陷和问题。Alpha 测试的重点是系统的功能和稳定性。

（4）β（Beta）测试：在软件开发的后期阶段，将软件提供给一部分外部用户进行测试。Beta 测试旨在获取真实用户的反馈和意见，以改进系统的质量和用户体验。

在进行验收测试时，可以采用以下步骤。

（1）确定验收标准和条件：明确系统需要满足的功能、性能和质量标准，并与用户或客户达成一致。

（2）设计验收测试用例：根据用户需求和验收标准，设计相应的测试用例，以验证系统的功能和性能。

（3）执行验收测试：由用户、客户或代表用户的人员执行测试用例，测试系统的各个方面，并记录测试结果。

（4）分析和修复问题：根据测试结果，分析系统中的问题和缺陷，并与开发团队合作修复这些问题。

（5）验收决策：根据测试结果和用户的反馈，决定系统是否满足验收标准，并确定是否可以交付给用户使用。

验收测试是软件开发过程中的关键步骤，它确保软件系统符合用户需求和预期，并具备所需的质量和可用性。通过验收测试，软件系统可以增强用户满意度，提高软件系统的成功交付率。

8.1.5 金丝雀测试

金丝雀测试（Canary Testing）是一种软件发布和部署的测试方法，旨在逐步引入新的软件版本或功能，以降低潜在风险并确保系统的稳定性。金丝雀测试的基本原理是将新版本或功能的一小部分用户或流量引导到新系统中，以观察用户行为和系统性能。如果新系统表现正常且稳定，可以逐步扩大金丝雀用户的比例，最终将所有用户迁移到新系统上。如果出现问题，可以快速回滚到旧版本或进行修复。

以下是金丝雀测试的一些关键点和步骤。

（1）目标定义：明确金丝雀测试的目标，例如测试新版本的功能、性能或稳定性。

（2）选择金丝雀用户：选择一小部分用户或流量，将其引导到新系统中。这些用户通常是自愿参与测试的，并且可以接受潜在的问题或不稳定性。

（3）监控和度量：对金丝雀用户的行为和系统的性能进行监控和度量。这可以包括监测用户的活动、系统的响应时间、错误率等。

（4）风险评估和决策：根据监控结果评估系统的稳定性和性能，以及是否满足预期的目标。如果出现问题，可以决定是否回滚到旧版本或进行修复。

（5）逐步扩大金丝雀用户：如果新系统表现正常且稳定，可以逐步增加金丝雀用户的比例，以测试系统在更大规模下的表现。

（6）完全迁移或回滚：根据金丝雀测试的结果和用户反馈，决定是否将所有用户迁移到新系统上。如果出现严重问题，可以回滚到旧版本或进行开展修复措施。

金丝雀测试的优势在于逐步引入新功能或版本，以减少潜在风险和影响范围。它可以帮助发现和解决问题，并确保系统的稳定性和可靠性。同时，金丝雀测试也需要仔细规划和管理，以确保测试过程的有效性和用户体验的一致性。

8.1.6　小结

总结一下，软件测试过程主要包括 5 个阶段：单元测试对最小的可测试单元进行验证，确保其功能按预期工作；集成测试将多个单元或模块组合，验证它们在集成环境中的交互和协作；系统测试对整个系统进行全面测试，验证其功能、性能和安全性；验收测试从用户角度对系统进行验证，确保满足用户需求和预期；金丝雀测试逐步引入新版本或功能，观察用户行为和系统性能，以降低风险并确保系统稳定性。这些阶段共同确保软件质量和用户满意度。

软件测试过程中的 5 个主要阶段与软件开发阶段的对应关系可以构成 V 型模型，如图 8.3 所示。V 型模型强调测试活动与开发活动的并行进行，以确保软件质量和可靠性。单元测试对应开发阶段中的模块设计和编码阶段。集成测试对应开发阶段中的模块集成阶段。系统测试对应开发阶段中的系统设计和编码阶段。验收测试对应于开发阶段中的系统验证和部署阶段。金丝雀测试可以在不同的开发阶段进行，但通常与最终的系统验证和部署阶段相关。

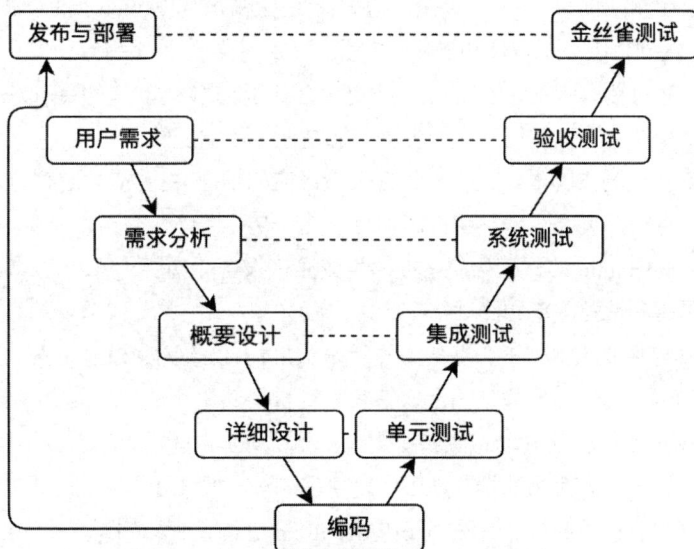

图8.3　测试过程中的5个主要阶段与软件开发阶段的V型模型

8.2　软件测试工具

软件测试工具是测试团队在软件测试过程中使用的辅助工具，用于自动化完成测试任务、管理测试流程和生成测试报告。这些工具提供了各种功能和特性，帮助测试团队更高效地进行测试，并提高测试的准确性和可重复性。软件测试工具可以用于各个测试阶段，它们可以自动执行测试用例、模拟用户行为、检查系统响应和性能、生成测试数据等。这些工具还可以帮助测试团队管理测试资源、跟踪缺陷、协作和共享测试文档，提高团队的协作效率。

使用软件测试工具可以带来多个好处。首先，它们可以减少人工测试的工作量，节省时间和资源。其次，它们可以提高测试的覆盖率和准确性，发现更多的缺陷和问题。此外，这些工具还可以帮助测试团队进行性能测试、可靠性测试和安全性测试，以确保软件在各种条件下的稳定性和可靠性。

选择和使用适合项目需求的软件测试工具是至关重要的。测试团队需要考虑工具的功能、易用性、可扩展性、兼容性和成本等因素。同时，培训和支持团队成员使用这些工具也是必要的，以确保充分发挥工具的潜力。

8.2.1　Selenium自动化测试

Selenium 是一个广泛应用的自动化测试工具，用于 Web 应用程序的功能测试和回归测试。它提供了一组功能强大的 API，可以与多种编程语言（如 Java、Python、C#等）结合使用，帮助开发人员和测试人员编写自动化测试脚本。使用 Selenium 进行自动化测试的一般步骤如下。

（1）安装和配置：首先，安装 Selenium WebDriver 和相关的浏览器驱动程序（如 Chrome Driver、Firefox Driver 等）。然后，根据选择的编程语言设置测试环境和依赖项。

（2）编写测试脚本：使用所选的编程语言编写测试脚本，通过 Selenium 提供的 API 操作浏览器和 Web 元素。例如打开网页、填写表单、点击按钮、验证文本等。

（3）定位元素：在测试脚本中，需要使用合适的定位策略来定位 Web 页面上的元素，如 ID、CSS 选择器、XPath 等。这样可以准确定位和操作需要测试的元素。

（4）执行测试：运行测试脚本，Selenium 将自动打开指定的浏览器，并模拟用户的操作。测试脚本可以执行多个测试步骤，验证应用程序的各个功能是否按预期工作。

（5）断言和验证：在测试脚本中，使用断言来验证应用程序的行为是否符合预期。例如，检查特定的文本、元素是否存在，页面跳转是否正确等。

（6）生成报告：Selenium 测试框架通常提供生成测试报告的功能，可以生成详细的测试结果和统计信息，帮助团队了解测试覆盖率和测试结果。

Selenium 还可以与其他测试工具和框架集成，如 JUnit、TestNG、Cucumber 等，以实现更高级的测试功能和自动化测试流程。需要注意的是，编写和维护自动化测试脚本需要一定的编程技能和测试经验。同时，由于 Web 应用程序的动态性和变化性，测试脚本可能需要随着应用程序的更新进行调整和更新。因此，定期维护和更新测试脚本是保持自动化测试有效性和可靠性的重要步骤。

以下是一个示例，演示了针对电商网站使用 Selenium 进行登录和购买商品的自动化测试。

```
1 from selenium import webdriver
2 from selenium.webdriver.common.by import By
3 from selenium.webdriver.support.ui import WebDriverWait
4 from selenium.webdriver.support import expected_conditions as EC
5 # 创建浏览器驱动实例
6 driver = webdriver.Chrome()
7 # 打开登录页面
```

```
 8 driver.get("https://www.example.com/login")
 9 # 输入用户名和密码
10 username_input = driver.find_element(By.ID, "username")
11 password_input = driver.find_element(By.ID, "password")
12 username_input.send_keys("myusername")
13 password_input.send_keys("mypassword")
14 # 点击"登录"按钮
15 login_button = driver.find_element(By.ID, "login-button")
16 login_button.click()
17 # 等待登录成功页面加载完成
18 welcome_message = WebDriverWait(driver, 10).until(
19     EC.presence_of_element_located((By.ID, "welcome-message"))
20 )
21 # 验证登录成功
22 assert welcome_message.text == "Welcome, User!"
23 # 打开商品页面
24 driver.get("https://www.example.com/products")
25 # 选择商品并添加到购物车
26 product = driver.find_element(By.XPATH, "//div[@class='product'][1]")
27 add_to_cart_button = product.find_element(
28     By.XPATH, "//button[@class='add-to-cart']")
29 add_to_cart_button.click()
30 # 等待购物车页面加载完成
31 cart_page_title = WebDriverWait(driver, 10).until(
32     EC.title_contains("Shopping Cart")
33 )
34 # 验证商品已添加到购物车
35 assert "My Shopping Cart" in driver.title
36 # 结账并填写配送信息
37 checkout_button = driver.find_element(By.XPATH, "//button[@class='checkout']")
38 checkout_button.click()
39 shipping_address_input = driver.find_element(By.ID, "shipping-address")
40 shipping_address_input.send_keys("123 Main St")
41 # 提交订单
42 place_order_button = driver.find_element(
43     By.XPATH, "//button[@class='place-order']")
44 place_order_button.click()
45 # 等待订单成功页面加载完成
46 order_confirmation = WebDriverWait(driver, 10).until(
47     EC.presence_of_element_located((By.ID, "order-confirmation"))
48 )
49 # 验证订单已成功提交
50 assert order_confirmation.text == "Order Confirmed"
51 # 关闭浏览器
52 driver.quit()
```

在这个示例中，首先打开登录页面，并使用 find_element 方法定位用户名和密码输入框，然后输入相应的值。接下来，点击"登录"按钮。在登录成功后，验证欢迎消息的文本，确保登录成功。然后打开商品页面，并选择第一个商品，点击"添加到购物车"按钮。等待购物车页面加载完成，并验证购物车页面的标题。填写配送信息，并点击"提交订单"按钮。最后，验证订单确认页面的文本，确保订单已成功提交。最后，Selenium 生成了测试报告，如图 8.4 所示。

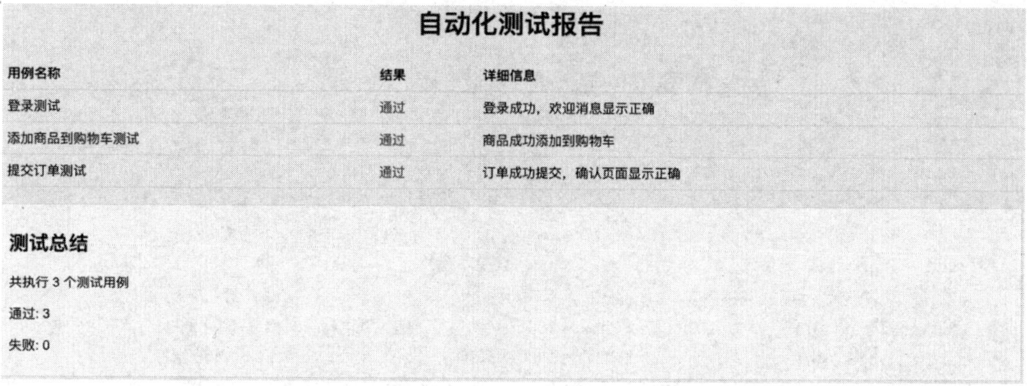

自动化测试报告

用例名称	结果	详细信息
登录测试	通过	登录成功，欢迎消息显示正确
添加商品到购物车测试	通过	商品成功添加到购物车
提交订单测试	通过	订单成功提交，确认页面显示正确

测试总结

共执行 3 个测试用例

通过：3

失败：0

图8.4　电商网站的测试报告

8.2.2　Appium移动应用测试

Appium 是一种用于移动应用测试的自动化测试框架，支持 iOS 和 Android 平台。Appium 可以为移动应用编写自动化测试脚本来模拟用户的交互行为，例如点击、滑动、输入等。在进行 Appium 测试前，需要先安装并运行 Appium 服务器，然后使用客户端库与服务器进行通信。客户端库通常使用 Java、Python、Ruby、JavaScript 等语言编写，以便与测试人员熟悉的编程语言相匹配。

在测试中，需要使用 Appium 提供的 API 来访问移动设备和应用程序，并模拟用户的交互行为。例如，可以使用 API 来定位元素、执行操作、验证结果等。以下是使用 Appium 进行移动应用测试的基本步骤。

（1）安装 Appium：首先需要安装 Appium 服务器，可以通过 npm（Node.js 包管理器）安装 Appium。同时，也需要安装 Appium 客户端库，以便编写测试脚本。

（2）设置测试环境：确保移动设备或模拟器已连接到计算机，并已安装了应用程序的测试版本。同时，确保已经启动了 Appium 服务器。

（3）编写测试脚本：使用选择的编程语言（如 Java、Python、JavaScript 等）编写测试脚本，其中包括测试场景、操作步骤和断言。

（4）配置设备参数：在测试脚本中指定要测试的移动设备的相关参数，如设备名称、平台版本、应用包名等。

（5）执行测试：运行编写的测试脚本，Appium 会模拟用户在移动设备上的操作，并记录测试执行过程中的日志和结果。

（6）分析结果：分析测试结果，检查是否有失败的测试用例，并分析失败的原因。必要时可以调试和修改测试脚本。

（7）持续集成：将 Appium 测试集成到持续集成工具（如 Jenkins、Travis CI 等）中，实现自动化测试的持续执行和监控。

利用 Appium 对移动应用进行自动化测试可以提高测试效率和质量。下面是一个使用 Appium 和 Python 进行移动应用测试的示例代码。

```
1 from appium import webdriver
2 from appium.webdriver.common.mobileby import MobileBy
3 from selenium.webdriver.support.ui import WebDriverWait
```

```
 4 from selenium.webdriver.support import expected_conditions as EC
 5 # Appium 服务器地址和端口
 6 appium_server = 'http://127.0.0.1:4723/wd/hub'
 7 # 配置 Desired Capabilities
 8 desired_caps = {
 9     'platformName': 'Android',
10     'platformVersion': '10',
11     'deviceName': 'Android Emulator',
12     'appPackage': 'com.example.app',
13     'appActivity': 'com.example.app.MainActivity'
14 }
15 # 连接到 Appium 服务器
16 driver = webdriver.Remote(appium_server, desired_caps)
17 # 等待应用启动
18 wait = WebDriverWait(driver, 10)
19     start_button    =    wait.until(EC.element_to_be_clickable((MobileBy.ID,
'start_button')))
20 start_button.click()
21 # 定位并输入用户名和密码
22    username_input   =   wait.until(EC.presence_of_element_located((MobileBy.ID,
'username_input')))
23    password_input   =   wait.until(EC.presence_of_element_located((MobileBy.ID,
'password_input')))
24 username_input.send_keys('myusername')
25 password_input.send_keys('mypassword')
26 # 点击登录按钮
27  login_button = wait.until(EC.element_to_be_clickable((MobileBy.ID,  'login_
button')))
28 login_button.click()
29 # 验证登录成功
30    welcome_message   =   wait.until(EC.presence_of_element_located((MobileBy.ID,
'welcome_message')))
31 assert welcome_message.text == 'Welcome, User!'
32 # 进行其他测试操作...
33 # 关闭应用
34 driver.quit()
```

在这个示例中，开发者首先配置了连接到 Appium 服务器的相关信息，包括服务器地址和端口，以及设备的平台名称、平台版本、设备名称和应用的包名和启动 Activity。然后，编写者使用 webdriver.Remote 方法连接到 Appium 服务器，并传递 Desired Capabilities 来指定要测试的设备和应用。接下来，测试人员使用 WebDriverWait 等待应用启动，之后定位并操作应用的界面元素，如输入用户名和密码、点击登录按钮等。MobileBy 类被使用来指定元素的定位方式，如 ID、XPath 等。在测试过程中，可以使用断言来验证应用的行为和状态是否符合预期，这个示例验证了登录成功后显示的欢迎消息。最后，使用 driver.quit()方法关闭应用。请注意，这只是一个简单的示例，在实际测试中可以根据具体应用和测试需求进行自定义和扩展。测试人员可以使用 Appium 提供的其他方法和功能来模拟用户操作、定位元素、处理弹出窗口等。

8.2.3　Postman API测试

Postman 是一个流行的 API 测试工具，它提供了一个直观的界面，可以轻松地创建、发送和验证

API 请求。下面是一个使用 Postman 进行 API 测试的示例。假设用户要测试一个简单的用户注册 API，该 API 接受 POST 请求，需要提供用户名和密码作为请求参数，并返回一个成功注册的响应。

（1）打开 Postman 应用程序，并点击左上角的"+ New"按钮创建一个新的请求。

（2）在请求的编辑界面中，输入 API 的 URL。例如，https://api.example.com/register。

（3）在请求的编辑界面中，选择 HTTP 方法为 POST。

（4）点击"Body"选项卡，选择"raw"格式，并选择"JSON"作为数据类型。

（5）输入请求参数。例如，可以输入如下 JSON 格式的请求体。

```
1 {
2   "username": "john_doe",
3   "password": "pass123"
4 }
```

（6）点击"Send"按钮发送请求，并在下方的"Response"窗口中查看响应。

（7）验证响应。用户可以验证响应的状态码是否为 200，状态码为 200 表示请求成功。此外，还可以验证响应体中的内容是否符合预期。

（8）保存请求。点击界面上的"Save"按钮，将请求保存为一个集合，并可以选择将其组织到文件夹和子文件夹中。

（9）可选：创建更多的请求，测试其他 API 功能。

（10）运行集合和生成报告。在 Postman 中，可以选择运行整个集合，以便一次性运行所有的请求，并生成测试报告。

请注意，这只是一个简单的示例，可以根据 API 的具体要求和预期行为进行自定义和扩展。在实际测试中，可能还需要处理身份验证、处理响应的分页、处理错误情况等。Postman 提供了丰富的功能和选项，以支持更复杂的 API 测试场景。

8.2.4 JMeter性能测试

JMeter 是一款功能强大的开源性能测试工具，被广泛应用于评估应用程序、网站和服务的性能和稳定性。通过模拟多个并发用户发送请求并记录响应时间、吞吐量等指标，JMeter 能够帮助开发人员和测试人员发现系统中的性能瓶颈、资源利用问题和性能改进的机会。性能测试是评估系统性能和稳定性的关键环节，它涉及多个方面，包括响应时间、吞吐量、并发用户数、错误率和资源利用率等指标。通过性能测试，测试人员可以确定系统在正常和峰值负载下的表现，并识别潜在的性能问题，以便及时采取优化措施。以下是一些常见的性能测试指标。

（1）响应时间（Response Time）：指从发送请求到接收到完整响应的时间。响应时间是衡量系统性能的关键指标，通常以平均响应时间、最大响应时间和百分位数（如 90th 或 95th 百分位数）来表示。

（2）吞吐量（Throughput）：指在单位时间内处理的请求数量或事务数量。吞吐量表示系统的处理能力和效率，通常以每秒请求数（Requests Per Second，RPS）或每秒事务数（Transactions Per Second，TPS）来衡量。

（3）并发用户数（Concurrency）：指同时访问系统的用户数量。并发用户数反映了系统在负载下的承载能力和性能稳定性。

（4）错误率（Error Rate）：指在性能测试期间发生的错误或异常的比例。错误率可以衡量系统在负载下的稳定性和可靠性。

（5）资源利用率（Resource Utilization）：指系统在运行过程中使用的资源（如 CPU、内存、磁盘和网络带宽）的利用率。资源利用率可以帮助评估系统的性能效率和资源消耗情况。

（6）并发事务数（Concurrent Transactions）：指同时执行的事务数量。并发事务数用于评估系统在高负载下的性能和并发处理能力。

（7）性能指标百分位数（Percentiles）：除了平均响应时间外，百分位数也是衡量性能的重要指标。例如，90th 百分位数表示有 90%的请求在指定时间内完成，而 10%的请求需要更长时间。

这些性能测试指标可以根据具体的软件系统和测试需求进行定制和扩展。在性能测试过程中，收集和分析这些指标可以帮助评估系统的性能表现、发现性能瓶颈和问题，并提供数据支持来进行性能优化和改进。以下是一个使用 JMeter 进行性能测试的简单示例，演示如何创建一个基本的测试计划并配置线程组、Sampler 和监听器。

（1）创建测试计划

打开 JMeter 并创建一个新的测试计划（右键单击"Test Plan"，依次选择"Add"-> "Threads (Users)" -> "Thread Group"）。

（2）配置线程组

在线程组属性中，设置线程数为 100，循环次数为 1，启动延迟为 0。

（3）添加 HTTP 请求 Sampler

在线程组下，单击右键并依次选择"Add" -> "Sampler" -> "HTTP Request"。

在 HTTP 请求 Sampler 的属性中，设置服务器名称或 IP、端口号、路径等。

（4）添加查看结果树监听器

在线程组下，单击右键并依次选择"Add" -> "Listener" -> "View Results Tree"。

查看结果树监听器将显示每个请求的详细结果，包括响应代码、响应时间、响应数据等。

（5）运行测试

点击工具栏上的"运行"按钮来启动性能测试。

JMeter 将模拟 100 个并发用户发送 HTTP 请求，并记录每个请求的响应时间和其他相关信息。

（6）分析结果

在运行测试后，查看查看结果树监听器中的结果。

检查响应时间、响应代码、吞吐量等指标，以评估系统的性能和稳定性。

这只是一个简单的示例，测试人员可以根据需要添加更多的 Sampler、断言和监听器，并进行更复杂的配置。JMeter 还支持其他类型的 Sampler（如 FTP 请求、数据库查询等）和监听器（如聚合报告、图形结果等），测试人员可以根据具体的测试需求选择适当的组件。

8.3　SmartArchive项目的测试过程

为了确保 SmartArchive 系统的功能、性能和稳定性，我们将采用软件测试过程中的 5 个主要阶段对其进行全面测试。这些阶段包括单元测试、集成测试、系统测试、验收测试和金丝雀测试。

在单元测试阶段，我们将对 SmartArchive 系统中的各个独立模块和组件进行测试，以验证其功能是否按照预期工作。

接下来，我们将进行集成测试，测试不同模块之间的交互和集成，确保数据的正确传递和一致性。

在系统测试阶段，我们将对整个 SmartArchive 系统进行全面的测试，包括功能、性能、可靠性和安全性等方面。我们将模拟真实的用户场景和使用情况，并执行各种操作，以发现潜在问题并进行修复和改进。

在验收测试阶段，我们将与项目的利益相关者合作，验证 SmartArchive 系统是否满足其需求和期望。通过定义的验收标准和用例，我们将确保系统在各个方面都符合预期，并获得利益相关者的认可和批准。

最后，我们将采用金丝雀测试方法，逐步推出新功能或更新，并在一小部分用户中进行测试。通过监测用户反馈，我们可以及早发现潜在问题，并进行必要的调整和修复，确保系统的性能和稳定性。

通过这 5 个主要阶段的测试，我们可以全面评估 SmartArchive 系统的功能、性能和稳定性，并及时发现和修复潜在问题。这将确保 SmartArchive 系统能够高效地处理大量文件存档请求，并提供稳定、可靠的服务给用户。本节详细介绍每个测试阶段的目标、方法和步骤，以帮助读者全面了解 SmartArchive 项目的测试过程。

8.3.1　SmartArchive项目的单元测试

单元测试旨在验证 SmartArchive 系统中各个组件和功能的正确性和稳定性。SmartArchive 系统具有多个核心功能，包括档案采集管理、档案资源管理、档案利用管理等。这些功能在系统的不同组件中实现，为了确保系统的可靠性和稳定性，我们需要对每个组件进行单元测试，以验证其在各种情况下的行为和结果。

在这些单元测试中，我们使用适当的测试框架 JUnit 来编写测试用例。每个测试用例都针对一个特定的功能或组件进行测试，并提供了一组输入数据和预期输出结果。通过执行这些测试用例，我们可以验证系统在不同情况下的行为是否符合预期，并捕捉潜在的错误和异常情况。在这些单元测试的编写过程中，我们会使用模拟对象、测试数据生成、断言等技术来模拟和控制测试环境，并验证系统的各个组件的正确性。通过这种方式，我们可以在开发过程中及时发现和修复问题，提高代码质量和系统的可靠性。下面以类文件 ScanFileViewAction.java 为例，说明如何对扫描文件功能进行单元测试，待测试代码如下。

```
1 package com.hosea.sams.presentation.action.adc;
2
3 import com.hosea.sams.presentation.base.BaseAction;
4 import com.hosea.sams.persistence.dao.iface.adc.ArchivesFileDao;
5 import com.hosea.sams.presentation.form.adc.ScanFileViewForm;
6 import com.ibatis.common.util.PaginatedList;
7 import com.hosea.sams.persistence.dao.beans.adc.Archives;
8 import com.hosea.sams.persistence.dao.iface.adc.ArchivesDao;
9
10 /**
11  * <p>Title: SmartAchive</p>
12  * <p>Description: 智慧档案</p>
13  * <p>Copyright: Copyright (c) 2024 </p>
```

```
14  * <p>Company: Hosea Co.,Ltd.</p>
15  * @author 江恩山
16  * @version 1.0
17  */
18
19 public class ScanFileViewAction extends BaseAction {
20   public ScanFileViewAction() {
21   }
22
23 public ActionForward doPerform(ActionMapping mapping,
24   ActionForm form,
25   HttpServletRequest request,
26   HttpServletResponse response) throws java.lang. Exception{
27     String forwardJSP = "VIEWARCHIVESFILES";
28     ScanFileViewForm scanFileViewForm = (ScanFileViewForm) form;
29
30     String functionName = scanFileViewForm.getFunctionName();
31     scanFileViewForm.setFunctionName("");
32
33     //显示档案 archives_id 的文件
34     //1. 从参数表获取 ，  2. 从 session 中获取
35     String archives_id = request.getParameter("archives_id");
36     if (archives_id==null || archives_id.equalsIgnoreCase(""))
37       archives_id = (String)request.getSession().getAttribute("archives_id");
38     scanFileViewForm.setArchives_id(archives_id) ;
39     PaginatedList archivesList = null;
40
41     functionName = "ShowArchivesFiles";
42     if (functionName.equalsIgnoreCase("ShowArchivesFiles")) {
43       //根据档案 ID，显示该档案的所有文件信息，同时显示该案卷信息
44       //1.获取所有文件
45       ArchivesFileDao fileDao = (ArchivesFileDao) domainLogic.getDAO(
46         "ArchivesFile");
47       archivesList = fileDao.queryArchivesFileByArchivesID(archives_id,
48         Integer.parseInt(scanFileViewForm.getPageSize()));
49
50       //2.获取档案信息
51       ArchivesDao dao = (ArchivesDao) domainLogic.getDAO("Archives");
52       Archives a = dao.getArchivesByArchivesID(Integer.parseInt(archives_id)) ;
53       scanFileViewForm.setArchives(a);
54
55       //3.通过 Session.queryArchivesRoll 返回数据到页面
56       request.getSession().setAttribute("queryArchivesFile", archivesList);
57       request.getSession().setAttribute("archives_id", archives_id);
58
59       forwardJSP = "QUERYARCHIVESFILES";
60       return (mapping.findForward(forwardJSP));
61     }
62
63     return (mapping.findForward(forwardJSP));
64   }
```

```
65
66 }
```

接下来，我们利用 JUnit 单元测试框架写出对上述代码进行单元测试的测试代码。

```
 1 import org.junit.Assert;
 2 import org.junit.Before;
 3 import org.junit.Test;
 4 import org.mockito.Mockito;
 5 import javax.servlet.http.HttpServletRequest;
 6 import javax.servlet.http.HttpServletResponse;
 7
 8 public class ScanFileViewActionTest {
 9    private ScanFileViewAction scanFileViewAction;
10    private ActionMapping mapping;
11    private ScanFileViewForm form;
12    private HttpServletRequest request;
13    private HttpServletResponse response;
14
15    @Before
16    public void setUp() {
17        scanFileViewAction = new ScanFileViewAction();
18        mapping = Mockito.mock(ActionMapping.class);
19        form = Mockito.mock(ScanFileViewForm.class);
20        request = Mockito.mock(HttpServletRequest.class);
21        response = Mockito.mock(HttpServletResponse.class);
22    }
23
24    @Test
25    public void testDoPerform() throws Exception {
26        // 设置测试所需的上下文和输入参数
27        Mockito.when(form.getFunctionName()).thenReturn("ShowArchivesFiles");
28        Mockito.when(form.getPageSize()).thenReturn("10");
29        Mockito.when(request.getParameter("archives_id")).thenReturn("123");
30        Mockito.when(request.getSession().getAttribute("archives_id")).thenReturn
(null);
31
32        // 调用被测试的方法
33        ActionForward result = scanFileViewAction.doPerform(mapping, form, request,
response);
34
35        // 验证结果是否符合预期
36        Assert.assertEquals("QUERYARCHIVESFILES", result.getName());
37        // 验证其他断言条件，例如 session 中的属性值是否正确
38
39        // 验证其他操作和状态
40        // ...
41    }
42 }
```

这段 JUnit 代码是用来测试 ScanFileViewAction 类中的 doPerform 方法的行为和结果。下面是对代码的解释。

（1）@Before 注解修饰的 setUp 方法

该方法用于在每个测试方法执行之前进行初始化操作。在该方法中，我们创建了 ScanFile

ViewAction 对象和模拟的 ActionMapping、ScanFileViewForm、HttpServletRequest 和 HttpServletResponse 对象。

（2）@Test 注解修饰的 testDoPerform 方法

该方法是一个测试用例，用于验证 doPerform 方法的行为和结果。在该方法中，我们设置了测试所需的上下文和输入参数，并使用 Mockito 库模拟了相关对象的方法调用和返回值。

在测试方法中，我们使用 Mockito.when 方法来设置模拟对象的方法调用和返回值。例如，我们设置了 form.getFunctionName() 方法返回 "ShowArchivesFiles"，form.getPageSize() 方法返回 "10"，request.getParameter("archives_id") 方法返回 "123"，request.getSession().getAttribute("archives_id") 方法返回 null。

然后，我们调用被测试的 doPerform 方法，并将模拟的对象作为参数传入。最后，我们使用断言（Assert）来验证方法的返回结果是否符合预期。在这个示例中，我们断言返回的 ActionForward 对象的名称为 "QUERYARCHIVESFILES"，以及其他可能的断言条件，例如验证 session 中的属性值是否正确。

最后，我们可以根据需要添加其他的测试条件和验证步骤，以验证方法的其他操作和状态。

通过编写这样的 JUnit 测试用例，我们可以验证代码的正确性，确保在对代码进行修改或重构时不会引入错误，并设计了一种自动化测试的方式，可以在持续集成和持续交付过程中使用。

8.3.2　SmartArchive项目的集成测试

SmartArchive 系统可以提供一组 API 接口，用于与历史档案加工系统（外部系统）进行通信。这些 API 接口可以定义不同的操作，例如上传文件、检索文件、查看文件等。历史档案加工系统可以通过调用这些 API 接口与 SmartArchive 系统进行交互，并获取所需的文件和信息，交互图如图 8.5 所示。

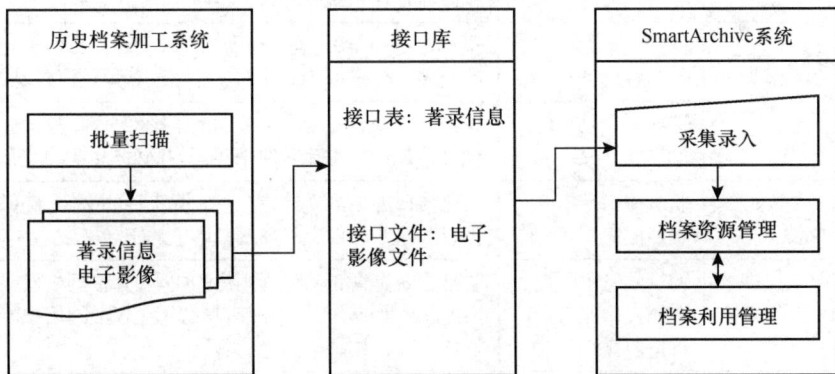

图8.5　历史档案加工系统与SmartArchive系统的交互图

历史档案加工系统与 SmartArchive 系统的接口操作流程说明如下。

（1）历史档案加工系统

历史档案加工系统通过双方确定的接口提供接口数据，根据提供的权限，写入接口表和按照正确格式、路径提供电子影像文件。

（2）SmartArchive 系统

对于 SmartArchive 系统，操作过程如下。

① 可以通过 SmartArchive 系统的采集录入子系统手工查询/定期查询当前接口库中的信息。

② 确定是否采集和归档。

③ 如果需要采集，则选择恰当的资料进行归档，把相应的著录信息、电子影像文件导入 SmartArchive 系统。

④ 把接口库中的相应资料记录标识为"已导入"状态。

⑤ 接口间互操作完成。

接口数据包括著录信息、电子影像文件两种，如表 8.2 所示。

表 8.2 历史档案加工系统与 SmartArchive 系统的接口数据

内容	过程要求说明	备注
著录信息	将在数据库设计阶段，确定档案管理的档案著录信息详细字段要求后展开，并确认完成	
电子影像文件	将在详细设计阶段，确定档案管理系统对应电子档案、电子影像文件的管理方案后展开，并确认完成	

根据提供的接口操作流程和接口数据内容，我们可以设计以下集成测试用例来验证历史档案加工系统与 SmartArchive 系统之间的接口，如表 8.3 所示。

表 8.3 SmartArchive 系统集成测试的测试用例

序号	测试用例描述	输入	预期结果
1	上传文件测试	选择一个测试文件，提供文件路径和著录信息	确认文件是否成功上传到 SmartArchive 系统。通过查询接口库，验证文件是否标识为"已导入"状态。检查著录信息是否正确保存在系统中
2	检索文件测试	提供一个关键字作为查询条件	执行检索操作后，确认返回的文件列表是否包含与关键字匹配的文件。检查每个文件的文件路径和著录信息是否正确
3	查看文件测试	选择一个已上传的文件路径	调用接口来查看指定文件的电子影像文件。验证返回的电子影像文件是否与实际文件相匹配，并确保文件的完整性和正确性
4	接口数据完整性测试	获取接口库中的文件信息	对比接口库中的文件信息与实际上传的文件，确保文件的著录信息和电子影像文件与接口库中的记录一致
5	权限测试	使用具有不同权限的用户账号进行接口操作	验证系统是否正确识别用户的权限，并根据权限限制用户对接口的访问和操作。确保只有具有相应权限的用户能够成功执行操作，其他用户被拒绝
6	异常情况测试	提供无效的文件路径或错误的接口调用	确认系统能够正确处理这些异常情况，并返回相应的错误信息。验证系统能够防止崩溃或数据损坏，并能够给出有用的错误提示

在设计这些测试用例时，可以根据具体的接口定义和系统需求进行调整和补充。测试用例应该覆盖不同的功能和边界情况，以确保系统的正确性和稳定性。同时，测试用例应该具有可重复性，可以在不同环境和配置下重复执行，以验证系统在各种条件下的表现。

8.3.3 SmartArchive项目的系统测试

系统测试旨在验证整个 SmartArchive 系统的功能、性能、稳定性和安全性等方面。系统测试的目标是确保系统在实际运行环境中能够按照用户需求和设计规范的要求正常运行，并且能够满足用户的期望和需求。根据系统需求和设计文档，设计系统测试用例。测试用例应覆盖系统的各个功能模块和场景，并考虑不同的输入、操作和异常情况。测试用例应具有可重复性和可验证性。

下面以性能测试为例，使用 JMeter 性能测试工具，对 SmartArchive 系统进行压力测试，分别测试在 2 分钟内，同时使用 1 个、20 个、35 个、50 个、75 个、100 个、125 个、135 个线程模拟用户频繁操作系统各项功能。压力测试的软件环境如下。

（1）安装 Tomcat、工作流系统 Workflow 和 Oracle。

（2）Tomcat：最小进程数 50 个，最大进程数 800 个。

（3）数据库连接池配置：最小连接数不限，最大连接数不限。

压力测试数据如表 8.4 所示。

表 8.4　SmartArchive 系统的压力测试数据

线程数量（个）	1	20	35	50	75	100	125	135
JVM 大小（注：默认为 -Xms64m –Xmx128m）	默认	默认	默认	默认	默认	默认	默认	-Xms256m –Xmx1000m
总共使用的请求数	98	1707	2497	2950	3776	3652	3219	1442
每秒请求数	0.82	14.22	20.8	24.58	31.46	30.52	26.82	12.1
Socket 连接数	144	2440	3369	3706	4505	4120	3601	1636
总共发送字节数（KB）	60.18	1014.24	1371.33	1438.39	1701.12	1500.12	1343.41	594.76
字节发送速度（KB/s）	0.5	8.45	11.42	11.98	14.17	12.54	11.19	4.99
总共接收字节数（KB）	134.9	2417.61	3835.32	4959.99	6842.98	6518.23	5803.59	2145.27
字节接收速度（KB/s）	1.12	20.14	31.95	41.32	57.01	54.47	48.35	18
连接失败次数	0	0	0	0	0	0	0	1
发送失败次数	0	0	0	0	0	0	0	0
接收失败次数	0	0	0	0	0	0	0	0
超时次数	0	0	0	0	0	0	0	0
服务器反馈代码为 200（OK）次数	88	1547	2222	2559	3294	3119	2643	1059
服务器反馈代码为 400（Not Found）次数	10	160	252	341	393	460	507	382
服务器反馈代码为 500（Internal Server Error）次数	0	0	23	50	89	73	69	1

压力测试指标分析如下。

（1）总共使用的请求数

总共使用的请求数指测试系统总共能够并发接收的请求数量，测试结果如图 8.6 所示。

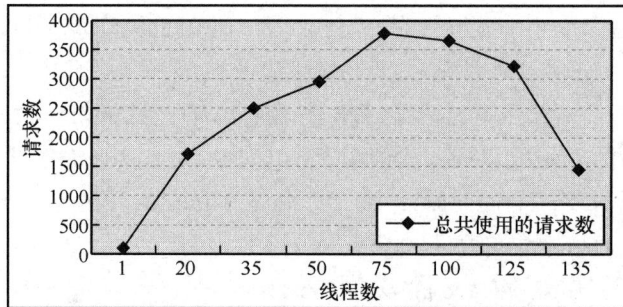

图8.6　SmartArchive系统的总共使用的请求数

分析说明：根据曲线可以看到，总共使用的请求数随着线程数的增加而发生变化，最佳的效果出现在线程数为 75～100 时。

（2）每秒请求数

每秒请求数指测试系统平均并发接收的请求数量，测试结果如图 8.7 所示。

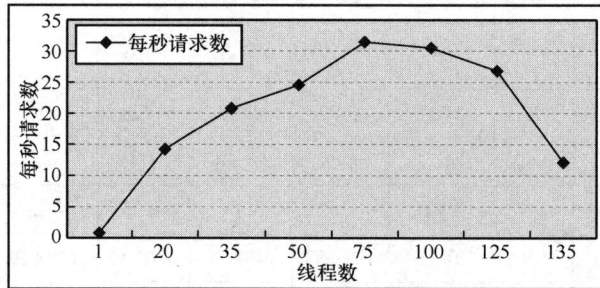

图8.7　SmartArchive系统的每秒请求数

分析说明：根据曲线可以看到，每秒请求数随着线程数的增加而发生变化，最佳的效果出现在线程数为 75～100 时。

（3）Socket 连接数

Socket 连接数指测试系统并发成功建立连接的请求数量，测试结果如图 8.8 所示。

分析说明：根据曲线可以看到，Socket 连接数随着线程数的增加而发生变化，最佳的效果出现在线程数为 75～100 时。

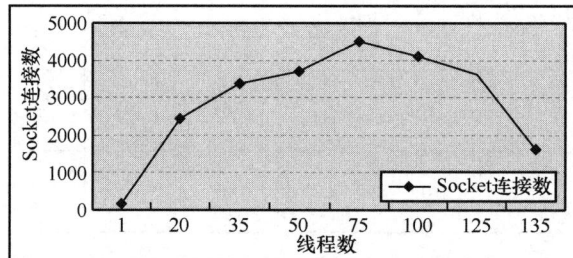

图8.8　SmartArchive系统的Socket连接数

（4）总共发送/接收字节数

总共发送/接收字节数（KB）反映测试系统并发下总的吞吐能力，如图 8.9 所示。

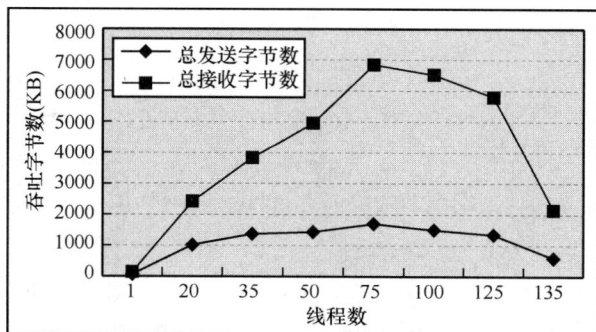

图8.9 SmartArchive系统的总共发送/接收字节数

分析说明：根据曲线可以看到，总共发送/接收字节数随着线程数的增加而发生变化，最佳的效果出现在线程数为 75～100 时。

（5）字节发送/接收速度

字节发送/接收速度（KB/s）反映测试系统并发下的平均吞吐能力，如图 8.10 所示。

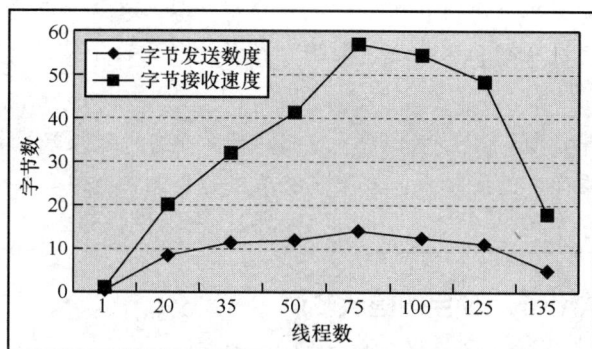

图8.10 SmartArchive系统的字节发送/接收速度

分析说明：根据曲线可以看到，字节发送/接收速度随着线程数的增加而发生变化，最佳的效果出现在线程数为 75～100 时。

（6）稳定性

稳定性反映测试系统并发下的系统稳定性，如图 8.11 所示。

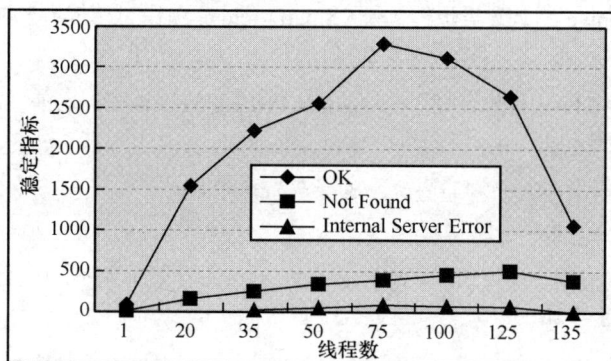

图8.11 SmartArchive系统的稳定性

分析说明：根据曲线可以看到，稳定性随着线程数的增加而发生变化，最佳的效果出现在线程数为 75～100 时。

通过压力测试数据可以看到，系统在 75～100 个用户（测试过程中以线程数模拟）高强度并发时，系统还是比较理想的，但一旦超出这个范围，系统将出现较为明显的问题。另外，当线程数达到 140 个的时候，将会导致 Tomcat 内存溢出（即使优化了 TOMCAT 的 JVM: set JAVA_OPTS= -Xms256m –Xmx1000m）并崩溃，此时需要人为重新启动。

注意，这里测试出来的线程数和一般意义上的系统支持多少用户同时使用系统的概念并不完全相同。这里测试出来的线程数指系统支持多少线程同时进行高强度的并发操作数，而由于同时办公的用户并不一定会全部都进行频繁操作，所以系统支持同时办公的用户数要大于系统进行性能测试得到的线程数。SmartArchive 系统能够支持 75～100 个高强度并发用户操作的测试结果已经表明，系统完全可以满足客户对档案管理的性能要求。

> **注意**
>
> **在线用户数**是指当前时间点上正在使用系统或应用程序的用户数量。通常通过统计用户的登录或活动状态来确定在线用户数。**并发用户数**是指在同一时间段内同时访问系统或应用程序的最大用户数量。它反映了系统在某一时刻承载的最大负载。
>
> 在某些情况下，可以使用5～20的比例来推算并发用户数与在线用户数的关系。这意味着在同一时间段内，系统能够承载的最大在线用户数大约是并发用户数的5到20倍。

8.3.4　SmartArchive项目的验收测试

在进行 SmartArchive 项目验收测试前，需要进行以下准备工作。

（1）验收文档准备

① 项目经理应仔细阅读 SmartArchive 项目的投标书和项目合同，确保清楚了解对客户的承诺以及在开发过程中需要提交的文档。

② 《SmartArchive 需求规格说明书》将作为验收的最终依据，任何开发过程中的需求变更都应在验收之前更新到文档中，以确保与系统达成一致。

③ 编写《SmartArchive 测试分析报告》和《SmartArchive 项目总结报告》时应遵循项目评审流程，只有通过评审后才能提交给客户。

④ 在拟制《SmartArchive 验收计划》和《SmartArchive 验收方案》之前，需要与客户进行沟通。因为本项目的客户是政府机关，项目组需要了解客户的验收流程和方式，如会议验收或测试验收。完成验收方案和计划后，再次与客户沟通协调，确保双方认可。

（2）加强引导和用户互动

① 面对用户需求的变化，项目组成员应结合本公司的优势引导客户，让客户明确本系统的先进性和带来的便利性。对于重大变更，不要直接拒绝客户，而是向客户说明并向高层汇报。

② 为确保验收顺利进行，项目组、市场人员和高级经理应根据时机加强与客户的互动活动，争取客户和决策者的支持，使客户和最终用户配合本公司的验收工作顺利进行。

（3）验收会议准备

① 参照本公司的项目评审会议规程进行会议准备。

② 整理开发库：在验收测试之前，对开发库进行整理，确保系统的源代码、文档和其他开发资料的完整性和可访问性。

以上准备工作将有助于确保 SmartArchive 项目验收测试的顺利进行，并与客户达成共识，以确保系统能够满足客户的需求和期望。SmartArchive 项目的验收测试以项目会议的形式进行，作为质量管理的一部分，SmartArchive 项目方和客户方召开了 SmartArchive 项目初步验收会议，形成会议纪要，如图 8.12 所示。

HSA/C07-259

会议纪要

项目名称及版本号	SmartArchive1.0		项目经理	何工
项目类型	□ 产品研发项目　■客户定制或应用开发项目　□平台或中间件项目　□维护项目			

会议时间	2024-02-23 13:15 – 17:00	会议地点		局方 7 楼会议室
会议主题	SmartArchive 系统初步验收		主持人	何工
参加人员	局方：王主任、李科、张科、钱科、孙科 开发方：薄工、何工、江工、茹工、薛工			
会议内容	1. 王主任就项目背景和系统现状进行发言。 2. 何工进行项目工作汇报并进行系统演示。 3. 讨论与发言要点： 　　（1）王主任做重要讲话，提出设计是否符合要求是系统进行试运行的前提，并强调了系统需要进行一系列包括权限、角色、流程化和真实数据加载后的实践检验。 　　（2）李科强调了档案综合查询与利用的重要性，并对相关功能作出重要指示。 　　（3）张科说明了系统在培训中已经初步了解了系统，并给予系统高度的评价，同时强调系统需要在试运行期间进行真实数据的验证。 　　（4）钱科说明了角色的具体化实施思路，并说明信息中心已就系统功能和负载能力等方面开展了培训和测试工作。 　　（5）孙科提出了档案充分利用与系统成功的辨证关系，并强调要在试运行期间加强培训工作。 4. 会议结论：就系统是否可以试运行开展讨论，最终确定经过初步测试的系统可以进入试运行阶段，并确定试运行阶段的工作重点是全面培训、真实测试和系统完善。			
会议提出的问题	1. 权限、角色问题：局方统一规划，在确认后加载至系统。 2. 项目树问题：应按文件日期进行重新排序，确保项目树的正确性、合理性。 3. 图形问题：默认应该使图像以适合利用的大小进行展示，并能进行漫游操作，张科建议使用 AUTOVIEW 控件。			

会后解决会议中提出问题的工作安排					
序号	任务名称	负责人	参加人	计划完成时间	备注
1	权限、角色、人员规划和加载	张科	江工	2024-02-25	
2	后续工作详细规划	何工		2024-02-25	
3	加工数据的导入	茹工	加工项目组	2024-02-27	

注：
1. 此表格使用于项目组内、项目组间、项目组与客户的交流记录，
2. 任务跟踪的完成情况在项目的 Project。

图8.12　SmartArchive项目初步验收会议纪要

8.3.5　SmartArchive项目的金丝雀测试

以下是对 SmartArchive 项目进行金丝雀测试的一个示例。

（1）案例名称：案卷上传功能金丝雀测试。

（2）测试目标：评估新的案卷上传功能的稳定性、性能和用户体验。

（3）选择金丝雀用户：选择钱二和孙三作为金丝雀用户。

（4）部署新功能：将新的案卷上传功能部署给金丝雀用户，并提供相应的用户指导和支持。

（5）监测和收集反馈：监测金丝雀用户在案卷上传方面的使用情况，并收集他们的反馈和意见。可以使用日志记录和用户反馈工具来收集数据。

（6）分析和评估结果。

①稳定性评估：分析金丝雀用户在上传文件过程中是否遇到错误或异常情况。记录系统崩溃、文件丢失或上传中断等问题的发生频率和原因。

②性能评估：测量金丝雀用户上传文件的响应时间和吞吐量。比较新功能与现有功能的性能差异，并确定是否达到预期的性能指标。

③用户体验评估：收集金丝雀用户对新功能的反馈和意见。关注用户界面的易用性、文件上传流程的直观性以及用户的改进建议。

（7）迭代和优化。

① 根据测试结果，修复发现的问题并改进功能。例如，修复上传过程中的错误或异常情况，优化性能瓶颈，改进用户界面等。

② 重新部署经过修复和改进的功能，并继续监测和收集反馈，以验证问题是否得到解决，并进一步提升用户体验。

8.4 小结

本章介绍了软件测试过程的 5 个主要阶段：单元测试、集成测试、系统测试、验收测试和金丝雀测试。每个阶段都有其独特的目标和方法，并配备了一系列常用的软件测试工具，以帮助测试团队提高效率、减少错误，并确保软件项目的成功交付。本章的第二部分探讨了软件测试工具的重要性和功能。这些工具可以自动化测试任务、管理测试流程和生成测试报告，从而提高测试的准确性和可重复性。无论是单元测试、系统测试还是验收测试，这些工具都可以自动执行测试用例、模拟用户行为、检查系统响应和性能，并提供测试资源管理、缺陷跟踪和团队协作等功能。按照不同的划分类型，软件测试可以如图 8.13 所示划分。

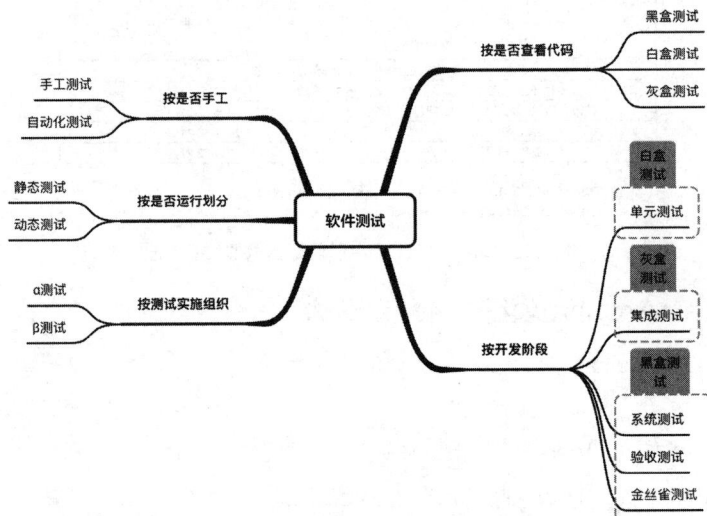

图8.13 5种不同的软件测试划分

　　最后，本章将测试过程和测试工具应用于 SmartArchive 项目。为了确保 SmartArchive 系统的功能、性能和稳定性，我们采用软件测试过程中的 5 个主要阶段对其进行全面测试。通过单元测试、集成测试、系统测试、验收测试和金丝雀测试，我们可以逐步验证系统的各个功能模块，以确保 SmartArchive 系统的高质量交付。

8.5　习题

一、选择题

1. 软件测试过程的 5 个主要阶段依次是_____、_____、_____、_____和_____。

2. _____旨在对软件中的最小可测试单元进行验证，这些最小单元可以是函数、方法、模块或类等独立的代码单元。

3. 单元测试由开发人员执行，需要编写_____和_____来完成，通常会使用自动化测试框架和工具来编写和执行测试用例。

4. 集成测试的目的是确保经过_____测试的各模块组合在一起后能够按既定意图协作运行，验证不同单元（如模块、组件或子系统）之间的交互和集成是否正常工作。

5. _____集成测试是一种集成测试方法，它从系统的最高级别开始，逐步向下集成子模块，直到所有模块都被集成为一个完整的系统。

6. _____集成测试是另一种集成测试方法，它从系统的最低级别开始，逐步向上集成模块，直到所有模块都被集成为一个完整的系统。

7. 三明治集成测试是一种结合了_____和_____两种集成测试方法的混合方法，其名称源自三明治的结构，包括顶层、底层和中间层。

8. 系统测试的主要目的是对_____规定的所有功能和非功能需求进行全面验证，以证实其满足要求所规定的_____方面的特性。系统测试通常在_____之后进行，在实际（或模拟）使用环境下进行。

9. 性能测试中，测试人员关注系统在_____条件下的响应时间，即在同时处理多个用户请求时系统的性能表现如何。其次，评估系统的_____，即系统在单位时间内能够处理的请求数量。最后，测试系统的_____，即系统能够同时处理的并发用户数。

10. 验收测试旨在验证软件系统是否满足用户需求和需求规格说明书，以确定系统是否可以交付给用户使用。验收测试通常由_____执行，他们代表最终用户的利益，对系统的功能、性能和可用性进行评估。

二、案例分析题

　　当设计一个在线购物网站时，性能测试是至关重要的。请根据以下情境进行案例分析。

　　情境描述：你是一家电子商务公司的负责人，最近推出了一个全新的在线购物网站。为了确保网站能够在高峰时期处理大量用户流量而不受影响，你决定进行性能测试。你的网站拥有各种功能，包括用户注册、浏览商品、添加到购物车、下订单和支付等。

　　问题 1：请描述你将如何设计性能测试方案来评估你的在线购物网站在不同负载条件下的性能表现。你将关注哪些性能指标来衡量你的在线购物网站的性能，例如响应时间、吞吐量和并发性能等？

　　问题 2：请列举在线购物网站可能遇到的挑战和问题，并提出解决方案，以确保你的在线购物网站在高负载时仍能正常运行。

09 第9章 软件测试管理

测试人员的目标是破坏系统，然后讲述一个引人入胜的故事。

软件测试管理是确保软件产品质量的重要环节，涉及对测试过程的全面规划与控制。

例如，在一家快速发展的金融科技公司中，开发团队正在努力推出一款新型的移动银行应用。随着项目的推进，产品需求不断变化，开发资源紧张，测试任务复杂且繁重。项目经理和测试经理发现，如果不采取有效的软件测试管理策略，软件质量将难以保证，甚至可能导致严重的用户投诉和财务损失。

在这一背景下，软件测试管理的重要性愈发凸显。它不仅涵盖了规划、组织、监督和控制软件测试活动的方方面面，还能提高开发团队的效率和生产力。

通过合理的软件测试管理，开发团队可以更好地应对项目需求变更、风险管理和资源分配等挑战。在软件测试管理中，项目经理和测试经理扮演着关键的角色，他们负责制订测试计划和测试策略、分配资源、监督测试进度，并确保测试过程符合标准和质量要求。同时，软件测试管理还涉及与开发团队、产品经理和其他利益相关者的沟通与协调，以确保软件测试活动与整个软件开发过程保持同步。

在一个软件测试团队中，如果软件测试管理不当，可能会导致严重后果。如果测试团队缺乏有效的测试计划和策略，测试人员可能会测试不完整，没有测试某个重要功能。如果开发团队和测试团队之间沟通不畅，测试人员可能无法准确理解需求，导致测试用例编写不准确。若测试资源分配不当，某些关键功能可能得不到充分测试，潜在缺陷可能被忽略。此外，若测试团队缺乏风险管理意识，潜在风险可能在生产环境中暴露，导致严重问题。综上，缺乏有效的监督和管理机制可能导致测试进度延误，影响软件质量和项目成功交付。通过改善软件测试管理机制，测试团队可以避免这些问题，提高测试效率，确保软件质量和项目成功。

通过建立有效的软件测试管理流程并采用适当的测试工具，软件测试团队可以更好地跟踪和管理测试进度、缺陷、测试用例等关键信息。这有助于开发团队及时发现和解决问题，提高软件的稳定性、可靠性和用户满意度。

9.1 软件测试管理概述

软件测试管理涉及规划、组织、协调和控制测试活动的过程。在软件测试管理中，测试团队需要制订测试计划和策略，分配资源，管理进度和质量，以及识别和管理风险。有效的软件测试管理可以帮助测试团队更好地执行测试活动，确保软件质量，减少风险，并最终实现项目的成功交付。

9.1.1 软件测试的常识

软件测试在软件开发中扮演着至关重要的角色。以下是一些关于软件测试的常识。

（1）软件测试的目的是发现问题：软件测试旨在揭示软件中可能存在的缺陷和错误，以便及早发现并加以解决，从而提高软件的质量和可靠性。

（2）全面的测试覆盖是不可能的：由于软件的复杂性和多样性，无法对所有情况进行全面测试覆盖。因此，在软件测试过程中需要根据风险、重要性和可行性等因素来确定测试的重点和范围，在商业目标和技术管理之间取得平衡。

（3）自动化测试可以提高效率：自动化测试工具和脚本可以有效地执行重复性测试任务，节省时间和人力成本，并确保测试的一致性和可重复性。

（4）早期介入可以降低成本：在软件开发生命周期的早期阶段进行软件测试和质量控制，可以更容易地发现和修复问题，避免将缺陷推迟到后期造成较高的修复成本。

（5）软件测试不仅仅是找缺陷：除了发现缺陷外，软件测试还可以评估软件的功能、性能、安全性和用户体验等方面，以确保软件符合用户需求和预期。

（6）持续集成和持续测试是现代软件开发的趋势：通过持续集成和持续测试实践，开发团队可以及时发现和解决问题，确保软件快速、可靠地交付。

9.1.2 软件测试策略

软件测试策略是指在特定环境约束之下，描述软件开发周期中关于测试原则、方法、方式的纲要，并阐述了它们之间如何配合，以高效地减少缺陷、提升质量。测试策略中需要描述测试类型、测试目标、测试方法、准入准出的条件，以及所需要的时间、资源与测试环境等。测试策略是一种因地制宜的策略模式，不同的公司，不同的团队，不同的项目对应的测试策略内容不同。在实际实践中，测试策略通常是根据具体项目需求、团队能力和公司文化而定制的。以下是一个公司的测试策略概述示例。

（1）项目背景

① 公司：**XYZ** 软件开发公司。

② 项目：开发一款电子商务平台。

③ 目标：确保平台功能完善、性能稳定、安全可靠。

（2）测试目标

① 确保平台功能符合需求规格说明书。

② 提升用户体验和界面友好度。

③ 保证系统性能在高负载下稳定。

④ 确保系统安全，防止数据泄漏和恶意攻击。

（3）测试类型

① 功能测试：验证各项功能是否按照需求规格说明书正常运行。

② 用户界面测试：确保界面设计符合用户习惯和易用性标准。

③ 性能测试：评估系统在不同负载下的性能表现。

④ 安全性测试：检测系统漏洞并进行渗透测试。

（4）测试方法

① 自动化测试：使用自动化测试工具提高测试效率。

② 手工测试：结合自动化测试进行功能、用户界面等测试。

③ 随机测试：模拟用户实际操作，发现潜在问题。

（5）准入准出条件

① 准入条件：完成需求分析，设计评审通过，测试环境准备就绪。

② 准出条件：通过所有测试用例，缺陷修复率达到标准。

（6）时间、资源与环境

① 时间：测试阶段约占整体项目时间的20%，根据项目规模和复杂度灵活调整。

② 资源：分配专业测试团队，确保测试人员技能和经验匹配项目需求。

③ 环境：搭建与生产环境相似的测试环境，确保测试的真实性和有效性。

（7）持续改进

① 定期回顾测试过程和结果，总结经验教训，优化测试策略和流程。

② 鼓励团队成员提出改进建议，不断提升测试质量和效率。

该测试策略全面涵盖了测试目标、测试类型、测试方法、准入准出条件、时间、资源与环境等方面。测试目标定义明确，包括功能、用户体验、性能和安全性。测试方法合理，结合了自动化测试、手工测试和随机测试，能够全面覆盖不同的测试场景。测试策略强调了定期回顾和持续改进，有利于提升测试质量和效率。

9.1.3 敏捷测试与团队设置

敏捷开发环境是指在敏捷软件开发方法论下进行软件开发的工作环境。在敏捷开发环境中，开发团队以快速、灵活地交付高质量的软件为目标，采用敏捷方法来组织和管理软件开发过程。敏捷开发环境采用迭代和增量的方式进行软件开发，将整个开发过程分解为若干个短周期的迭代，每个迭代都包含设计、开发、测试和交付等阶段。敏捷开发环境注重快速响应需求和市场变化，能够灵活调整开发计划和优先级，以适应不断变化的环境。敏捷开发环境实施持续集成和持续交付流程，确保代码频繁集成、自动化测试和快速交付可工作软件，通过持续的用户反馈和验收测试，确保软件功能符合用户需求，提高用户满意度。

敏捷测试是指在敏捷开发环境下进行的测试活动，旨在与敏捷开发流程相结合，以快速、灵活地交付高质量的软件。假设有一个在线购物网站项目，开发团队正在采用敏捷方法进行开发和测试。下面结合项目实例来说明如何设置敏捷测试团队。

（1）跨职能团队

跨职能团队中，团队成员拥有不同技能和专业知识，能够独立完成任务，并共同协作实现团队目标。这种团队设置允许成员分享知识、技能和经验，从而提高团队的整体效率和工作的有效性。在在线购物网站项目中，跨职能团队包括以下几个角色：测试人员负责编写测试用例、执行测试、确保软件质量；开发人员负责编写代码、修复缺陷、与测试人员合作解决问题；产品所有者负责明确需求、优先级和验收标准，与团队沟通用户需求。

（2）自组织团队

自组织团队赋予团队成员自主权，在每个迭代中决定如何分配任务和解决问题。团队成员可以根据需要灵活调整工作方式，以提高效率和生产力。在本项目中，测试人员和开发人员可以自主协作，编写自动化测试脚本。这种协作可以加快测试流程，提高软件质量。

（3）稳定团队

稳定团队成员在一段时间内保持不变，以建立默契和提高效率。这种稳定的环境有利于团队培养共同的理解和工作方式，从而提高生产力和产出。在本项目中，团队成员在一个季度内不发生变动，以确保团队的稳定性。这将使团队有时间建立牢固的关系、磨合协作流程，并为项目交付奠定坚实的基础。

（4）小团队

小团队规模较小、成员数量有限，通常由 2 至 9 名成员组成。小团队的优势如下：协作更容易，因为成员之间可以更直接频繁地互动；沟通更有效，成员更容易被听到和理解；应对变化更灵活，可以更快做出决策和采取行动。在本项目中，小团队包括 2 名测试人员、3 名开发人员和 1 名产品所有者，共 6 人。这个小团队更容易协作、沟通和应对变化，从而可以更有效地交付高质量的软件。

（5）专注于目标

团队的目标明确，共同致力于特定的成果。团队成员清楚他们的目标，并致力于通过协作和创新来实现这些目标。在本项目中，团队的目标是提升网站的性能、用户体验和功能完整性。在每个迭代中，团队专注于解决用户反馈中提到的问题，并持续改进网站功能。这种目标导向的方法确保团队的工作与最终的目标保持一致。

（6）持续学习和改进

团队致力于持续学习和成长，以提高绩效和适应不断变化的环境。团队成员积极寻求反馈、分析经验教训并制订改进计划。在本项目中，团队在每个迭代结束后举行回顾会议。这些会议为团队提供了一个反思实践、评估进展和制订改进计划的机会。例如，在一次回顾会议中，团队发现自动化测试覆盖率不足。针对这一发现，团队决定加强自动化测试的实践，以提高软件质量和可靠性。

（7）开放沟通

团队重视沟通的透明度和开放性，以建立信任和促进协作。团队成员积极分享想法、提出问题和提供反馈，而不用担心受到批评或排斥。在本项目中，团队采用每日站会、迭代评审会等定期会议，促进开放沟通。在每日站会上，团队成员分享工作进展、遇到的挑战和计划中的活动。在迭代评审会上，团队展示他们的工作成果，并从利益相关者处收集反馈。这些会议为团队提供了一个分享想法、解决问题和持续改进的机会。

通过以上设置及相关活动，敏捷测试团队可以更好地协作、提高效率、确保软件质量，从而成功地推进项目并实现敏捷开发的目标。

9.1.4 软件测试外包

软件测试外包是一种将软件测试工作委托给第三方服务提供商或外部团队来执行的做法。这种方法有许多优势，体现在专业技能、成本效益、灵活性和全球化资源等方面。外包测试公司通常拥有专业的测试团队，可以提供高质量的测试服务，并帮助组织节省成本。此外，软件测试外包可以根据项目需求灵活调整测试资源，利用全球范围内的测试资源，让组织能够专注于核心业务。

然而，在进行软件测试外包时也需要注意一些事项，从而确保软件测试外包项目的成功和质量。首先，选择合适的外包测试公司至关重要，确保选择有资质、信誉良好的公司。其次，需要明确定义需求、目标和期望结果，并建立良好的沟通机制，以确保双方之间的信息流畅。另外，定期监控外包测试进度和质量、保护知识产权、定期评估外包测试公司的表现并提供反馈也是非常重要的。

9.1.5 开发人员的测试心理

开发人员在软件测试过程中可能面临多种心理挑战。首先，他们需要意识到测试工作对于软件质量和用户体验的重要性，这需要团队意识和认可。此外，开发人员可能会担心测试过程中发现的错误会影响他们的自我评价和职业声誉，因此需要建立积极的反馈文化，让他们将问题视为学习机会。时间压力是另一个常见问题，需要确保项目计划充分考虑到测试工作的时间，并提供足够的资源和人力支持，以减轻开发人员的压力。技术挑战也可能让开发人员感到压力，因此提供培训和支持、帮助他们掌握测试工具和技术非常重要。在测试过程中发现的问题可能会引起焦虑和压力，因此建立开放的沟通渠道、提供心理支持和应对焦虑的技巧是帮助开发人员应对压力的关键。最后，沟通困难也可能影响测试工作的进行，因此促进团队之间的有效沟通，确保信息流畅，是确保测试工作顺利进行的重要一环。

在软件开发中，软件测试的目标是尽可能地发现缺陷和问题，这使得测试过程通常被视为一种"破坏性"的活动，与开发阶段的"建设性"工作形成鲜明对比。开发人员往往更倾向于关注程序的成功之处，而不愿意主动去寻找可能存在的失败之处。要求开发人员自行进行"故意破坏"的测试，就相当于要求他们主动发现和暴露可能存在的问题，这对于开发人员来说是一项具有挑战性的任务。

开发人员对他们自己编写的程序非常熟悉，并且通常会认为自己的程序是正确的。然而，如果在设计阶段存在误解或者由于不良的编程习惯而存在潜在风险，开发人员很难自行发现这些问题。由于开发人员对程序的功能和接口了如指掌，他们几乎不太可能因为误用而引发错误，这与普通用户的情况有所不同。因此，开发人员自行测试其程序的典型性容易受到质疑。

总的来说，尽管开发人员应该在职责范围之内对自己的程序进行测试，但由于难以做到客观和公正，开发人员自测的可靠性存在一定挑战。

9.1.6 测试人员的组织形式

组织测试人员的基本出发点是根据组织的人力资源情况和项目需求来合理分配和利用测试人员。首先要对组织的人力资源进行充分评估，包括测试人员的数量、技能水平和专业领域。然后根据项目的特点和需求确定测试人员的角色和职责，确保他们具备适当的技能和经验来执行各种测试任务，包括单元测试、集成测试、系统测试、性能测试等。测试人员需要与开发团队和其他相关团队密切合作，建立良好的沟通机制和协作模式。组织要鼓励测试人员持续学习和提升技能，灵活调整测试团队的组成和人员分配，提供必要的技术支持和培训，确保测试工作能够高效进行并为项目质量提供保障。针对不同的情况，存在 4 种可能的测试人员组织形式，描述如下。

（1）在具备优越条件的组织中，每位开发人员都配备了专门的测试人员，这些测试人员拥有高度专业化的技能，负责执行单元测试、集成测试和系统测试，确保开发和测试工作同步进行。

（2）在条件较好的组织中，设立有独立的测试小组，该小组会轮流参与各项目的软件测试工作，而单元测试和集成测试则由项目开发小组负责。

（3）在一般条件的组织中，由于无法承担独立测试小组的费用，单元测试和集成测试工作由项目开发小组承担。当项目进展到系统测试阶段时，可以从项目外部抽调人员，与开发人员一起临时组建系统测试小组。

（4）在条件较差的组织中，可能只有一个项目和少数开发人员。在这种情况下，开发人员可能需要兼任测试人员的角色，彼此之间相互测试各自的程序。如果人手非常紧缺，开发人员可能需要自行测试其程序。

9.2　软件测试规程

软件测试规程为了规范软件测试工作，为其提供详细的指引，以发现错误为目的，提高软件测试的管理水平，确保开发产品的质量。该规程适用于所有研发性项目，维护项目、客户定制应用开发项目、未提交测试部的测试项目也可参照该规程执行。

9.2.1　软件测试管理的角色与职责

软件测试管理的职责包括确定测试策略和计划、领导和管理测试团队、监督测试过程、实施质量保证、沟通与协调、管理缺陷、评估并选择测试工具和技术、撰写测试报告和总结等方面。通过有效领导和管理测试团队，测试经理能够确保软件测试工作按计划进行，最终提高软件产品质量并满足用户需求。软件测试管理角色职责分工如下。

（1）测试经理：组织测试团队的日常工作，指定测试负责人，提供项目测试资源；在项目组与测试团队对缺陷处理的意见不一致时，充分参考高级经理和产品经理的意见，进行最后仲裁；调整提交缺陷的严重级别和状态等内容；对最终测试结果（测试分析报告）进行审批。

（2）高级经理：在项目组与测试团队对缺陷处理的意见不一致时，给测试经理提供自己的参考意见。

（3）项目经理：与测试经理一起批准测试计划与测试用例；进行缺陷的分配工作，督促开发人员修改缺陷。

（4）产品经理：对测试项目的优先级进行排序；当高级经理无法协调项目经理与测试经理的争议时进行协调；批准例外放行。

（5）总工程师：审批测试范围、测试资源、测试方法和测试工具；对提交测试团队的项目进行批准；对测试项目的优先级进行排序，在测试经理与项目经理意见不一致时进行协调。

（6）测试负责人：负责全面组织测试工作的计划、设计、实施、执行和评估过程；检查项目测试工作完成和遗漏情况；对提交的缺陷进行有效性验证；负责与项目组的沟通工作；及时汇报测试进展情况和存在的问题；负责组织对测试计划、测试用例、测试分析报告进行分层编写、修订等工作，并参与以上工作内容的评审。在单元测试与集成测试中，测试负责人可以是项目经理或项目经理指定的负责人。

（7）版本创建人员：按集成或创建计划，从配置库中获得相应版本的源代码进行编译、连接等版本创建活动，提交创建结果给测试人员，并对创建版本进行管理。在没有固定版本创建人员时，版本创建由测试团队负责。

（8）测试人员：负责执行测试、缺陷提交、跟踪验证、回归关闭等操作；完成测试负责人分配的相关工作。在单元测试与集成测试中，测试人员即为开发人员。

（9）SQA 人员：参与测试相关工作产品的审查，统计缺陷，参与计划、设计及执行结果评审。

（10）SCM 人员：参与测试过程中工作产品的配置工作，按照配置管理过程执行。

9.2.2　软件测试工具

软件测试中有许多不同类型的测试工具，它们可以帮助测试团队提高测试效率、准确性和覆盖率。以下是一些常见的软件测试工具。

（1）自动化测试工具：用于编写、运行和管理自动化测试脚本，以减少重复性工作并提高测试覆盖率。例如 Selenium、Appium、Jenkins、Robot Framework。

（2）缺陷管理工具：用于跟踪和管理软件缺陷，包括缺陷报告、分配、跟踪和解决。例如 Jira、Bugzilla、Mantis、Redmine。

（3）性能测试工具：用于评估软件性能、稳定性和负载能力。例如 JMeter、LoadRunner、Gatling。

（4）静态代码分析工具：用于分析源代码以查找潜在的问题和改进代码质量。例如 SonarQube、PMD、FindBugs。

（5）测试管理工具：用于计划、跟踪和管理测试活动，包括测试用例管理、测试进度跟踪和报告生成。例如 TestRail、Zephyr、PractiTest。

（6）API 测试工具：用于测试 API，包括功能测试、性能测试和安全性测试。例如 Postman、SoapUI、RestAssured。

（7）UI 测试工具：用于测试用户界面，包括功能测试、兼容性测试和可访问性测试。例如 Selenium WebDriver、TestComplete、Cypress。

这些测试工具可以根据团队的需求和项目要求进行选择和结合使用，以提高测试效率、准确性和覆盖率。

9.3　软件测试过程管理

软件测试过程管理的目的是在软件开发的生命周期中规范软件单元测试、集成测试、系统测试阶段的测试和测试管理活动，通过建立科学有序的管理体系，保证软件测试活动高效有序地开展。软件测试过程管理贯穿了项目的整个开发和测试生命周期，与整个软件开发过程基本上是并行进行并相互协调的。结合日创建开发模式，软件测试过程管理流程如图 9.1 所示。

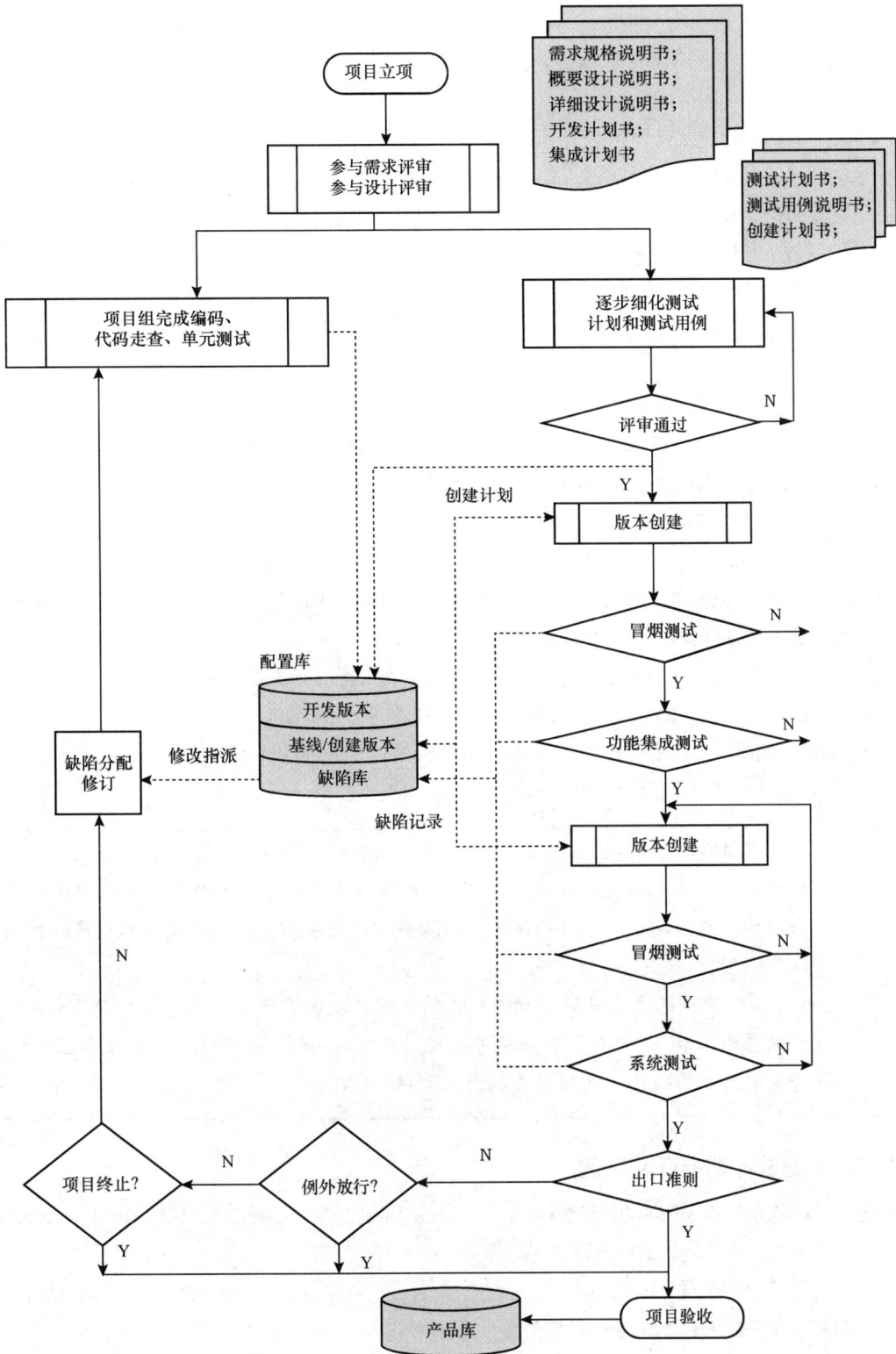

图9.1 软件测试过程管理流程图

（1）测试人员参与需求评审和设计评审，确定需求的可测性，并贯穿到软件开发的整个过程。

（2）项目组编写开发计划书（含集成计划书），测试人员据此产生创建计划书（或直接采用集成计划书）。

（3）测试人员细化测试计划和测试用例，产生测试计划书和测试用例说明书。

（4）由项目组、SQA人员、测试人员一起对测试计划书和测试用例说明书进行评审。

（5）开发人员完成单元模块编码，然后对单元模块进行一系列静态检查和动态测试。

（6）项目组执行集成测试，验证各通过单元测试的模块组合在一起的功能及其接口、数据传输的正确性，满足系统设计所规定的特性。

（7）版本创建人员按集成或创建计划书、从配置库中获得相应版本的源代码进行版本创建，并对创建版本进行管理。

（8）测试人员对通过创建的工作产品执行冒烟测试，冒烟测试通过准则由测试人员和项目组事先在测试计划书中约定。若冒烟测试未通过，原则上由项目组当天解决问题，再次提交测试版本。

（9）测试人员对完成集成的模块执行功能测试，即图9.1所示的功能集成测试；该过程实际上是对项目组集成测试的回归测试，是增量式的。

（10）重复步骤（5）至（9），直至该版本所有功能都完成开发并经过功能集成测试。

（11）测试人员根据测试计划书中定义的软件测试策略，完成其他约定内容的测试，如性能测试、可使用性测试、安全性测试、安装/反安装测试等。

（12）完成全部测试工作后或根据时间驱动，测试负责人撰写测试分析报告。

（13）测试分析报告由SQA人员负责组织评审，并由测试经理批准。

（14）对没达到测试出口准则的项目，由产品经理进行审批后，可作例外放行。

（15）通过测试的项目，在组织范围内进行产品版本发布并移交产品库。

定义

冒烟测试（Smoke Testing）是软件测试中的一种简单而基本的测试类型，旨在验证软件的基本功能是否正常工作。冒烟测试通常在软件开发周期的早期阶段或在每次构建后立即执行，以确保软件的基本功能没有严重问题，使得后续更详细的测试可以进行。

冒烟测试的主要目的是确保软件的关键功能能够正常启动和运行，而不是深入测试每个细节。如果在冒烟测试中发现了严重的问题，测试团队将会拒绝这个版本，并需要开发团队修复问题后再次进行测试。

9.3.1　测试计划制订及管理

根据批准的需求规格说明书和相关设计文档，测试团队确定测试阶段的目标和策略，确保测试工作有序、有效进行。本阶段的工作内容描述如下。

（1）确定系统的测试需求，如功能需求、性能需求、安全性要求、可使用性需求等需求规格说明书中说明的和潜在的需求，形成测试需求文档。

（2）测试负责人与项目经理协商，逐步确定测试项目的测试范围、测试粒度（覆盖标准）以及测试方案、测试阶段的出入口准则。

（3）根据项目的复杂度和以往的测试数据初步估计测试项目工作量，制订测试计划的进度安排，逐步细化测试方案及测试规模估计。测试进度安排中要留有合理的测试缺陷、用例管理的时间。

（4）形成测试计划书（可包括单元测试、集成测试、系统测试阶段）并提交测试负责人、项目经理或测试经理审核，批准人为项目经理。同时测试负责人可发起测试计划的评审。审核批准通过则放入开发配置库。测试计划书的文档结构如图 9.2 所示。

> 1　引言
> 　　1.1编写目的
> 　　1.2项目背景
> 　　1.3定义
> 　　1.4参考资料
> 2　任务概述
> 　　2.1目标
> 　　2.2测试环境
> 　　2.3需求概述
> 　　2.4限制条件
> 3　计划
> 　　3.1测试方案
> 　　3.2测试需求
> 　　3.3测试优先级
> 　　3.4测试机构及人员
> 　　3.5进度
> 4　问题响应要求
> 5　风险管理
> 　　5.1测试风险预估
> 　　5.2测试风险管理
> 6　评价
> 　　6.1范围
> 　　6.2准则
> 7　文档

图9.2　测试计划书的文档结构

（5）当项目开发计划或测试需求发生变更时，应考虑测试计划是否需要变更。

本阶段的工作产品是测试计划书、项目评审表、项目评审问题追踪表。本阶段的裁剪指南如表 9.1 所示。

表 9.1　测试计划制订及管理的裁剪指南

活动	可裁剪属性	裁剪指导方针
培训	执行	测试策划人员没有相关测试策划或测试工具使用的经验、技能，或对软件所针对领域的业务知识没有足够了解，必要时需要进行培训指导
	不执行	测试策划人员已经具备相关知识或经验
计划评审	正式执行	测试计划要进行技术同行评审
	简要执行	一般项目由测试经理和项目经理以审阅方式评审，批准后执行

9.3.2 测试用例设计及管理

根据批准的需求规格说明书和相关设计文档，测试团队需要策划测试过程的执行依据，确保测试范围有效并正确。本阶段的工作内容描述如下。

（1）用例设计

① 测试人员参与需求评审，正确理解系统需求并确认需求的可测性，获取项目测试需求。

② 根据批准的项目测试需求（在测试计划书中有测试需求的详细描述）、测试目标的逻辑实现和约束、测试工具及其测试环境等限制条件，设计测试用例，并确定系统测试中自动测试和手工测试的范围。对于有操作界面的模块，设计功能测试用例时应尽量采用组织内部推荐的测试工具，性能测试则要考虑相应的性能测试工具。编写测试脚本时，可参考相应的编码规范。

③ 测试负责人组织相关人员进行测试用例评审，从而提高测试用例的质量。系统测试用例审核人可以是测试负责人、项目经理、测试经理，批准人为项目经理。

④ 测试负责人负责基于系统的详细设计，确定单元测试范围和粒度、有效路径和值域等，组织开发人员编写单元测试中的自动和手动测试用例，并组织相关人员进行评审。

⑤ 测试负责人组织开发人员编写集成测试用例，并组织相关人员进行正式或非正式评审。

⑥ 当第一个创建版本提交后，测试负责人组织设计编写和录制测试脚本，并在测试用例文档自动测试脚本一栏填写测试脚本的路径。如果没有使用缺陷管理工具和自动化测试工具，必须在测试用例相应栏目填写测试结果。自动化功能测试脚本主要应用于冒烟测试和回归测试。

（2）用例管理

① 测试负责人负责进行阶段测试用例的实施、跟踪、统计分析工作，以及改进测试用例等管理活动。

② 当软件需求或设计变更引起测试需求变更时，将变更测试用例文档。

③ 测试负责人实时或定期对缺陷数量、状态和测试用例执行情况进行分析，以确定是否需要对目前测试的模块设计新的测试用例。对不稳定的模块，测试负责人负责与项目经理讨论，确定测试范围、粒度和执行方案等，并指定相关人员编写新增的测试用例。

④ 新增测试用例批准后由测试人员执行。

本阶段的工作产品是软件测试用例（包括单元测试、冒烟测试、集成测试、系统测试用例）、项目评审表、项目评审问题追踪表。本阶段的裁剪指南如表 9.2 所示。

表 9.2　测试用例设计及管理的裁剪指南

活动	可裁剪属性	裁剪指导方针
培训	执行	测试用例编写人员没有相关测试用例编写或测试工具使用经验、技能，或对软件所针对领域的业务知识没有足够了解，必要时需要进行培训指导
	免修	测试用例编写人员已经具备相关知识或经验
用例管理	简要执行	项目组执行项目的单元测试和集成测试，测试负责人由项目经理指定，由其负责测试用例管理
用例评审	简要执行	首次和重要变更的测试用例需要由项目经理、测试负责人组织进行技术评审，批准后执行

9.3.3　测试程序设计及管理

测试团队设计、编写和管理测试程序、自动化测试脚本和其他辅助测试程序、脚本，以提高测试效率和质量。本阶段的工作内容描述如下。

（1）根据测试需求，设计测试程序和脚本。

（2）选择相应的开发语言编写测试程序和脚本。除了完成测试所需的功能外，还应考虑模块的重用和代码的简洁。

（3）在第一个通过冒烟测试的日创建即可进行脚本的录制和编写，脚本必须符合组织规定的编码规范。

（4）对于平台级的产品，在测试没有界面的接口时可以考虑通过编写测试程序或脚本来实现。

（5）对于没有现成工具可使用的性能测试，也可以通过编写测试程序或脚本来模拟实际环境进行测试。

（6）编写开发单元测试和集成测试所需的桩模块和驱动模块。

（7）脚本必须在动态维护过程中，对于可重复利用的模块必须建立公共库，以实现资源共享。

本阶段的工作产品是：测试程序、测试脚本、设计说明书。本阶段的裁剪指南如表 9.3 所示。

表 9.3　测试程序设计及管理的裁剪指南

活动	可裁剪属性	裁剪指导方针
设计脚本	测试类型	若由于现有的自动化测试工具不适合本项目或技术能力不足，可以忽略使用自动化测试
设计说明书	文档	测试程序复杂度低时，设计文档可以忽略

9.3.4　缺陷管理

缺陷管理（Bug 管理）包括对所发现的缺陷的记录、审查、跟踪、分配、修改、验证、关闭、整理、分析、汇总以及删除等一系列活动状态的管理。本阶段的工作内容描述如下。

（1）系统管理员在缺陷管理工具（如禅道）上建立项目名称，添加和测试项目相关的人员，并给相关人员指定相应的角色和权限。

（2）测试人员发现缺陷并在缺陷管理工具中记录，测试负责人审核缺陷的有效性。缺陷的跟踪处理过程参见缺陷跟踪处理流程，如图 9.3 所示。

（3）测试负责人跟踪缺陷分配，以确保缺陷没有被忽略。

（4）测试负责人定期生成测试进展通报表，向项目组开发和测试人员、项目经理、测试经理、高级经理通报每天产生的缺陷、缺陷总数、缺陷状态等有效信息。测试负责人根据这些数据调整测试策略和资源分配或者判断是否可以结束测试。对于有争议的缺陷，报请测试经理，由测试经理组织讨论后进行裁决，并生成测试问题报告单。

（5）结束测试项目后，测试负责人利用缺陷管理工具生成缺陷统计数据，将项目的缺陷作为编写测试分析报告的数据来源之一。

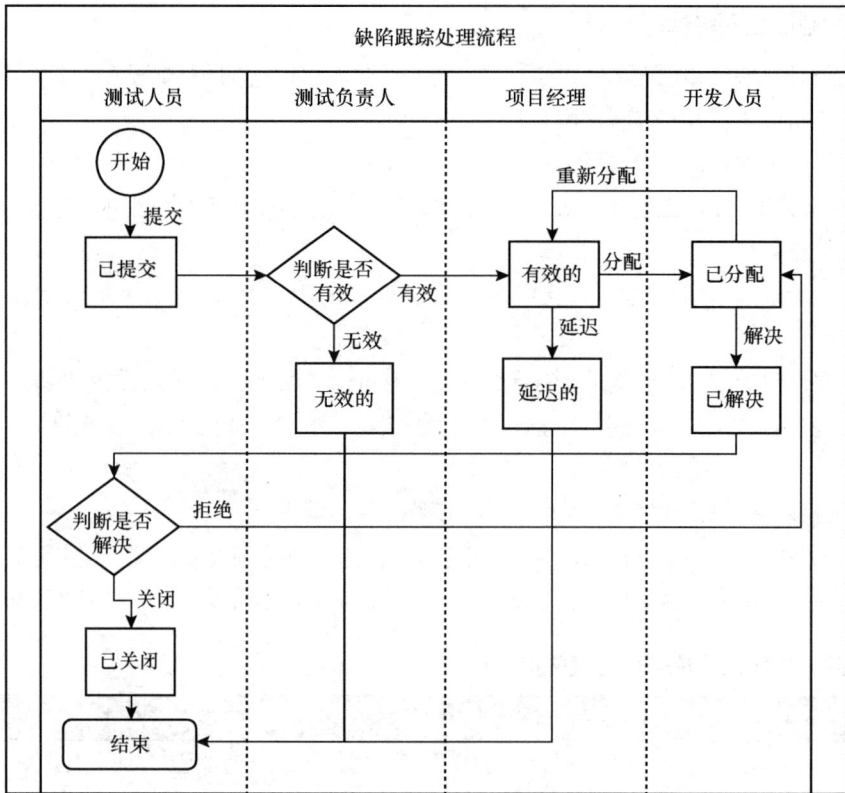

图9.3　缺陷跟踪处理流程

缺陷分类表如表 9.4 所示。

表 9.4　缺陷分类表

缺陷级别	说明
1 类缺陷：致命错误	致命错误通常有如下情况： （1）需求规格说明书中的重要功能未实现 （2）造成系统崩溃、死机，并且不能通过其他方法实现功能 （3）常规操作造成程序非法退出、死循环、通信中断或异常、数据破坏丢失或数据库异常，且不能通过其他方法实现功能
2 类缺陷：严重错误	严重错误通常使系统不稳定、不安全、破坏数据或产生错误结果，而且是常规操作中经常发生或非常规操作中不可避免的主要问题，可能的情况如下： （1）重要功能基本能实现，但会出现系统不稳定、一些边界条件下操作会导致 run-time error、文件操作异常、通信异常、数据丢失或破坏等错误 （2）重要功能不能按正常操作实现，但可通过其他方法实现 （3）错误的波及面广，影响其他重要功能的正常实现 （4）密码明文显示 （5）C/S、B/S 模式下，利用客户端某些操作可造成服务端不能继续正常工作

续表

缺陷级别	说明
3 类缺陷：一般错误	程序的主要功能运行基本正常，但是存在一些需求、设计或实现上的缺陷，主要可能的情况如下： （1）次要功能不能正常实现 （2）操作界面错误（包括数据窗口内列名定义、含义不一致） （3）打印内容格式错误 （4）查询错误，数据错误显示 （5）简单的输入限制未放在前台进行控制 （6）删除操作未给出提示 （7）数据库的表中有过多的空字段 （8）因错误操作迫使程序中断 （9）找不到规律的时好时坏 （10）数据库的表、业务规则、缺省值未加完整性等约束条件 （11）经过一段时间运行后，系统性能或响应时间会变慢 （12）重要资料（如密码，包括配置文件中的密码）未加密存放，或存在其他安全性隐患 （13）硬件或通信异常恢复后，系统不能自动正常继续工作（需要过多的人工干预） （14）系统兼容性差，与其它支持系统一起工作时容易出错，且没有充分理由说明是由支持系统引起的；或者由于使用了非常规技术或第三方组件造成不能使用自动化测试工具进行测试
4 类缺陷：细微错误	程序在一些显示上不美观，不符合用户习惯，或者存在文字的错误，主要可能的情况如下： （1）界面不规范 （2）辅助说明描述不清楚 （3）输入输出不规范 （4）长操作未给用户提示（或长操作结束后提示没有消失） （5）提示窗口文字未采用行业术语 （6）可输入区域和只读区域没有明显的区分标志 （7）界面存在文字错误 （8）当功能需求未明确实现方式，且未采用软件行业常规方案（如自定义滚动条代替原生组件）时，未同时满足提供明确的技术和体验优势、通过用户测试验证易用性两项条件
5 类缺陷：改进建议	可以提高产品质量的建议，包括提出新需求和对需求的改进

图 9.3 所示的缺陷跟踪处理流程图遵循如下原则。矩形文本框表示状态名称，文本框外的文字表示操作名称。一个状态可以通过一个操作迁移到另外一个状态。

（1）提交：提交新的缺陷，没有起始状态，结束状态为"已提交"，组织内任何人均可执行该操作。

（2）无效：审核缺陷为无效，起始状态为"已提交"，结束状态为"无效的"，组织内测试负责人可执行该操作。

（3）有效：验证缺陷为有效，起始状态为"已提交"，结束状态为"有效的"，组织内测试负责人可执行该操作。

（4）延迟：将缺陷进行延迟处理，起始状态为"有效的"，结束状态为"延迟的"组织内项目经理可执行该操作。

（5）分配：将有效的或延迟的缺陷分配给相应的开发人员进行修改，起始状态为"有效的"或"延迟的"，结束状态为"已分配"，组织内项目经理可执行该操作。

（6）解决：将分配好的缺陷进行修改处理，起始状态为"已分配"，结束状态为"已解决"，组织内开发人员可执行该操作。

（7）重新分配：把分配错误的缺陷或需要延迟的缺陷退回分配状态，起始状态为"已分配"，结束状态为"有效的"或"延迟的"，组织内开发人员可执行该操作。

（8）拒绝：将已解决的缺陷进行测试验证，对测试不通过的缺陷进行拒绝操作，由开发人员重新进行修改，起始状态为"已解决"，结束状态为"已分配"，组织内测试人员可执行该操作。

（9）关闭：将已解决的缺陷进行测试验证，对测试通过的缺陷进行关闭操作，起始状态为"已解决"，结束状态为"已关闭"，组织内测试人员可执行该操作。

（10）修改：修改操作可在任何状态进行，且只能修改缺陷记录的内容，不进行状态迁移，组织内测试负责人可执行该操作。

本阶段的工作产品是测试问题报告单，测试进展通报表。本阶段无裁剪。

9.3.5　测试分析报告编写及管理

编写测试分析报告是一个评价测试活动和产品质量的过程，测试分析报告的文档结构如图 9.4 所示。测试团队通过分析缺陷的数量、性质和分布情况，评价软件的能力和限制，同时总结软件测试计划的执行情况，作为同类项目测试计划和测试用例编写的参考依据。本阶段的工作内容描述如下。

（1）测试负责人从缺陷管理工具中统计分析缺陷的数量、性质和分布情况，提取相关数据（如每个测试工作日产生的缺陷、关闭的缺陷、延迟的缺陷，总的缺陷数量，缺陷模块分布，测试人员发现的缺陷数量，开发人员出现的缺陷数量，缺陷的级别，模块的千行出错率，被测系统的千行出错率等），并形成图表。具体可参考度量汇总表的有关统计项。

（2）测试负责人评价软件能力，包括缺陷和限制。

（3）测试负责人评价测试过程本身，通过和测试计划进行比较，对进度、工作量、测试需求、测试范围和测试用例的设计进行评价。

（4）测试经理审批测试分析报告。

（5）测试分析报告入库后实行统一的配置管理过程。

本阶段的工作产品是测试分析报告、项目评审相关表格。本阶段无裁剪。

> 1　引言
> 　1.1编写目的
> 　1.2项目背景
> 　1.3定义
> 　1.4参考资料
> 2　测试计划执行情况
> 　2.1测试项目
> 　2.2测试机构和人员
> 　2.3测试结果
> 　3　软件需求测试结论
> 4　评价
> 　4.1软件能力
> 　4.2缺陷和限制
> 　4.3建议
> 　4.4测试结论

图9.4　测试分析报告的文档结构

9.3.6　单元测试

测试团队使用测试用例及相应编码准则，验证程序代码单元及函数、接口已按照预设的方式（系统设计）调用执行，并产生合乎期待的结果。本阶段的工作内容描述如下。

（1）测试负责人组织制订测试计划。

（2）测试人员在符合规定的测试环境条件下，使用指定的测试及管理工具，编码规则和单元测试用例，从配置库中提取标识代码模块实施测试活动。

① 静态测试：根据开发计划和测试计划安排，由项目经理指定人员依编码规则对单元模块代码进行走读或同行评审，及时发现、记录并修订代码中存在的语法规范或逻辑错误。

② 动态测试（包括动态分析）：根据开发计划和测试计划安排，测试人员设计单元测试用例，编写驱动模块和桩模块，执行单元测试用例；使用 JTest、C++ Test 自动生成测试用例，并生成相应的测试程序。

（3）记录、跟踪并修改发现的缺陷。

（4）测试负责人组织编写测试报告。单元测试计划、单元测试用例、单元测试分析报告可参考测试计划制订及管理、测试用例设计及管理、测试分析报告编写及管理过程。

本阶段的工作产品是单元测试计划、单元测试用例、桩模块、驱动模块、单元测试分析报告。本阶段无裁剪。

9.3.7　集成测试

测试团队执行批准的集成测试用例，验证各通过单元测试的功能模块的独立功能、接口和数据传输的正确性，满足系统设计所规定的特性。本阶段的工作内容描述如下。

（1）测试负责人组织制订集成测试计划。

（2）测试人员在符合规定的测试环境条件下，使用指定的测试及管理工具，编码规则和集成测试用例，从配置库中提取需要集成的代码模块实施测试活动。

① 测试人员根据集成计划，将通过单元测试的模块逐步集成。

② 设计测试用例，编写驱动模块和桩模块，执行测试用例。

（3）记录、跟踪并修改发现的缺陷。

（4）测试负责人组织编写测试报告。集成测试计划、集成测试用例、集成测试分析报告可参考测试计划制订及管理、测试用例设计及管理、测试分析报告编写及管理过程。

本阶段的工作产品是集成测试计划、集成测试用例、桩模块、驱动模块、集成测试分析报告。本阶段的裁剪指南如表 9.5 所示。

表 9.5　集成测试的裁剪指南

活动	可裁剪属性	裁剪指导方针
集成测试	合并执行	若项目生命周期定义中无集成测试阶段，集成测试和系统测试可以合并进行

9.3.8　系统测试

测试团队执行系统测试用例，验证已各通过各阶段测试的功能模块已具有满足需求规格说明书所规定的功能、质量和性能等方面特性。本阶段的工作内容描述如下。

（1）项目正式立项后，项目组递交测试申请表，经总工程师批准后，由测试经理指定测试负责人，否则由测试经理自己负责系统测试。

（2）测试负责人建立测试小组，并申请测试资源。

（3）测试人员参与需求和设计评审。

（4）测试负责人根据需求规格说明书，参考设计说明书编写测试计划和测试用例。在测试计划中要确定测试需求、测试方案、测试环境、测试进度安排、测试出入口准则、测试工具（包括功能自动化测试工具和性能测试工具），制订日创建计划（或直接采用集成计划），确定手工测试和自动化测试的比例范围以及进行脚本设计。编写自动化测试脚本可参考组织的编码规范。

（5）测试负责人发起测试计划和测试用例评审，并最终通过审核和批准。

（6）测试负责人负责对项目组成员进行培训，培训内容包括测试规范、测试工具、管理工具等。项目组负责对测试人员进行项目本身的相关培训。

（7）测试人员搭建测试环境，按照创建计划从项目组配置库中提取源代码进行日创建。第一次冒烟测试通过后的日创建即可开始进行自动化测试脚本的编写录制。日创建和脚本须即时放入配置库。对于由测试脚本产生的自动化测试用例，应该在测试用例文档的"自动测试脚本"一栏标明配置库存放路径。

（8）测试实施全过程中，始终存在测试计划变更、测试用例变更以及缺陷管理过程。可参考测试计划制订和管理、测试用例设计及管理、缺陷管理执行阶段。

（9）测试负责人定期对系统测试质量、效果及进度情况进行评估，确定测试覆盖完整性，检验测试结果是否达到测试出口准则或停止准则。测试负责人必须定期向高级经理、项目经理、测试经理、项目组成员、测试人员、SQA人员等通报测试状况。

（10）在测试实施过程中，若项目组和测试团队发生争议，必须报请上级领导进行协调，高级经理协调不成功可以继续向产品经理申报。无法正常结束测试的项目由产品经理批准例外放行。

（11）系统测试结束后，测试负责人负责汇总、分析测试结果，形成测试分析报告并提交评审。测试分析报告的编写可参考测试分析报告编写及管理过程。

本阶段的工作产品是测试问题报告单、测试计划、测试用例、测试分析报告、项目评审表、项目评审问题追踪表。本阶段无裁剪。

9.4　软件测试管理工具

软件测试管理工具有助于有效组织、跟踪和管理软件测试活动。在配置软件测试管理工具时，测试团队需要考虑诸多要素。首先是用户和权限管理，可以通过设定不同用户角色和权限（如测试工程师、开发人员和项目经理），确保各用户只能访问其所需信息。项目管理方面，测试团队创建项目并分配团队成员，跟踪项目进度、里程碑和任务分配，以确保测试活动与特定项目相关联。另外，建立缺陷跟踪系统至关重要，以便测试团队报告、跟踪和解决软件缺陷，每个缺陷应包括详细描述、优先级、状态和责任人。同时，测试计划和用例管理也是关键，测试团队需要编写和管理测试计划、测试用例和测试场景，并跟踪测试用例执行情况，记录测试结果和问题。自动化集成方面，测试团队可以使用集成自动化测试工具，实现自动执行测试用例并将结果反馈到软件测试管理工具。此外，还需要生成各种测试报告（包括缺陷报告、测试覆盖率、执行进度等），并通过数据分析改进测试策略和流程。集成开发环境（IDE）和版本控制系统（如 Git）也应与软件测试管理工具集成，以确保测试团队能够访问最新代码版本并与开发团队同步工作。最后，提供支持和培训以解决可能出现的问题，可以确保测试团队充分利用软件测试管理工具的功能。通过有效配置软件测试管理工具，测试团队能更好地组织和执行测试活动，提高软件质量并加快产品交付速度。

9.4.1　如何选择软件测试管理工具

假设有一家名为 "TechSolutions" 的软件公司，他们开发各种类型的软件应用程序，包括移动应用、Web 应用和企业级软件。由于公司规模较大，开发团队和测试团队需要一个有效的测试管理工具来组织和管理测试活动。在选择软件测试管理工具时，TechSolutions 公司考虑了以下因素。

（1）需求分析：首先要明确开发团队的需求，包括团队规模、项目类型、测试流程等。根据需求确定需要的功能和特性。该公司需要一个功能强大的软件测试管理工具，能够支持多个项目的管理、多种测试类型的执行和跟踪，以及团队协作和沟通。

（2）功能比较：对比不同软件测试管理工具的功能和特性，确保选择的工具能够满足开发团队的需求。关注的功能有用户和权限管理、缺陷跟踪、测试计划和用例管理、报告和分析等。该公司对比了几个知名的软件测试管理工具，如 Jira、TestRail 和 Quality Center，分析了它们的功能和特性，最终选择了 Jira 作为他们的软件测试管理工具。

（3）易用性：选择易于使用和学习的工具，可以减少培训成本并提高团队的接受度。界面友好、操作简单的工具通常更受欢迎。Jira 具有直观的用户界面和灵活的工作流程，使团队成员能够快速上手并高效地使用工具进行软件测试管理。

（4）集成能力：考虑软件测试管理工具与其他工具的集成能力，如与自动化测试工具、版本控制系统、集成开发环境等的集成，以提高工作效率。Jira 与该公司已经在使用的开发工具和自动化测试工具（如 Jenkins）具有良好的集成能力，可以无缝地与现有工具集成，提高工作效率。

（5）定制化：一些软件测试管理工具提供定制化功能，可以根据团队的需求进行定制，确保工具能够与团队的工作流程和需求相匹配。Jira 提供了丰富的定制化功能，该公司可以根据自身需求定制工作流程、字段和报告，以适应公司特定的软件测试流程。

（6）可扩展性：选择具有良好可扩展性的工具，能够适应团队的发展和变化，支持团队不断提升测试活动的质量和效率。作为一个成长中的公司，TechSolutions 需要一个具有良好可扩展性的软件测试管理工具，Jira 提供了丰富的插件和扩展功能，可以满足该公司未来的发展需求。

（7）社区支持和更新：选择有活跃社区支持和持续更新的软件测试管理工具，可以获得更好的技术支持和及时的更新。Jira 拥有庞大的用户社区和持续的更新，该公司可以从社区中获取技术支持并分享最佳实践，同时获得及时的更新和改进。

（8）成本考量：最后要考虑工具的成本（包括购买费用、培训费用、维护费用等），确保选择的工具在经济上可行。虽然 Jira 是一个收费工具，但该公司认为其功能和性能能够带来更大的价值，因此他们愿意投资购买和培训。

通过选择 Jira 作为软件测试管理工具，TechSolutions 公司成功地提高了软件测试的效率和质量，实现了更好的软件测试活动的组织和管理，从而推动了软件质量的提升和产品交付的加速。

9.4.2 禅道

禅道（Zentao）是一款开源的专业项目管理和测试管理工具，旨在帮助团队提高工作效率、优化项目管理和测试流程，保证项目顺利进行并提高产品质量。禅道商业版提供了更多高级功能和技术支持，适用于更大规模的团队和项目。以下是禅道的一些主要特点和功能。

（1）项目管理

① 项目计划：制订项目计划，安排任务和资源，设定里程碑，确保项目按时交付。

② 需求管理：记录和跟踪项目需求，确保团队对需求的清晰理解和有效管理。

③ 任务分配：分配任务给团队成员，设定优先级和截止日期，跟踪任务进度。

（2）测试管理

① 测试计划：制订测试计划，安排测试资源，跟踪测试进度，确保测试覆盖全面。

② 测试用例管理：编写、管理和执行测试用例，确保每个需求都有相应的测试用例覆盖。

③ 缺陷跟踪：记录和跟踪发现的缺陷，指派给开发人员修复，并验证修复结果。

（3）团队协作

① 文档共享：团队成员可以在禅道中共享文档、会议记录等，方便团队沟通和协作。

② 讨论区域：提供讨论区域，团队成员可以在这里分享想法、提出问题、讨论解决方案。

（4）报告和分析

① 项目报告：提供各种报告和图表，帮助团队了解项目进度、质量和风险情况。

② 数据分析：通过数据分析功能，团队可以分析测试结果、缺陷趋势等数据，为项目决策提供支持。

（5）定制化和扩展性

① 禅道提供丰富的定制化功能，可以根据团队的需求定制工作流程、字段和报告。

② 支持插件和扩展，可以扩展禅道的功能，满足团队特定的管理需求。

总的来说，禅道是一款功能全面、灵活定制、易于使用的项目管理和测试管理工具，适用于各种规模的团队和项目，帮助团队提高工作效率，优化项目管理流程，确保项目按时交付并提高产品质量。

9.4.3 Jira

Jira 是由澳大利亚软件公司 Atlassian 开发的一款流行的项目管理工具，它主要用于敏捷项目管理、问题跟踪和团队协作，被广泛应用于各种软件开发项目中。以下是 Jira 的一些主要特点和功能。

（1）敏捷项目管理

① 支持敏捷开发方法，如 Scrum 和 Kanban，帮助团队规划、追踪和交付工作。

② 可以创建用户故事、任务和子任务，安排和跟踪工作的进度。

（2）问题跟踪

① 团队可以在 Jira 中创建问题、缺陷和任务，并分配给团队成员进行处理。

② 支持问题状态跟踪、优先级管理和责任人指派。

（3）定制化和扩展性

① 提供丰富的定制化功能，可以根据团队的需求定制工作流程、字段和报告。

② 支持各种插件和扩展，可以扩展 Jira 的功能，满足团队特定的管理需求。

（4）团队协作

① 提供团队协作工具，如讨论区域、共享文件和实时通知，促进团队成员之间的沟通和协作。

② 可以在问题和任务中评论、提及团队成员，方便沟通和解决问题。

（5）报告和分析

① 提供各种报告和图表，帮助团队了解项目进度、问题趋势和团队绩效。

② 可以生成定制化报告，满足不同团队成员的需求。

总的来说，Jira 是一款功能强大、灵活定制、易于使用的项目管理工具，适用于各种规模的团队和项目。Jira 能够帮助团队规划、跟踪和交付工作，提高工作效率，优化团队协作，确保项目按时交付并提高产品质量。

9.5　SmartArchive项目的测试管理

在 SmartArchive 项目中，软件测试管理是确保软件质量和项目成功的关键部分。通过有效的软件测试管理实践，测试团队能够规划、执行和监控软件测试活动，以发现和解决潜在缺陷，确保软件符合用户需求并达到预期质量水平。在这个过程中，测试团队需要制订详细的测试计划、设计有效的测试用例、执行测试和进行缺陷管理，并与开发团队紧密合作，以确保问题及时解决。软件测试管理不仅涉及技术方面，还需要良好的沟通能力、团队协作和领导技能，以推动整个测试过程顺利进行。通过专业的软件测试管理实践，SmartArchive 项目可以更好地控制质量、降低风险，并最终实现项目目标。

9.5.1　软件测试管理工具

在当前的 SmartArchive 项目中，测试团队需要一个强大而灵活的软件测试管理工具，以帮助他们有效地规划、执行和监控软件测试活动，确保软件质量和项目成功。通过使用适当的软件测试管理工具，测试团队能够更好地组织测试用例、跟踪测试进度、管理缺陷并生成必要的报告，从而提高测试效率、加快缺陷修复速度，并最终实现项目的质量目标。在这个背景下，选择适合 SmartArchive 项目需求的软件测试管理工具是至关重要的，它们将为测试团队提供必要的支持，以确保项目顺利进行并达到预期的质量标准。因此，测试团队选择如下工具。

（1）配置管理工具：Gitee。

（2）缺陷管理工具：禅道。

（3）性能测试工具：JMeter。

（4）单元测试工具：JUnit。

9.5.2　全过程软件测试管理

SmartArchive 项目采用全过程软件测试管理模式对项目开发进行管理。全过程软件测试管理是指在软件开发生命周期的各个阶段都进行测试活动，并通过有效的管理和控制来确保软件质量。不论是在需求阶段、开发阶段还是测试阶段，都需要明确定义当前阶段的测试活动内容和程度，以确保每个阶段的质量，从而最终保证产品的整体质量。全过程软件测试管理如图 9.5 所示。

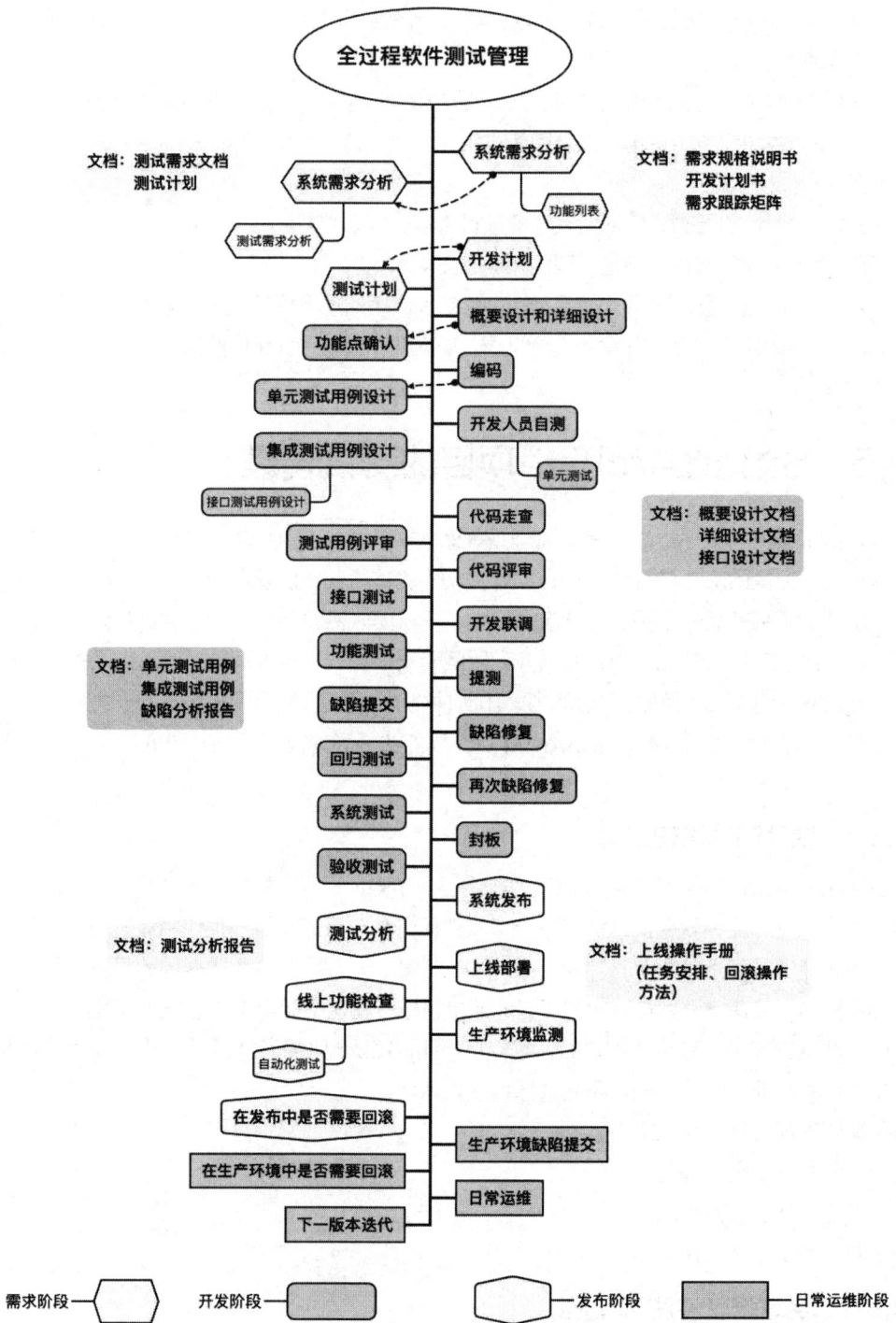

图9.5 全过程软件测试管理

在图 9.5 中，左侧表示测试相关的活动，右侧表示开发相关的活动。在软件开发过程中，开发人员会在完成一定功能或阶段的开发后，将代码提交给测试团队进行验证和测试。这个阶段通常称为提测，意味着将代码提供给测试团队，以便他们进行各种测试（如功能测试、集成测试、性能测试等），来验证软件的正确性、稳定性和质量。提测是开发团队和测试团队之间的一个重要合作环节，有助于发现和解决潜在的问题，确保软件最终交付具有高质量。

封版通常是指在软件开发过程中，针对某个版本或阶段的软件功能测试完毕、确认没有重大问题后，决定不再对该版本或阶段的功能进行修改或添加新功能的行为。封版一般发生在软件开发的测试阶段或准备发布的阶段。封版的目的是确保软件在发布前经过充分的测试和验证，避免在后续阶段引入新的问题或风险。封版后，开发团队会停止对该版本或阶段的功能进行修改，以确保软件的稳定性和可靠性，同时为软件发布做准备。封版后，一般会进行最后的准备工作，如文档整理、版本控制、准备发布等，以确保软件能够按计划发布或交付给用户。

（1）需求阶段

① 测试的需求分析

a. 功能性需求

在 SmartArchive 项目的测试需求分析中，首要任务是确定各功能性需求（涵盖用户界面、数据处理和搜索功能等方面），确保它们按需求规格说明书描述正常运行，并验证系统功能与用户需求和预期是否相符。

b. 性能需求

在下述条件要求下进行 SmartArchive 项目的系统测试：在千兆带宽且网络不繁忙时，传输速率应稳定在 2MB/s；系统有 20 个并发用户连接时，CPU 占用率不得超过 50%，内存占用不得超过 1G，且支持 100 个以上的在线并发用户；在局域网情况下，对于不同大小的数据在网络繁忙和不繁忙时应有相应的掉包率限制；在广域网情况下，掉包率不得超过 10%。

c. 安全需求

SmartArchive 系统需满足以下安全性要求：数据存储方面要求及时备份并能恢复用户数据；数据传输需要加密传输敏感信息并进行用户认证；系统需通过权限控制限制用户操作模块和数据访问，并记录用户操作，只有授权用户可使用系统，以防恶意攻击。

d. 兼容性需求

SmartArchive 系统应进行跨平台、跨浏览器等测试，以确保系统在不同操作系统、浏览器或设备上的兼容性，保证系统在各种环境下正常运行。

e. 其他需求

SmartArchive 系统应具备稳定性，确保在中间件平台、后台存储平台、工作流平台稳定的情况下不崩溃，且即使发生崩溃，也能通过记录的日志快速找出原因。同时，系统需具备良好的可维护性，通过日志定位系统错误并快速纠正。易用性方面，用户应能轻松操作系统并获得丰富的提示信息。此外，在更改系统配置时建议重新启动系统。

在进行测试需求分析时，需要结合项目的具体情况和要求，制订相应的测试计划和测试策略，以确保对 SmartArchive 项目的全面测试和验证。

② 测试计划的制订

在了解需求后，制订详细的测试计划至关重要，有助于充分准备即将展开的测试工作。对于不同规模的团队，测试计划的内容也有所不同。

对于小公司团队，测试计划重点在于时间（根据经验和需求估算时间，建议留有缓冲时间以应对意外事件）、任务（将测试活动细分为具体任务）、人员（确定任务执行人员和质量监控负责人）以及风险控制。

大公司团队需要更精细的计划，包括资源估算（确定整个项目需要的硬件、人力和时间资源）、进度控制（控制每个测试活动的时间点）、风险控制（制订解决测试活动中出现问题的方案）、资源配置（有效地利用资源）、验收标准（定义文档、项目和测试过程的验收标准）以及测试策略（确定测试中使用的测试策略）。这样的测试计划能够确保测试工作有条不紊地展开，并最大程度地提高测试的质量和效率。

针对 SmartArchive 项目的实际情况，可以制订测试计划书（节略）如图 9.6 所示。

3 计划

3.1 测试方案

本次测试将分为集成测试和系统测试两个阶段。在集成测试阶段，重点测试业务中间件提供的接口、数据库对外提供的接口，以及业务管理和业务操作平台的各项功能；系统测试阶段将侧重测试系统在需求规格说明书第一阶段所要完成的各项功能和性能需求。在集成测试阶段，测试顺序为首先测试数据库接口部分，然后测试中间件部分，最后测试业务操作平台部分。由于业务管理部分具有独立性，可以在数据库接口测试完成后的任何时间安排测试。

工具使用：数据库测试将使用 PL/SQL Developer 工具，业务中间件测试将使用 JSP 调用接口，使用 WebLOAD 工具进行并发性测试。性能测试部分将使用数据产生器生成数十万级的数据。功能测试将参考 GUI 界面元素测试规划进行界面测试，业务逻辑测试将根据相关业务规则说明进行测试。

3.2 测试需求

以下每项测试需求，在测试用例中都应该有相应用例进行覆盖，每项测试需求都是可验证的。

标识说明，集成测试的测试需求前加 "IT_" 测试标识，系统测试前加 "ST_" 测试标识，性能测试前加 "PT"；集成测试需求主要根据概要设计说明书获取，系统测试需求主要根据需求说明书获取，系统测试需求与集成测试需求存在一定的对应关系。

3.2.1 集成测试阶段

3.2.1.1 业务中间件接口

3.2.1.2 数据库对外接口

3.2.1.3 业务管理和业务操作平台

3.2.2 系统测试阶段

3.2.2.1 系统功能测试需求

表 3.1　系统功能测试需求

需求编号	需求标识	需求名称	优先级
档案采集管理			
1	ST_AddArchivesFile	增加业务类档案文件著录信息	高
2	ST_PaperScan	纸质档案扫描录入	高
3	……	……	……
档案资源管理			
40	……	……	……
档案利用管理			
81	……	……	……
其他功能			
218	……	……	……

图9.6　SmartArchive项目测试计划书

3.2.2.2 系统性能测试需求

客户端有 20 个并发请求时需要到达的性能指标如表 3.2 所示。

表 3.2 系统性能测试需求

需求编号	标识	描述	优先级
219	PT_PersonalHandlerMain	用户进入自己要处理的任务列表主页面的时间≥2 秒	中
220	PT_SubmitTask	用户提交任务并返回的总时间≤2 秒	中
221	PT_QueryArchive	查询满足条件的归档文件的时间≤2 秒	中
222	PT_SaveHandlerResult	保存处理结果的时间≤1 秒	中

3.3 测试机构及人员

测试机构：质量管理部测试组

测试负责人：伊工。

测试组员：卜工、边工。

卜工职责：负责系统测试的计划编写、部分测试用例编写、业务操作平台的测试、JavaBean 接口测试以及与业务操作平台相关功能的性能测试。

边工职责：部分测试用例编写、存储过程接口测试、业务管理平台测试、与业务管理平台相关功能的性能测试。

工作量估计：

JavaBean 接口测试（包括技术准备）需要 2 人×日。

每个存储过程接口测试需要 1 个小时共计 43×1/8≈6 人×日。

性能测试平均每个需求点需要 4 个小时，共计 10×4=5 人×日。

其他每个需求点测试需要 1 小时，共计（136−43−10−1−9）×1/8 = 73/8≈9 人×日。

平均每个需求点需要 3 个用例，每个用例编写时间 0.25 小时，共计(136−9)×3×0.25/8=12 人×日。

测试分析报告编写时间 2 人×日。

测试计划、测试用例、测试报告评审时间 1 人×日。

总计测试所需 2 + 6+5+9+12+2+1=37 人×日。

3.4 进度

任务名称	工时	工期	开始日期	完成日期	资源
测试总工作量	348.1 工时	23 工作日	2024 年 5 月 30 日	2024 年 7 月 1 日	项目组
测试计划与设计	159.2 工时	11 工作日	2024 年 5 月 30 日	2024 年 6 月 13 日	何工
测试计划编写	32 工时	4 工作日	2024 年 5 月 30 日	2024 年 6 月 4 日	卜工
测试计划评审	18 工时	1 工作日	2024 年 6 月 5 日	2024 年 6 月 5 日	何工等
测试用例编写	91.2 工时	7 工作日	2024 年 6 月 5 日	2024 年 6 月 13 日	卜工，边工
测试用例评审	18 工时	1 工作日	2024 年 6 月 13 日	2024 年 6 月 13 日	何工等
测试执行	188.9 工时	12 工作日	2024 年 6 月 16 日	2024 年 7 月 1 日	卜工，边工
集成测试	102.9 工时	6.56 工作日	2024 年 6 月 16 日	2024 年 6 月 24 日	卜工，边工
数据库对外接口测试	40 工时	5 工作日	2024 年 6 月 16 日	2024 年 6 月 20 日	边工
JavaBean 接口测试	14.4 工时	2 工作日	2024 年 6 月 16 日	2024 年 6 月 17 日	卜工
业务操作平台集成测试	21.6 工时	2.13 工作日	2024 年 6 月 18 日	2024 年 6 月 20 日	卜工
业务管理平台集成测试	26.9 工时	1.56 工作日	2024 年 6 月 23 日	2024 年 6 月 24 日	边工，卜工
系统测试	86 工时	5 工作日	2024 年 6 月 25 日	2024 年 7 月 1 日	卜工，边工
业务操作平台系统测试	7 工时	1 工作日	2024 年 6 月 25 日	2024 年 6 月 25 日	卜工
业务管理平台系统测试	23 工时	1.94 工作日	2024 年 6 月 25 日	2024 年 6 月 26 日	边工，卜工
系统性能测试	40 工时	2.5 工作日	2024 年 6 月 27 日	2024 年 7 月 1 日	卜工，边工
系统测试报告	16 工时	1 工作日	2024 年 7 月 1 日	2024 年 7 月 1 日	卜工，边工

图9.6 SmartArchive项目测试计划书（续）

（2）开发阶段

① 测试用例设计

测试用例设计是软件测试工作的灵魂。一个好的测试用例能够确保对软件进行全面、系统的测试，从而有效地发现潜在的缺陷和问题。在测试用例设计过程中，需要根据需求规格说明书、设计文档等相关文档，结合业务流程和功能点，设计出一系列具有代表性、覆盖全面的测试用例。SmartArchive项目的测试用例设计详见 7.4 节和 8.3 节。

② 测试用例评审

测试用例评审是一项重要的软件测试活动，旨在确保测试用例的质量和有效性。以下是一些测试用例评审的关键步骤和要点。

a. 选择评审人员：选择具有相关领域知识和经验的评审人员。评审人员可以包括测试团队成员、开发人员、业务代表等。

b. 确定评审标准：定义一组评审标准或准则，用于评估测试用例的质量。这些标准可以包括可读性、完整性、准确性、可重复性等方面。

c. 进行评审会议：组织评审会议，让评审人员一起审查测试用例。在会议中，逐个对测试用例进行讨论，确保每个测试用例都符合预期的目标和需求。鉴于测试用例数量较多，传统的会议评审可能会占用大量时间，导致时间资源的浪费。因此建议在评审会议之前，将测试用例以邮件形式发送给参与评审的相关人员，让他们在会议前有足够的时间了解和熟悉测试用例。在会议中，可以进行反馈和记录，但具体的修改可以在会议结束后进行。这样可以更有效地利用时间，避免会议时间过长，提高评审效率。

d. 检查测试用例的完整性和准确性：评审人员应该检查测试用例是否涵盖了所有的功能和场景，并且是否准确地描述了预期的行为和结果。

e. 检查测试用例的可读性：评审人员应该确保测试用例的描述清晰、简洁，并且易于理解和执行。测试用例应该包括必要的前提条件、步骤和预期结果。

f. 提供反馈和改进建议：评审人员应该记录发现的问题和改进建议，并将其提供给测试用例的编写者，以帮助改进测试用例的质量和效果。

g. 跟踪和记录评审结果：评审人员应该记录评审的结果，包括发现的问题、改进建议和决策。这些记录可以作为后续测试活动的参考和依据。

测试用例评审是提高测试用例质量和测试效果的重要环节。通过评审，测试团队可以发现并纠正测试用例中的问题，确保测试用例与需求一致，并提供有价值的反馈和改进建议。这有助于提高软件测试的准确性、可靠性和覆盖率，从而提升软件质量。

③ 测试执行

如果前期工作准备充分，测试执行阶段将会变得非常简单，只需按照测试用例的要求逐条执行程序即可。如果发现缺陷，就提交缺陷报告；如果测试通过，就继续进行回归测试。实际上，测试执行的过程本身是相对简单的，复杂之处在于各部门的协作、沟通以及各种文档的输出。在测试执行过程中，测试与开发的沟通通常是如下的场景。

测试工程师的日常

"江工，我有个问题，你能过来看一下吗？"

"什么问题？你可以演示给我看看。"

"……"

"这并不是一个问题，这个地方只能按照这种方式来处理。"（或者"这并不是一个问题，我刚刚确认过需求。"）

"按照这样的方式做似乎不太合乎逻辑啊！"

"那你认为我们应该如何处理呢？"

"我认为我们应该采取……处理方式。"

"在做决定之前，你最好先与写需求的茹工确认一下。"

测试与开发之间的沟通无疑是围绕某个功能或产品展开的，主要涉及以下几个方面的问题。

a. 发现程序中的问题：当程序的某处存在问题时，测试人员需要与开发人员进行沟通，说明问题的具体特征、位置以及操作步骤，甚至提供截图，以便开发人员更好地理解和解决问题。

b. 需求信息不统一：测试人员和开发人员之间可能存在对产品需求的理解不一致的情况。为了避免这种情况，整个项目组需要有意识地培养健全的工作流程，通过工作流程来规范需求的沟通和确认，以减少信息不对称的问题。这样做将大大降低测试人员与开发人员之间的沟通成本。

④ 缺陷管理

在软件开发的过程中，测试人员的主要产出就是发现缺陷。然而，缺陷的价值并不仅仅取决于数量的多少，更重要的是关注缺陷报告的质量、缺陷的管理以及缺陷分析。首先，缺陷报告的质量是至关重要的。一个高质量的缺陷报告应该包含清晰的描述、准确的重现步骤，以及相关的环境信息。这样的缺陷报告可以帮助开发人员更好地理解和定位问题，从而更有效地进行修复。其次，缺陷的管理也是非常重要的。测试团队应该建立一个完善的缺陷管理系统，包括缺陷的记录、分配、跟踪和关闭等环节。有效的缺陷管理可以确保缺陷得到及时处理，避免遗漏和重复工作。最后，缺陷分析是测试人员的重要任务之一。通过对缺陷进行深入分析，测试人员可以揭示出潜在的系统性问题和质量风险，并提供改进软件质量的建议。缺陷分析不仅有助于提高当前项目的质量，也能为未来的开发过程提供宝贵的经验教训。

缺陷描述应确保简洁明了，只包含必要的细节，每个报告针对单一缺陷。描述应清晰展示缺陷发生的场景（包括前置条件和详细操作步骤），以便他人能够重现相同状况。在报告缺陷时应只陈述事实，避免评价或人身攻击，可以在必要时添加注释，并提供截图或附件以辅助描述。例如，在 SmartArchive 系统中进行案卷著录功能测试时发现一个缺陷，其描述信息如图 9.7 所示。

（3）发布阶段

发布阶段意味着产品已经通过了测试，并可以发布到线上供用户使用。为了确认测试已经通过以及在发布过程中测试人员需要完成的工作，在产品上线之前，首先需要明确测试通过的准则，以便准确确定何时可以进行上线。随着程序的复杂性增加，没有量化的规范很难确定上线的时机。在确认测试已经通过并可以进行发布之前，需要设定一些测试通过的准则。这些准则包括测试需求功能覆盖率达到 100%、测试用例通过率达到 95% 以上，以及缺陷遗留中没有严重程度为 3 级及以上的缺陷。若这些准则能够达成，则可以确保产品在发布前已经经过了充分的测试，并且达到了一定的质量标准。SmartArchive 项目满足了测试通过的准则，予以发布。

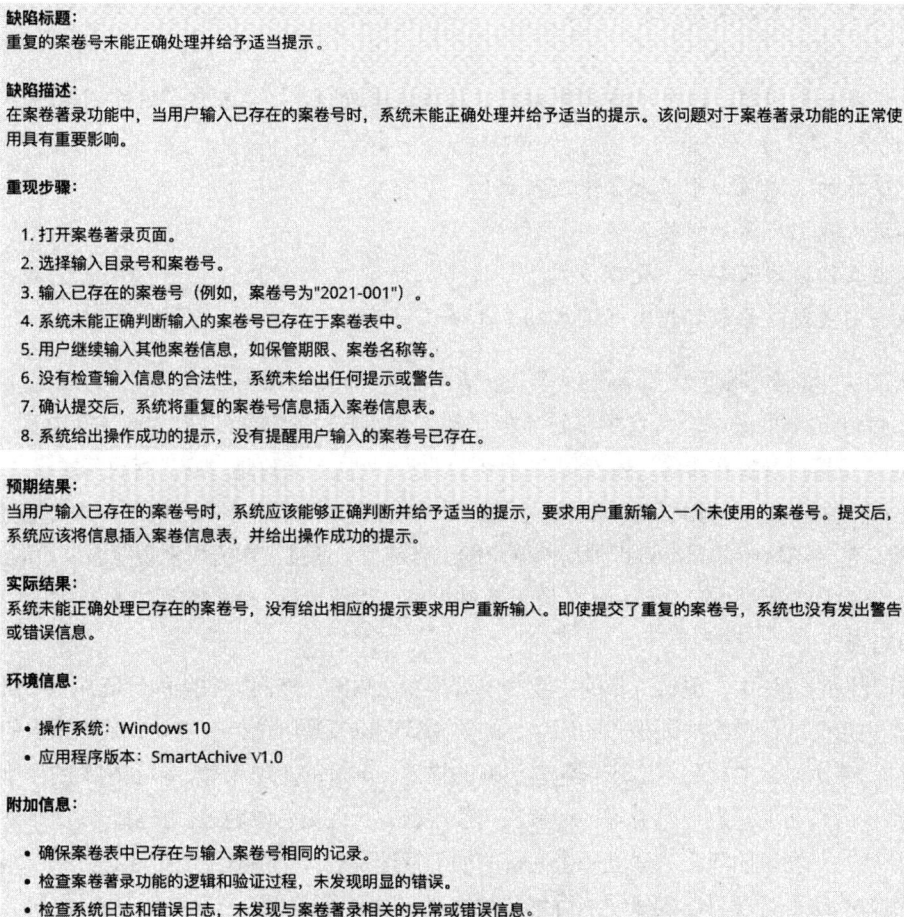

缺陷标题：
重复的案卷号未能正确处理并给予适当提示。

缺陷描述：
在案卷著录功能中，当用户输入已存在的案卷号时，系统未能正确处理并给予适当的提示。该问题对于案卷著录功能的正常使用具有重要影响。

重现步骤：

1. 打开案卷著录页面。
2. 选择输入目录号和案卷号。
3. 输入已存在的案卷号（例如，案卷号为"2021-001"）。
4. 系统未能正确判断输入的案卷号已存在于案卷表中。
5. 用户继续输入其他案卷信息，如保管期限、案卷名称等。
6. 没有检查输入信息的合法性，系统未给出任何提示或警告。
7. 确认提交后，系统将重复的案卷号信息插入案卷信息表。
8. 系统给出操作成功的提示，没有提醒用户输入的案卷号已存在。

预期结果：
当用户输入已存在的案卷号时，系统应该能够正确判断并给予适当的提示，要求用户重新输入一个未使用的案卷号。提交后，系统应该将信息插入案卷信息表，并给出操作成功的提示。

实际结果：
系统未能正确处理已存在的案卷号，没有给出相应的提示要求用户重新输入。即使提交了重复的案卷号，系统也没有发出警告或错误信息。

环境信息：

- 操作系统：Windows 10
- 应用程序版本：SmartArchive V1.0

附加信息：

- 确保案卷表中已存在与输入案卷号相同的记录。
- 检查案卷著录功能的逻辑和验证过程，未发现明显的错误。
- 检查系统日志和错误日志，未发现与案卷著录相关的异常或错误信息。

图9.7　案卷著录的缺陷描述

完成测试后，需要提交测试分析报告，其中包括测试过程中的数据，例如测试用例数量、发现的缺陷总数、各个严重程度的缺陷数量、修复的缺陷总数以及缺陷修复率等，如图 9.8 所示。

系统回滚方案是在每次发布时必须考虑的一项重要准备工作。尽管项目组努力确保每次发布都没有问题，但如果出现了问题，需要有应对的方案。如果线上出现的问题不是很严重，项目组会尽量在当时进行处理，然后再上线，以确保线上用户的正常使用。然而，如果线上出现的问题非常严重，就需要进行系统回滚，以恢复到之前的稳定状态，以保证线上用户的正常使用。在进行系统回滚之前，SCM 人员需要与开发团队或项目经理进行确认，确保回滚方案的可行性和有效性。

在进行线上功能检查之前，项目组会对程序的原有功能进行回归测试，以确保回滚后系统的基本功能正常运行。同时，对于新上线的功能，项目组也会进行全面测试，以确保其符合预期的功能和质量要求。这些步骤的目的是保证回滚后系统的稳定性和可靠性。

HSA/C07-245

缺陷统计表图

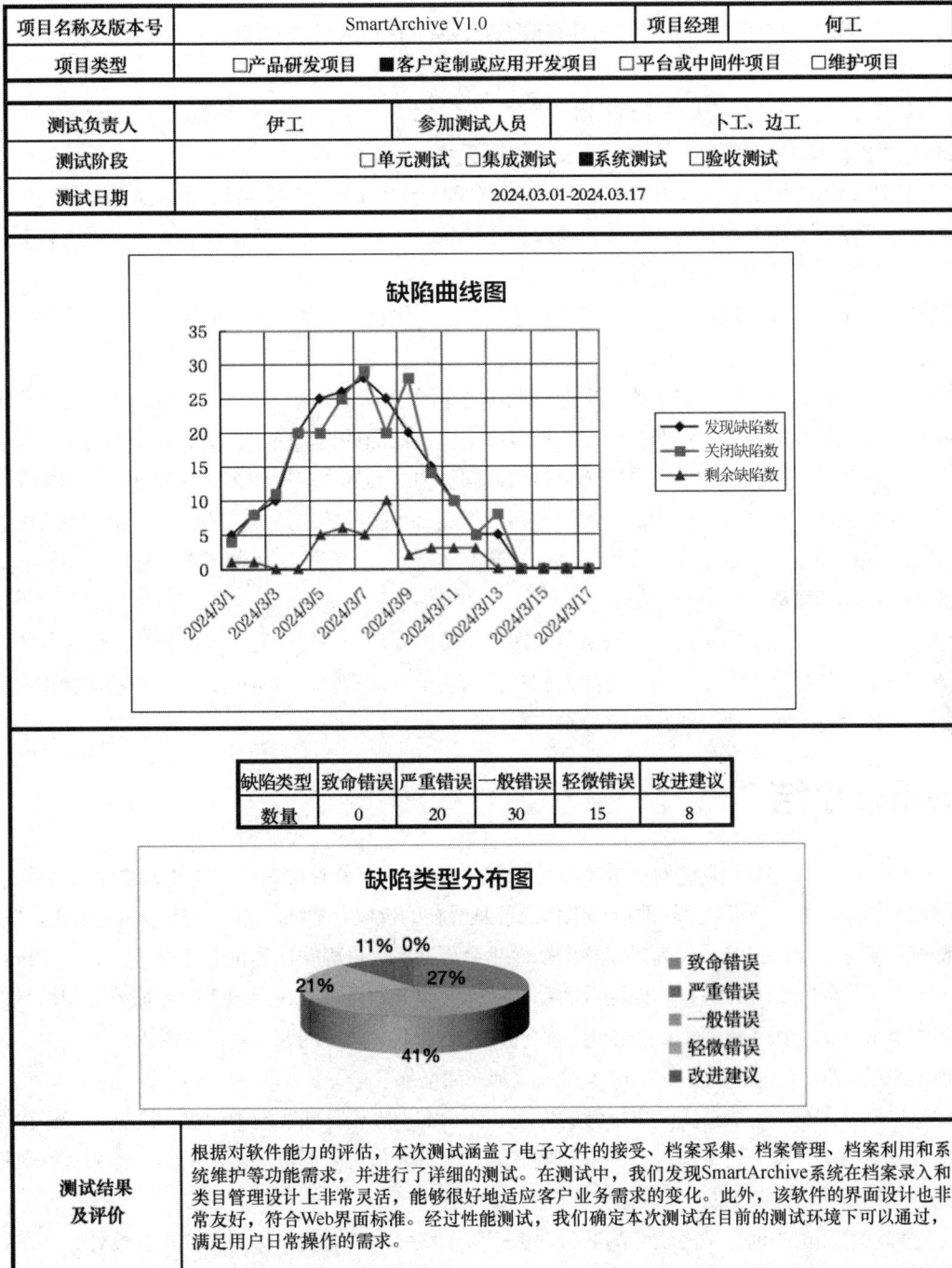

项目名称及版本号	SmartArchive V1.0		项目经理		何工
项目类型	□产品研发项目　■客户定制或应用开发项目　□平台或中间件项目　□维护项目				

测试负责人	伊工	参加测试人员		卜工、边工	
测试阶段	□单元测试　□集成测试　■系统测试　□验收测试				
测试日期	2024.03.01-2024.03.17				

缺陷曲线图

（图例：发现缺陷数、关闭缺陷数、剩余缺陷数，横轴为2024/3/1至2024/3/17）

缺陷类型	致命错误	严重错误	一般错误	轻微错误	改进建议
数量	0	20	30	15	8

缺陷类型分布图

（饼图：致命错误 0%、严重错误 21%、一般错误 41%、轻微错误 27%、改进建议 11%）

测试结果及评价	根据对软件能力的评估，本次测试涵盖了电子文件的接受、档案采集、档案管理、档案利用和系统维护等功能需求，并进行了详细的测试。在测试中，我们发现SmartArchive系统在档案录入和类目管理设计上非常灵活，能够很好地适应客户业务需求的变化。此外，该软件的界面设计也非常友好，符合Web界面标准。经过性能测试，我们确定本次测试在目前的测试环境下可以通过，满足用户日常操作的需求。

图9.8　SmartArchive项目测试分析报告的缺陷统计表图

（4）日常维护阶段

产品上线后，用户能够稳定地长期使用，这意味着发布的功能已经进入了日常维护阶段。然而，这并不是终点，这个阶段将持续存在。在这个阶段，测试人员的主要工作相对简单，主要包括以下常规工作。

① 持续测试：没有任何产品是完全没有缺陷的，因此测试人员需要持续进行测试，发现并报告可能存在的问题。

② 收集用户反馈：测试人员应该积极与用户沟通，收集他们的反馈和问题。这些反馈可以帮助测试人员更好地了解用户的需求和体验，并及时组织开发人员修复问题。

③ 长时间稳定性测试（自动化测试）：为了确保产品的稳定性和可靠性，测试人员应该进行长时间的稳定性测试，其中包括自动化测试。这有助于测试人员发现潜在的性能问题，从而及时修复，以确保产品能够在长期使用中保持良好的性能。

通过持续测试、收集用户反馈和长时间稳定性测试，测试人员能够帮助确保产品在日常维护阶段能够保持高质量和良好的用户体验。

全过程软件测试关注的是整个软件生命周期中各个阶段的软件测试活动。对每个阶段的过程质量进行把控，提高产品的质量。然而，产品的质量并不仅仅由测试人员决定，而是整个项目构建过程中通过不断优化和总结成长的结果，是整个项目组共同努力的成果。在软件生命周期中，不同的角色均扮演着重要的角色，全过程软件测试强调的是持续提高每个阶段的质量，以增强项目组的综合能力，从而提高产品的质量。无论是需求分析、设计、开发还是测试，每个阶段都需要专业的人员和有效的过程来确保产品的质量。

通过全过程软件测试的实践，项目组可以在每个阶段发现和修复问题，提高软件开发过程的效率和质量，从而最终提高整个项目的综合能力和产品的质量。这需要项目组成员之间的密切合作和有效的沟通，以确保每个阶段都得到有效的关注和质量保证。

9.6 小结

"介入测试越早，遇到问题的解决成本就越低"这句话强调了软件测试在软件开发过程中的重要性。随着软件测试技术的不断发展，软件测试工作已经从最初的仅仅寻找缺陷的过程逐渐演变为预防缺陷、探索测试和破坏程序的过程，成为贯穿整个软件生命周期的全过程软件测试。尽早介入测试意味着在软件开发的早期阶段就开始进行软件测试活动。这样做的好处是可以在问题变得更加复杂和昂贵之前就发现和解决它们。如果软件测试被推迟到软件开发的后期阶段，问题可能已经深入到系统中，影响了其他模块或组件，导致解决问题的成本和风险都大大增加。

通过早期介入测试，测试团队可以帮助发现和纠正需求、设计或实现中的潜在问题，确保软件在后续的开发过程中是基于稳定和可靠的基础构建的。测试人员可以通过测试用例的设计和执行来验证软件是否满足需求，并及早发现可能存在的缺陷和问题。

全过程软件测试的理念是将软件测试活动贯穿整个软件生命周期，从需求分析、设计、开发到部署和维护，以确保软件的质量和可靠性。通过持续的软件测试活动，测试团队可以在早期发现问题，减少缺陷的数量和严重性，提高软件的质量，并降低后期解决问题的成本和风险。因此，尽早介入测试是一种有效的策略，它可以帮助团队在开发过程中及早发现和解决问题，提高软件的质量和可靠性，最终降低项目的风险和成本。

软件测试管理在尽早介入测试过程中扮演关键角色，包括规划、组织、协调、控制测试活动和管理风险。软件测试管理的有效实施有助于开发团队在软件开发早期阶段发现和解决问题，提高软件质量，降低成本和风险。

9.7　习题

一、选择题

1. 软件测试管理的职责包括（　　）。

A. 确定测试策略和计划　　　　　　　　B. 领导和管理测试团队

C. 监督测试过程　　　　　　　　　　　D. 编写代码和修复缺陷

2. 软件测试的目的是（　　）。

A. 发现问题并解决　　　　　　　　　　B. 提高用户体验和界面友好度

C. 验证系统在不同负载下的性能表现　　D. 编写代码和修复缺陷

3. 全面的测试覆盖是可能的吗？（　　）。

A. 是的，可以对所有情况进行全面测试覆盖

B. 不，由于软件的复杂性和多样性，全面测试覆盖是不可能的

C. 只有在自动化测试的情况下才能实现全面测试覆盖

D. 只有在手工测试的情况下才能实现全面测试覆盖

4. 自动化测试可以提高（　　）。

A. 测试效率　　　　　　　　　　　　　B. 测试准确性

C. 测试覆盖范围　　　　　　　　　　　D. 所有上述选项

5. 尽早介入测试（　　）。

A. 可以在问题变得更加复杂和昂贵之前发现和解决问题

B. 可以降低测试成本和风险

C. 可以提高软件质量和可靠性

D. 所有上述选项

6. 敏捷测试是（　　）。

A. 一种测试工具　　　　　　　　　　　B. 一种测试策略

C. 一种软件开发方法论　　　　　　　　D. 一种测试管理方法

7. 软件测试外包的优势包括（　　）。

A. 专业技能　　　　　　　　　　　　　B. 成本效益

C. 灵活性　　　　　　　　　　　　　　D. 所有上述选项

8. 软件测试管理工具的选择应考虑（　　）。

A. 功能比较和易用性　　　　　　　　　B. 成本考量和集成能力

C. 定制化和扩展性　　　　　　　　　　D. 所有上述选项

9. 禅道和 Jira 的定制化功能可以（　　）。

A. 帮助团队提高工作效率　　　　　　　B. 满足团队特定的管理需求

C. 优化项目管理流程　　　　　　　　D. 所有上述选项

10. 软件测试管理工具对团队的作用是（　　）。

A. 提高工作效率和优化项目管理流程　　B. 改进团队协作和沟通

C. 确保项目按时交付并提高产品质量　　D. 所有上述选项

二、案例分析题

假设你是一家软件开发公司的测试负责人，你所在的团队负责开发一个电子商务网站。根据一般的软件开发流程和测试过程管理的要求，回答以下问题。

（1）在电子商务网站的测试过程中，测试人员的角色和职责是什么？

（2）为了确保测试的全面性和准确性，你计划对测试计划和测试用例进行评审。请说明评审的目的和参与人员。

（3）为了保证网站的稳定性和可靠性，你决定进行冒烟测试。请说明冒烟测试的目的和作用，并解释为什么未通过冒烟测试的系统需要重新提交测试版本。

（4）在网站开发过程中，各个模块都通过了单元测试。为了验证各模块的集成情况，你计划进行功能集成测试。请解释功能集成测试的概念和重要性。

（5）网站的系统测试是必不可少的一步。请说明系统测试的目标和作用，并解释为什么需要进行性能测试、可使用性测试、安全性测试、安装/反安装测试等其他类型的测试。

（6）在测试过程中，你打算编写测试分析报告。请解释测试分析报告的内容和重要性，并说明为什么需要对测试分析报告进行评审和批准。

（7）在版本创建过程中，你将从配置库中获取相应版本的源代码进行版本创建活动。请解释版本创建的目的，并说明为什么需要进行版本创建活动。

（8）除了功能测试，你还计划在系统测试阶段完成其他类型的测试。请列举并解释其他类型的测试，并说明它们的重要性。

（9）在测试过程中，你将根据测试出口准则评估项目的测试进展。请解释测试出口准则的概念和作用，并说明为什么需要对项目进行测试出口准则的评估。

（10）在测试过程中，测试分析报告的评审和批准由谁负责？请解释评审和批准的过程和参与人员。

请根据上述案例提供详细的回答，涵盖每个问题的关键点。